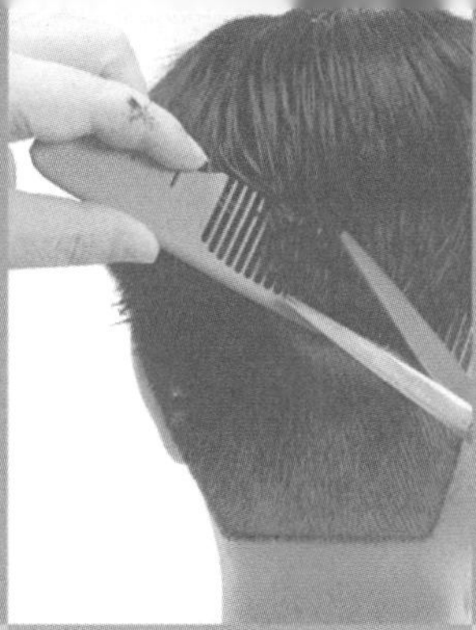

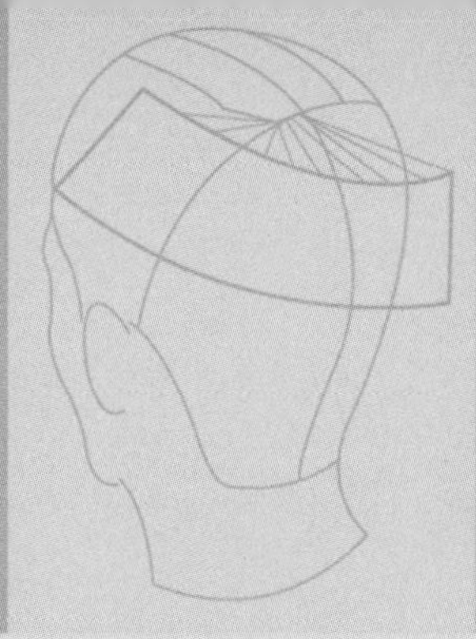

그/림/으/로/설/명/한

남성커트

Man's cut

조지훈 · 배선향 · 임석종 · 정용성 · 이재숙 공 저

- 남성커트의 체계적이고 과학적인 기술 시스템
- 풍부한 그림과 사진 자료를 활용하여 명쾌하게 설명

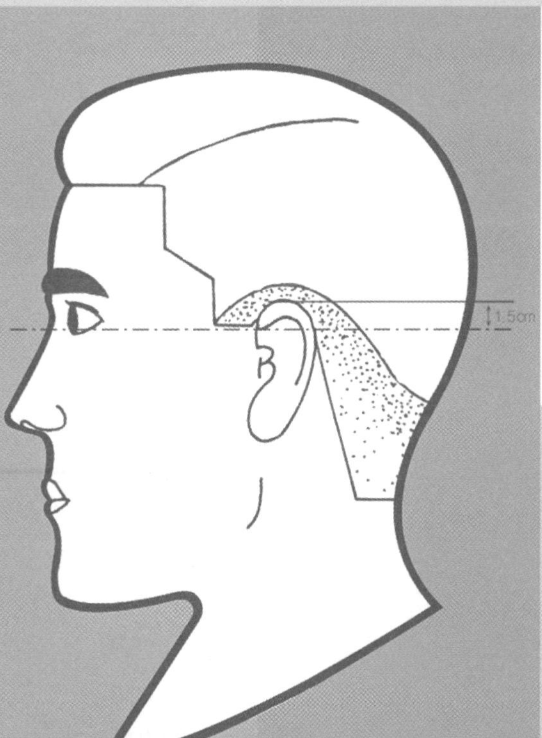

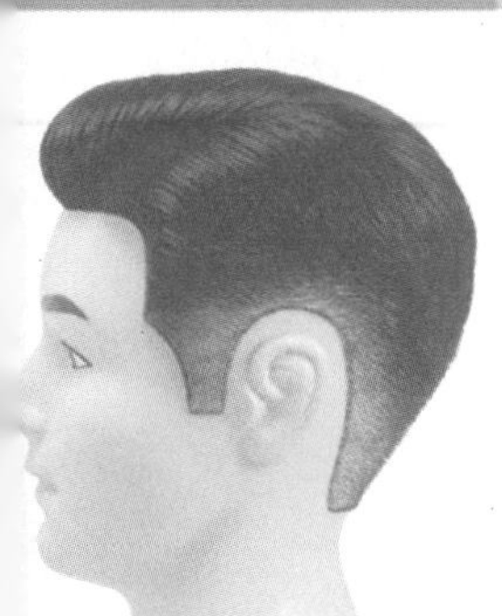

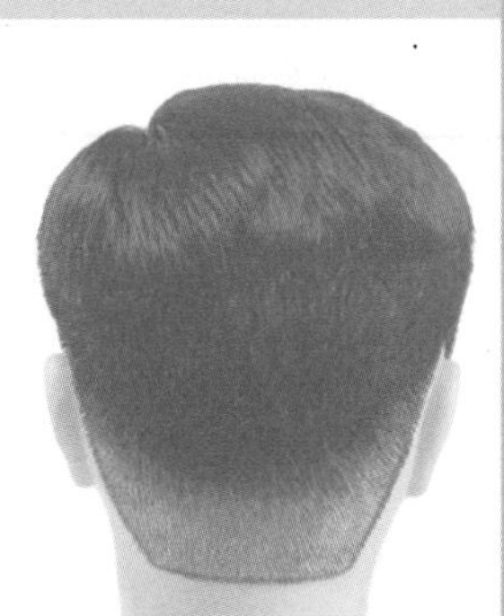

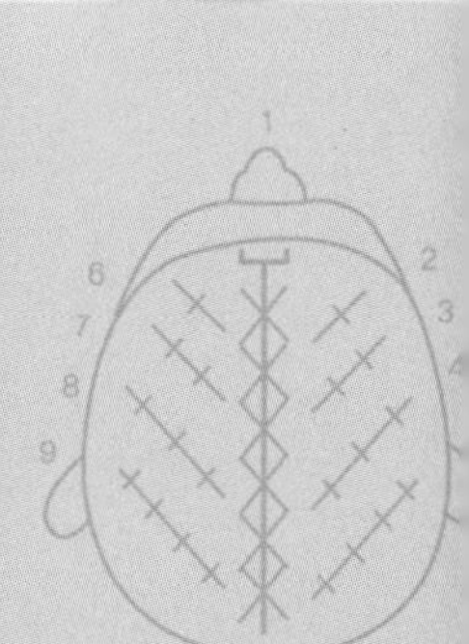

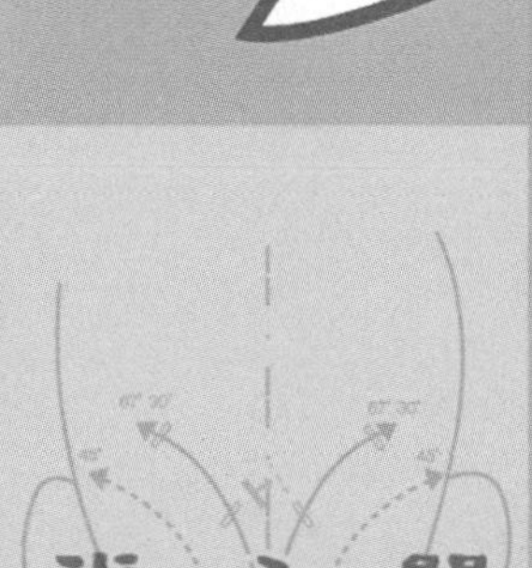

光文閣
www.kwangmoonkag.co.kr

머리말

머리카락은 자연이 인간에게 부여한 가장 아름다운 장식물이라고 할 수 있다. 예로부터 인간은 모발과 수염 등의 미용술을 발전시켜 신분, 계급, 성별, 아름다움 등을 표현했다. 따라서 육체의 어떤 부분도 머리만큼의 믿음과 금지, 그리고 꿈과 편견의 상징을 의미하는 것은 없을 것이다.

이용(理容)은 용모와 자태를 단정히 한다는 뜻으로, 주로 남자의 이발과 면도를 이르는 말인데, 여자에게는 미용(美容)이란 말이 쓰인다.

아름다움에 대한 인간의 욕망은 지대하고 무한하다. 세계 각국에서 미용은 경제 성장과 생활수준의 향상에 힘입어 비약적으로 발전하여 왔다. 우리나라에서도 미용은 발전이 가장 빠른 분야 중의 하나이며, 이미 실용 학문으로 자리매김하고 있다. 모든 일에서 기초가 튼튼해야 좋은 결과를 얻을 수 있는데, 헤어(Hair) 분야의 기초는 커트(Cut)이다. 이 책에서는 '남성 커트'의 이론과 실습을 풍부한 그림과 사진 자료를 활용하여 명쾌하게 설명하고 있다.

인간은 누구나 아름답고 매력적이며 손질하기 편한 헤어스타일을 하고 싶어 한다. 이러한 인간의 욕구를 충족시키기 위해서 헤어 디자이너는 미학에 대한 균형 있는 감성과 체계적이고 과학적인 기술 시스템을 갖추고 있어야 한다.

저자는 30여 년간 현장에서 이용의 실태와 내면의 깊이를 느끼면서, 이용을 공부하는 후학들에게 꼭 필요한 기술을 전하고 싶은 마음에서 이 책을 정리했다. 또, 종합 이용 이론의 예상 문제와 해설을 덧붙여 교육의 효과를 높이고자 하였다. 나름대로 열심히 준비했지만 미비한 부분이 적지 않을 것이다. 그 점에 대해서는 앞으로 수정·보완을 통해 완성도를 높여갈 것을 약속드린다.

끝으로 부족함이 많음에도 불구하고 이 책을 출판해 주신 광문각출판사 박정태 사장님과 임직원 여러분께 감사드린다.

2007년 6월

저자 일동

C·O·N·T·E·N·T·S

남성 커트

01.커트 기법 02.포멀 커트-롱 03.포멀 커트-미디엄 04.포멀 커트-중간머리
05.포멀 커트-브로스 06.지그재그 연속 깎기 07.포멀 커트-응용 08.뉴 포멀 헤어커트
09.패션 헤어 커트 10.스퀘어 커트 11.레이디스 헤어 커트
12.보이스 커트 13.걸스 커트

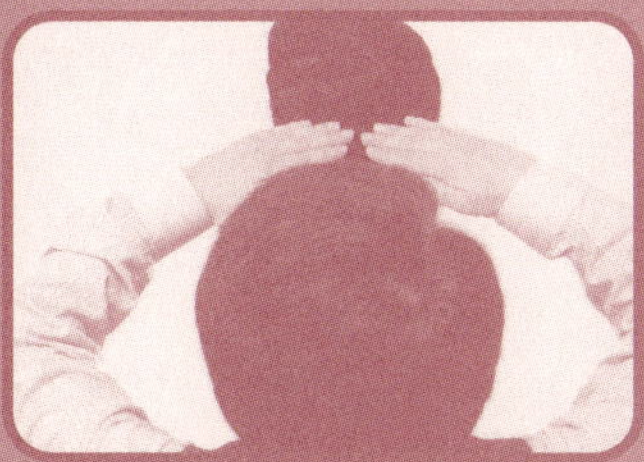
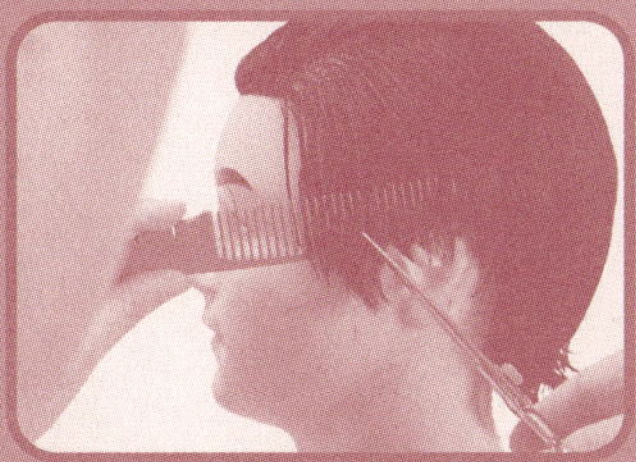
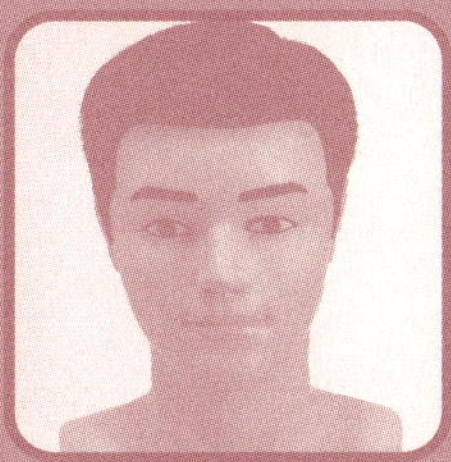

라인 포인트(line point)의 기본

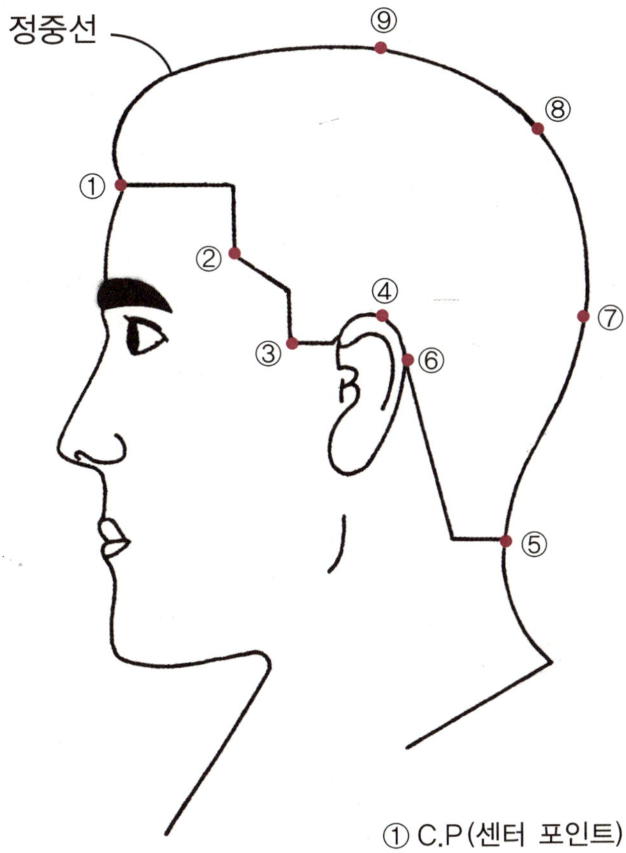

① C.P(센터 포인트)
② S.P (사이드 포인트)
③ S.C.P (사이드 코너 포인트)
④ E.P (이어 포인트)
⑤ N.P (네이프 포인트)
⑥ E.B.P (이어 백 포인트)
⑦ B.P (백 포인트)
⑧ G.P (골든 포인트)
⑨ T.P (톱 포인트)

두부의 구획

〈5단 구성〉

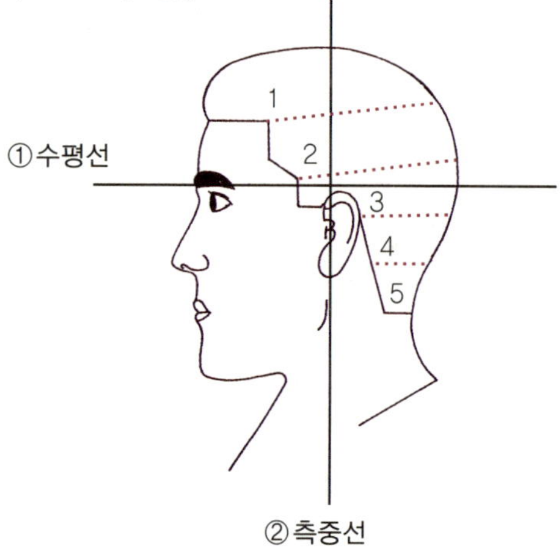

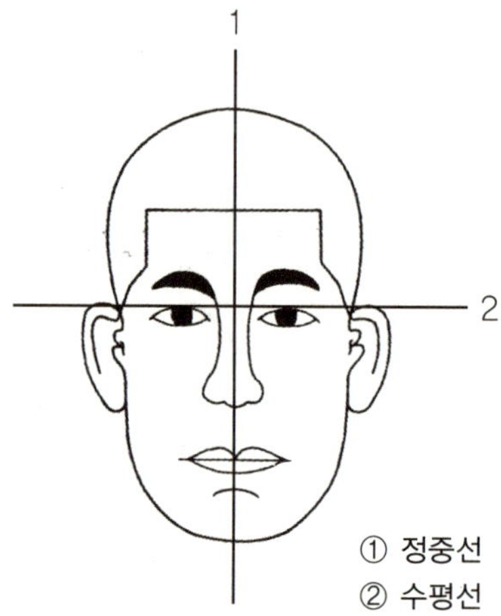

〈두부 구성〉

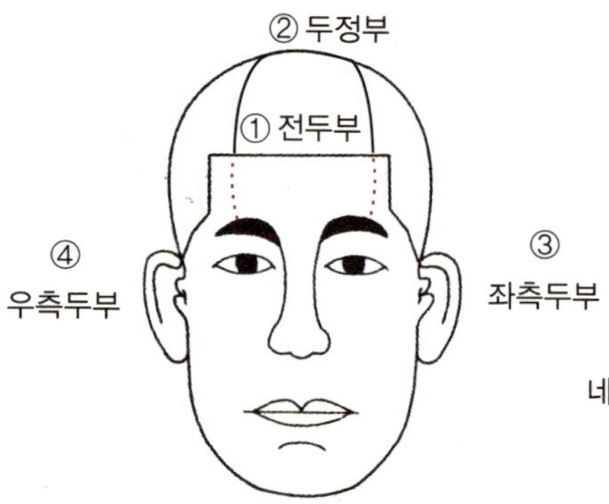

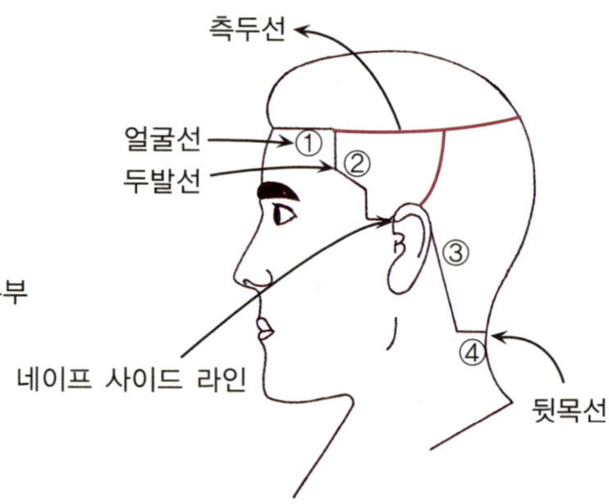

5두부	5단부	선구성
① 전두부	① 천정부	① 얼굴선(페이스 라인)
② 두정부	② 상단부	② 두발선(헤어라인)
③ 좌측두부	③ 중단부	③ 옆목선(네이프 사이드 라인)
④ 우측두부	④ 하단부	④ 뒷목선
⑤ 후두부	⑤ 후두하부	정중선, 측중선, 측두부의

01 커트 기법

커트에 사용되는 기법은 다음과 같다.

- 돌려 깎기
  부채형 돌려 깎기
  눌러 잡고 돌려 깎기
  반대 돌려 깎기

- 연속 깎기
  부채형 연속 깎기
  반대 연속 깎기

- 눌러 깎기

- 고정 깎기

- 손가락 이용 깎기

- 목덜미 반대 빗질 깎기

- 지그재그 마무리 깎기

- 지그재그 연속 깎기

- 지그재그 손가락 이용 깎기

- 고정 지그재그 커트

- 프렌치 지그재그 커트

- 회전 깎기
  큰 회전
  중간 회전
  작은 회전
  약간 회전
  몸 회전 빗 회전 깎기
  수평 빗 회전 깎기
  (몸 회전 수평 깎기)

- 체크 커트

  양손 체크 커트
  호름 체크 커트
  반 흐름 체크 커트

  양손 체크 커트
  대면 체크
  대선 체크
  파형 체크

- 송곳형 깎기, 빗살 사이 깎기

- 스퀘어 커트(square cut)

1. 돌려 깎기

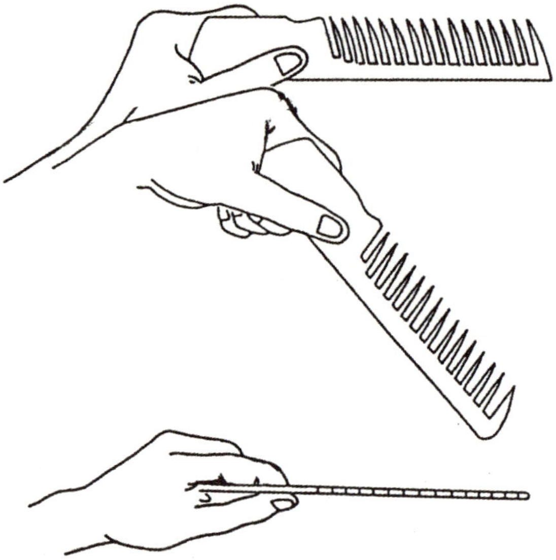

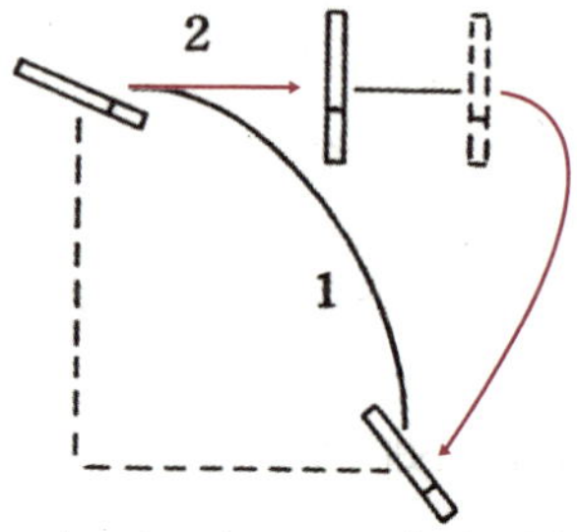

(45° 밑으로 내린다.)

빗을 머리카락 밑 부분에 넣는다.
모발을 일으켜 세운다.
세워진 모발을 깎는다.

1) 부채형 돌려 깎기

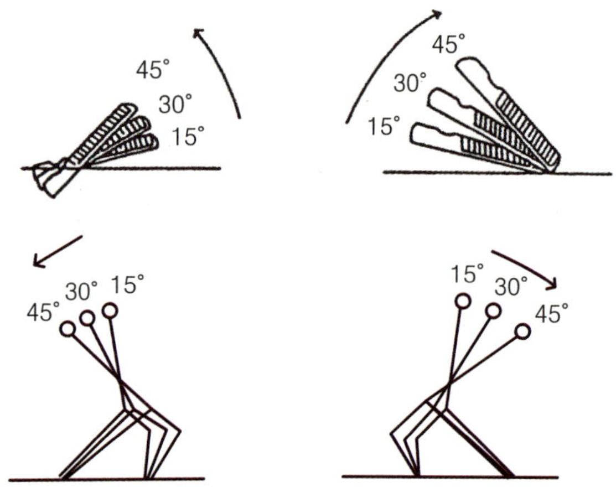

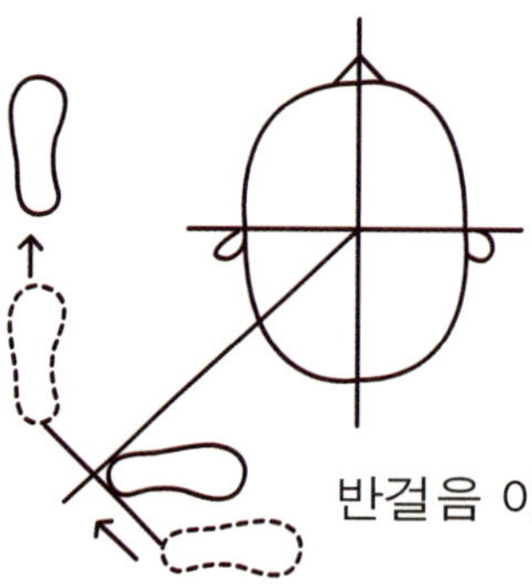

반걸음 이동

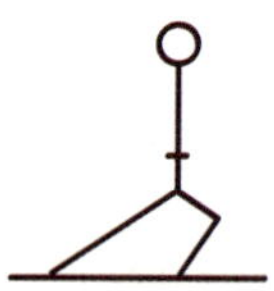

중심을 오른쪽 발에

2) 밀어주며 돌려 깎기

◈ 중간 길이의 두정부

◈브로스(brosse) 등의 두정부

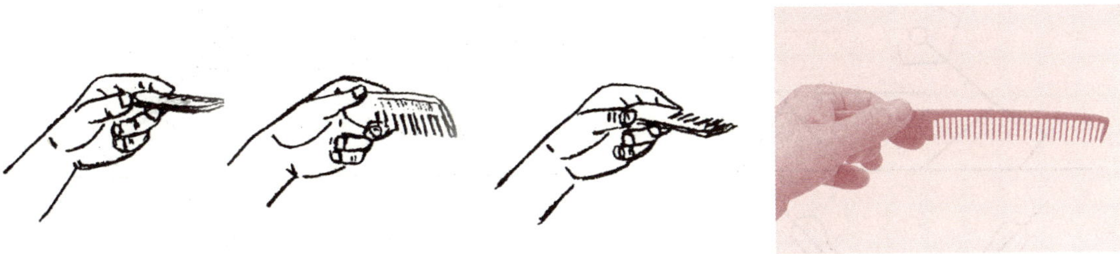

3) 반대로 돌려 깎기

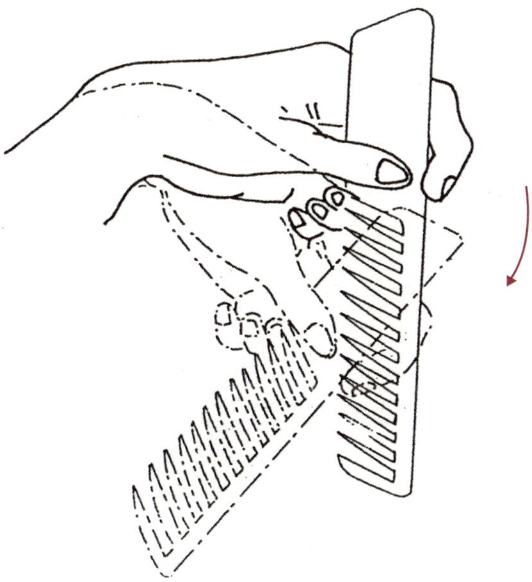

2. 밀어 깎기

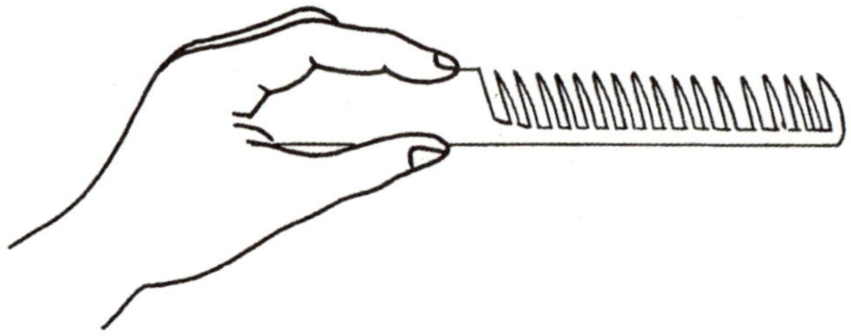

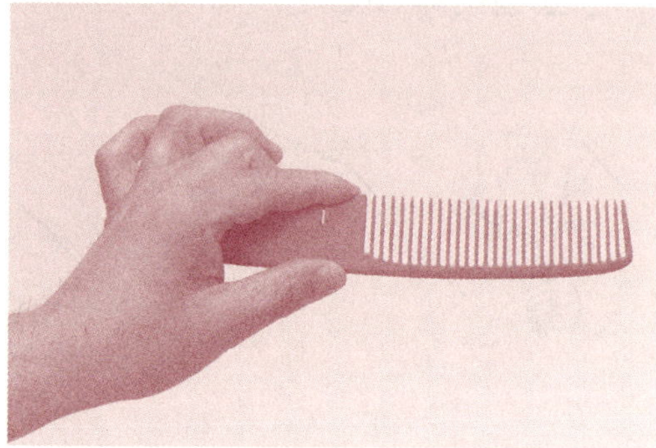

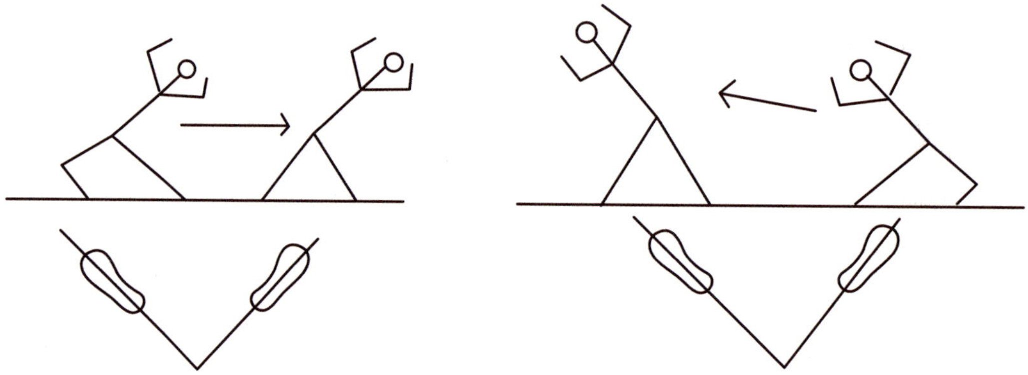

3. 연속 깎기

1) 부채형 연속 깎기

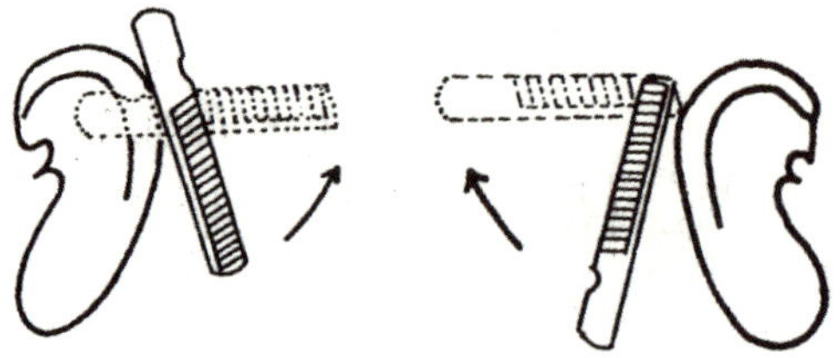

2) 반대 연속 깎기

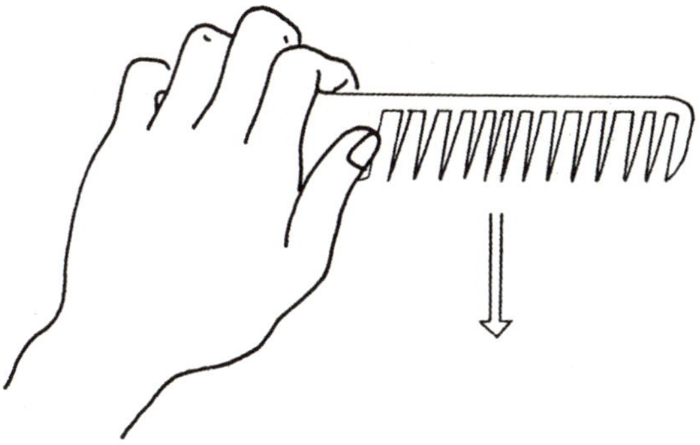

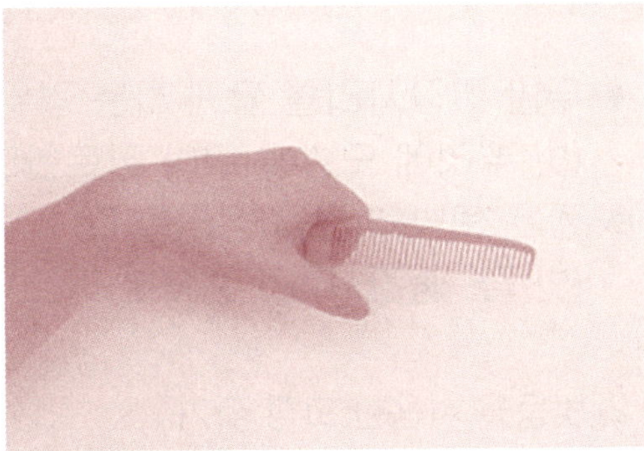

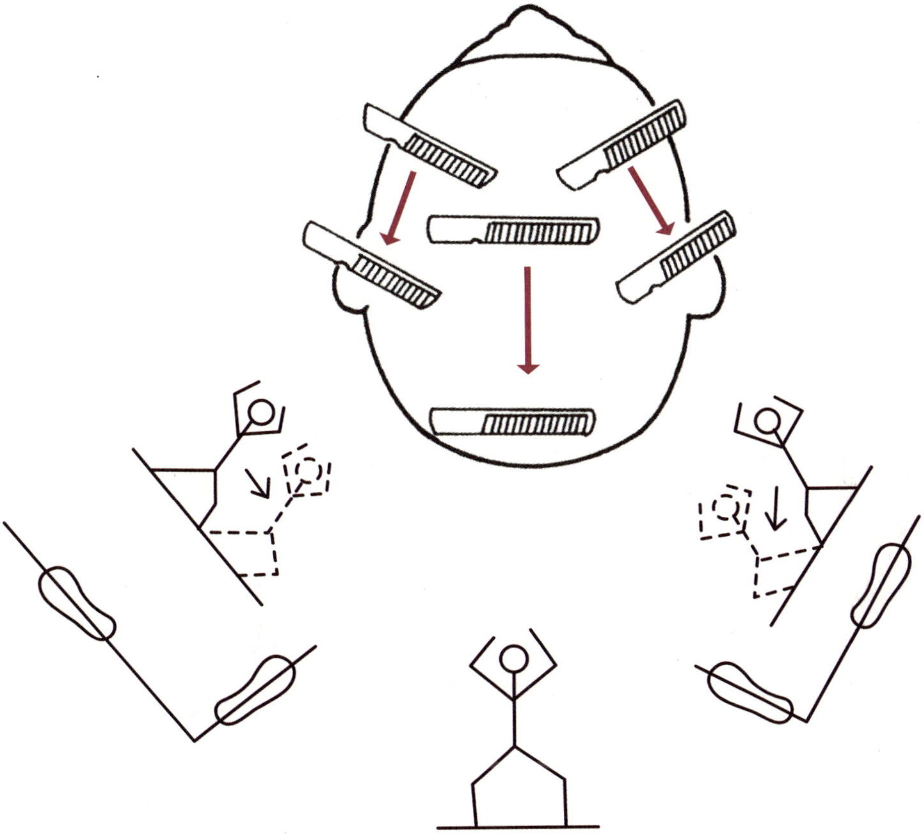

4. 고정 깎기

1) 빗 끝을 사용한 고정 깎기

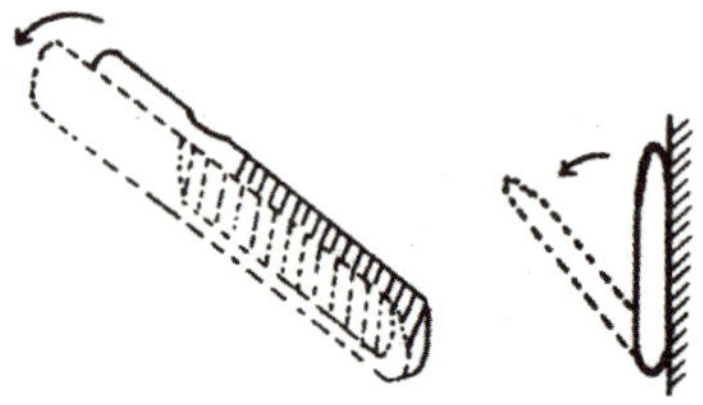

◈ 두발 가장자리를 짧게 하는 경우
(빗 뿌리에 모발을 모아 커트한다.)
◈ 짧은 모발의 면을 정리할 때
(빗 끝, 중간, 뿌리 순서로 커트)

2) 빗등을 사용한 고정 깎기

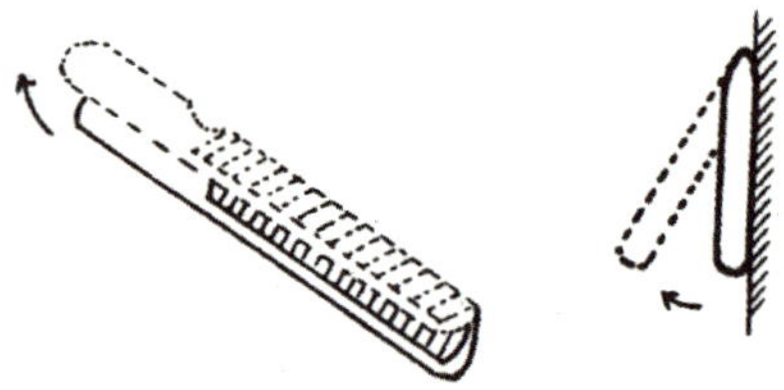

두발 가장자리를 두껍게 남기는 경우
(빗 뿌리만으로 커트한다.)

5. 거꾸로 빗 잡기

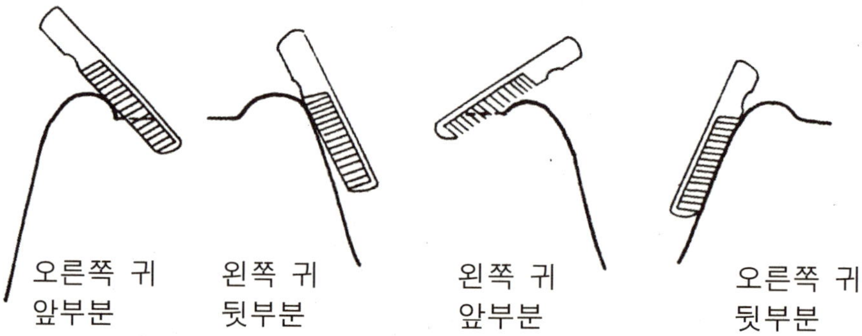

6. 빗 사이 깎기

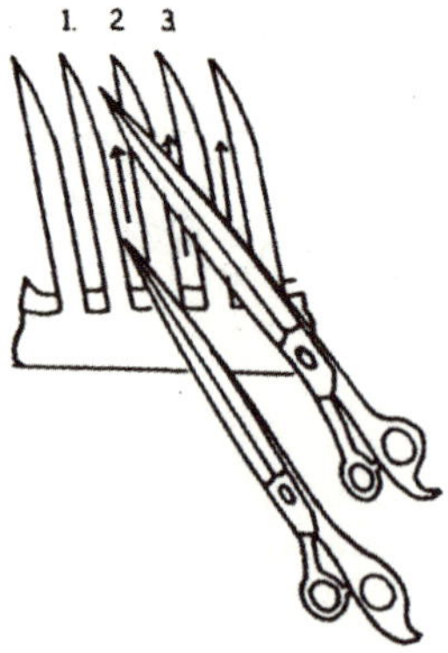

1, 2, 3의 폭이 좁고 모발이 섞여 있으면 왼쪽부터 1, 2, 3과 빗 사이에 가위 밑을 이용해 빗 뿌리부터 끝을 향해 커트한다.

7. 빗 돌려 깎기

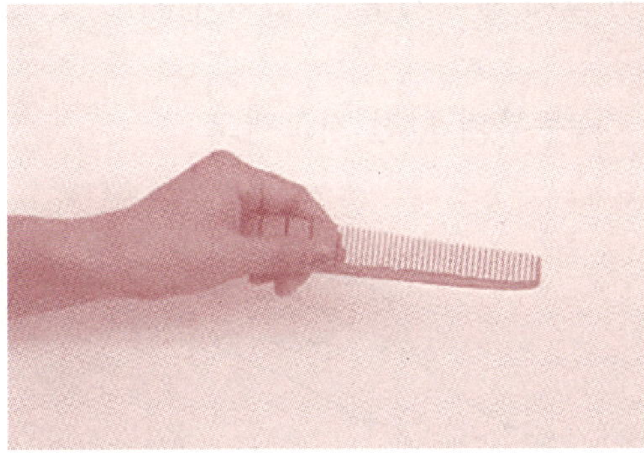

1) 약간 돌리기

자르고 싶은 곳의 좌측 끝에 빗의 중앙을 대고 축으로 이용한다.

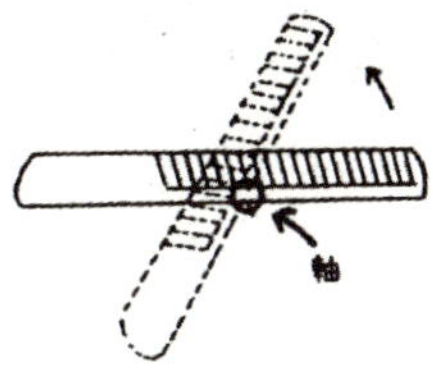

2) 작은 돌리기

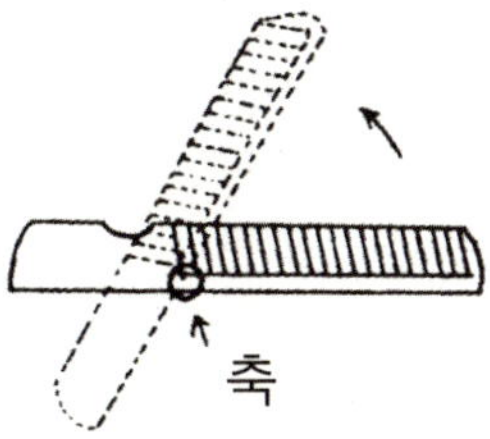

3) 중간 돌리기

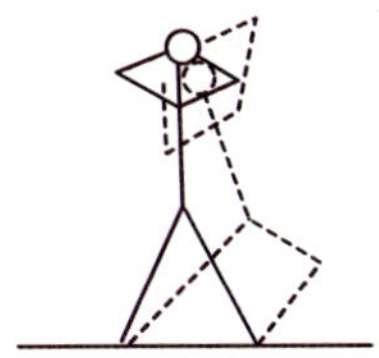

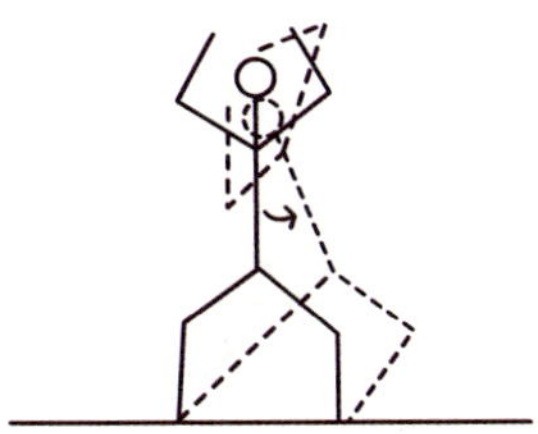

평면

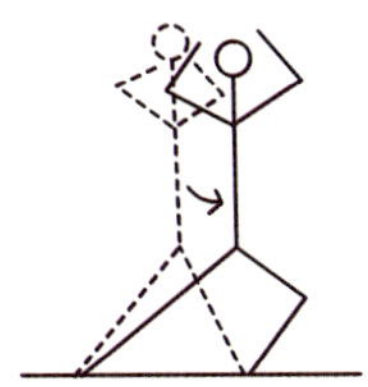

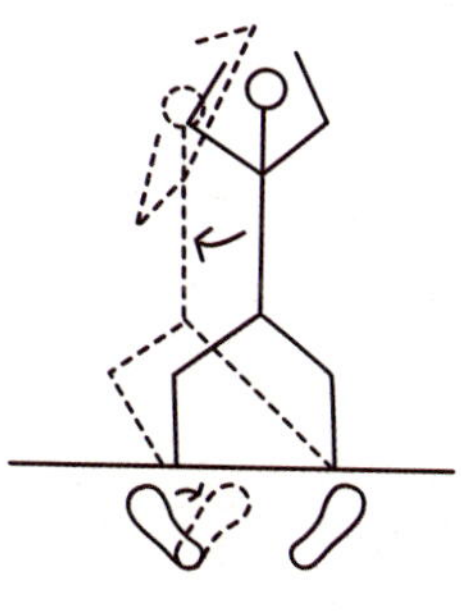

R형

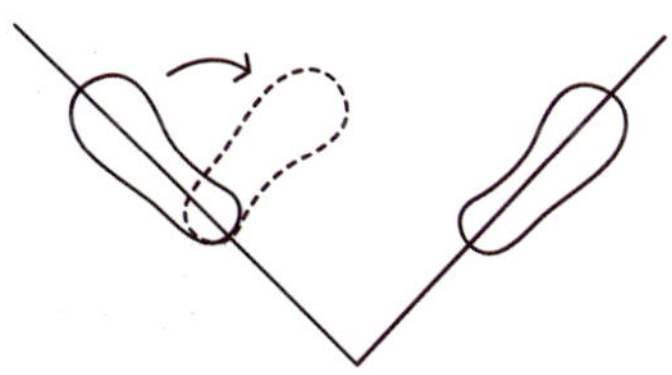

후두부의 R형 돌리기에는 발목 회전을 이용한다.

4) 크게 돌리기(눌러 잡아 깎기)

측두부의 회전 지그재그

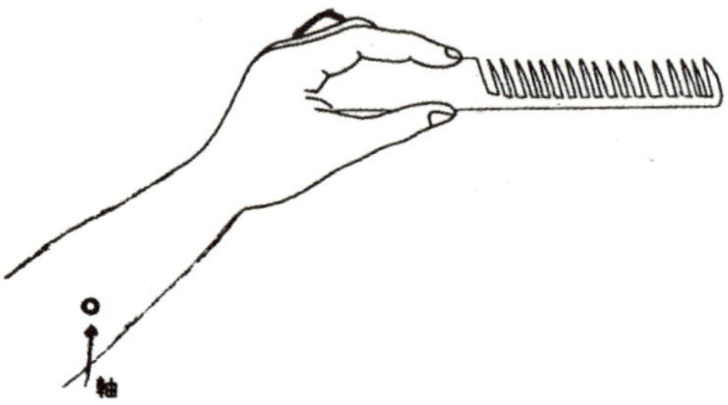

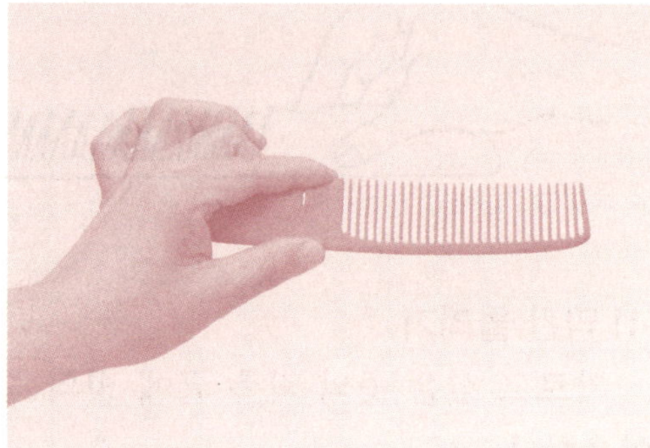

좌측

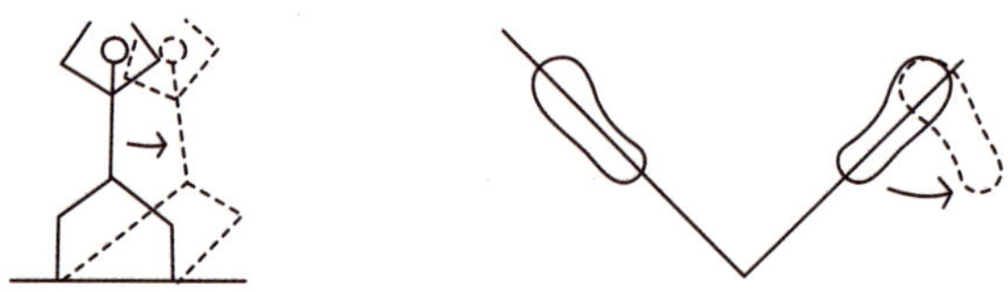

우측

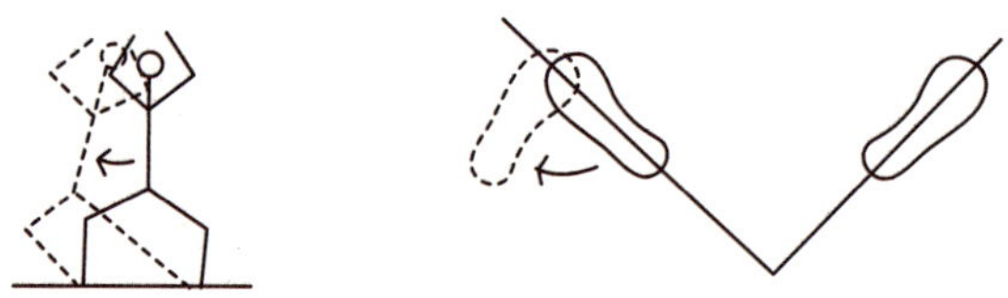

5) 각 없앰 빗 돌리기(눌러 잡아 깎기)

브로스 윗부분

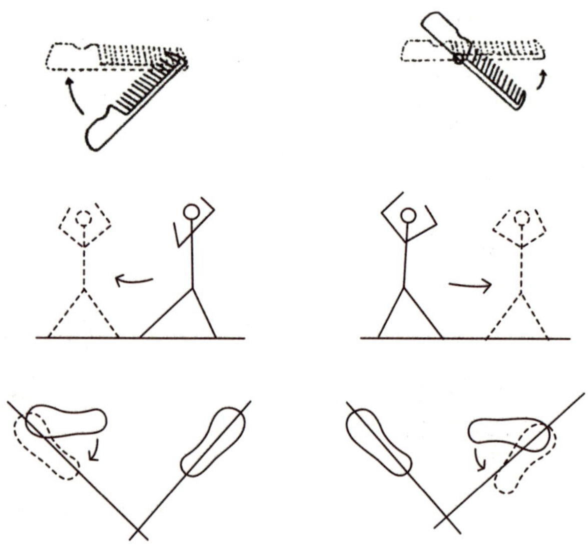

6) 각 없앰 빗 돌리기(눌러 잡아 깎기)

하프롱　연결 부분

◈ 좌우가 같은 형인 경우

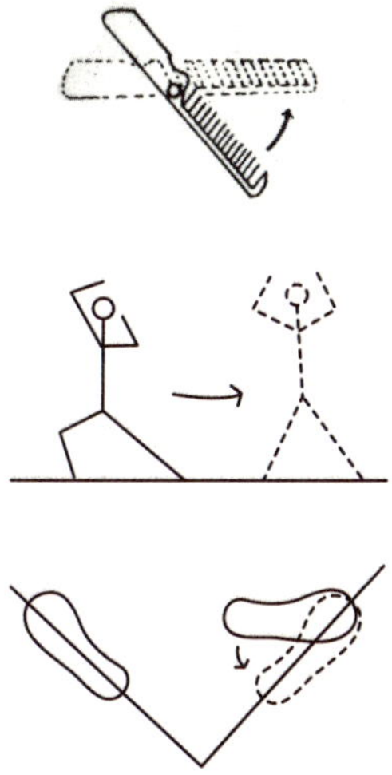

◈ 좌우가 다른 경우

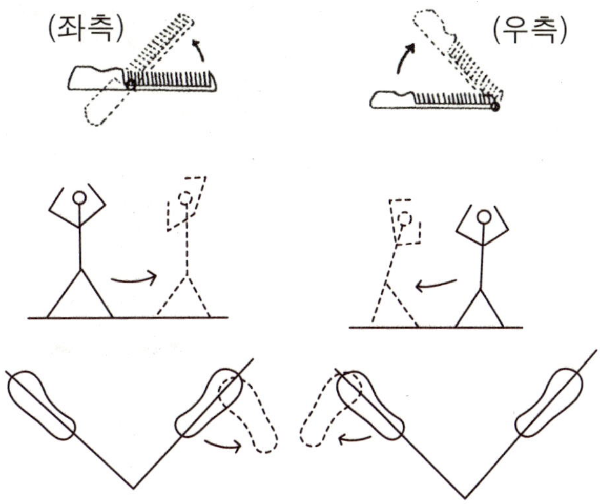

7) 수평 빗 돌려 깎기

브로스 윗부분

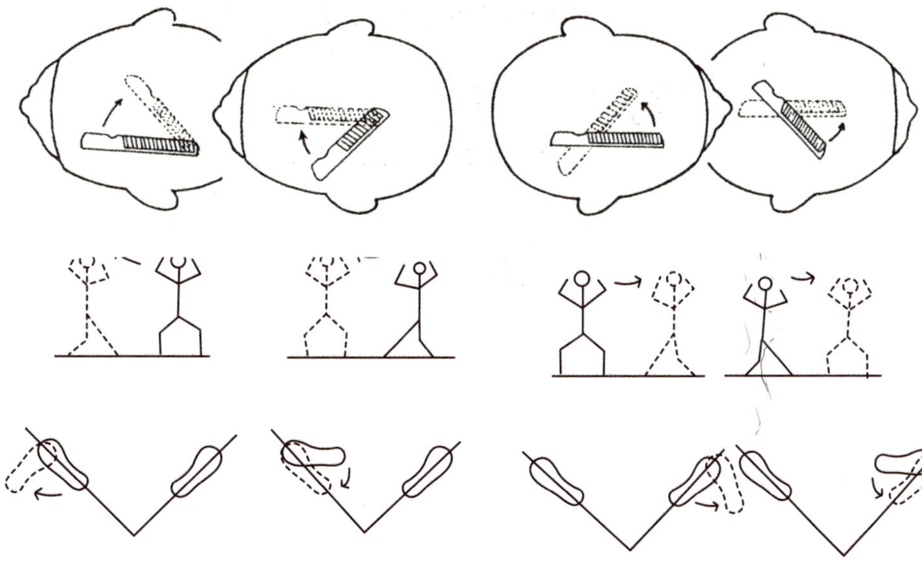

8) 몸의 회전 빗 돌려 깎기(후두부)

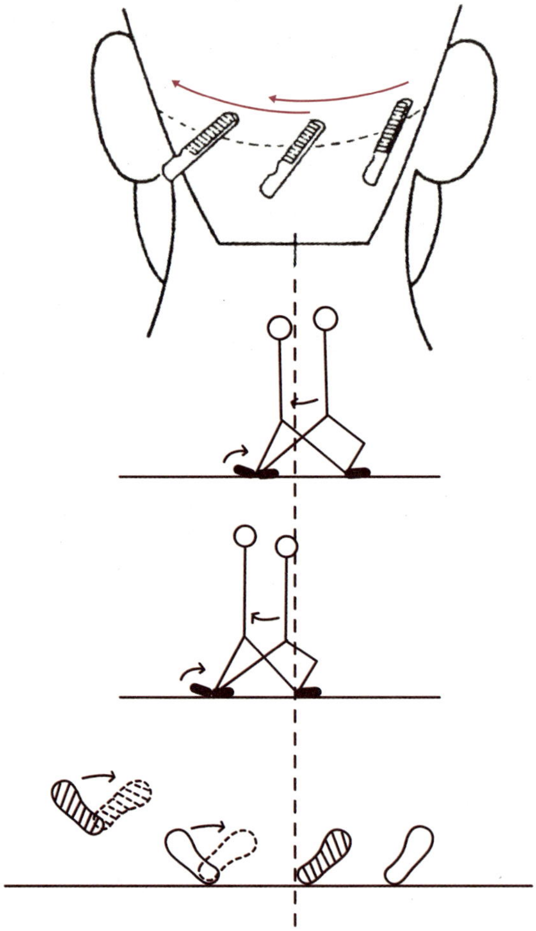

9) 1운동 2자세… 발 위치 { 흰 선( ) … 오른쪽에서 중앙까지
사 선( ) … 중앙에서 왼쪽까지

8. 지그재그 커트

보통 마무리의 지그재그 커트는 눌러 잡아 자르기로 시술한다.

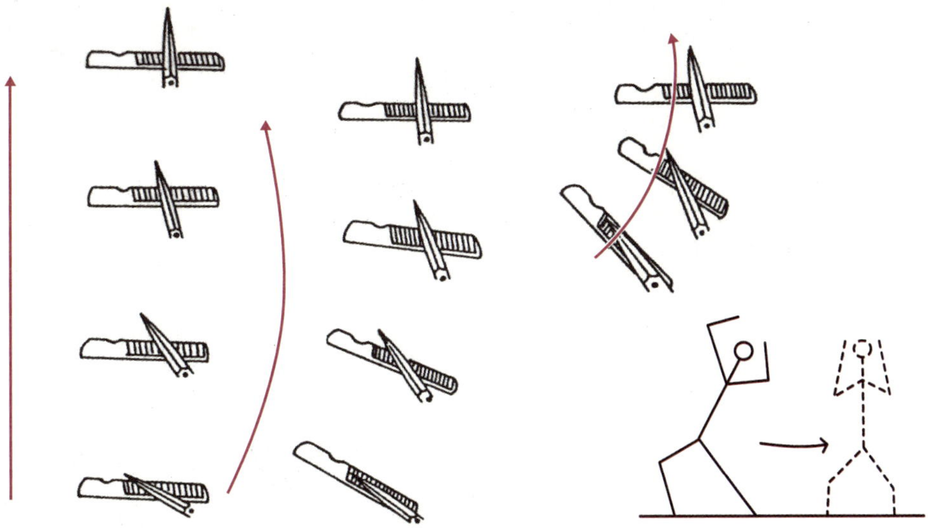

집중 지그재그　　후두부 전체 회전 지그재그　　후두부-연결 부분의 회전 지그재그

1) 측두부의 회전 지그재그

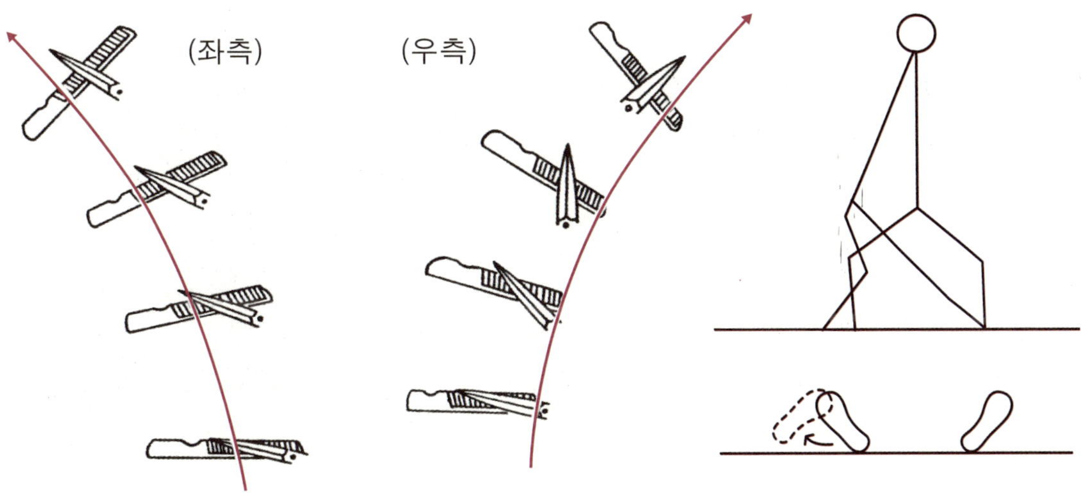

2) 프렌치 지그재그 커트

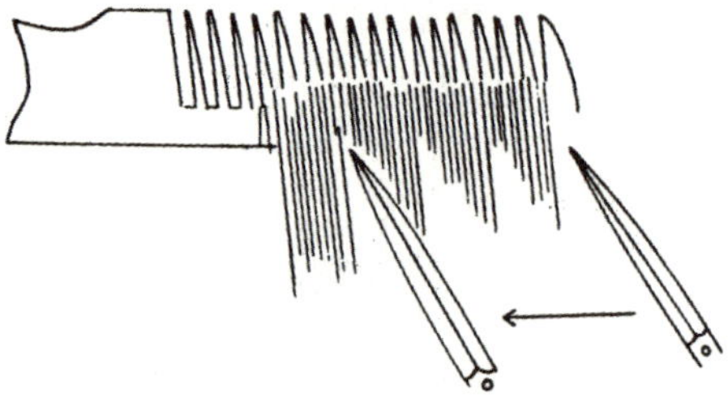

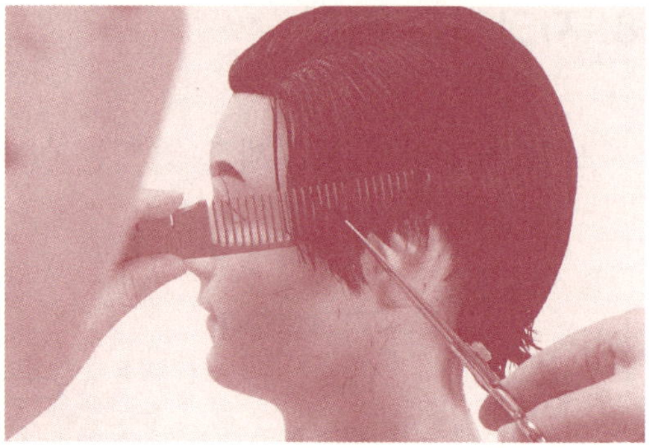

9. 손가락 이용 깎기

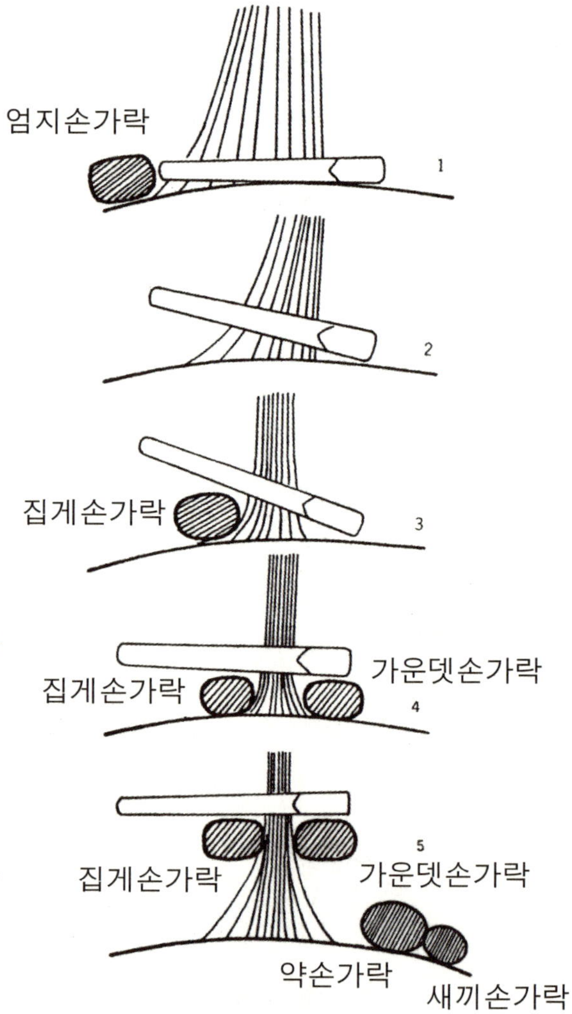

① 빗의 끝을 엄지에 댄다.

② 빗등을 피부에 대고 빗 끝을 세운다.

③ 집게손가락을 빗 끝 밑에 넣는다.

④ 가운뎃손가락으로 빗등을 세우도록 가운뎃손가락을 넣는다.

⑤ 집게손가락과 가운뎃손가락으로 모발을 잡고 수직으로 들어올려 커트한다.

1) 지그재그 손가락 이용 깎기

◆ 두정부

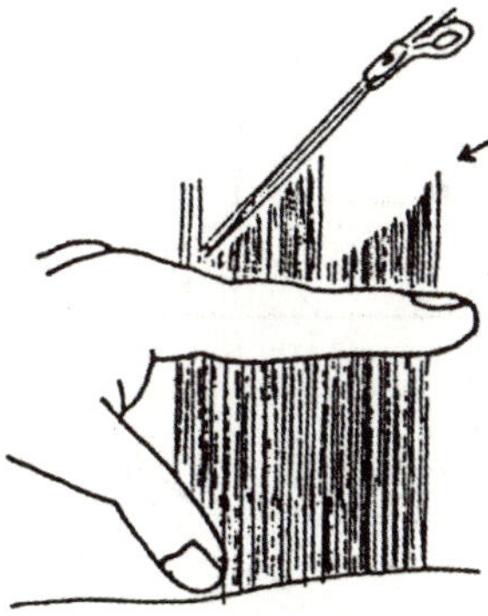

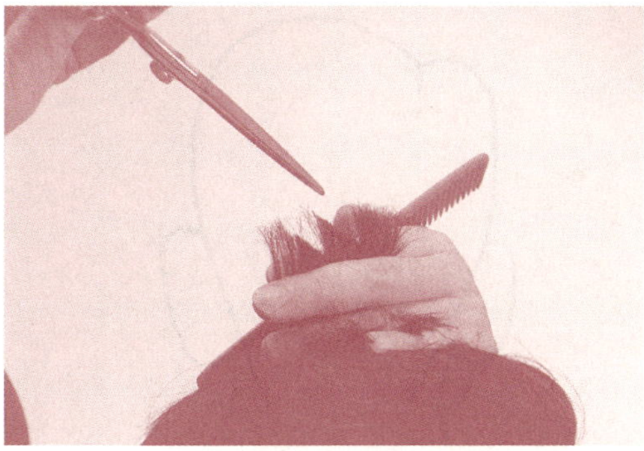

◆ 후두부 · 측두부

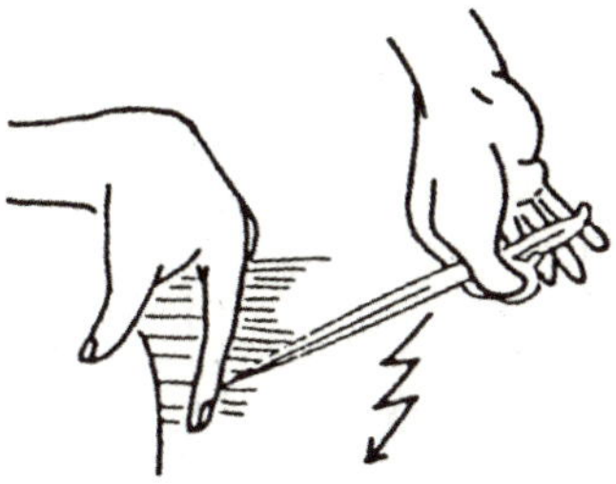

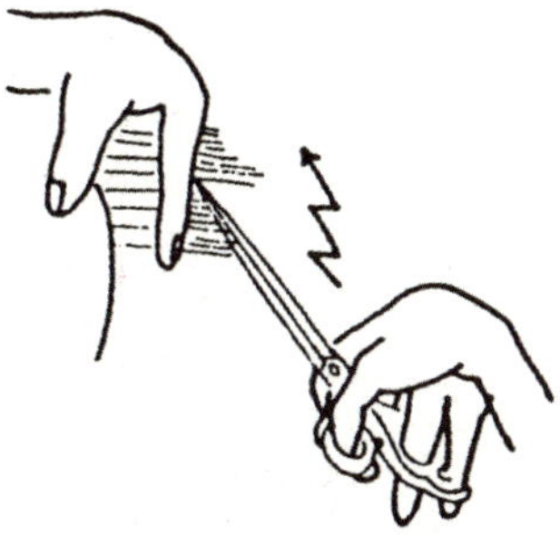

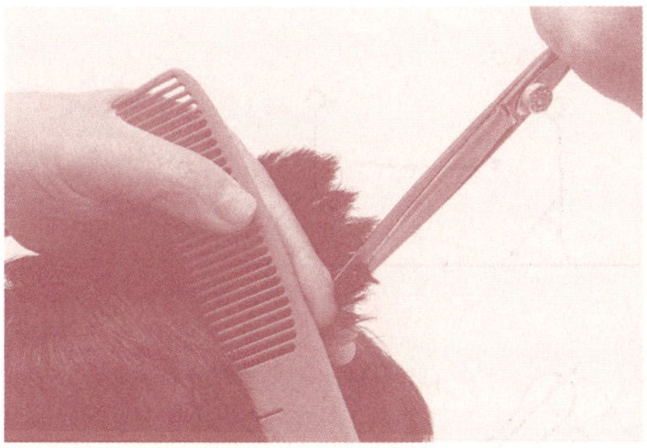

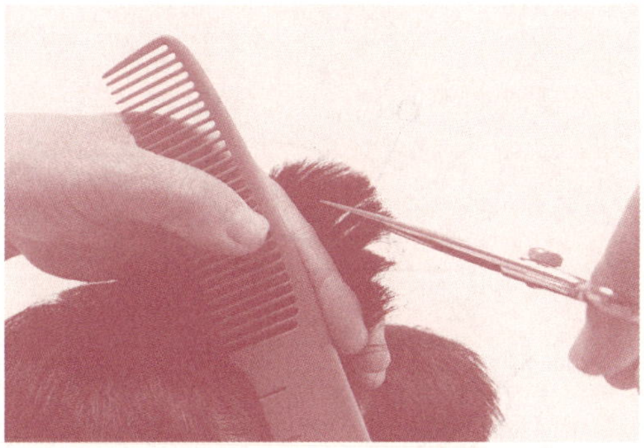

참 고 지그재그 기법은 피벗 포인트(pivot point)에서는 나칭(natching) 기법이라 하고, 일반적으로는 포인트 커팅(point cutting)이라고 한다.

10. 체크 커트

1) 후두부 R형 체크 법

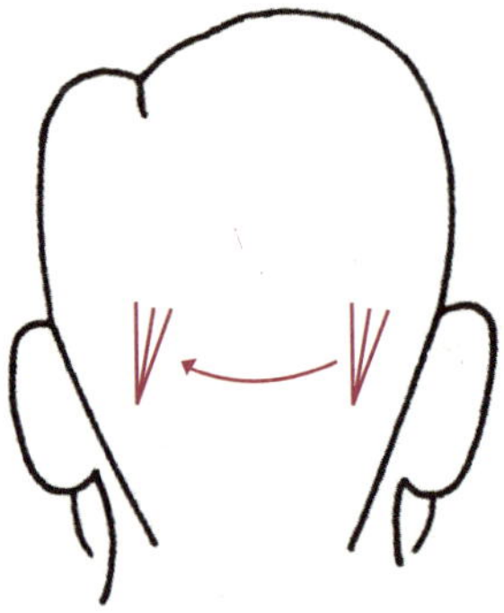

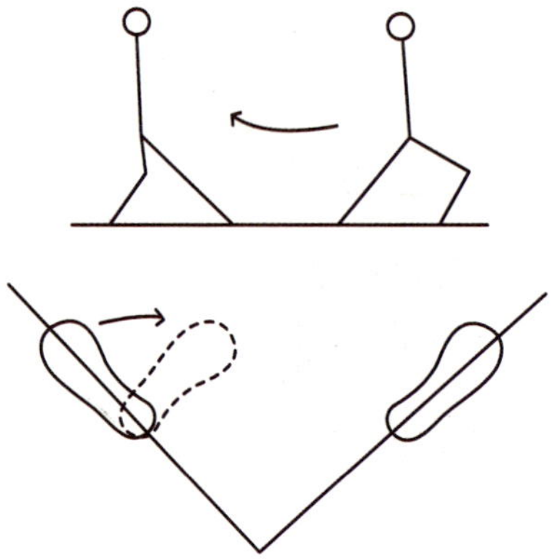

2) 측두부

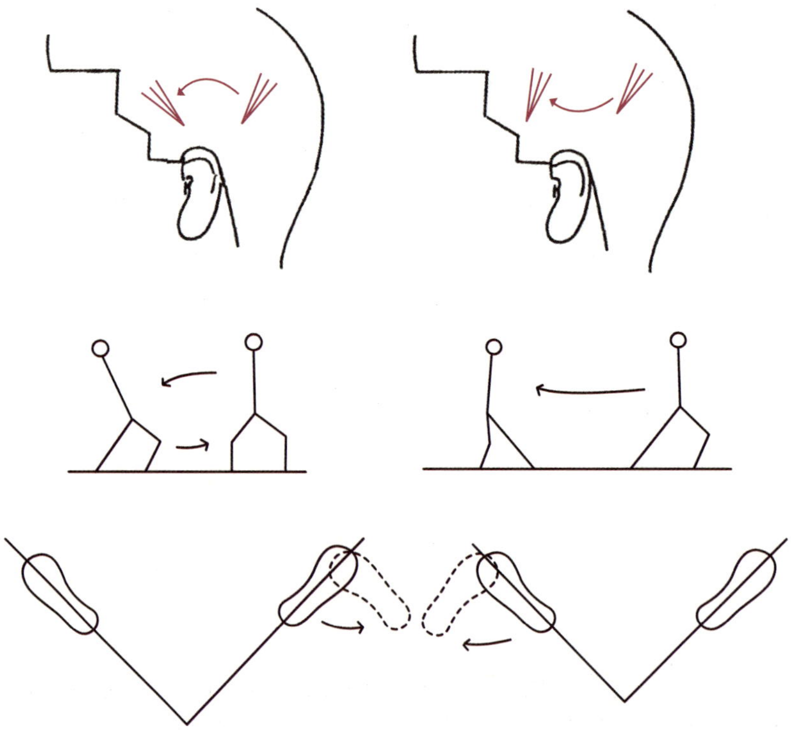

평면　　　　R형

02 포멀 커트(Farmal cut)–롱(long)

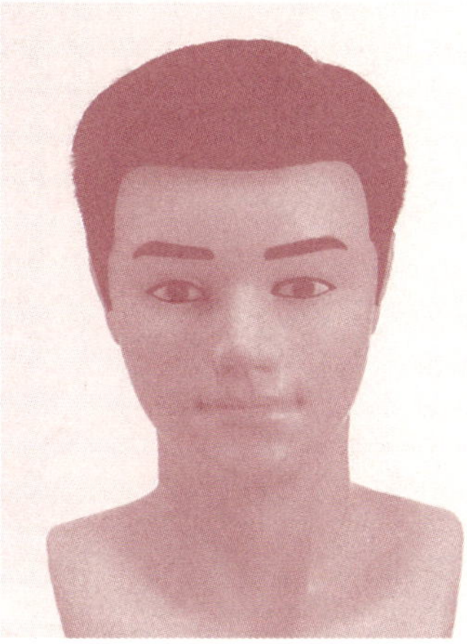

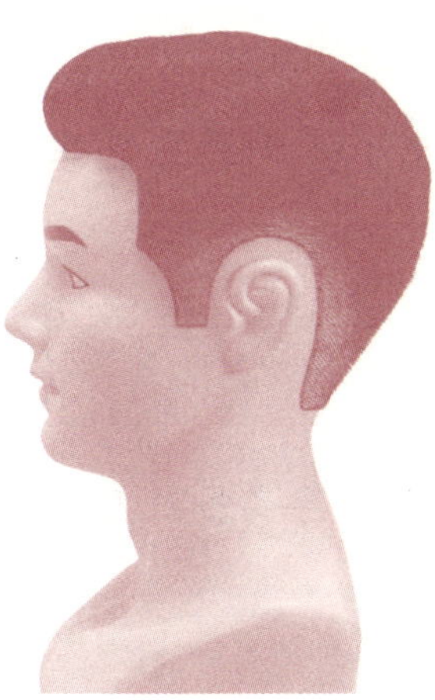

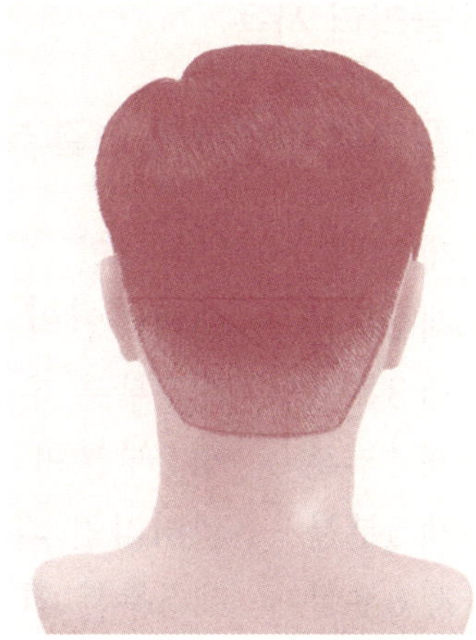

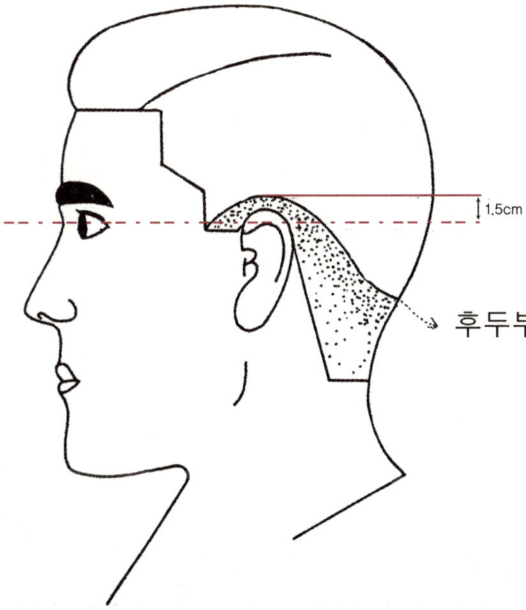

I.롱 커트 – 1

기초 깎기

1. 후두 하부 (몸 위치 – 후방 0˚)

1) 클리퍼 사용

2) 클리퍼 라인부터 연결 부분까지 면 커트로 연속 깎기

제 1부분 … 센터라인
제 2부분 … 센터라인의 우측
제 3부분 … 제 2부분 우측
제 4부분 … 제 3부분의 우측으로 우측돌기 밑부분
제 5부분 … 센터라인 좌측
제 6부분 … 제 5부분 좌측
제 7부분 … 제 6부분 좌측 돌기 밑부분

3) 클리퍼 라인 정리 연결하기

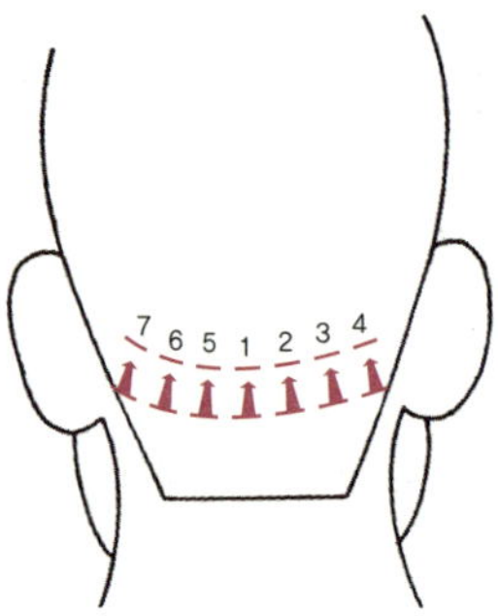

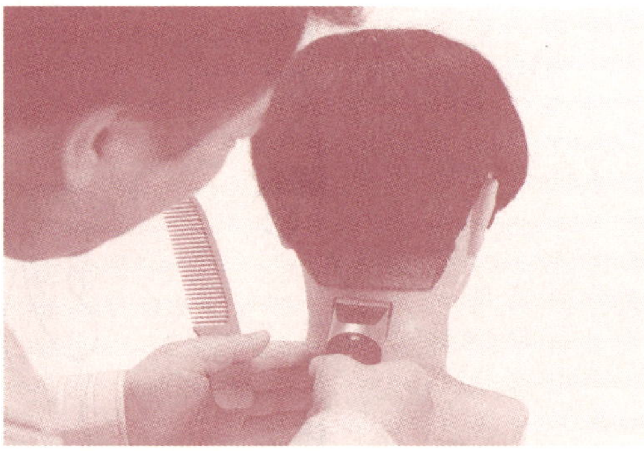

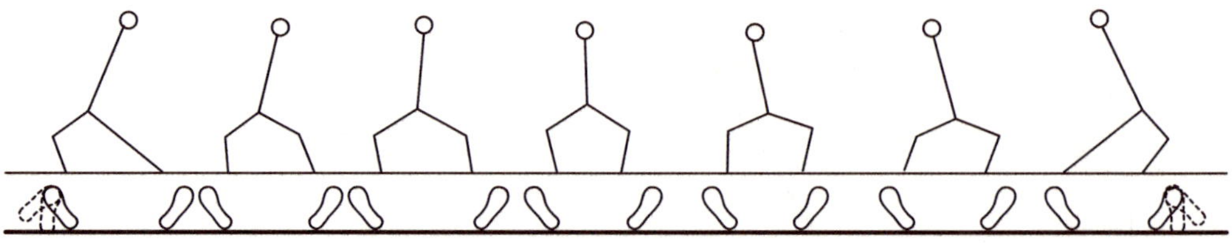

2. 후두부 (몸 위치 － 후방 0°)

제 1부분 … 우측 45° 왼발을 펴고 우측 무릎을 구부린다.
연결 부분부터 연속 깎기
제 2부분 … 우측 60° 웨이트라인부터 연속 깎기 후 돌려 깎기 2회 빗질
제 3부분 … 우측 75° 웨이트라인부터 연속 깎기 후 돌려 깎기 3회 빗질
제 4부분 … 좌측 45° 오른발을 펴고 왼쪽 무릎을 구부린다.
웨이트라인부터 연속 깎기 1부분
제 5부분 … 좌측 60° 웨이트라인부터 연속 깎기 후 돌려 깎기 2회 빗질
제 6부분 … 좌측 75° 웨이트라인부터 연속 깎기 후 돌려 깎기 3회 빗질
제 7부분 … 센터라인 45° 1회 빗질 2가위 돌려 깎기－2회 빗질

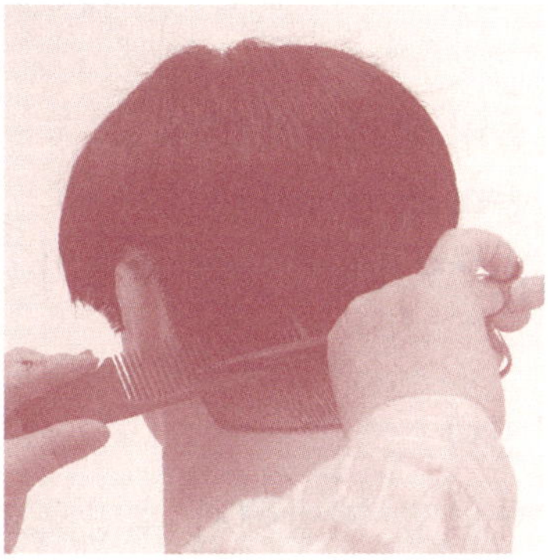

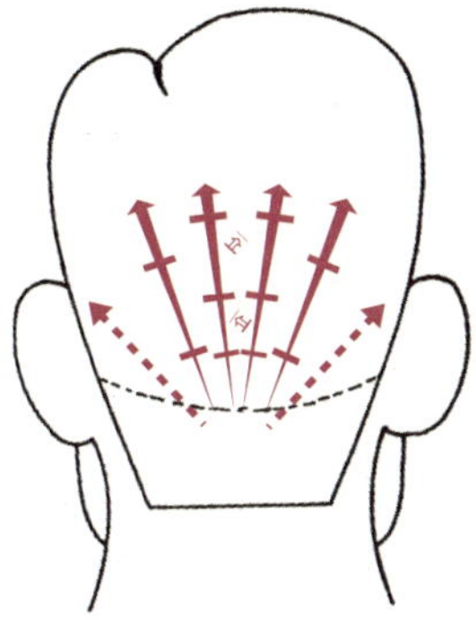

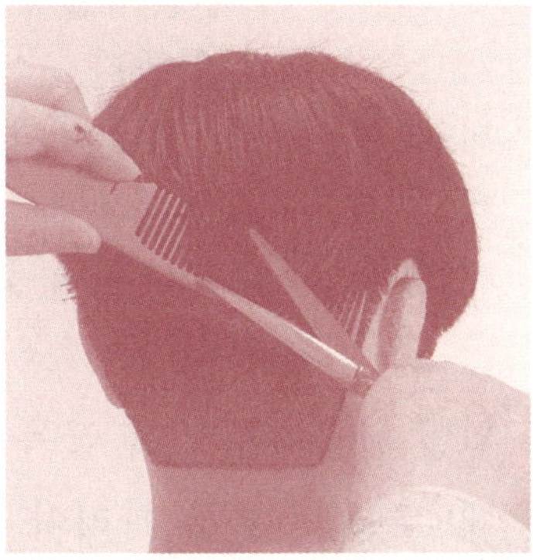

－ 연속 깎기 － 돌려 깎기

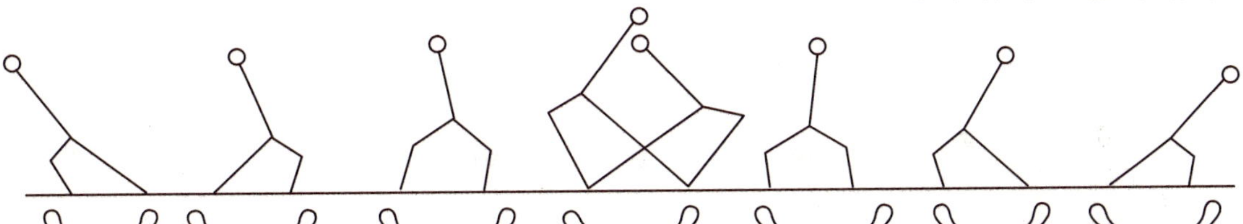

④ 45° ⑤ 60° ⑥ 75° ⑦ 1회 빗질 2가위 (45°) ③ 75° ② 60° ① 45°

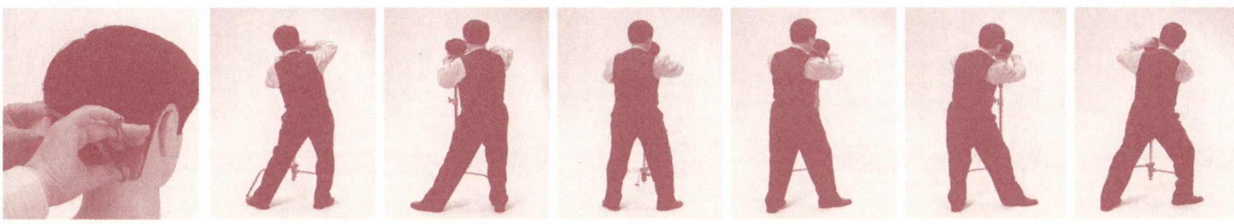

3. 좌측 옆머리

몸 위치 - 왼쪽 뒤 방향 45° 오른발은 구부리고 왼발을 펴고 몸은 앞을 향한다.

제1부분 … 돌출 부분을 기점으로 고정 자르기 1회 빗질
수평까지 부채형 고정 깎기 또는 부채형 연속 깎기
부채형 돌려 깎기 3빗질, 이동 돌려 깎기 4회 빗질
제2부분 … 귀 앞부분에서 귀 윗부분에 걸쳐서 각도 30°
고정 깎기 1회 빗질, 돌려 깎기 2회 빗질
제3부분 … 귀 윗부분을 기점으로 해서 고정 깎기 1회 빗질
제4부분 … 귀 뒤 윗부분을 기점으로 해서 고정 깎기 1회 빗질
수평까지 부채형 고정 깎기 또는 부채형 연속 깎기
부채형 회전 깎기 3회 빗질, 45° 이동 돌려 깎기 2회 빗질
발뒤꿈치를 이동시켜 왼발은 구부리고 오른발을 펴고 몸은 뒤 방향으로 향한다.
제5부분 … 귀 윗부분에서 이동 각도60°, 절단 각도 45°, 돌려 깎기 4회 빗질
제6부분 … 귀 앞부분에서 이동 각도60°, 절단 각도 45°, 돌려 깎기 4회 빗질
제7부분 … 구레나룻 돌출 위부터 이동 각도 60°, 절단 각도 45°, 돌려 자르기 3회 빗질

왼발 뒤꿈치는 발톱 끝을 축으로 토우 턴(too turn)시킨다.

제8부분 … 부분 가리마 절단 각도 가리마 선에 대해서 45° 전방에서 후방으로 돌려 깎기 6회 빗질

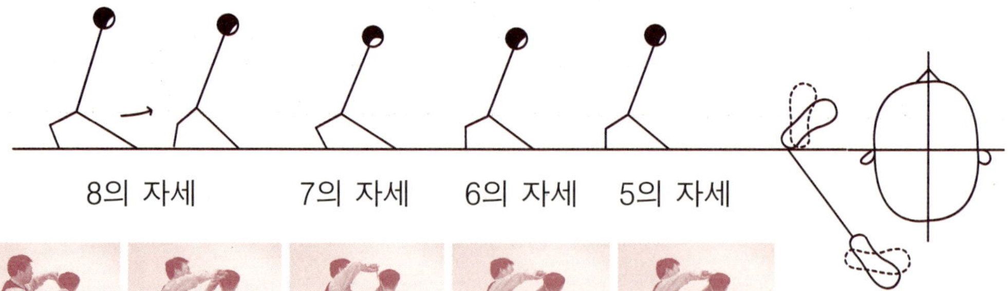

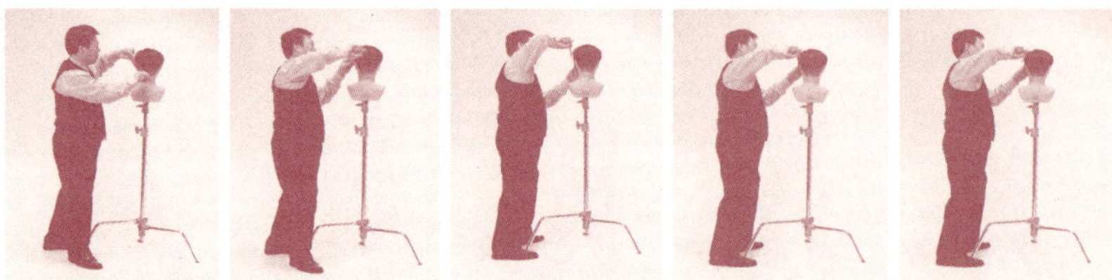

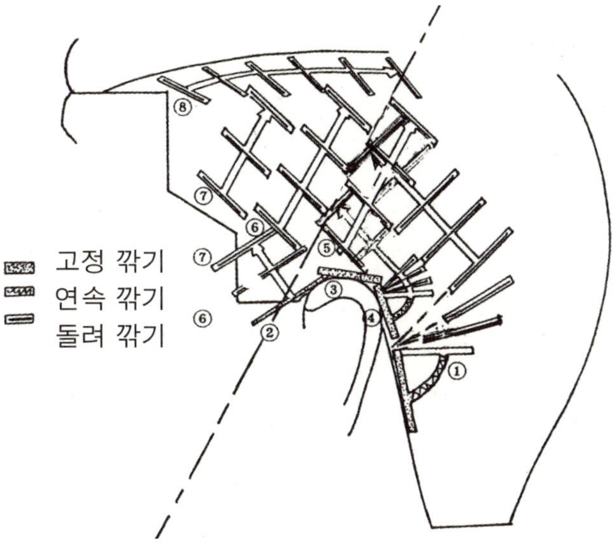
고정 깎기
연속 깎기
돌려 깎기
①
②
③
④
⑤
⑥
⑦
⑧

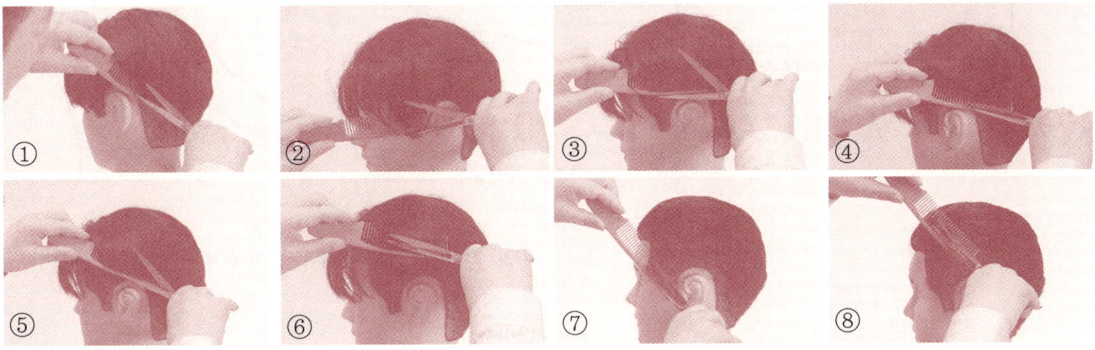
①
②
③
④
⑤
⑥
⑦
⑧

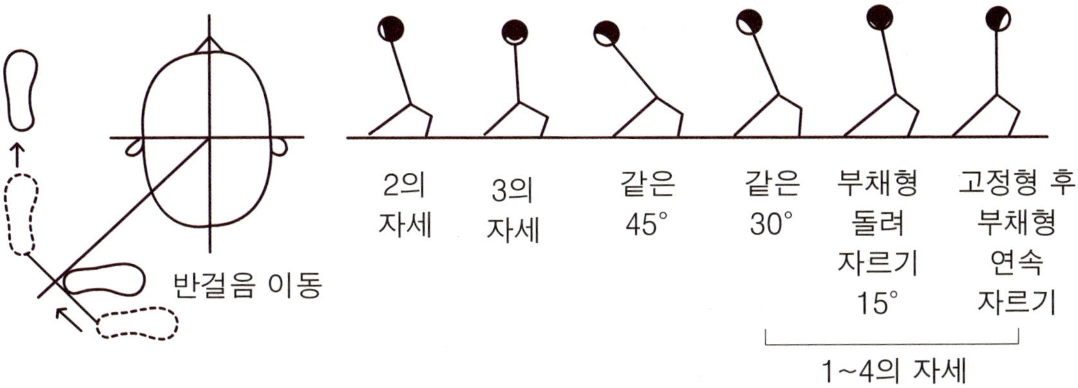
반걸음 이동
2의 자세
3의 자세
같은 45°
같은 30°
부채형 돌려 자르기 15°
고정형 후 부채형 연속 자르기
1~4의 자세

4. 좌측 가장자리 부분

1) 구레나룻 가장자리 커트

2) 구레나룻 라인 커트

3) 가장자리 부분 반대 빗질
   귀 앞에서 귀 윗부분, 귀 뒷부분

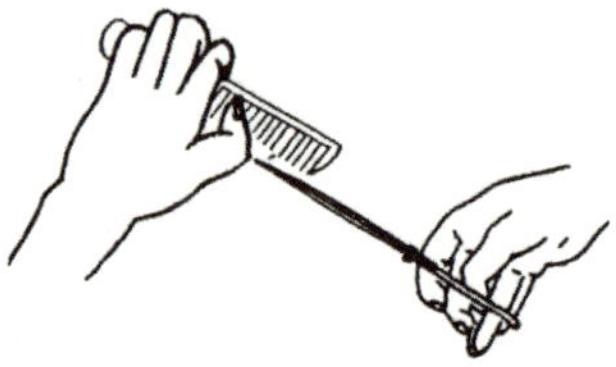

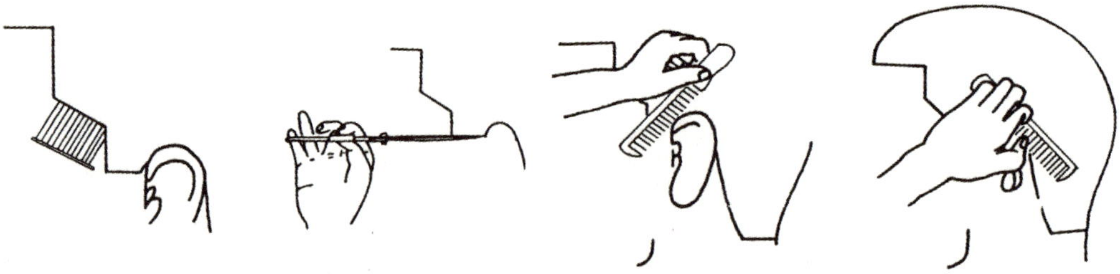

①　②　③ (귀 앞부분·귀 윗부분)　④ (귀 뒷부분·측경부)

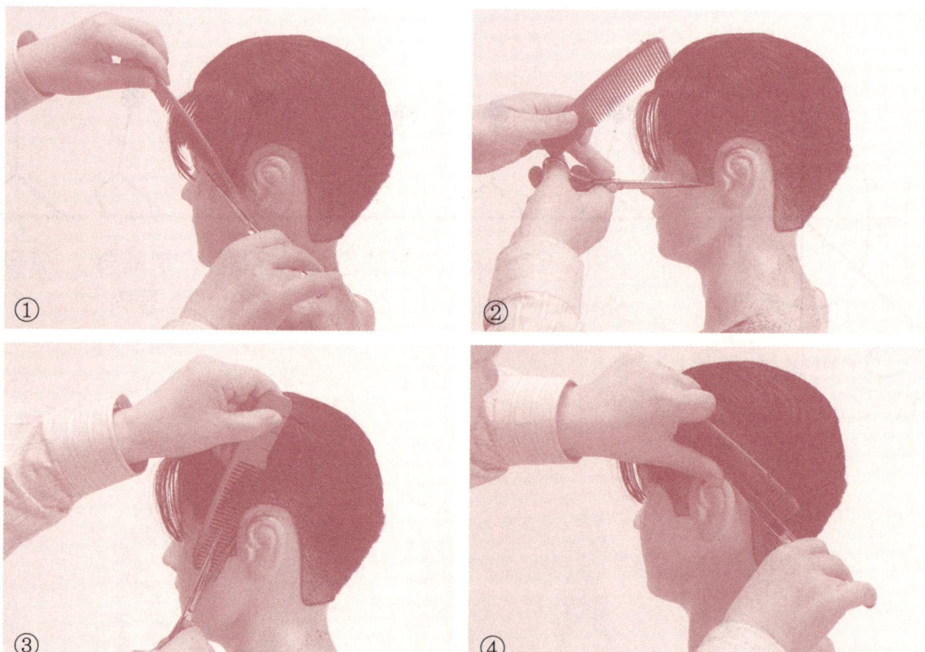

4) 네이프 라인(nape line)
귀 앞부분에서 뒤 방향으로

5) 고정 자르기와 연속 깎기
목덜미 평행, 사선을 서로 병행

(평행)

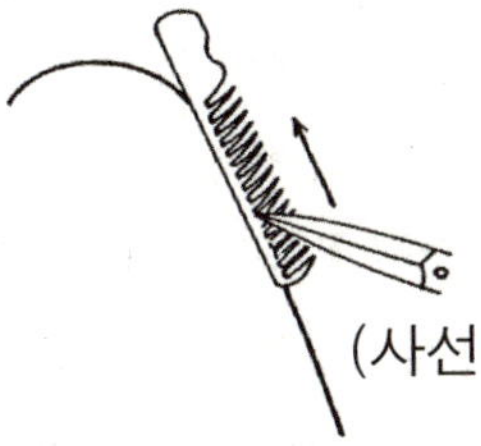
(사선)

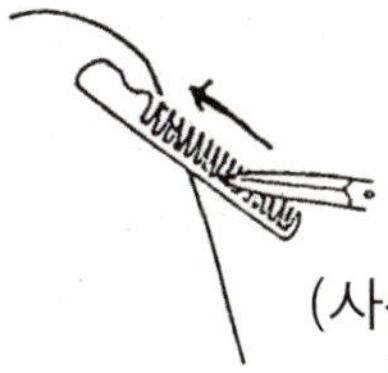
(사선 고정 깎기
– 빗등으로 세움)

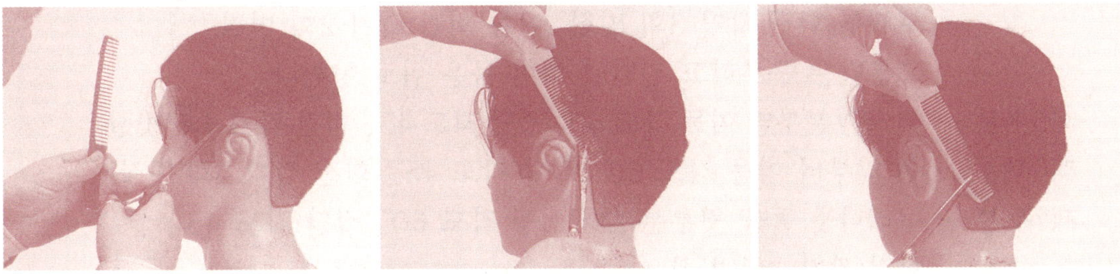
(평행 고정 깎기 – 빗 끝으로 세움)

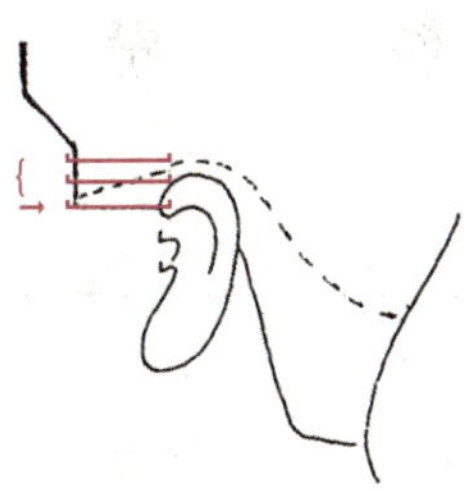
고정 깎기

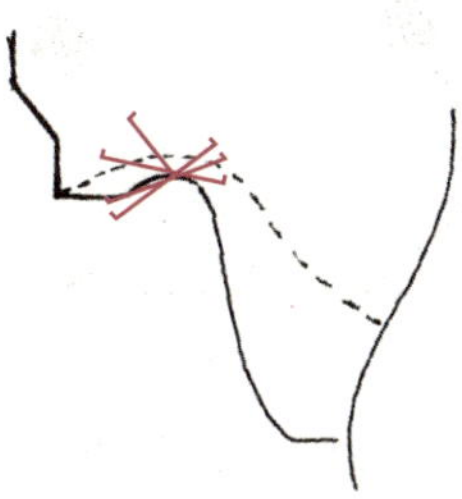
목덜미에 사선 고정 깎기

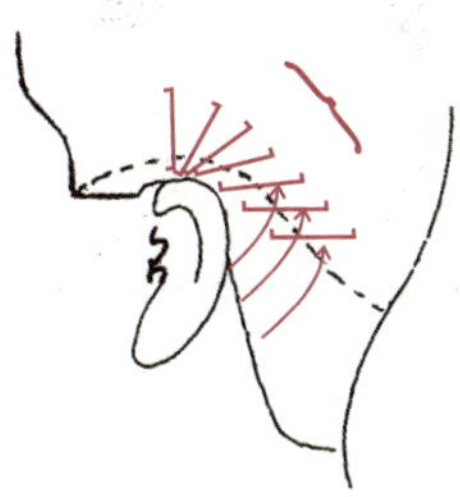
목덜미에
사선 고정
깎기

빗 끝을 피부에 붙여
빗등 세우기의 연속 깎기

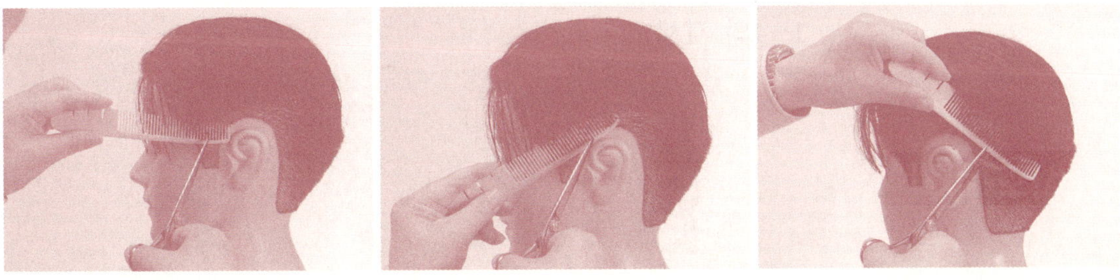

5. 우측 옆머리(light side)

몸 위치 - 우측 뒤 45°, 왼발을 구부리고 오른발을 펴고 몸을 앞을 향해

제1부분 … 돌기 윗부분을 기점으로 고정 깎기 1회 빗질
수평까지 부채형 고정 깎기 혹은 부채형 연속 깎기
부채형 회전 깎기 3회 빗질, 45° 이동 회전 깎기 4회 빗질

제2부분 … 귀 앞부분 뺨 부분부터 귀 위에 걸쳐서 절단 각도 30°
고정 깎기 1회 빗질, 회전 깎기 2회 빗질

제3부분 … 귀 윗부분 절단 각도 10° (후방 경사) 고정 깎기 1회 빗질

제4부분 … 귀 뒤 윗부분을 기점으로 고정 깎기 1회 빗질
수평까지 부채형 고정 자르기 혹은 부채형 연속 깎기
부채형 회전 깎기 3회 빗질, 이동 회전 깎기 2회 빗질
오른발은 구부리고 왼발을 펴며 몸은 뒤로 향한다.

제5부분 … 귀 윗부분부터 이동 각도 60°, 절단 각도 45°, 회전 깎기 4회 빗질

제6부분 … 귀 앞부터 이동 각도 60°, 절단 각도 45°, 회전 깎기 4회 빗질

제7부분 … 구레나룻 돌출 윗부분부터 이동 각도 60°, 절단 각도 45°,
회전 깎기 3회 빗질

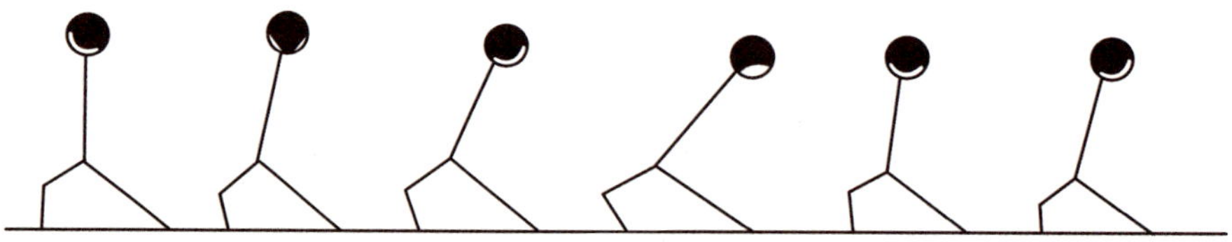

고정형 자르기 후 부채형 연속 깎기	부채형 회전깎기 15°	부채형 회전깎기 30°	부채형 회전깎기 45°	3의 자세	2의 자세

1~4의 자세

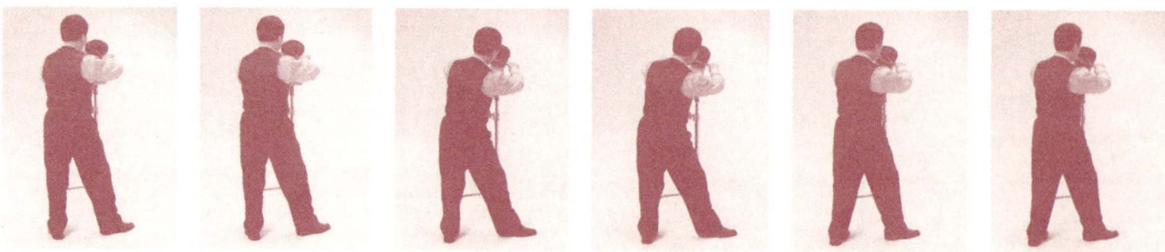

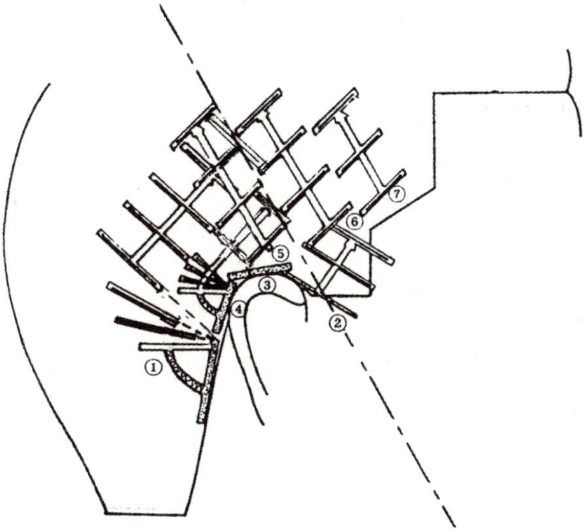

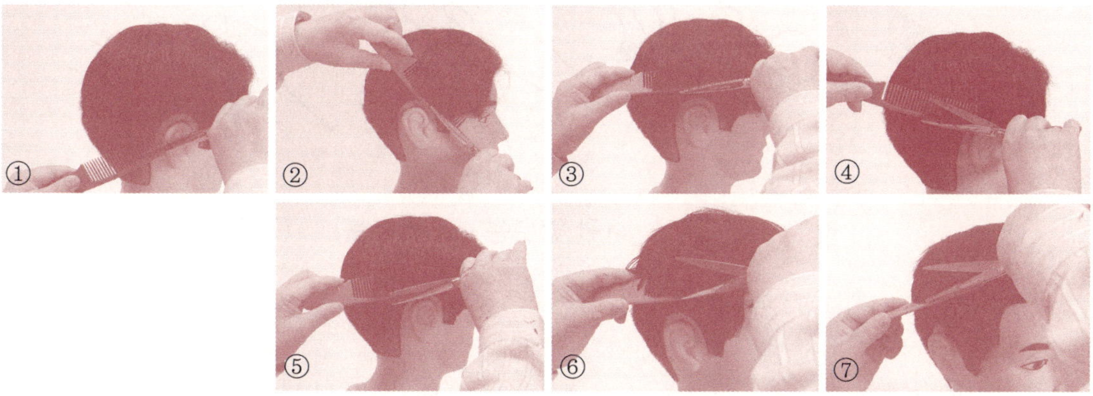

1, 2, 3, 4의 발 위치

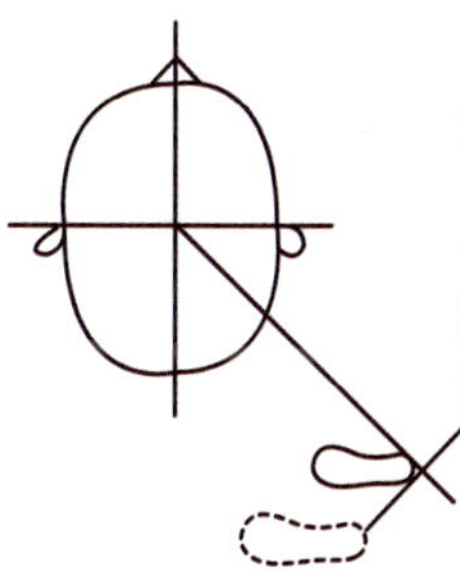

반걸음 이동

5, 6, 7의 발 위치

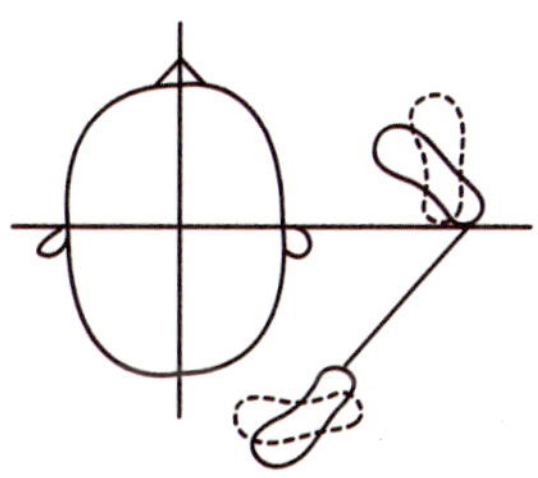

1~4 이동하는 발의 위치를 바꾸어준다.

5의 자세 6의 자세 7의 자세

6. 우측 가장자리 부분

1) 구레나룻 가장자리 커트

2) 구레나룻 라인 커트

3) 가장자리 부분 반대 빗질
   귀 앞에서 귀 윗부분, 귀 뒷부분, 옆 부분

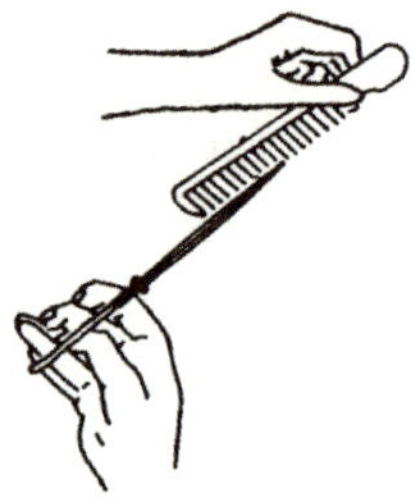

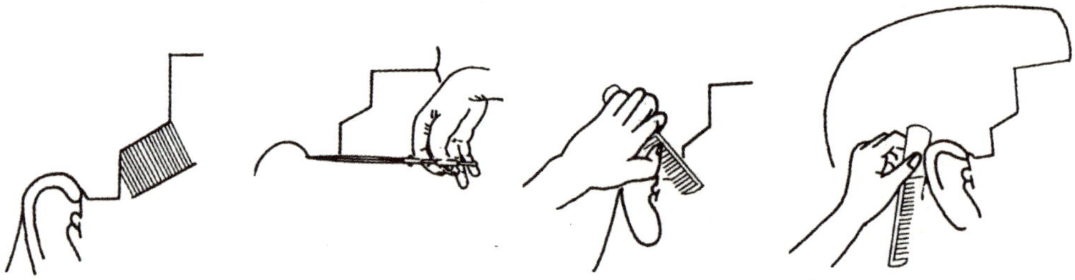

① ② ③ ④

③ (귀 앞부분 · 귀 윗부분) ④ (귀 뒷부분 · 측경부)

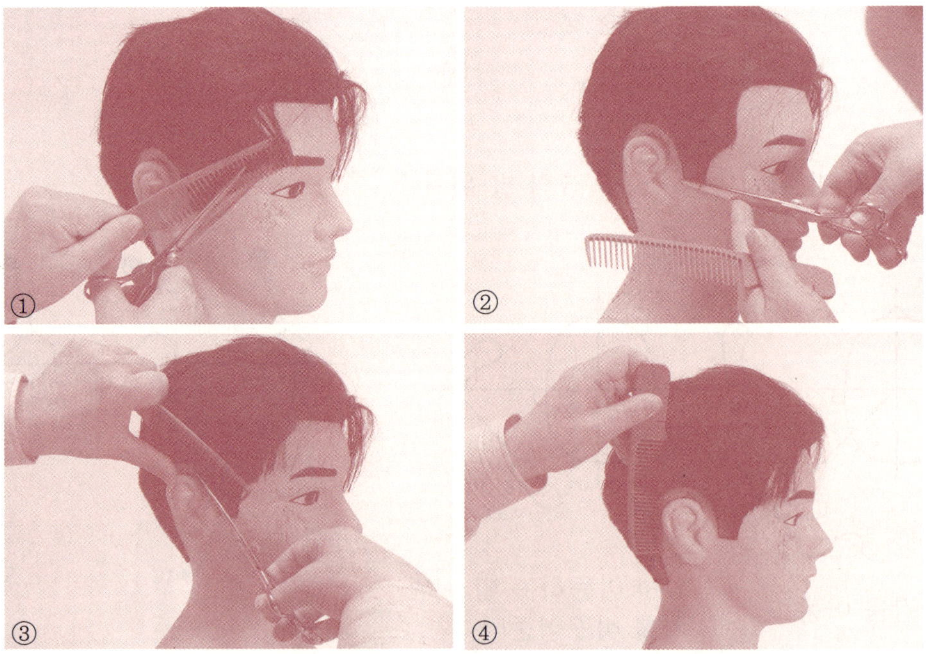

4) 네이프 라인(nape line)

귀 앞부분에서 뒤 방향으로

5) 고정 자르기와 연속 깎기

목덜미 평행, 사선을 서로 병행

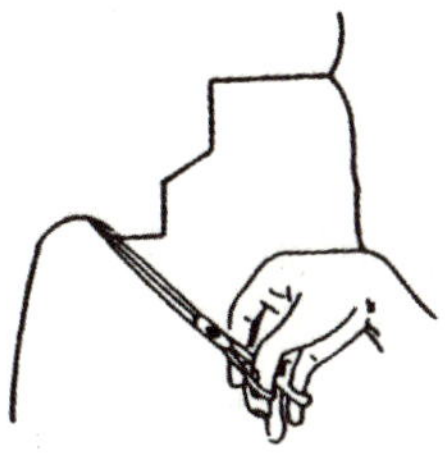

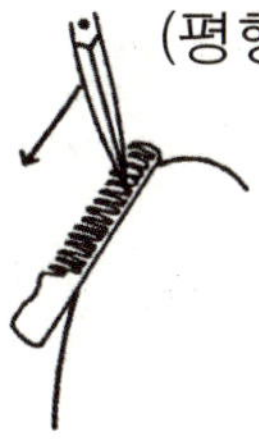

(평행 고정 깎기
– 빗 끝으로 세움)

(사선 고정 깎기
– 빗등으로 세움)

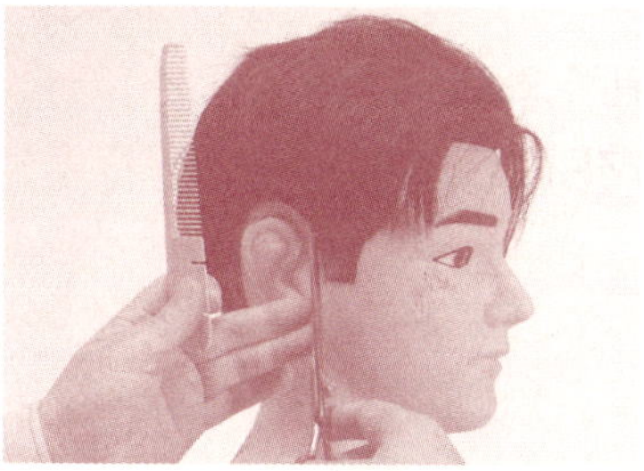

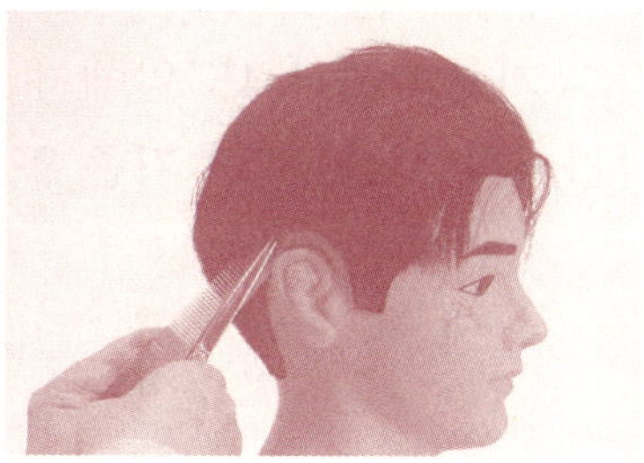

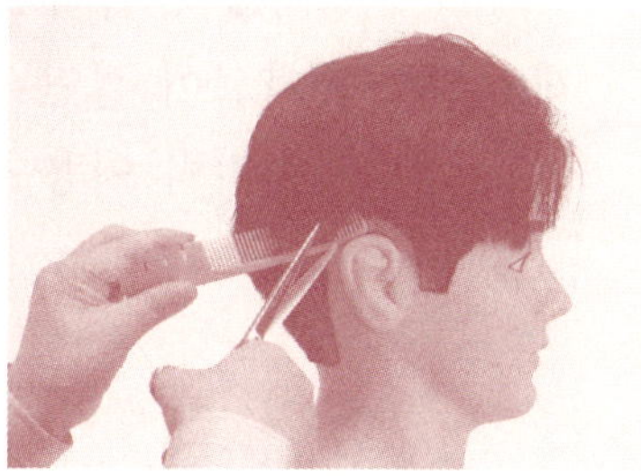

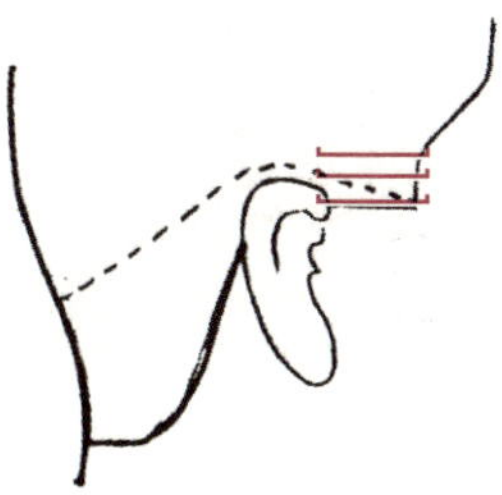

고정 깎기

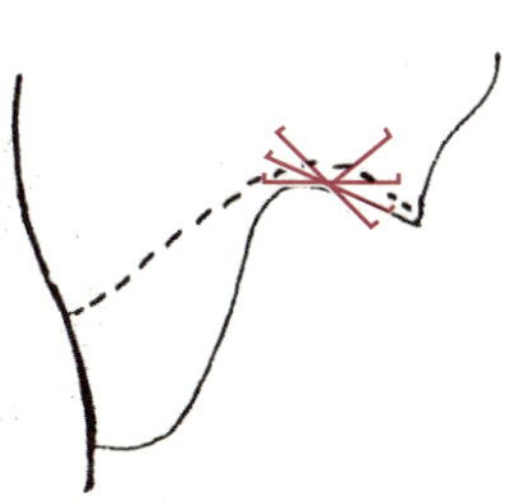

목덜미에 사선 고정 깎기

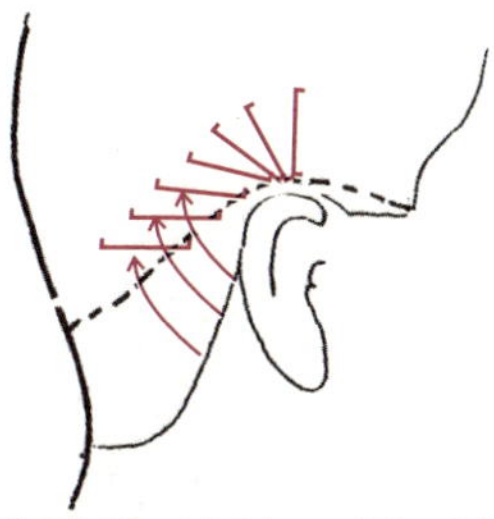

목덜미에 사선 고정 깎기와 연속 깎기

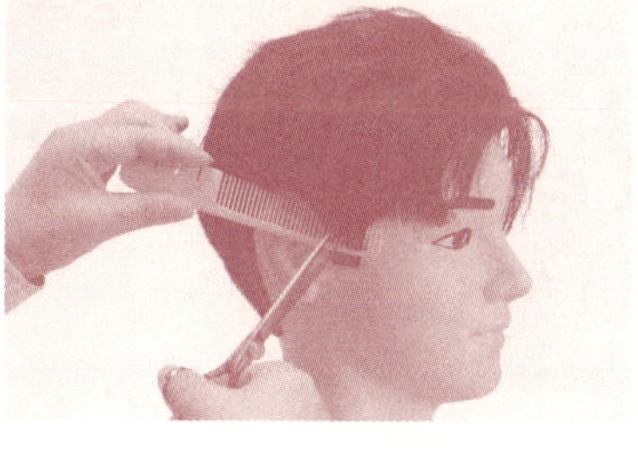

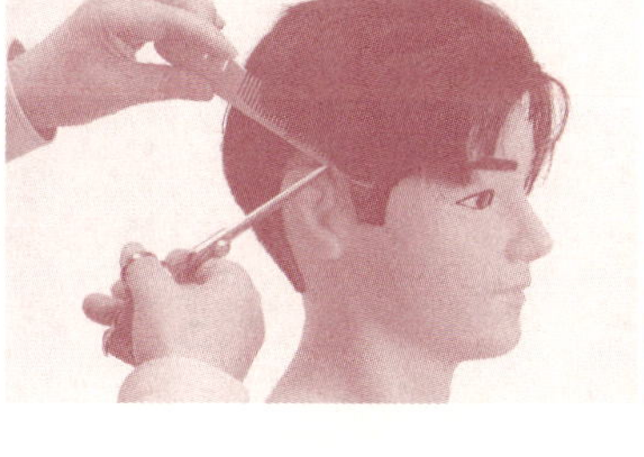

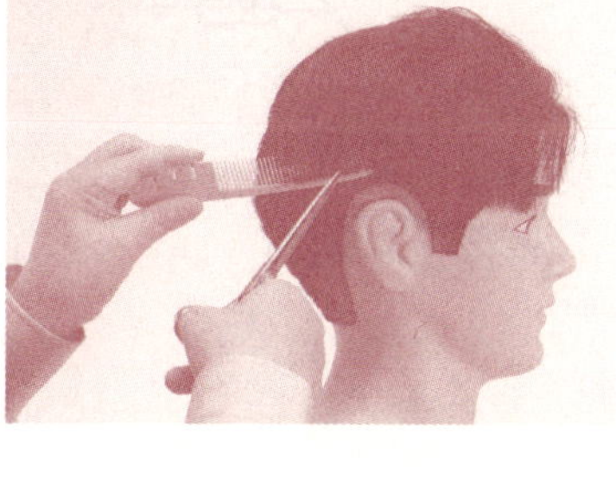

7. 두정부 (몸 위치 – 좌측 후방 45˚)

제1부분 … 귀 윗부분부터 이동 각도 45˚
제2부분 … 귀 위 앞부분부터 이동 각도 45˚
손가락 이용 깎기 5회 빗질, 절단 기준 3, 2, 1관절
(1 · 2회 빗질–3관절, 3 · 4회 빗질–2관절, 5회 빗질–1관절)
제3부분 … 오른쪽 이마 끝부분부터 이동 각도 45˚
손가락 이용 깎기 5회 빗질, 절단 기준 2관절
제4부분 … 제3부분과 센터라인의 중간부터 이동 각도 45˚
손가락 이용 깎기 3회 빗질, 절단 기준 2관절
제5부분 … 센터부터 이동 각도 45˚
손가락 이용 깎기 1회 빗질, 절단 기준 1관절
시술자 위치 오른쪽 뒷부분 45˚로 이동
제6부분 … 가르마 절단 각도 가르마에서 45˚앞에서 뒤쪽으로
손가락 이용 깎기 6회 빗질, 절단 기준 2관절

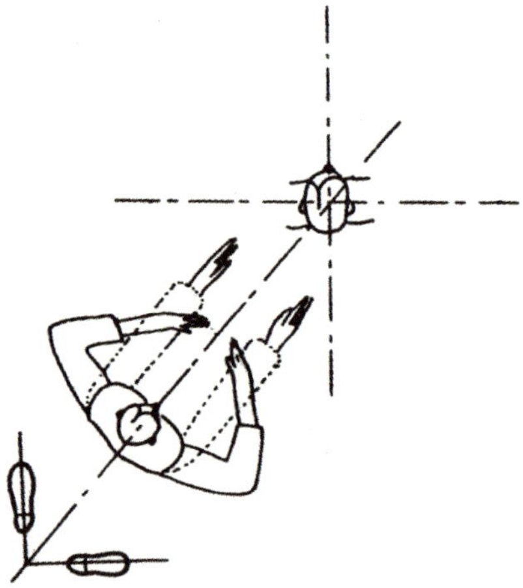

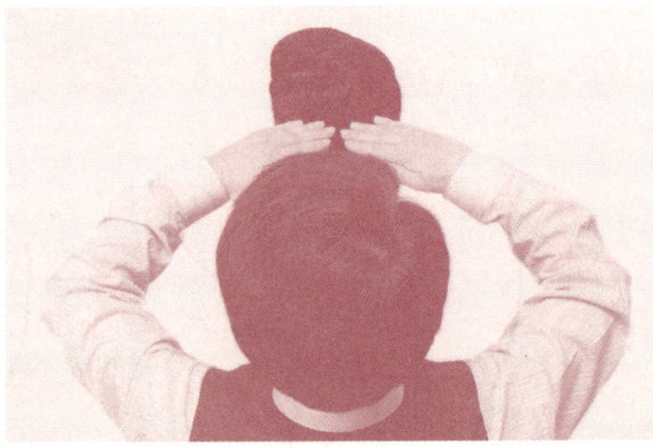

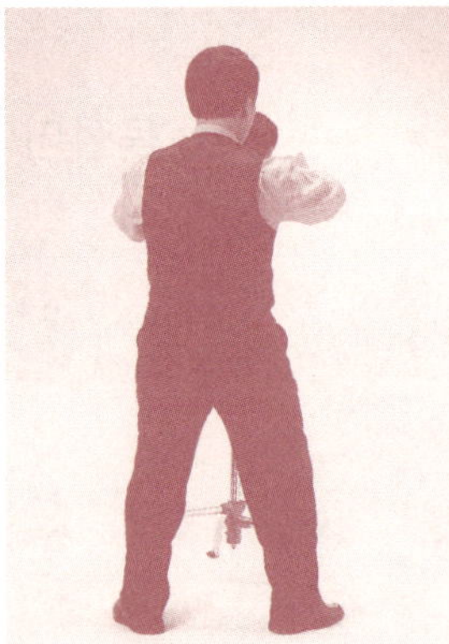

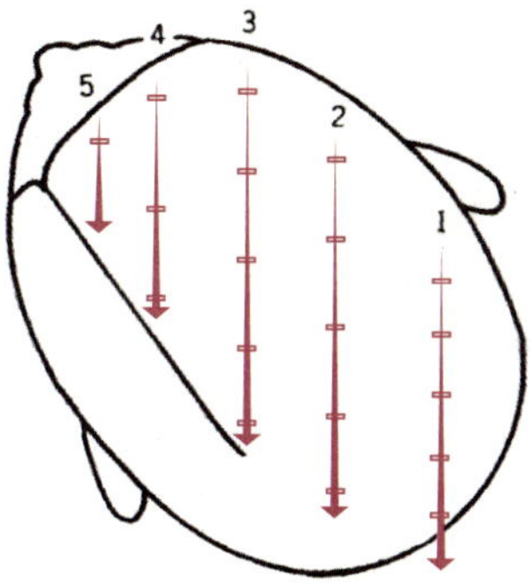
5
4
3
2
1

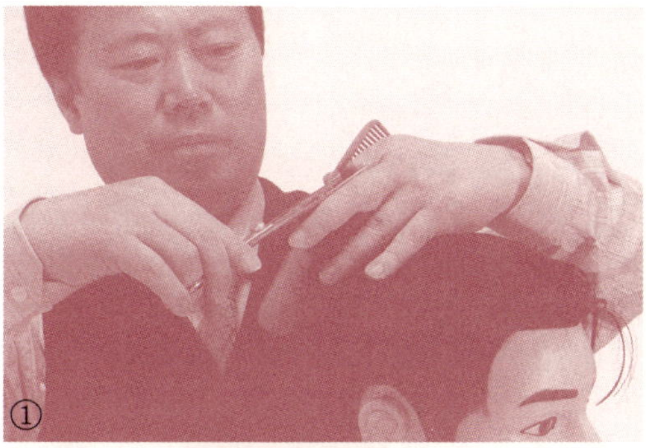
①

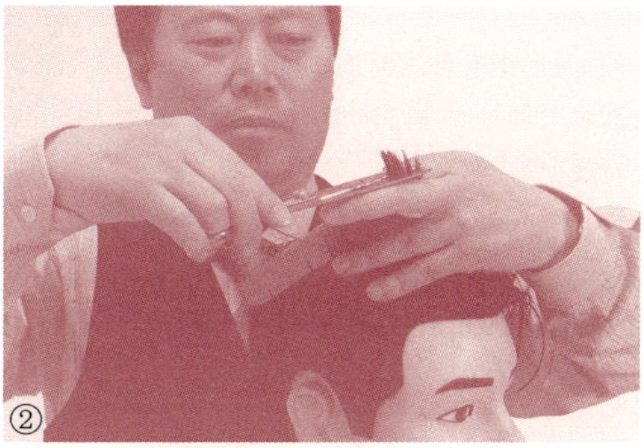
②

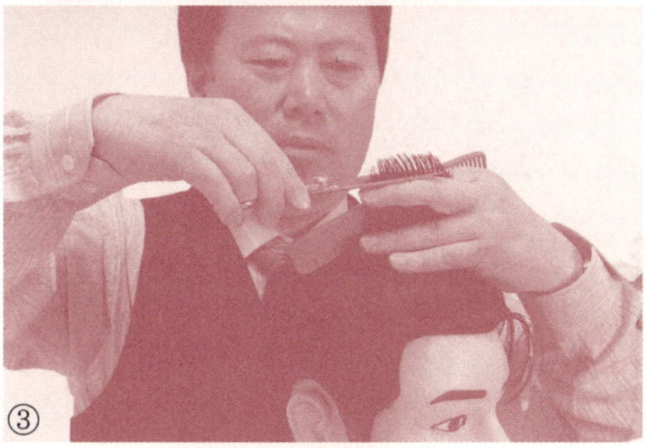
③

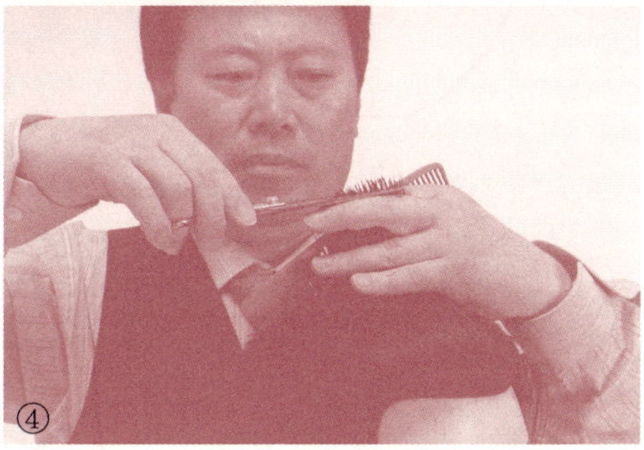
④

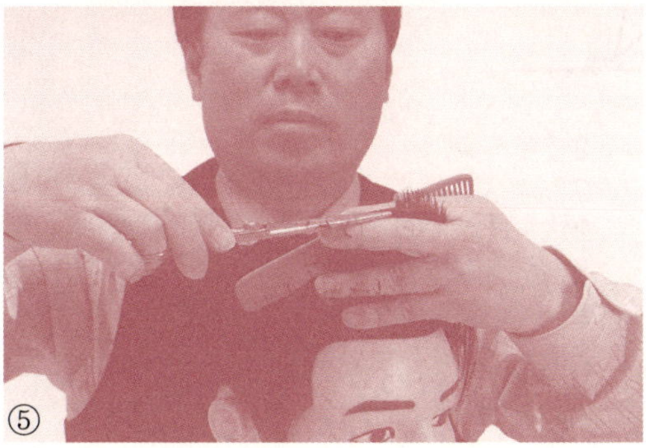
⑤

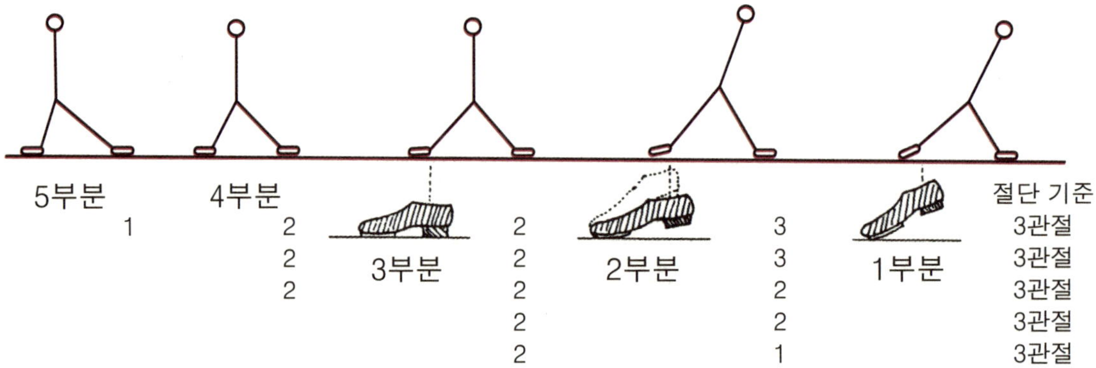
5부분
1
4부분
2
2
2
3부분
2
2
2
2
2
2부분
3
3
2
2
1
1부분
절단 기준
3관절
3관절
3관절
3관절
3관절

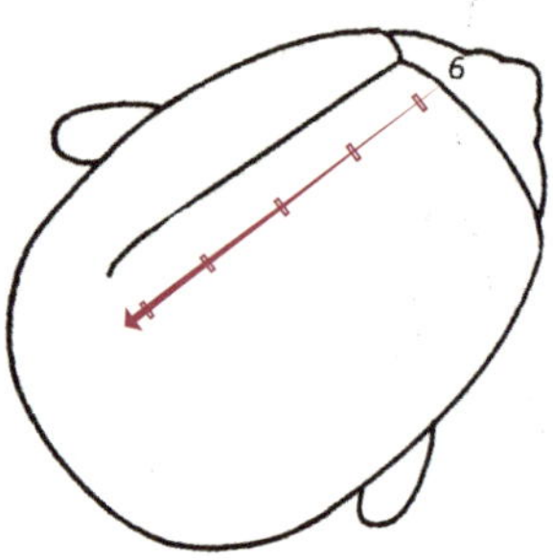
6

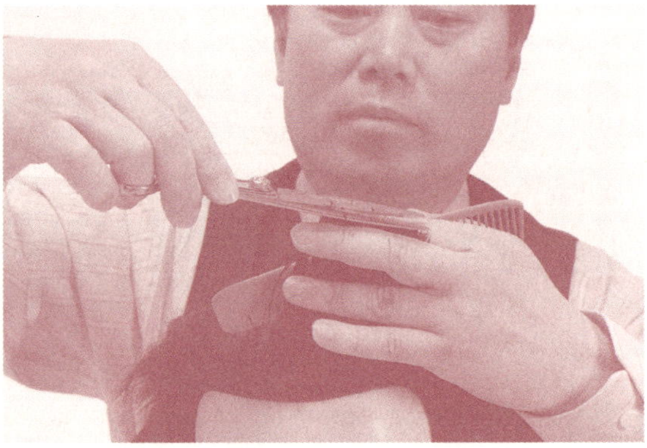

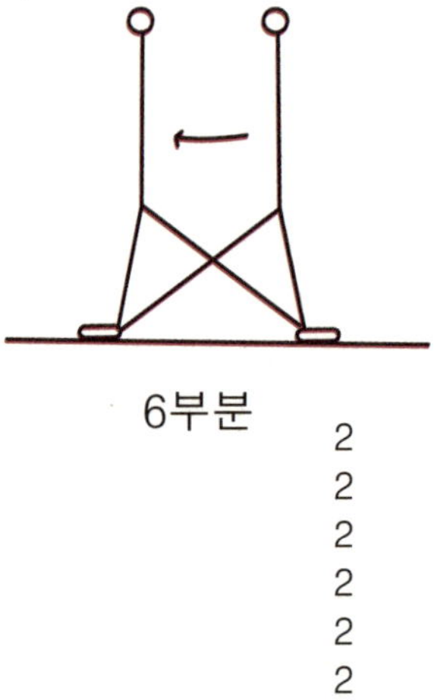
6부분
2
2
2
2
2
2

마무리 깎기

◈ 마무리 깎기 준비

① 브러싱　　　　② 모발 나누기
③ 정리 브러싱　　④ 커팅 파우더 도포
⑤ 중간 확인

1. 후두부 (몸 위치 - 후방 0°)

1) 지그재그 마무리 깎기

① 연결 부분부터 센터 포인트를 향하여 5회 구분 이동

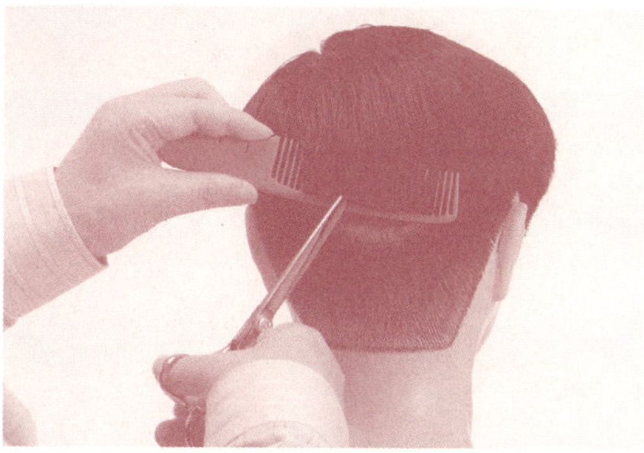

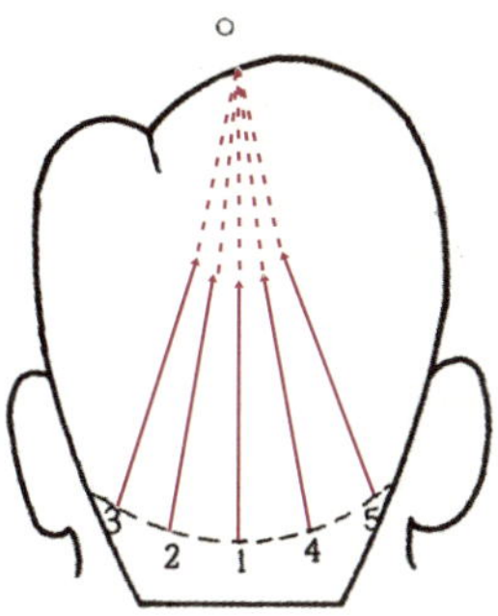

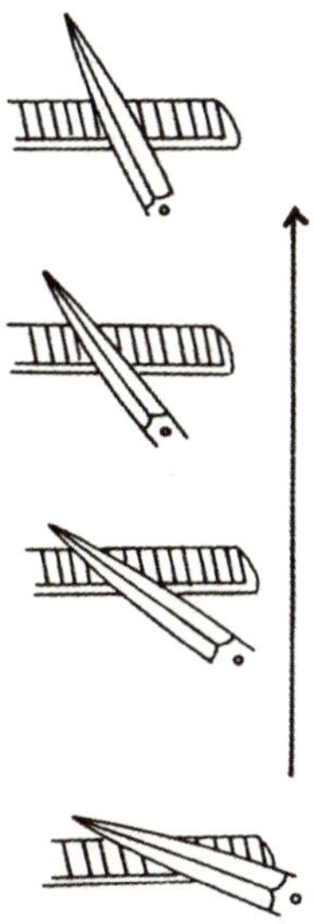

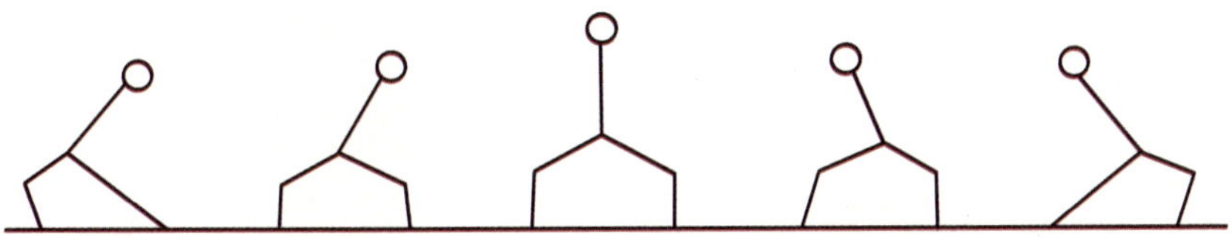

좌 30°　좌 15°　0°　우 15°　우 30°

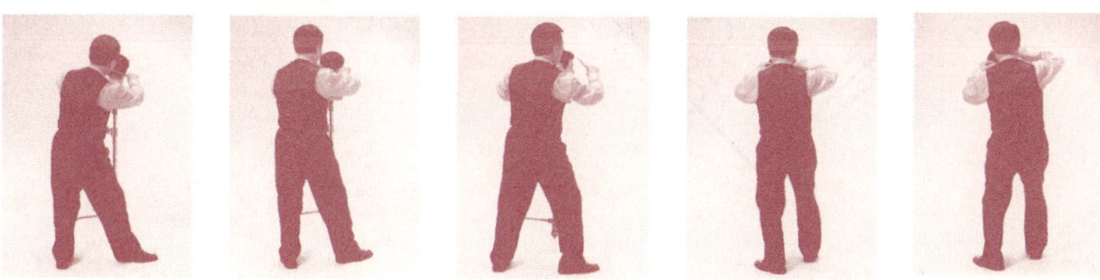

② 연결 부분에서의 지그재그 커트

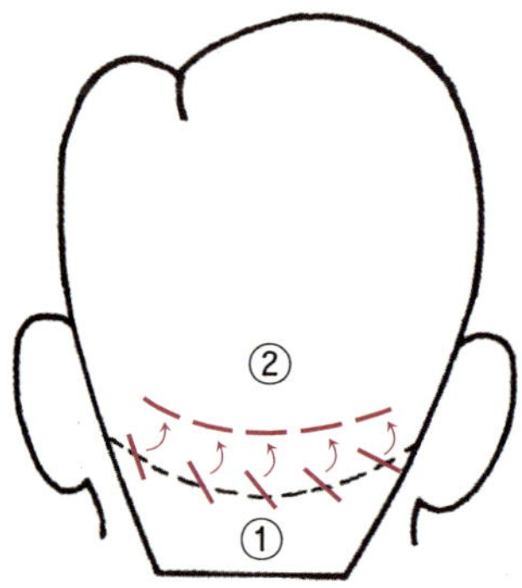

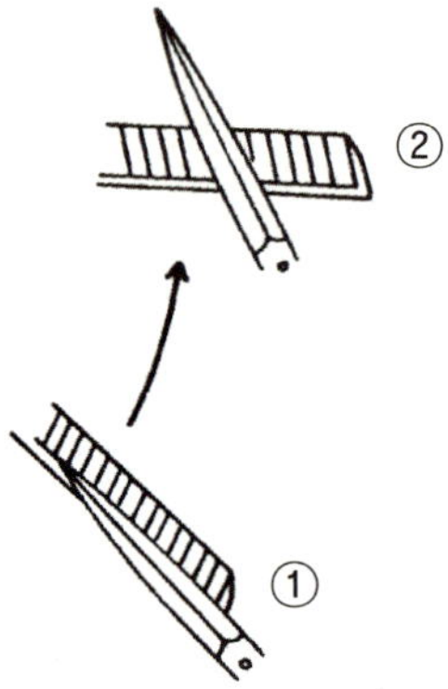

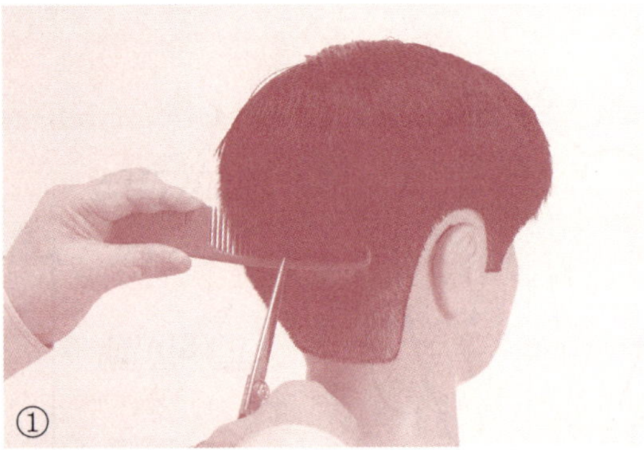

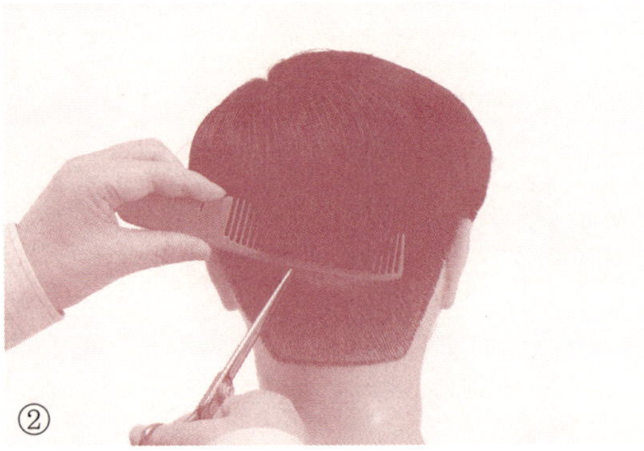

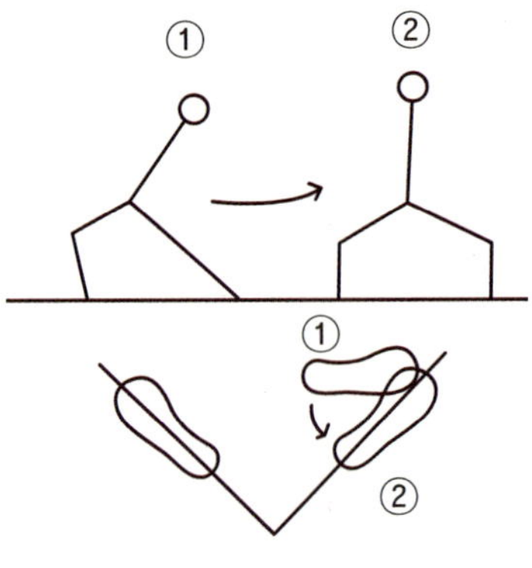

2) 몸의 회전 빗 회전 깎기

1회 운동 2회 자세

연결 부분을 오른쪽에서 중심까지, 그리고 중심에서 왼쪽으로

빗과 가위 사용법

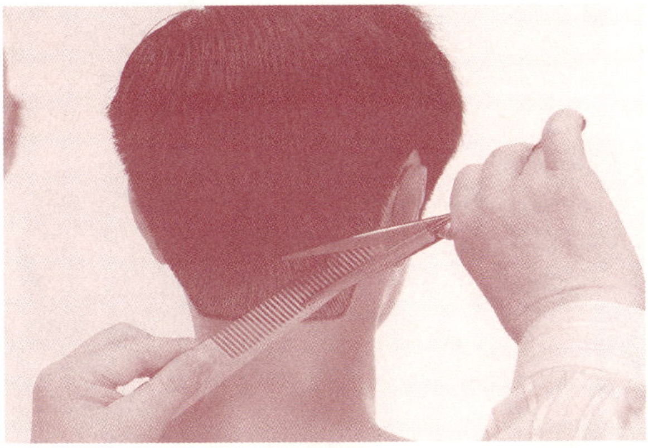

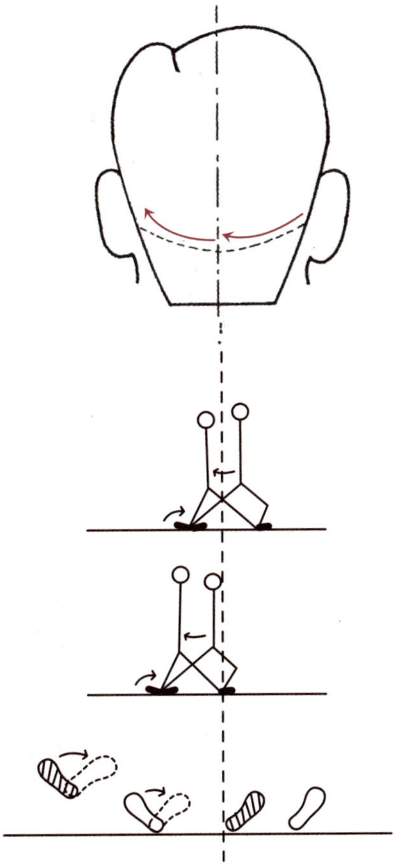

3) 고정 깎기

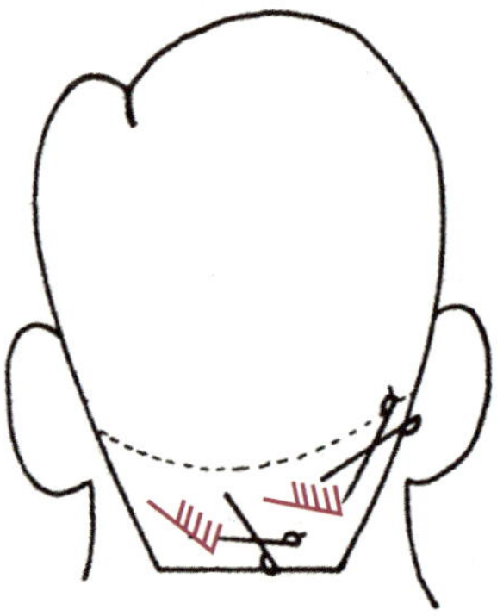

4) 빗 회전

작은 회전

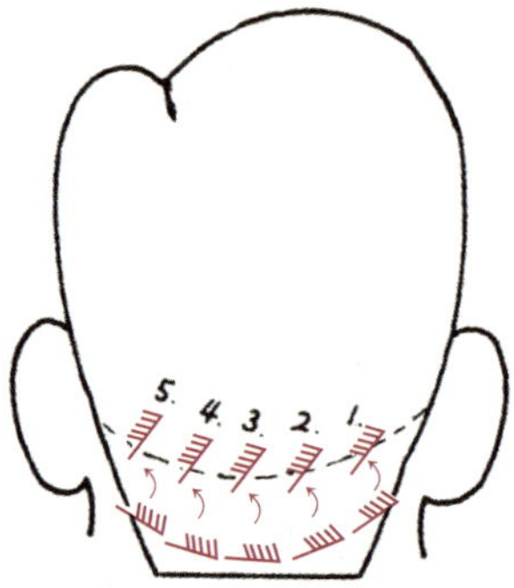

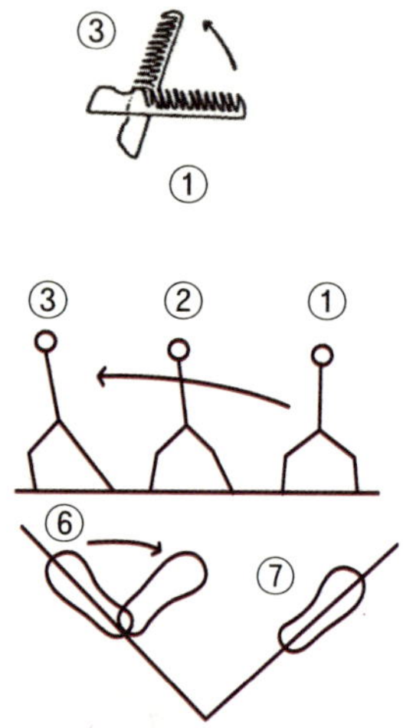

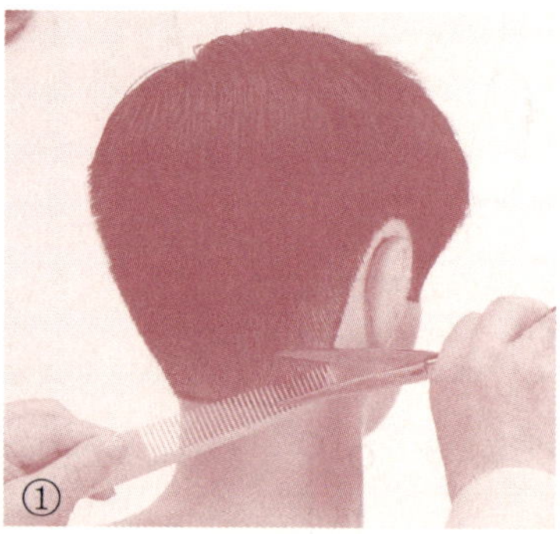

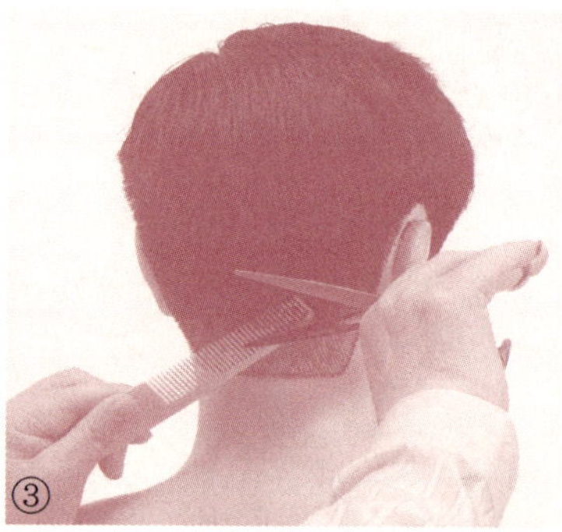

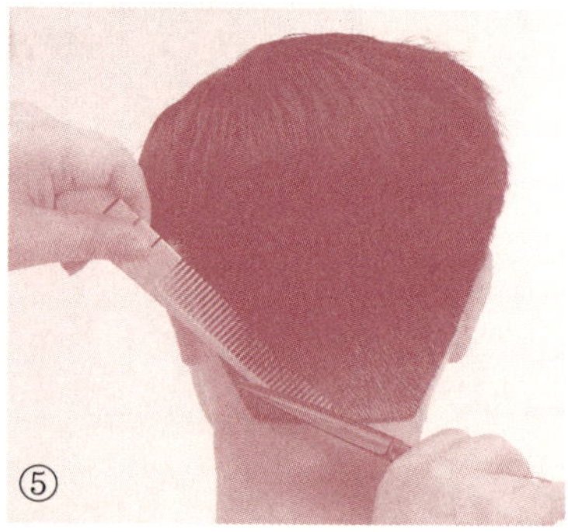

5) 체크 커트

① 돌출부(연결 체크 커트) ② 연결 부분

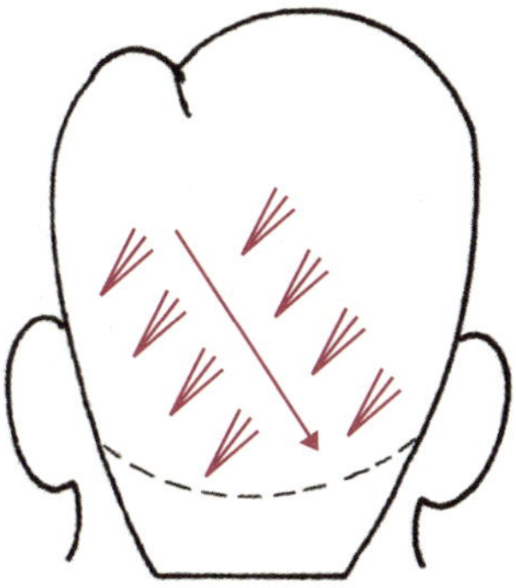

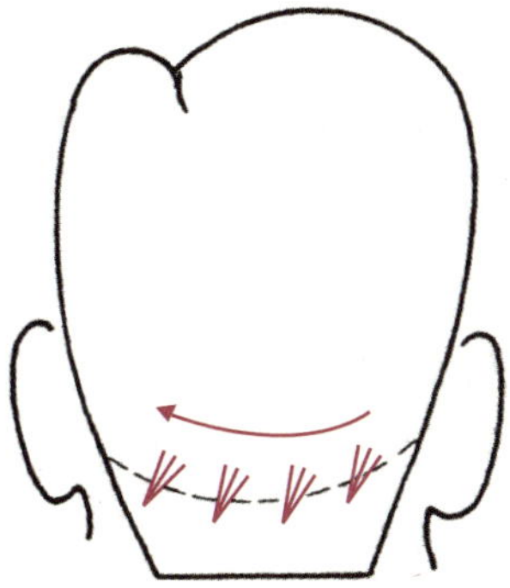

①

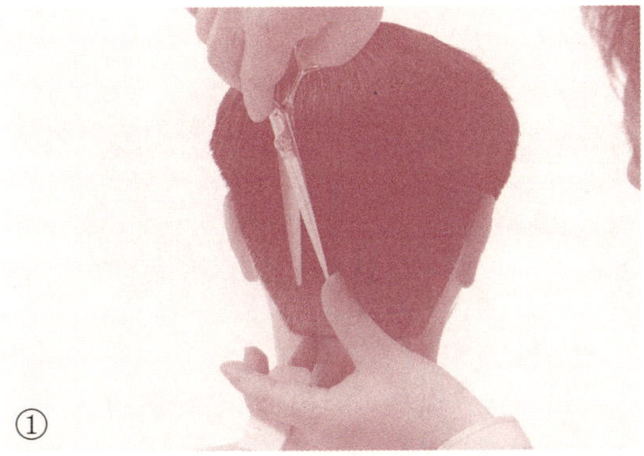

③

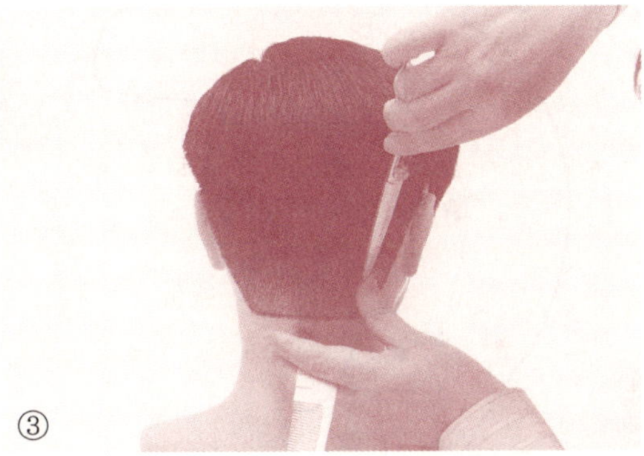

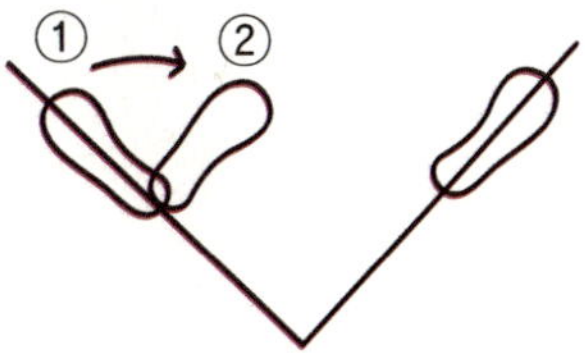

2. 우측 옆머리 (몸 위치 - 우측 후방 45°~우 측방 90°)

1) 고정 자르기 및 연속 깎기
네이프 라인에 평행, 사선을 서로 병용

2) 지그재그 마무리 깎기… 5회 구분 이동
뒤에서 앞으로 향하게 원운동

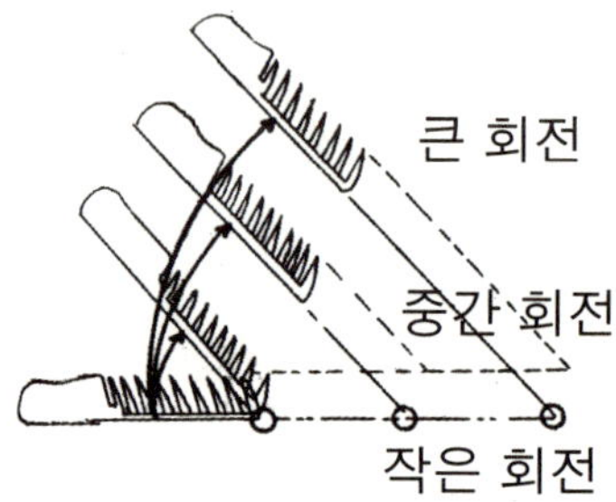

1, 2, 3 - 큰 회전
4, 5 - 중간 회전

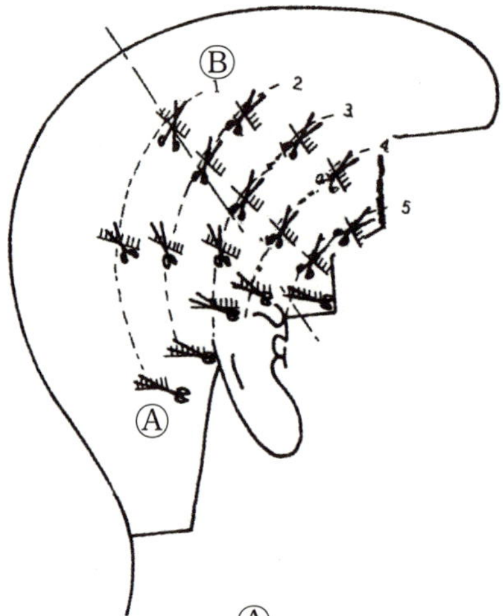

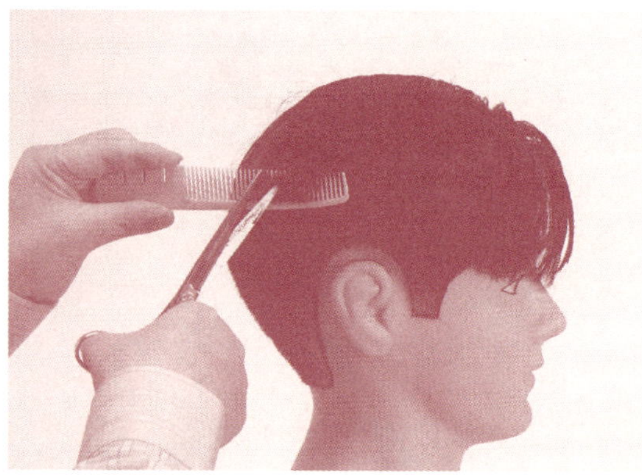

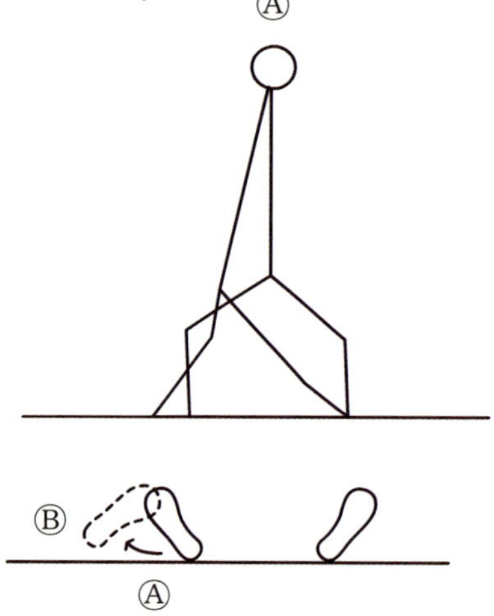

3) 체크 커트

① 돌출부(파형 체크)

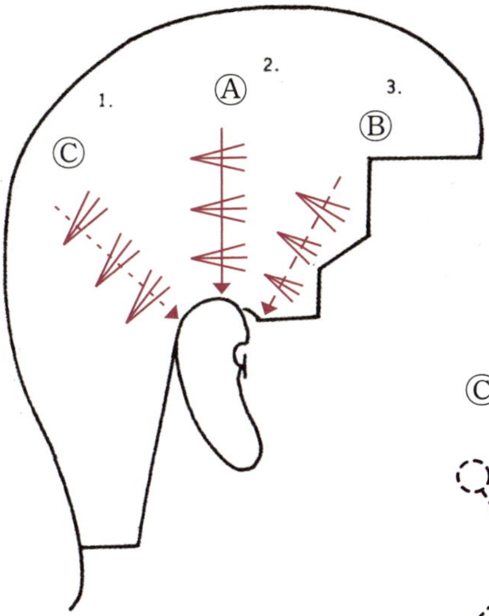

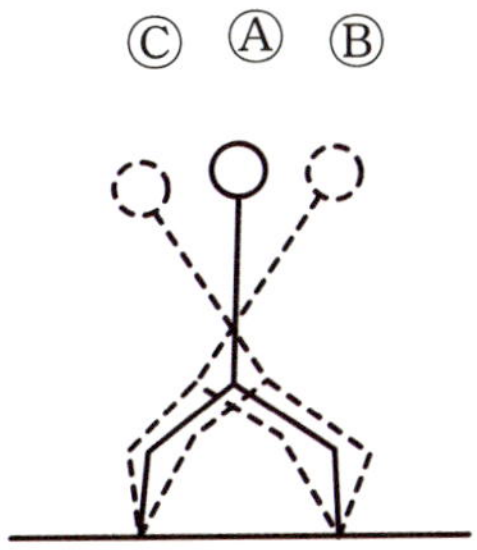

② 연결 부분

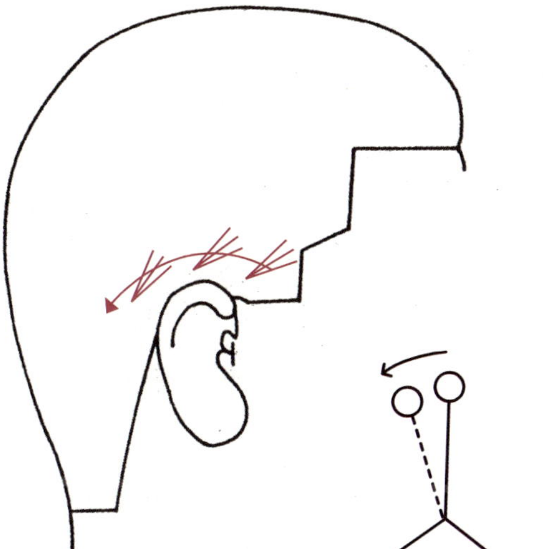

3. 좌측 옆머리 (몸 위치 - 우측 후방 45°~우측 측방 90°)

1) 고정 자르기 및 연속 깎기
네이프 라인에 평행, 사선을 서로 병용

2) 지그재그 마무리 깎기… 5회 운동
뒤에서 앞으로 향하게 원운동

1, 2, 3 - 큰 회전
4, 5 - 중간 회전

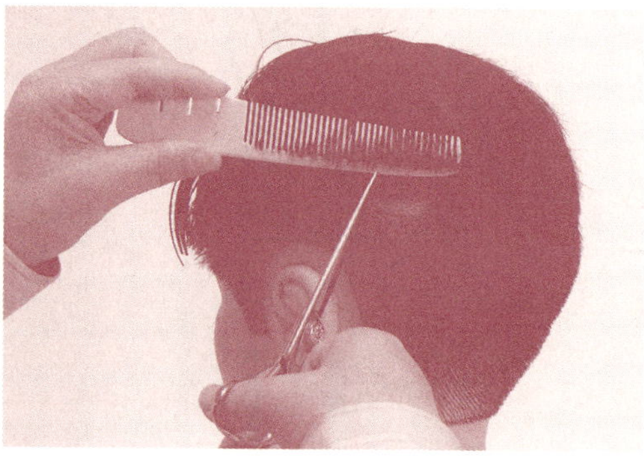

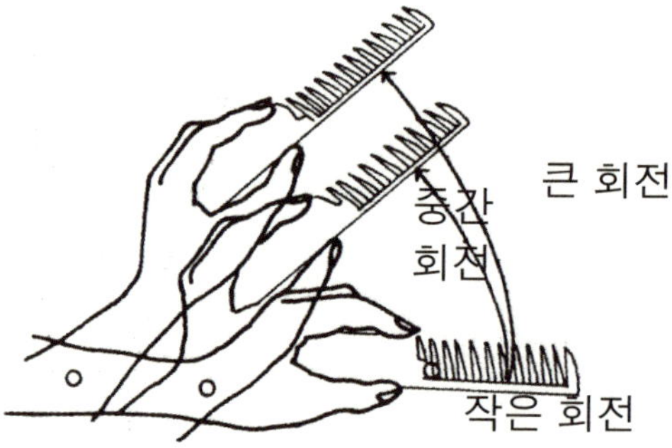

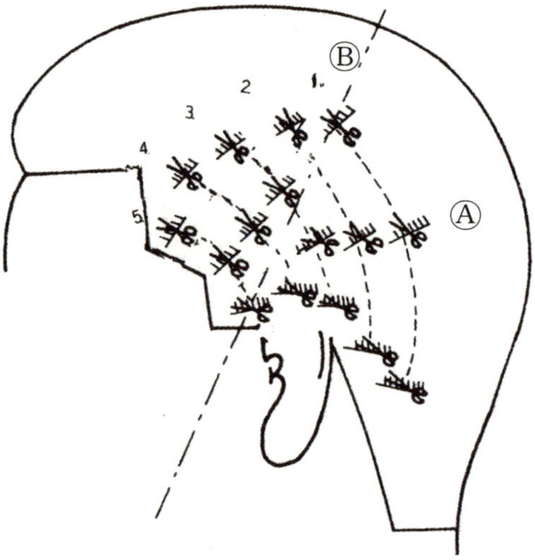

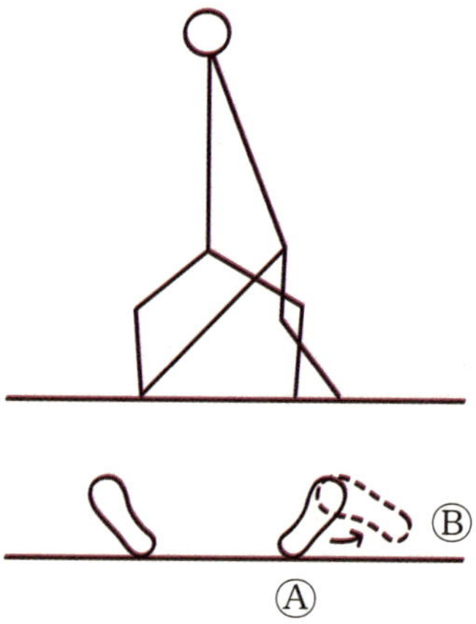

3) 체크 커트

① 돌출부(파형 체크)

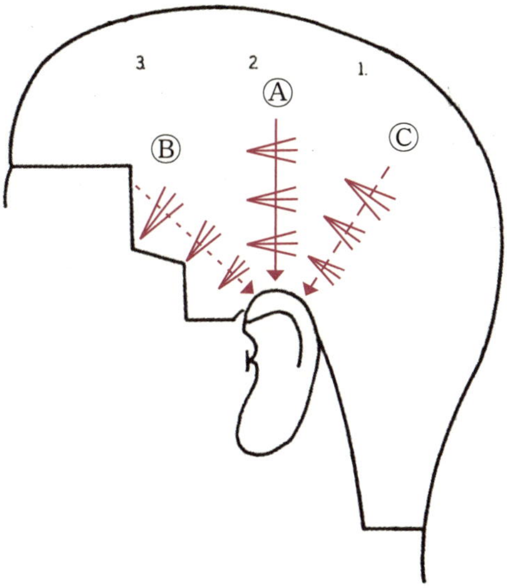

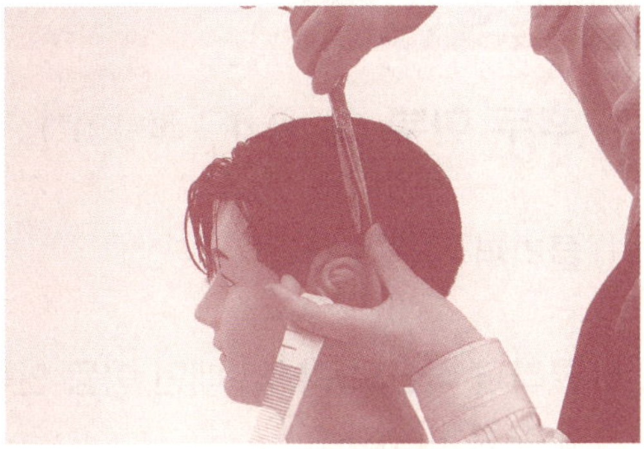

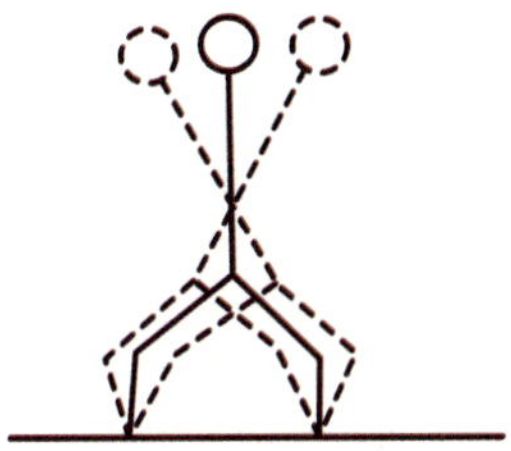

② 연결 부분

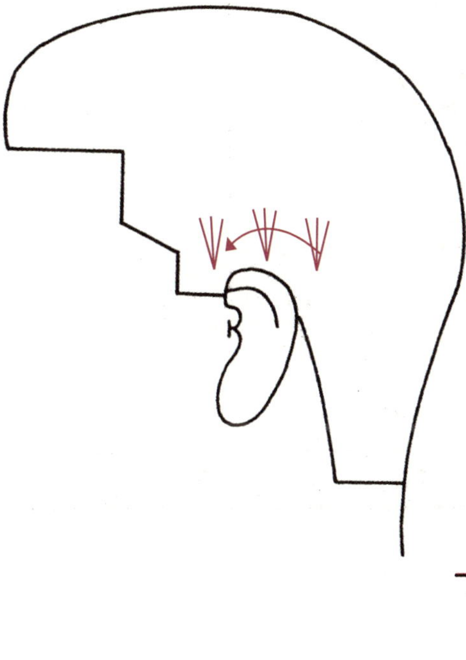

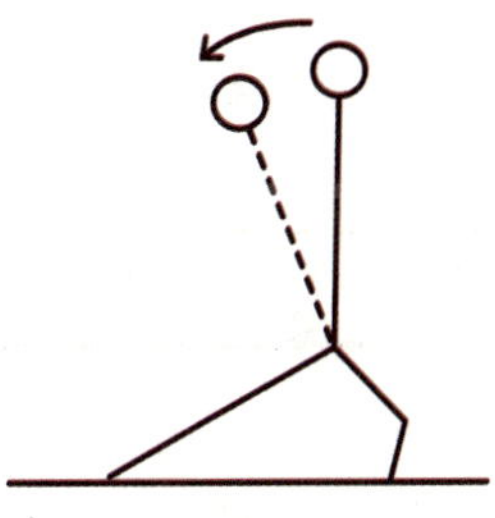

Ⅱ. 롱 커트 – 2

기초 깎기

1. 후두 하부 (몸 위치 –후방 0˚)

1) 클리퍼 사용(수평)

2) 클리퍼 라인으로부터 대면 이동 연속 깎기

제1부분 … 0˚ ~0˚

제2부분 … 0˚ ~15˚

제3부분 … 0˚ ~30˚

제4부분 … 0˚ ~15˚

제5부분 … 0˚ ~30˚

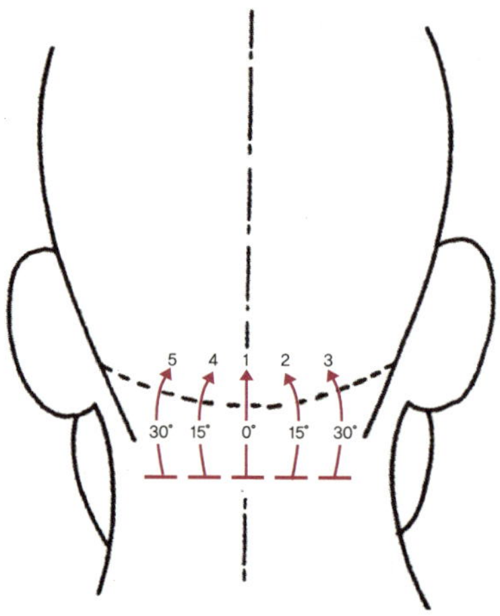

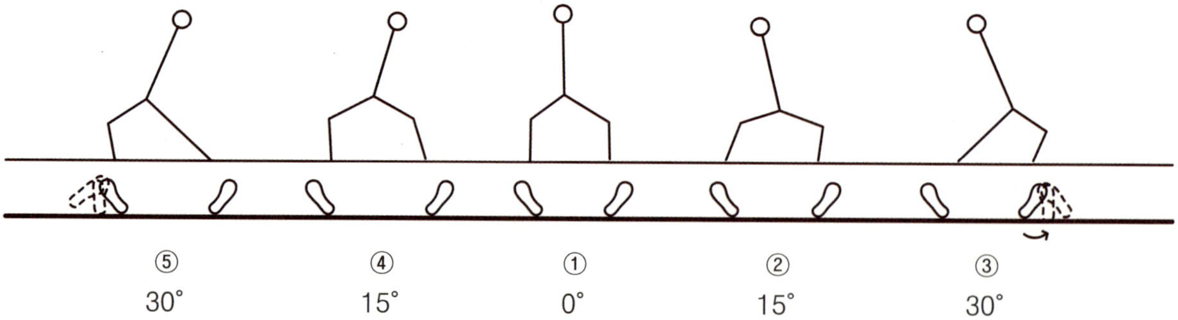

2. 후두부 (몸 위치 – 후방 0°)

1) 연속 자르기 및 돌려 깎기

제1부분 … 우측 45° 연결 부분부터 연속 깎기 1회 이동

제2부분 … 우측 67°30′ 연결 부분부터 연속 깎기 후 돌려 깎기 2회 빗질

제3부분 … 좌측 45° 연결 부분부터 연속 깎기 1회 운동

제4부분 … 좌측 67°30′ 연결 부분부터 연속 깎기 후 돌려 깎기 2회 빗질

제5부분 … 2가위 돌려 깎기 1회 빗질

2) 클리퍼 라인 연결 정리

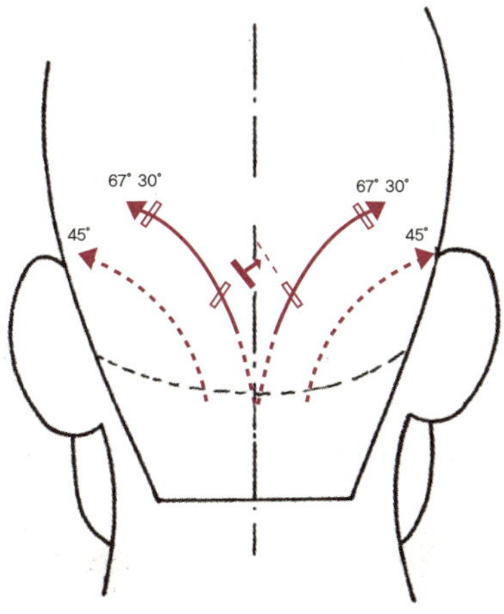

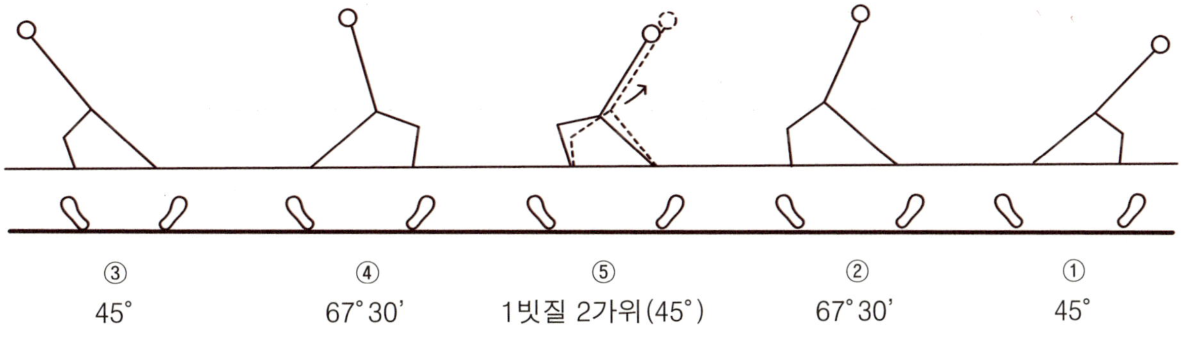

3. 좌측 옆머리

몸 위치 – 좌측 후방 45° 오른발을 구부리고 왼발을 펴고 몸은 앞으로 향하게 한다.

제1부분 … 귀 뒤 위를 기점으로 고정형 깎기 1회 빗질 계속해 부채형 연속 깎기, 부채형 돌려 깎기 22° 30′, 계속 45° 돌려 깎기 2회 빗질
제2부분 … 귀 앞부분 빰 부분부터 귀 위에 걸쳐 절단 각도 30°
고정 깎기 1회 빗질, 계속해 연속 깎기 후 돌려 깎기 1회 빗질
제3부분 … 귀 윗부분 절단 각도 20° (후방 사선) 고정 깎기 1회 빗질
계속해 부채형 연속 깎기, 부채형 돌려 깎기 22° 30′
계속 45° 돌려 깎기 1회 빗질

길을 이동하여 왼발을 구부리고 오른발을 벌려서 몸은 후방을 향해

제4부분 … 귀 앞부분부터 이동 각도 60° 절단 각도 45°, 돌려 깎기 3회 빗질
제5부분 … 구레나룻 돌출 부분부터 이동 각도 60°
절단 각도 45°, 회전 깎기 2회 빗질
제6부분 … 가르마 절단 각도, 가르마에 대해 45° 앞에서 뒤로 돌려 깎기 4회 빗질

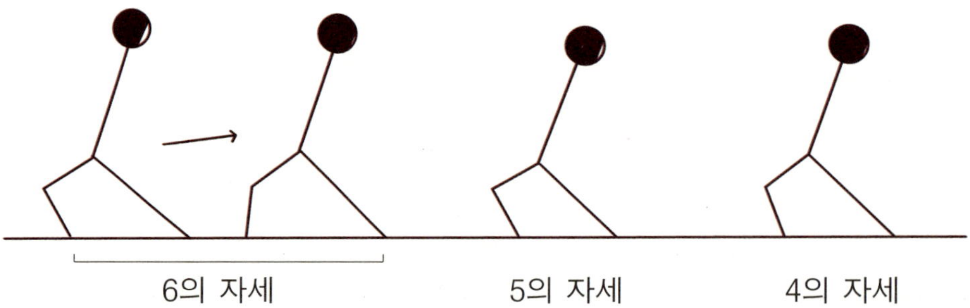

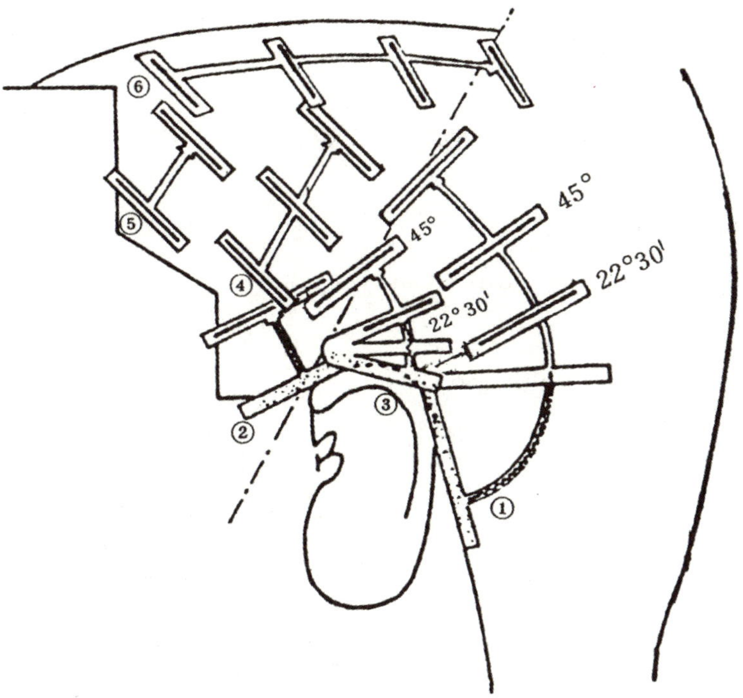

4, 5, 6의 발 위치　　　1, 2, 3의 발 위치

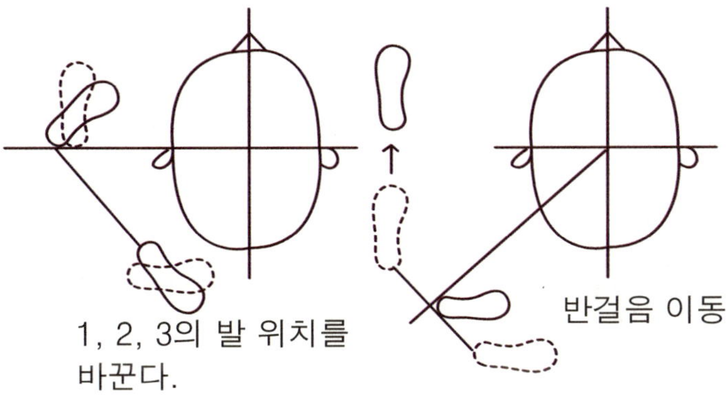

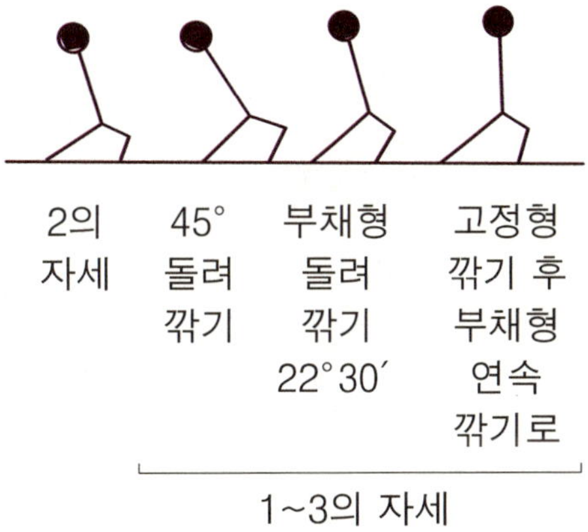

4. 좌측 가장자리 부분

1) 구레나룻 가장자리 부분 커트

2) 구레나룻 커트

3) 가장자리 반대 방향 빗질
귀 앞 부분에서 윗부분, 뒷부분, 이마 옆 가장자리까지

4) 네이프 사이드(헴라인) 라인(nape line)
귀 앞 부분에서 뒤로(이상은 롱-1과 같다.)

5) 약간 회전 깎기
뒤에서 앞으로

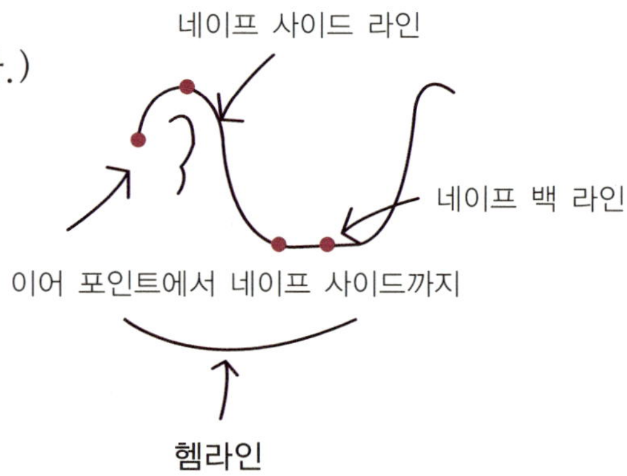

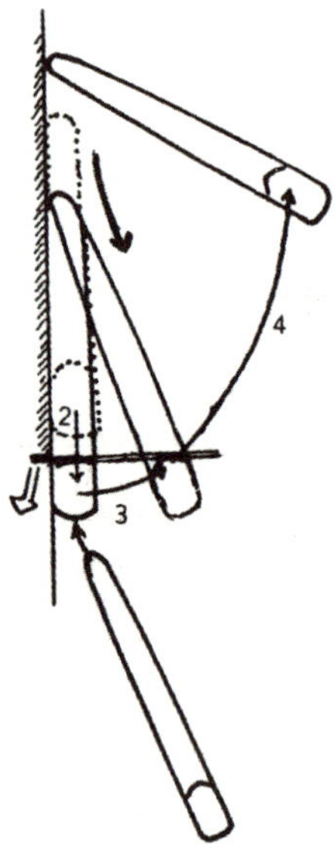

① 빗을 넣는다.
② 두피를 누르는 만큼 되돌린다.
③ 빗등으로 세운다.
④ 잘라가면서 서서히 빗등을 세운다.

◈ 작은 회전 깎기

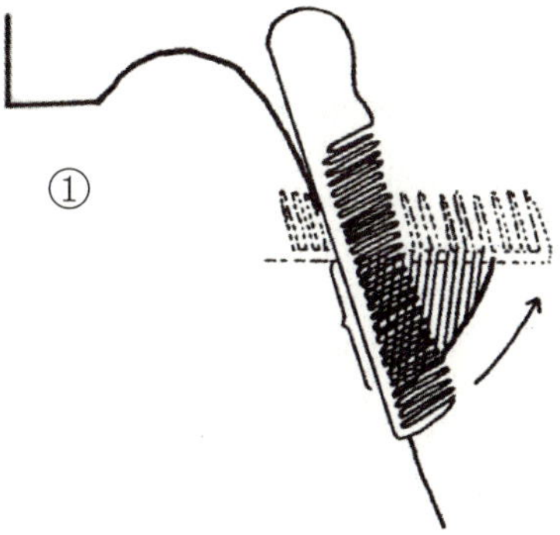

①

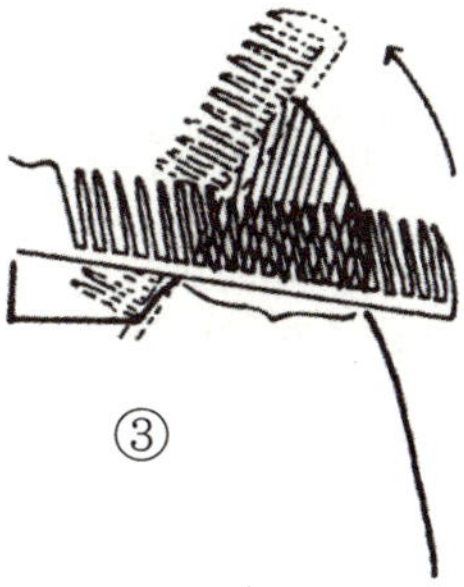

③

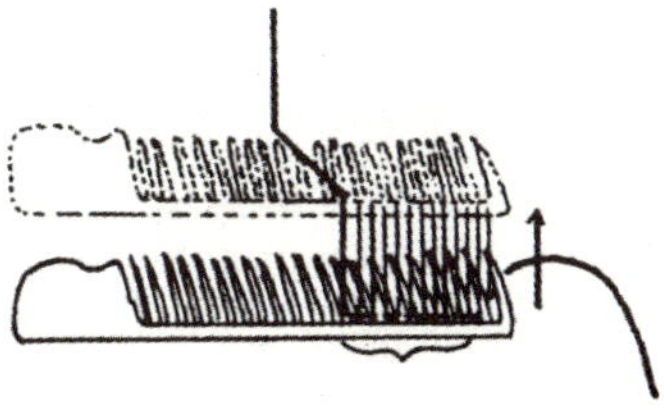

⑤

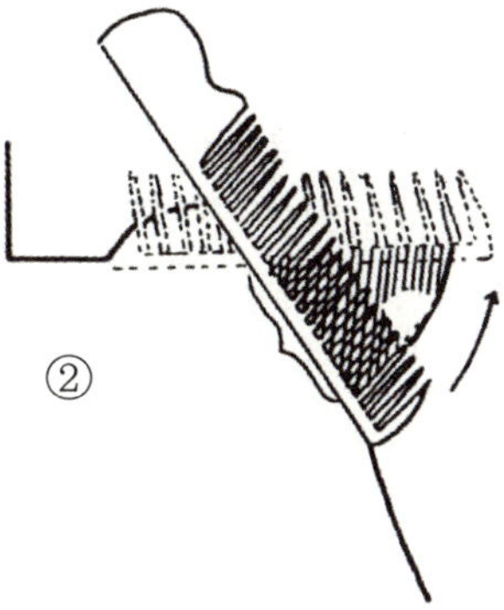

②

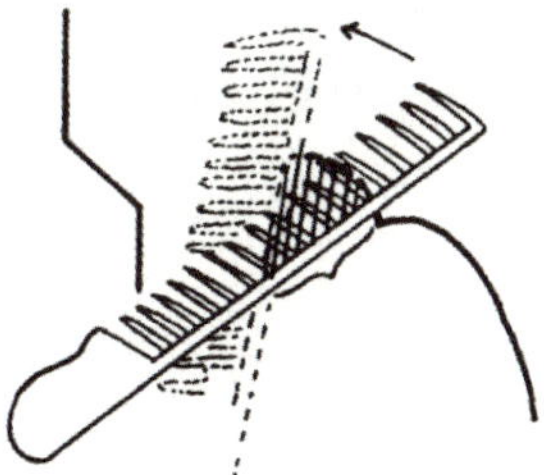

④

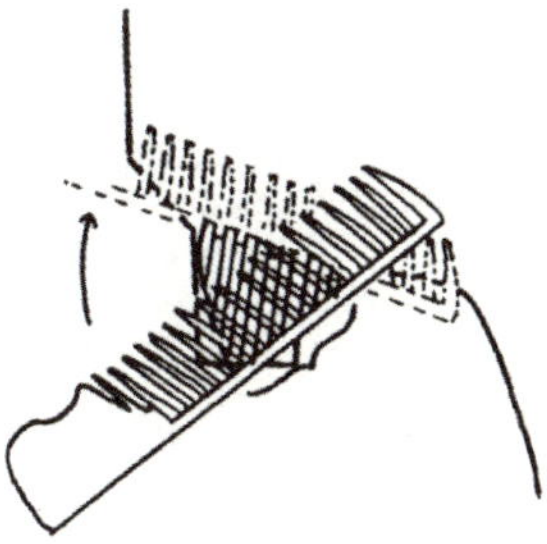

⑥

5. 우측 옆머리

몸 위치 – 우측 후방 45°, 왼발을 구부리고 오른발은 펴고 몸은 앞으로 향하게

제1부분 … 귀 뒤 위를 기점으로 고정형 깎기 1회 빗질 계속해 부채형 연속 깎기,
부채형 회전 깎기 22° 30′, 계속 45°, 돌려 깎기 2회 빗질
제2부분 … 귀 앞부분 뺨 부분부터 귀 위에 걸쳐 절단 각도 30°
고정 깎기 1회 빗질, 계속해 연속 깎기 후 돌려 깎기 1회 빗질
제3부분 … 귀 윗부분 절단 각도 20°(후방 사선) 고정 깎기 1회 빗질
계속해 부채형 연속 깎기, 부채형 돌려 깎기 22° 30′
계속 45° 돌려 깎기 1회 빗질

길을 이동하여 오른발을 구부리고 왼발을 벌려서 몸은 후방을 향해

제4부분 … 귀 앞부분부터 이동 각도 60° 절단 각도 45°, 돌려 깎기 3회 빗질
제5부분 … 구레나룻 돌출 부분부터 이동 각도 60°
절단 각도 45°, 돌려 깎기 2회 빗질

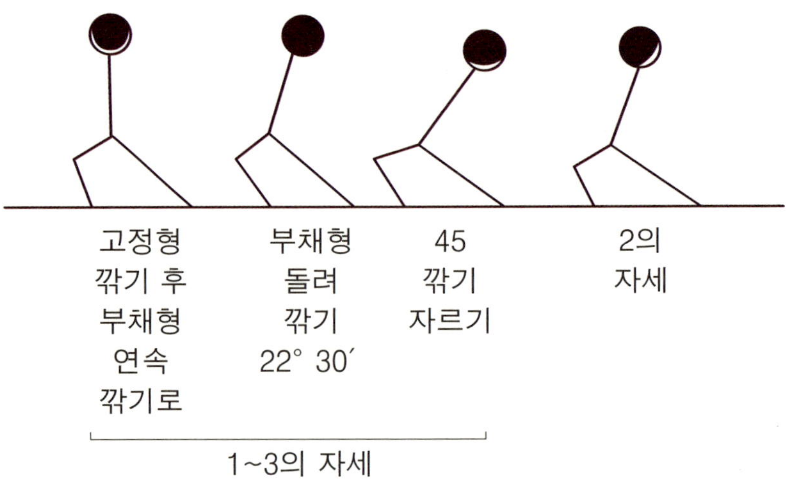

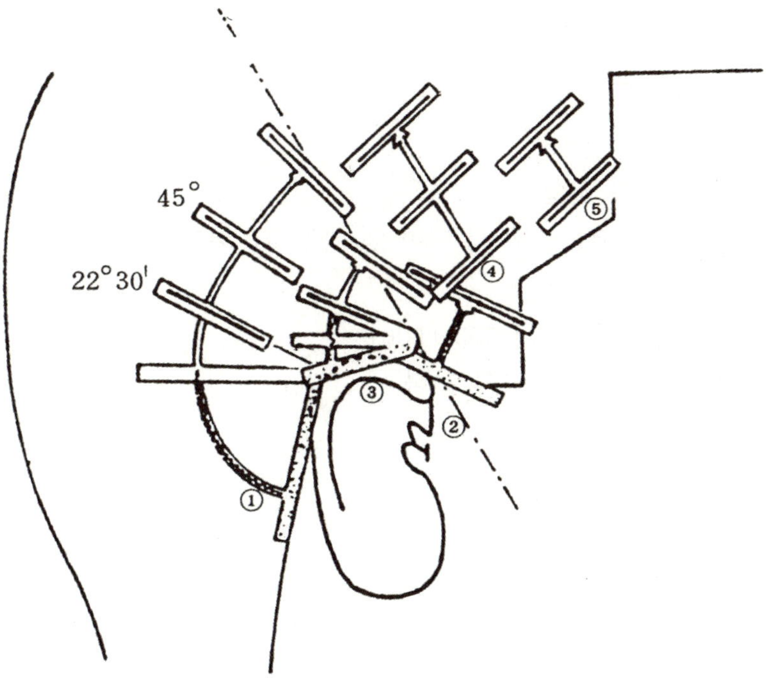
45°
22°30'
①
②
③
④
⑤

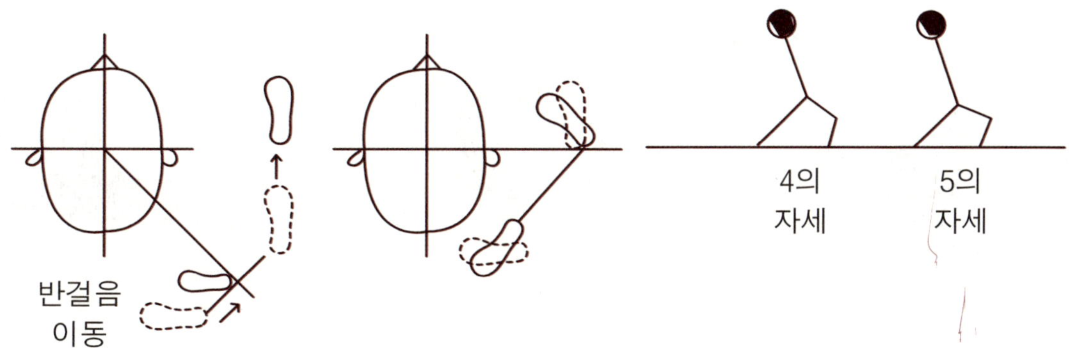
반걸음
이동
4의
자세
5의
자세

6. 우측 가장자리 부분

1) 구레나룻 가장자리 부분 커트

2) 구레나룻 라인 커트

3) 가장자리 반대 방향 빗질
귀 앞부분에서 윗부분, 뒷부분, 이마 옆 가장자리까지

4) 네이프 사이드(햄라인)라인(nape line)
귀 앞에서 뒤로(이상은 롱-1과 같다.)

5) 약간 돌려 깎기
뒤에서 앞으로

(좌측과 우측에서는 돌리는 빗의 축에 차이점이 있다.)

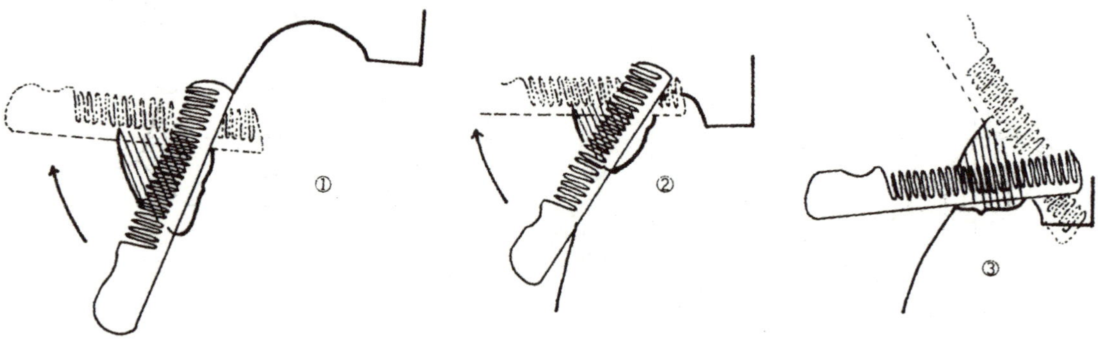

〈우측에서~〉

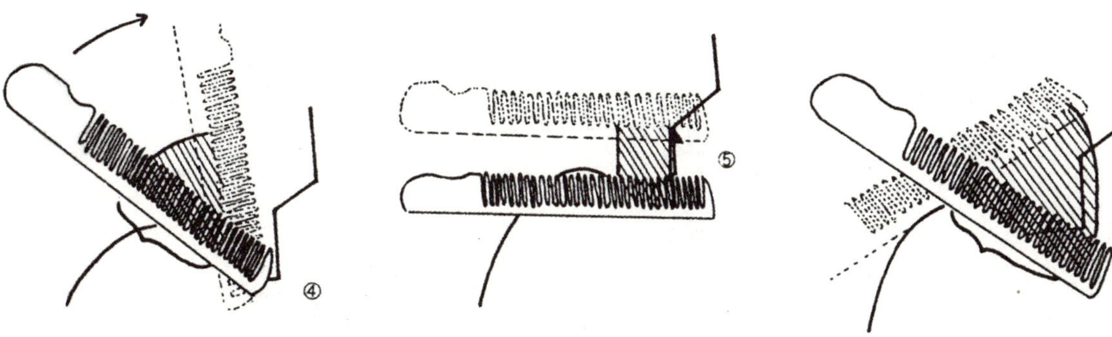

<~좌측에서>

7. 두정부 (몸 위치-좌측 후방 45°)

제1부분 … 귀 윗부분부터 이동 각도 45°
　　　　손가락 이용 깎기 3회 빗질, 절단 기준 3관절

제2부분 … 제1부분과 오른쪽 이마 가장자리 부분과의 중간 위부터 이동 각도 45°
　　　　손가락 이용 깎기 3회 빗질, 절단 기준 2, 3관절

제3부분 … 오른쪽 이마 가장자리부터 이동 각도 45°
　　　　손가락 이용 깎기 2회 빗질, 절단 기준 2관절

제4부분 … 제3부분과 정면 센터라인 옆부터 이동 각도 45°
　　　　손가락 이용 깎기 4회 빗질, 절단 기준 2관절

제5부분 … 정면 센터 옆부터 이동 각도 45°
　　　　손가락 이용 깎기 4회 빗질, 절단 기준 2관절
　　　　시술자 위치 오른쪽 뒷부분 45° 로 이동

제6부분 … 가르마에 대해 45° 앞에서 뒤로
　　　　손가락 이용 깎기 4회 빗질, 절단 기준 2관절

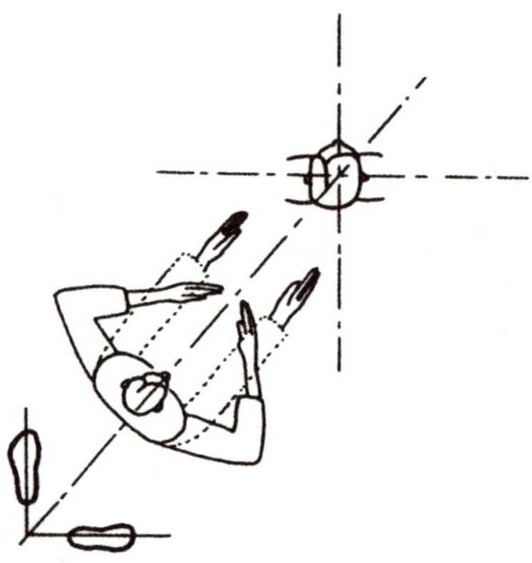

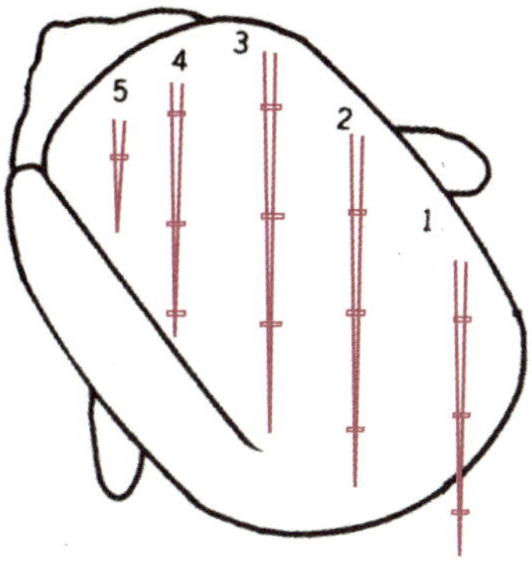

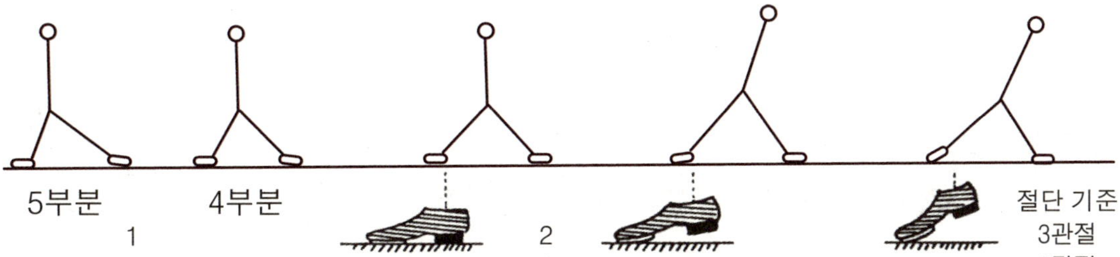

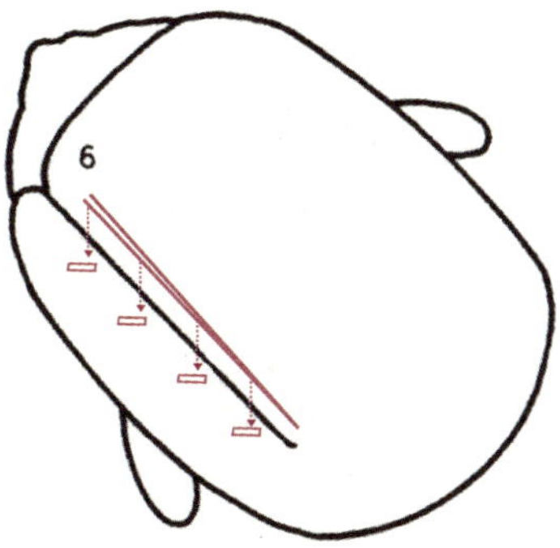

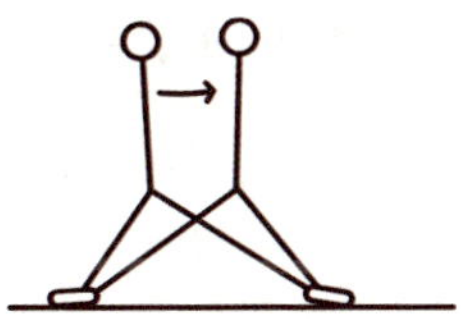

6부분 2
2
2
2

마무리 깎기

◈ 마무리 깎기 준비

① 모발 정리　② 커팅 파우더 도포　③ 중간 체크

1. 후두부 (몸 위치- 후방 0°)

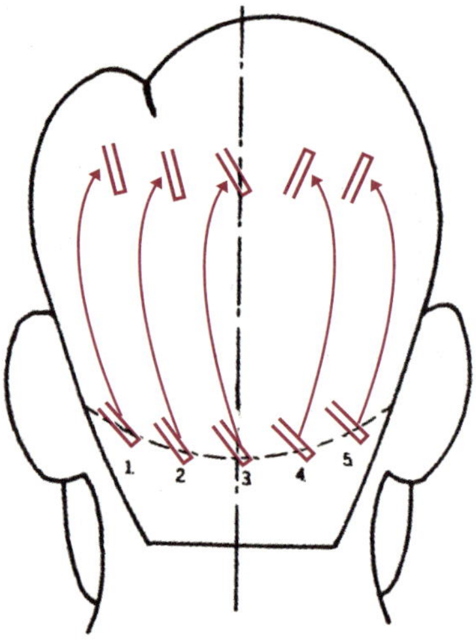

1) 지그재그 마무리 깎기 5회 이동
　웨이트라인부터 위로 향해 집중 원운동

2) 몸의 돌려 깎기 빗 회전
　연결 부분을 오른쪽에서 중심을 지나 왼쪽까지

3) 빗 회전
4) 체크 커트
→ 롱 1과 같음

2. 우측 옆머리 (몸 위치 - 우측 후방 45도°~우 측방 90°)

1) 지그재그 마무리 깎기
　뒤에서 앞으로 향하게 원운동
2) 체크 커트
→ 롱 1과 같음

3. 좌측 옆머리 (몸 위치 - 좌측 후방 45°~좌 90°)

1) 지그재그 마무리 깎기
　뒤부터 앞을 향해 원운동
2) 체크 커드
→ 롱 1과 같음

03 포멀 커트(Farmal cut) – 미디엄(Medium)

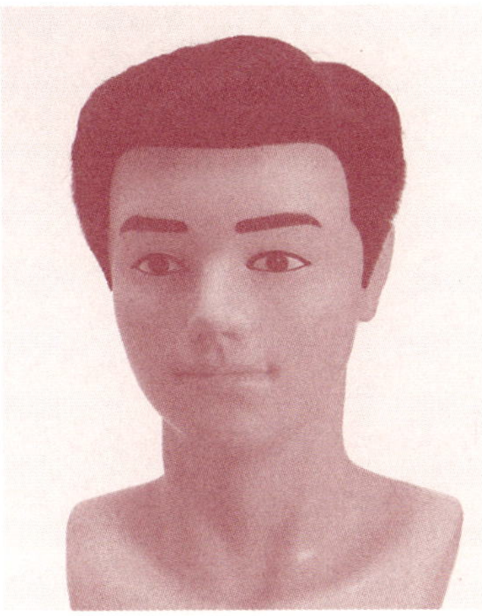

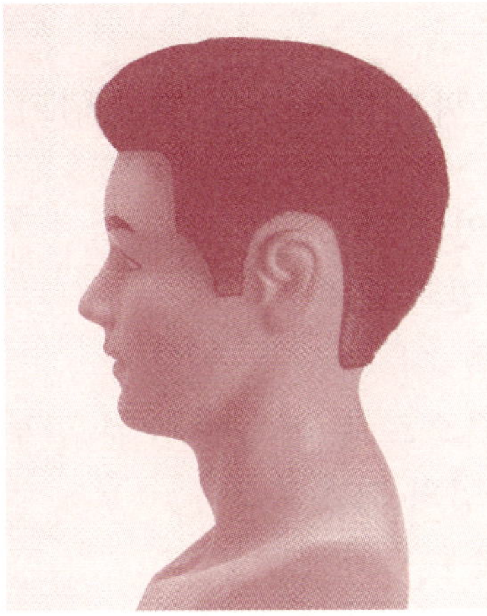

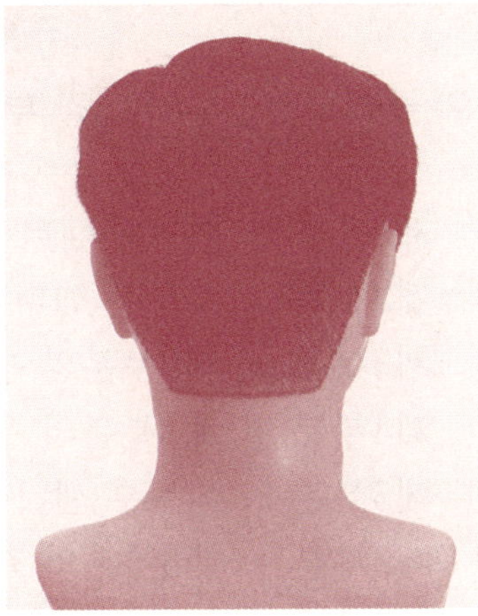

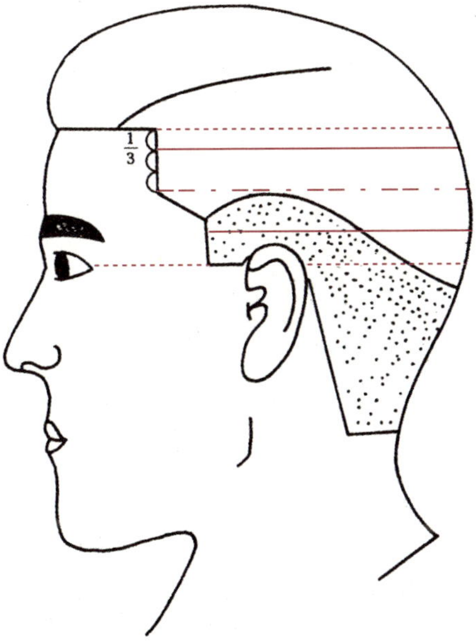

Ⅰ. 미디엄 커트 – 1

기초 깎기

1. 후두 하부 (몸 위치- 후방 0°)

1) 클리퍼 사용

2) 클리퍼라인부터 연결 부분까지 대면 이동 연속 깎기

제1부분 … 후두부 센터라인
제2부분 … 후두부 센터라인의 우측
제3부분 … 제2부분의 우측
제4부분 … 제3부분의 우측으로 우측 돌출 부분 밑부터
제5부분 … 후두부 센터라인의 좌측
제6부분 … 제5부분의 좌측
제7부분 … 제6부분의 좌측으로 좌측 돌출 부분 밑부터

3) 클리퍼 라인 정리 연결

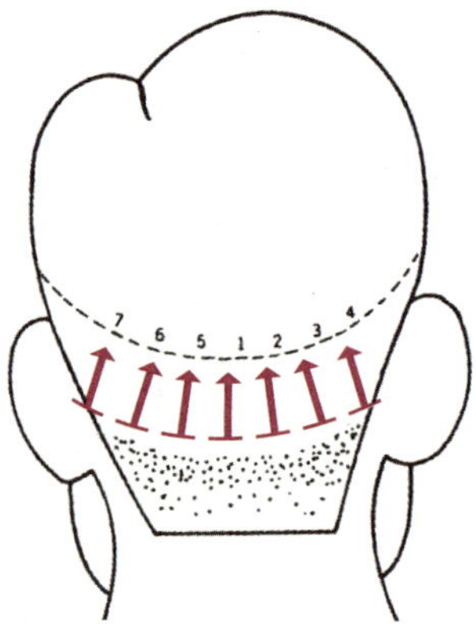

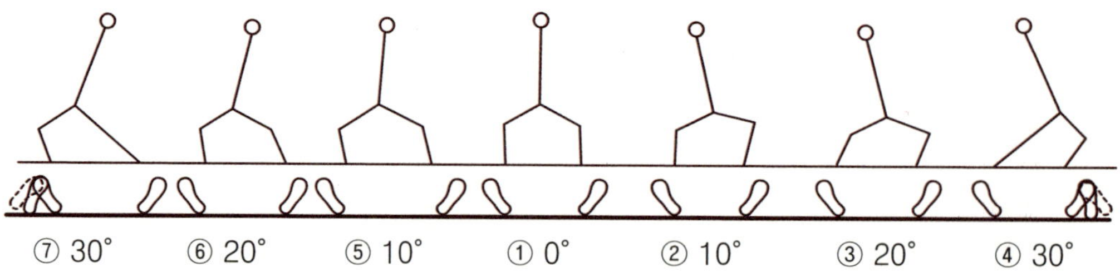

2. 후두부 (몸 위치 - 후방 0°)

제1부분 … 좌측 45° 왼발을 펴고 오른쪽 무릎을 구부린다.
연결 부분부터 연속 깎기 1회 이동

제2부분 … 우측 60° 왼발을 펴고 오른쪽 무릎을 구부린다.
돌려 깎기 2회 빗질

제3부분 … 좌측 75° 왼발을 펴고 오른쪽 무릎을 구부린다.
돌려 깎기 3회 빗질

제4부분 … 좌측 45° 오른발을 되고 왼쪽 무릎을 구부린다.
연결 부분부터 연속 깎기 1회 이동

제5부분 … 좌측 60° 오른발을 펴고 왼쪽 무릎을 구부린다.
돌려 깎기 2회 빗질

제6부분 … 좌측 75° 오른발을 펴고 왼쪽 무릎을 구부린다.
돌려 깎기 3회 빗질

제7부분 … 후측 두부 센터라인 45° 1회 빗질 2회 가위
돌려 깎기 2회 빗질

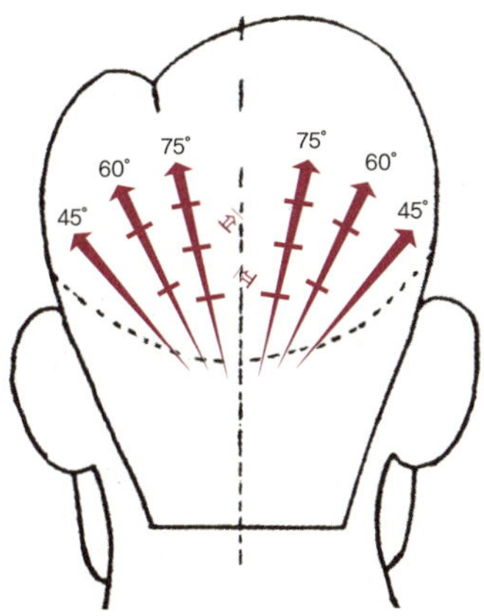

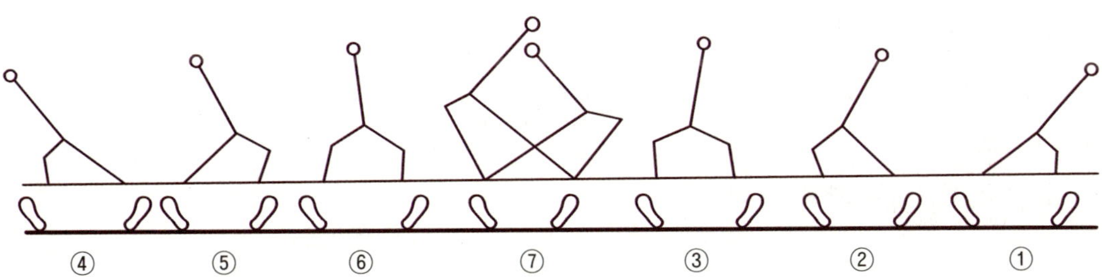

3. 좌측 옆머리 (몸 위치 - 좌측 후방 45°, 오른쪽 다리를 구부리고 왼쪽 다리를 펴고 몸은 앞으로 향하게)

제1부분 … 돌출 부위를 기점으로 해서 고정 깎기 1회 빗질
수평까지 부채형 고정 깎기 혹은 부채형 연속 깎기
부채형 돌려 깎기 3회 빗질, 45° 이동 돌려 깎기 4회 빗질

제2부분… 귀 앞부분 볼 뼈부터 귀 위에 걸쳐 절단 각도 45°
고정 깎기 1회 빗질
웨이트라인까지 연속 깎기 1, 이동 후 돌려 깎기 2회 빗질

제3부분… 귀 윗부분 절단 각도 10°, 후방 사선 고정 깎기 1회 빗질
웨이트라인까지 연속 깎기 1회 이동

제4부분… 귀 뒤 상부를 기점으로 고정 깎기 1회 빗질
수평까지 부채형 고정 깎기 혹은 부채형 연속 깎기
부채형 돌려 깎기 3회 빗질 이동 돌려 깎기 2회 빗질

발뒤꿈치를 이동시키고 왼발을 구부리고 오른발을 펴고 몸은 뒤로 향한다.

제5부분 … 귀 위에서부터 이동 각도 60°, 절단 각도 45°
돌려 깎기 4회 빗질

제6부분 … 귀 앞에서부터 이동 각도 60°, 절단 각도 45°
돌려 깎기 4회 빗질

제7부분 … 구레나룻 돌출 위부터 이동 각도 60°, 절단 각도 45°
돌려 깎기 5회 빗질

제8부분 … 가르마 부분 절단 각도, 가르마에 대해 45° 앞에서 뒤로

4. 좌측 가장자리 부분

1) 구레나룻 커트
2) 구레나룻 라인 커트
3) 가장자리 반대 빗질
4) 네이프 라인
5) 고정 자르기 및 연속 깎기

(1)~5)) 롱 커트 1과 같음

5. 우측 옆머리 (몸 위치 - 우측 뒤 방향 45°, 오른발을 구부리고 왼발을 벌리고 몸은 앞 방향을 향하게)

제1부분 … 돌출 부위를 기점으로 해서 고정 깎기 1회 빗질
수평까지 부채형 고정 깎기 혹은 부채형 연속 깎기
부채형 돌려 깎기 3회 빗질, 45° 이동 돌려 깎기 4회 빗질

제2부분 … 귀 앞부분 볼 뼈부터 귀 위에 걸쳐 절단 각도 45°
고정 깎기 1회 빗질, 연결 부분까지 연속 깎기 1회, 이동 후 돌 려 깎기 2회 빗질

제3부분 … 귀 윗부분 절단 각도 10° (후방 사선) 고정 깎기 1회 빗질
연결 부분까지 연속 깎기 1회 이동

제4부분 … 귀 뒤 상부를 기점으로 고정 깎기 1회 빗질
수평까지 부채형 고정 자르기 혹은 부채형 연속 깎기
부채형 돌려 깎기 3회 빗질, 45° 이동 돌려 깎기 2회 빗질

발뒤꿈치를 이동시키고 오른발을 구부리고 왼발을 펴고 몸은 뒤를 향한다.

제5부분 … 귀 위에서부터 이동 각도 60°, 절단 각도 45°,
돌려 깎기 4회 빗질

제6부분 … 귀 앞에서부터 이동 각도 60°, 절단 각도 45°,
돌려 깎기 4회 빗질

제7부분 … 구레나룻 돌출 위부터 이동 각도 60°, 절단 각도 45°,
돌려 깎기 3회 빗질

6. 우측 가장자리 부분

1) 구레나룻 커트
2) 구레나룻 라인 커트
3) 가장자리 반대 빗질
4) 네이프 사이드 라인
5) 고정 자르기 및 연속 깎기

(1)~(4): 롱 커트 1과 같음

7. 두정부

손가락 이용 깎기 - 6회 이동 → 롱 커트 1과 같음

마무리 깎기

◈ 마무리 깎기 준비

① 브러싱　　② 모발 나누기
③ 정리 브러싱　　④ 커팅 파우더 도포　　⑤ 중간 체크

1. 후두부 (몸 위치-뒤 방향 0°)

1) 지그재그 마무리 깎기　5회 이동
연결 부분부터 위쪽 가운데를 향하여 진행

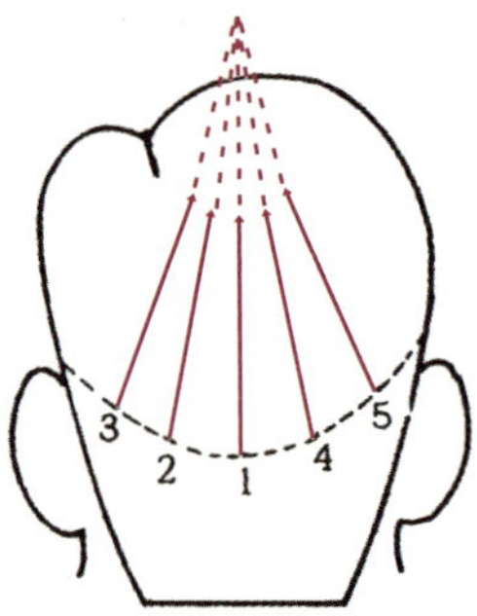

몸 위치- 롱 A와 같음

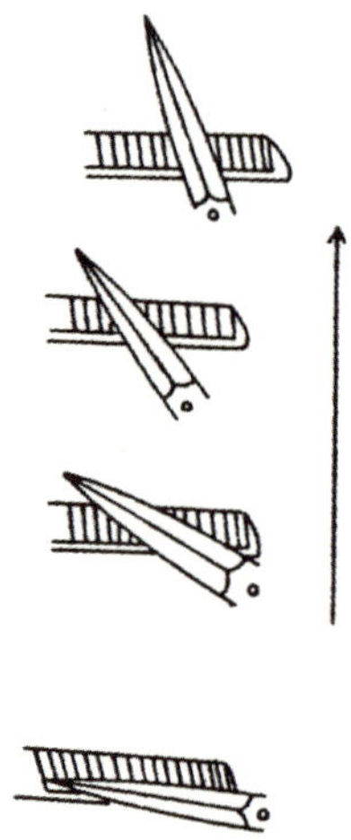

가위와 빗이 평행으로 시작

2) 몸의 돌려 깎기 1이동 2자세
연결 부분을 오른쪽부터 중심까지 계속 중심에서 왼쪽으로

3) 고정 깎기 - 클리퍼 라인 부분

4) 빗 회전 - 클리퍼 라인부터 연결 부분 끝까지

5) 체크 커트

2. 우측 옆머리 (몸 위치－우측 후방 45˚~우 측방 90˚)

1) 고정 깎기

2) 지그재그 마무리 깎기　　5회 이동
뒤에서 앞쪽으로 측면 두부 중심선을 향해 원운동

3) 빗 회전

4) 체크 커트

3. 좌측 옆머리 (몸 위치－좌측 후방 45˚~좌측 측방 90˚)

1) 고정 깎기

2) 지그재그 마무리 깎기　　5회 이동
뒤에서 앞쪽으로 측면 두부 중심으로 향해 원운동

3) 빗 회전

4) 체크 커트

Ⅱ. 미디엄 커트 – 2

기초 깎기

1. 후두 하부 (몸 위치- 후방 0°)

1) 클리퍼 사용

① 목덜미 주위 및 후두부 밑에 5mm 클리퍼 사용

② 후두부 밑의 5mm 클리퍼 밑에 2mm 클리퍼를 수평으로 사용

2) 클리퍼 라인의 대면 운동 연속 깎기

제1부분 … 0°

제2부분 … 15°

제3부분 … 30°

제4부분 … 15°

제5부분 … 30°

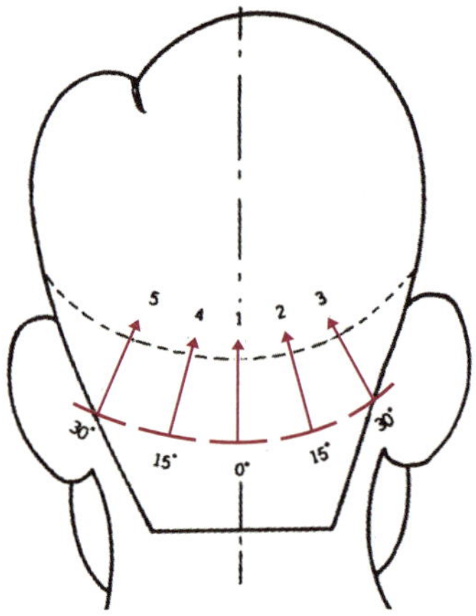

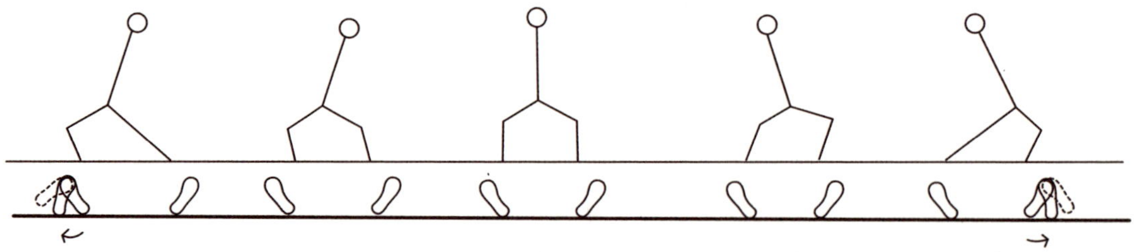

⑤ 30° ④ 15° ① 0° ② 15° ③ 30°

2. 후두부

1) 연속 깎기 및 돌려 깎기

제1부분 … 좌측 45° 연결 부분부터 연속 깎기 1회 이동

제2부분 … 우측 67° 30′ 연결 부분부터 연속 깎기 후 돌려 깎기 2회 빗질

제3부분 … 좌측 45° 연결 부분부터 연속 깎기 1회 이동

제4부분 … 좌측 67° 30′ 연결 부분부터 연속 깎기 후 돌려 깎기 2회 빗질

제5부분 … 1회 빗질 2가위 돌려 깎기- 1회 빗질

2) 클리퍼 라인 정리 연결

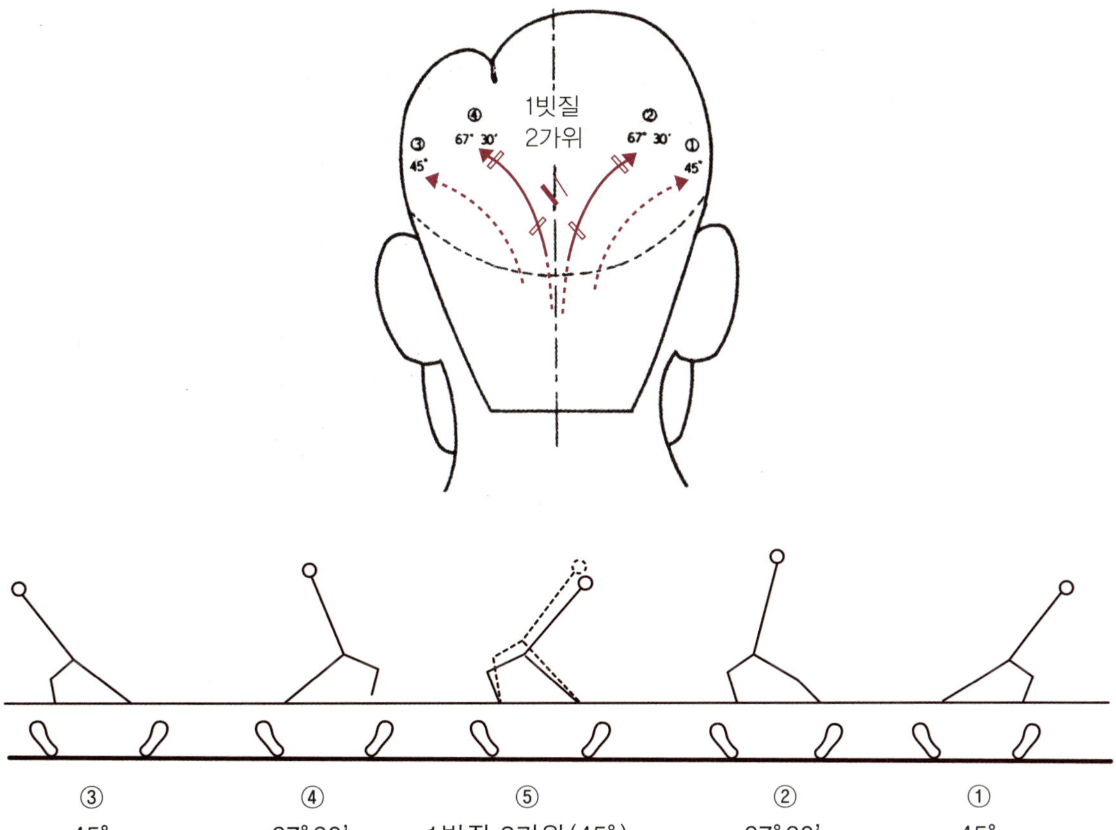

3. 좌측 옆머리 (몸 위치 – 좌측 후방 45°)

제1부분 … 귀 뒤 위를 기점으로 연결 부분까지 부채형 연속 깎기
부채형 돌려 깎기 22° 30′, 후 45° 이동 돌려 깎기 2회 빗질
제2부분 … 귀 앞부분 볼 뼈 부분부터 귀 위에 걸쳐서 절단 각도 45°,
연결 부분까지 연속 깎기 후 돌려 깎기 1회 빗질
제3부분 … 귀 윗부분 절단 각도 20° (후방 사선),
연결 부분까지 부채형 연속 깎기
부채형 돌려 깎기
제4부분 … 귀 앞부분 이동 각도 60°, 절단 각도 45°,
돌려 깎기 3회 빗질
제5부분 … 구레나룻 돌출 부분 이동 각도 60°, 절단 각도 45°,
돌려 깎기 2회 빗질
제6부분 … 가르마 부분의 절단 각도, 가르마 선에 대해 앞쪽에서 뒤쪽으로
돌려 깎기 4회 빗질

4. 좌측 가장자리 부분

1) 구레나룻 커트
2) 구레나룻 라인 커트
3) 귀 주위 반대 빗질
4) 네이프 라인
5) 조금 돌려 깎기

(1)~5)) 롱 커트 2와 같음

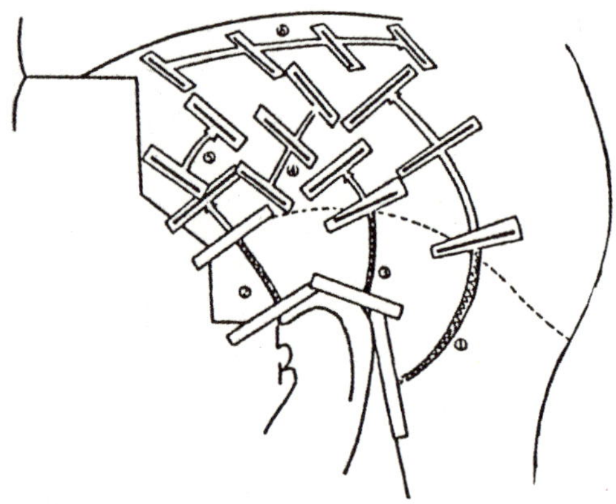

몸 위치, 발 위치, 자세–롱 2와 같음

5. 우측 옆머리 (몸 위치－ 오른쪽 뒤 방향 45°)

제1부분 … 귀 뒤 위를 기점으로 연결 부분까지 부채꼴 방향 연속 깎기
부채형 돌려 깎기 22° 30′, 후 45° 이동 돌려 깎기 2회 빗질

제2부분 … 귀 앞부분 볼 뼈 부분부터 귀 위에 걸쳐서 절단 각도 45°
연결 부분까지 연속 깎기 후 돌려 깎기 1회 빗질

제3부분 … 귀 윗부분 절단 각도 20° (후방 사선),
연결 부분까지 부채형 연속 깎기,
부채형 돌려 깎기

제4부분 … 귀 앞부분 이동 각도 60°, 절단 각도 45°,
돌려 깎기 3회 빗질

제5부분 … 구레나룻 돌출 부분 이동 각도 60°, 절단 각도 45°,
돌려 깎기 2회 빗질

제6부분 … 가르마 부분 절단 각도, 가르마 선에 대해 앞쪽에서 뒤쪽으로
돌려 깎기 4회 빗질

6. 우측 가장자리 부분

1) 구레나룻 커트
2) 구레나룻 라인 커트
3) 가장자리 반대 빗질
4) 네이프 사이드 라인(헴라인)
5) 약간 돌려 깎기

롱 커트 2와 같음

7. 두정부

손가락 이용 깎기
6이동 … 롱 커트 2와 같다.

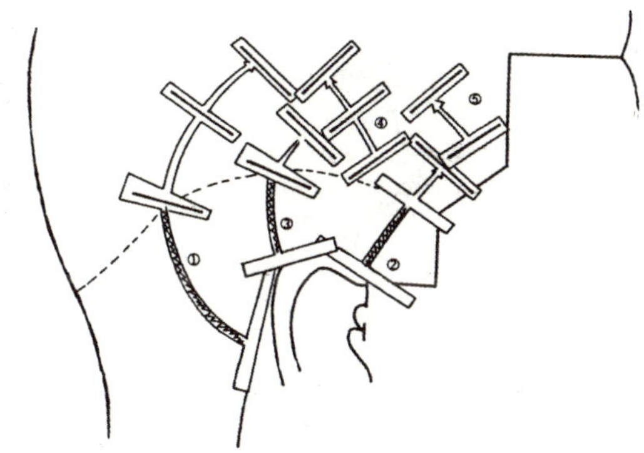

마무리 깎기

◆ 마무리 깎기 준비

① 정리　② 커팅 파우더 도포　③ 중간 체크

1. 후두부 (몸 위치 – 뒤 방향 0°)

1) 지그재그 마무리 깎기　5회 이동

▷ 연결 부분부터
위로 향해 집중 원운동

▷ 연결 부분의 지그재그 커트

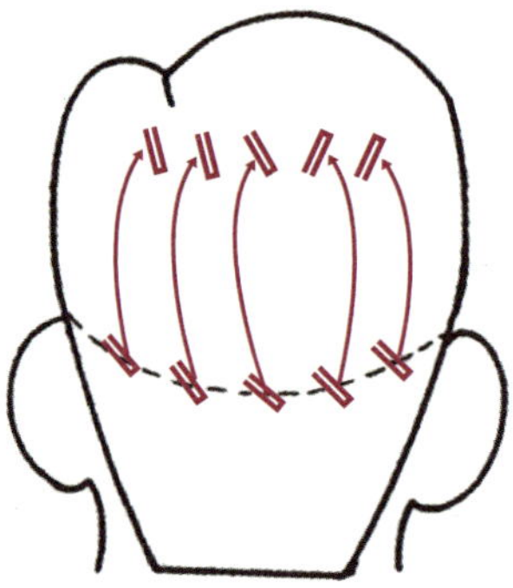

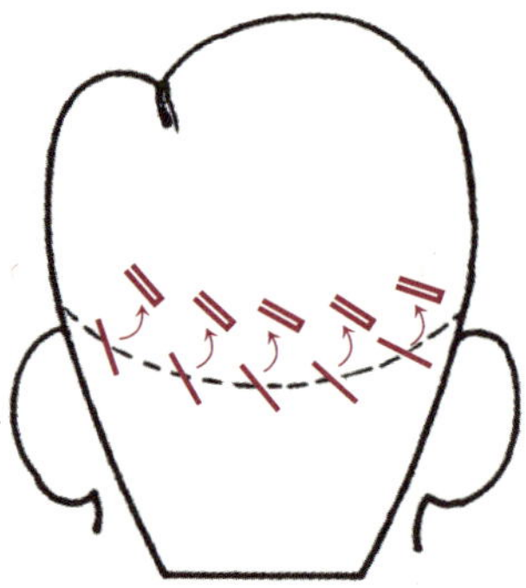

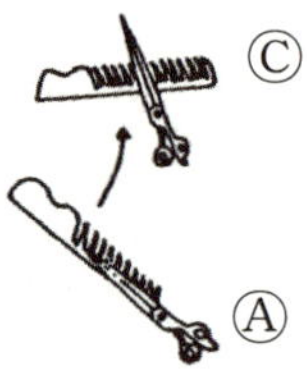

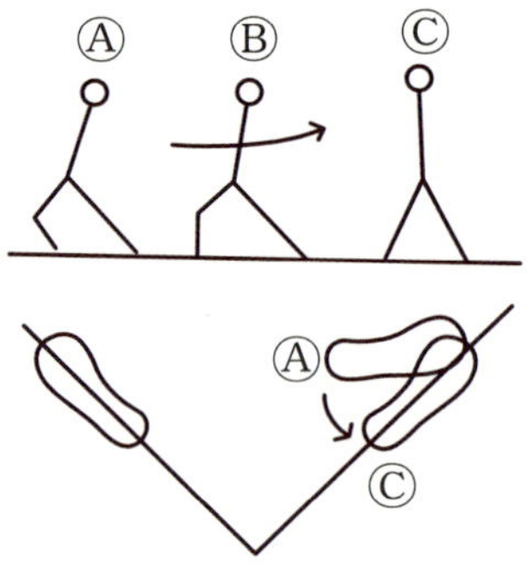

2) 몸의 돌려 깎기　　1회 이동 1회 자세
연결 부분의 오른쪽에서 중심을 지나 왼쪽까지

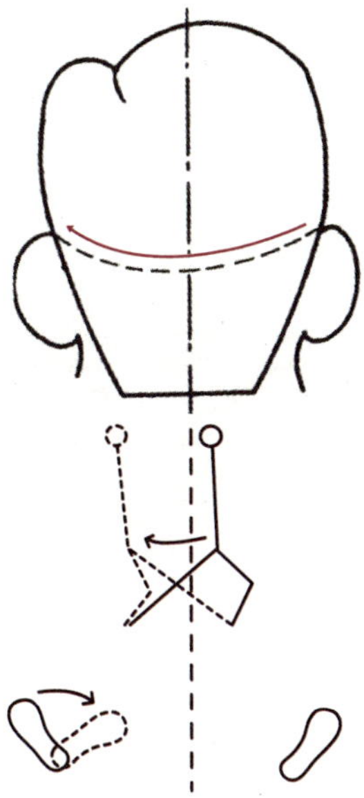

3) 빗 회전

4) 체크 커트

2. 우측 옆머리 (몸 위치 – 우측 후방 45°~우 측방 90°)

1) 지그재그 마무리 깎기
앞을 향해 원운동

2) 체크 커트

3. 좌측 옆머리 (몸 위치 – 좌측 후방 45°~좌 측방 90°)

1) 지그재그 마무리 깎기
앞을 향해 원운동

2) 체크 커트

04 포멀 커트(Farmal cut)－중간 머리

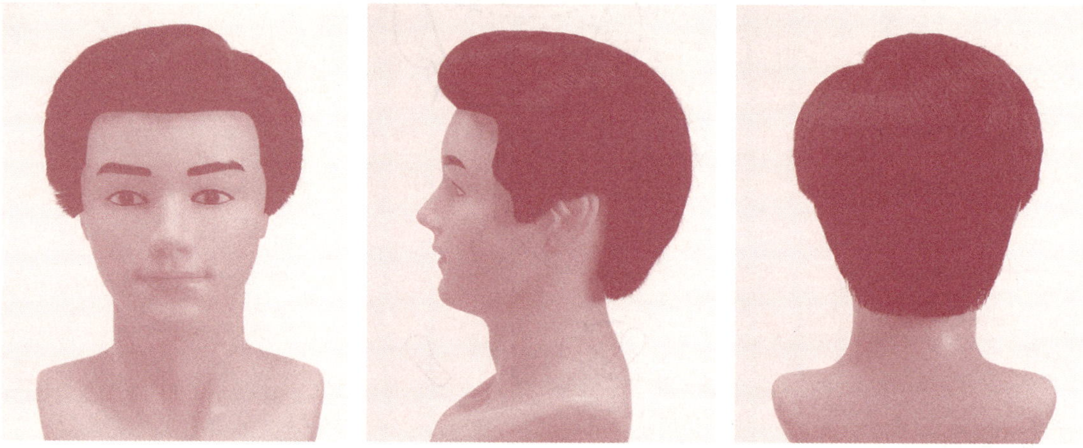

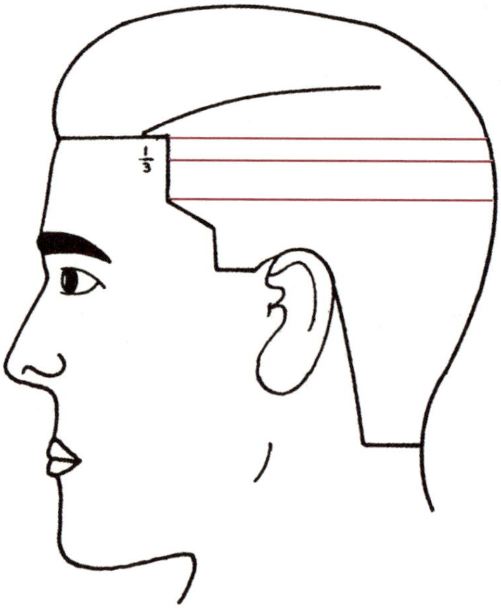

Ⅰ. 중간 머리 커트 － 1

기초 깎기

1. 두부 주위

1) 클리퍼 사용

① 상, 중, 하 부분에 두꺼운(5~9mm) 클리퍼 사용

② 헤어라인 밑에 2mm 클리퍼 사용

〈두부 주위 클리퍼 사용 순서〉

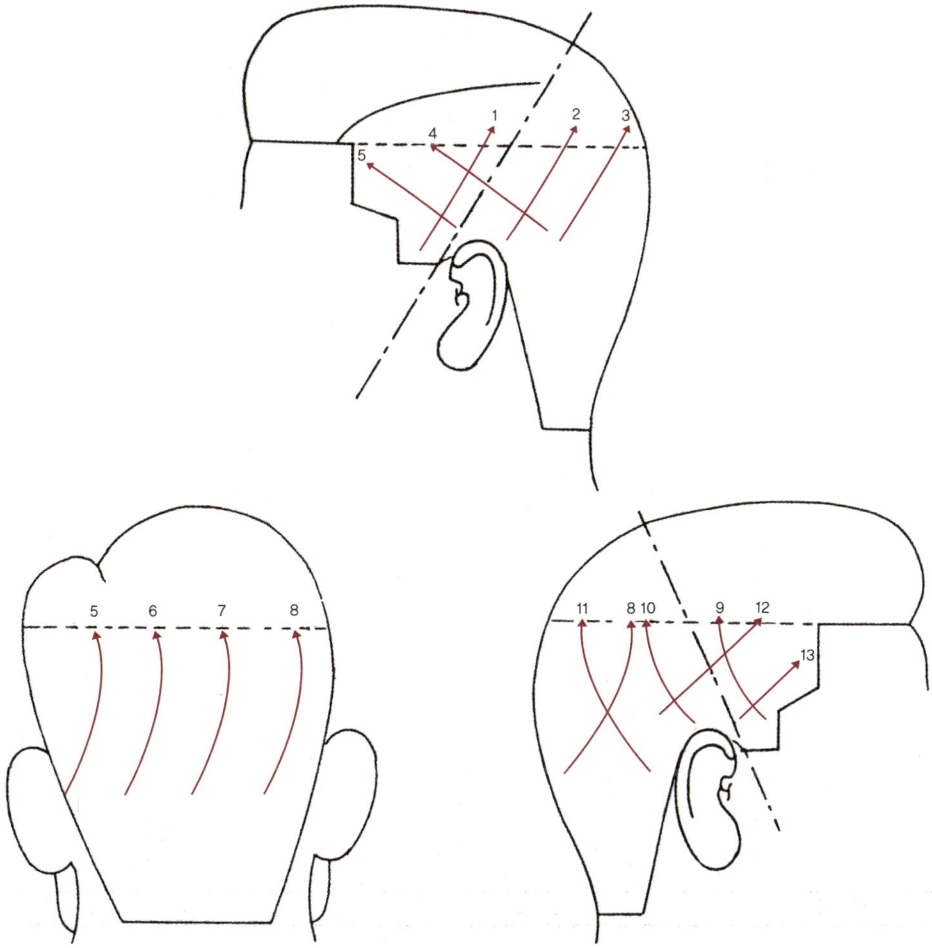

2. 후두부 (몸 위치 - 후방 0°)

제1부분 … 백 포인트 위-수직 운동
연속 깎기 후 돌려 깎기 3회 빗질
제2부분 … 좌측 75°
연속 깎기 후 돌려 깎기 3회 빗질
제3부분 … 좌측 75°
연속 깎기 후 돌려 깎기 3회 빗질
제4부분 … 좌측 60°
연속 깎기 후 돌려 깎기 3회 빗질
제5부분 … 좌측 60°
연속 깎기 후 돌려 깎기 3회 빗질
제6부분 … 좌측 45° 오른발을 펴고 왼쪽 무릎을 구부린다.
확인 커트 측면 두부 중심선까지 연속 깎기 후 돌려 깎기 3회 빗질
제7부분 … 우측 45° 왼발을 펴고 오른쪽 무릎을 구부린다.
확인 커트 측면 두부 중심선까지
연속 깎기 후 돌려 깎기 3회 빗질

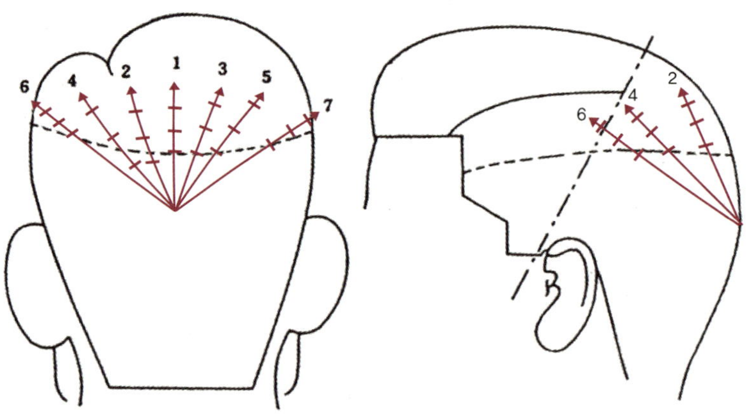

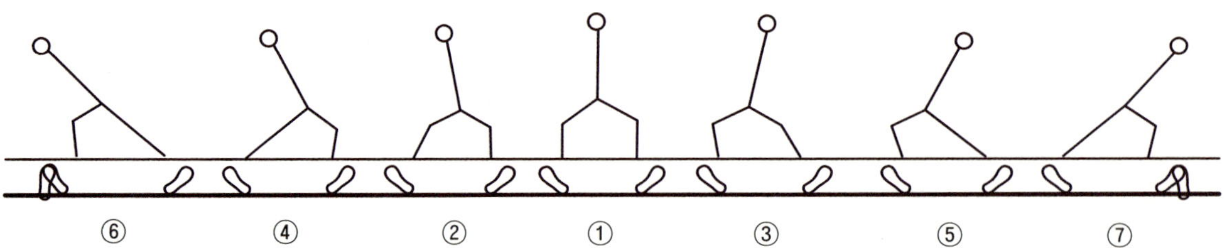

3. 좌측 옆머리

몸 위치 – 좌측 전방 45°, 발뒤꿈치를 왼쪽으로 돌리고 몸은 뒤로 향한다.

제1부분 … 귀 위부터 이동 각도 60°, 절단 각도 45°,
연속 깎기 후 돌려 깎기 3회 빗질
제2부분 … 귀 앞 위부터 이동 각도 60°, 절단 각도 45°,
연속 깎기 후 돌려 깎기 3회 빗질
제3부분 … 구레나룻 위부터 이동 각도 60°, 절단 각도 45°,
연속 깎기 후 돌려 깎기 3회 빗질
제4부분 … 가르마 절단 각도–가르마에 대해 45°
앞에서 뒤로 향해 돌려 깎기 6회 빗질

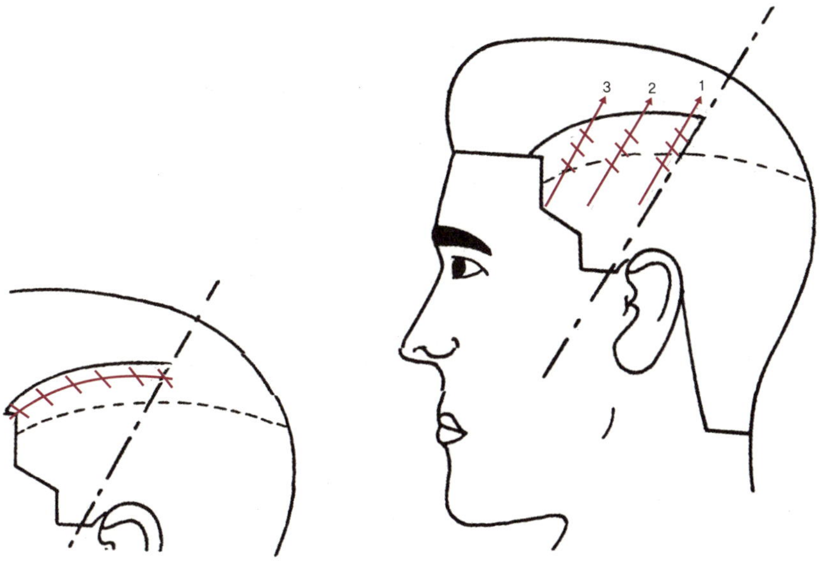

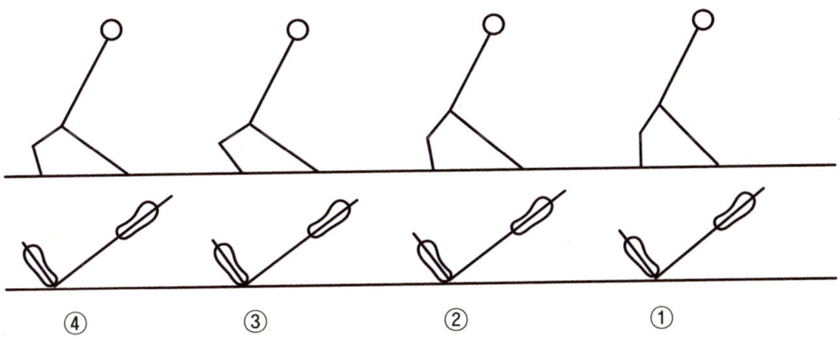

4. 좌측 가장자리 부분

1) 구레나룻 가장자리 커트

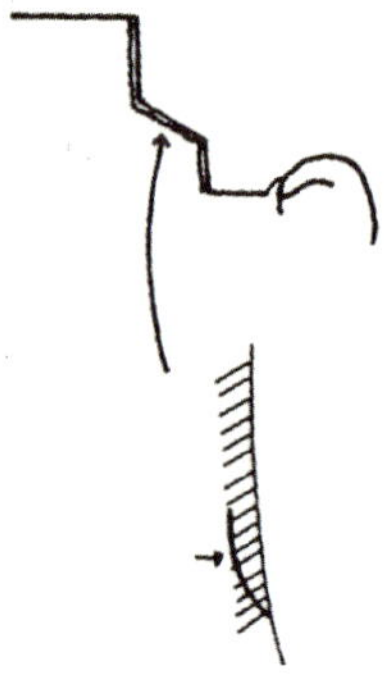

2) 구레나룻 라인 커트

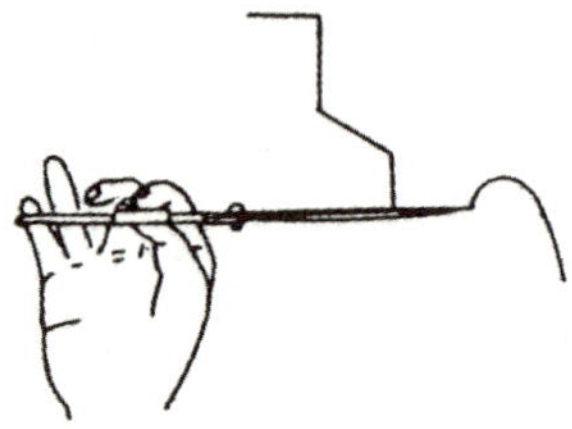

3) 귀 주위 빗 반대 빗질

귀 앞부분에서 귀 윗부분, 뒷부분까지

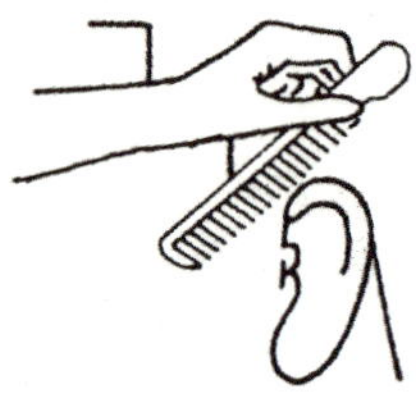

(귀 앞부분 · 귀 윗부분)

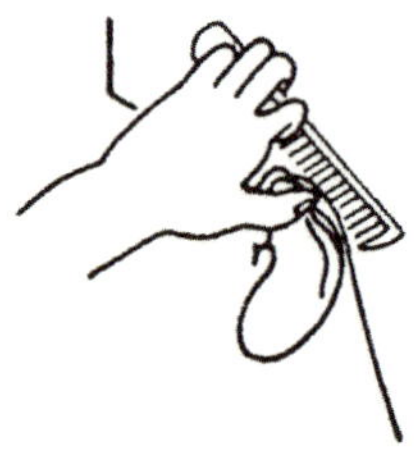

(귀 뒷부분)

4) 네이프 라인

귀 앞부분에서 뒤 방향으로

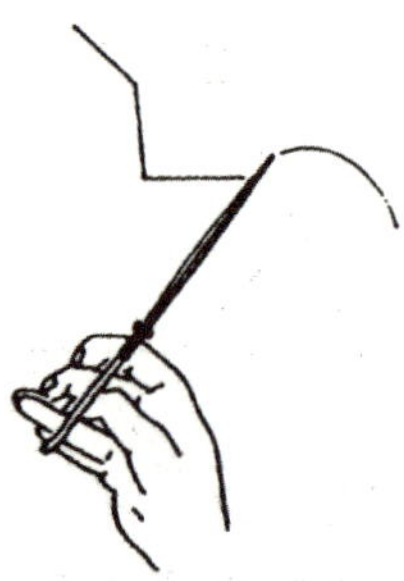

5) 고정 깎기 · 연속 깎기

네이프 라인에 평행 · 사선을 병행

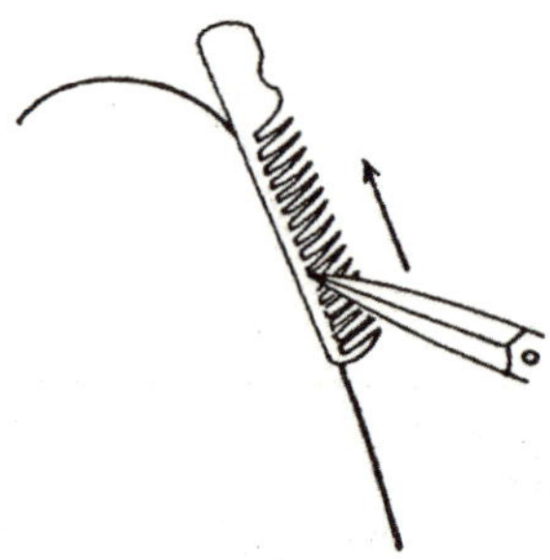

평행 고정 깎기
빗 끝으로 일으켜 세운다.

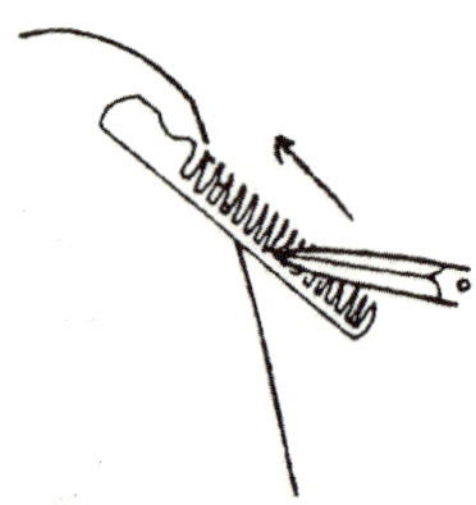

사선 고정 깎기
빗등으로 일으켜 세운다.

5. 우측 옆머리 (몸 위치 – 오른쪽 뒤 방향 45°)

제1부분 … 귀 위부터 이동 각도 60°, 절단 각도 45°,
연속 자르기 후 돌려 자르기 3회 빗질

제2부분 … 귀 앞 위부터 이동 각도 60°, 절단 각도 45°,
연속 자르기 후 돌려 자르기 3회 빗질

제3부분 … 구레나룻 위부터 이동 각도 60°, 절단 각도 45°,
연속 자르기 후 돌려 자르기 3회 빗질

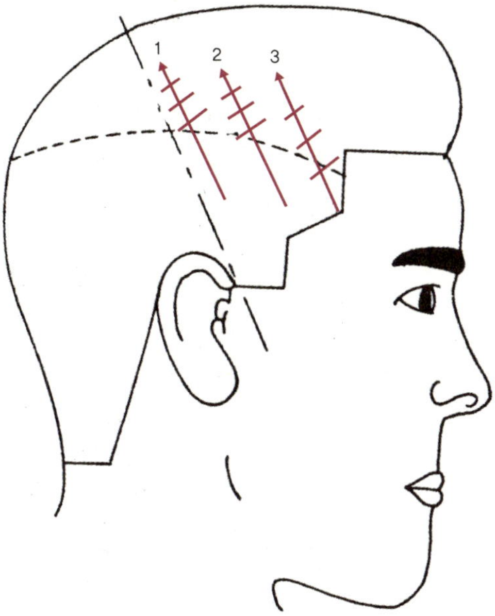

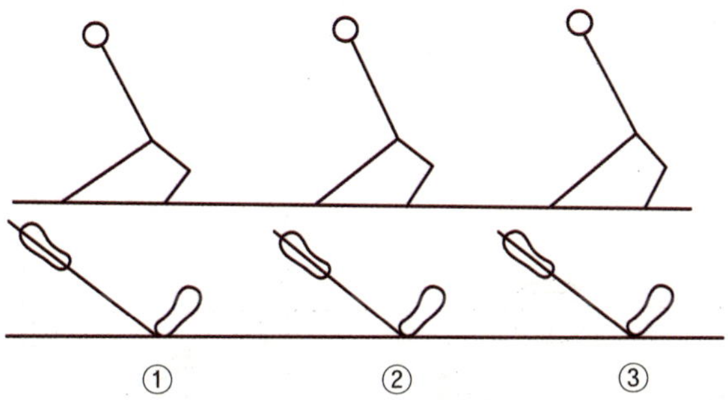

6. 두정부 (몸 위치 - 우측 측방 90°~우측 전방 45°)

제1부분 … 측면 두부 중심선 위부터
이동 각도 45°, 돌려 깎기 6회 빗질
제2부분 … 제1부분과 오른쪽 이마 가장자리 부분과의 중간부터
이동 각도 45°, 돌려 깎기 5회 빗질 눌러 잡아 돌려 깎기 2빗질
제3부분 … 오른쪽 이마 끝 위부터
이동 각도 45°, 돌려 깎기 5회 빗질, 눌러 잡아 돌려 깎기 3회 빗질
제4부분 … 제3부분과 센터 포인트 중간부터 이동 각도 45°,
돌려 깎기 3빗질, 눌러 잡아 돌려 깎기 3회 빗질
제5부분 … 센터 포인트부터 이동 각도 45°,
돌려 깎기 1회 빗질, 눌러 잡아 돌려 깎기 3회 빗질
제6부분 … 가르마에 대해 45° 앞에서 뒤로
눌러 잡아 돌려 깎기 6회 빗질

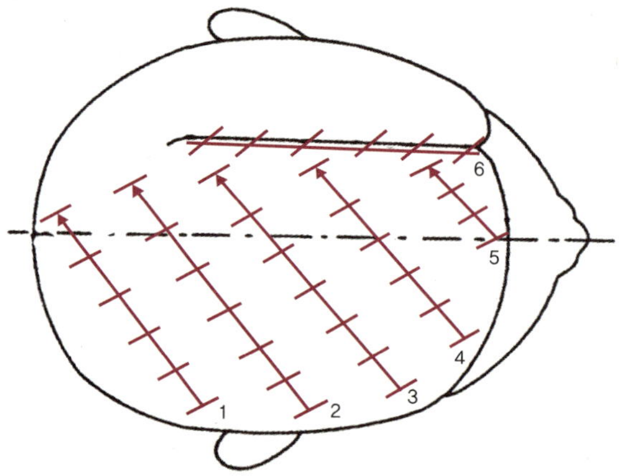

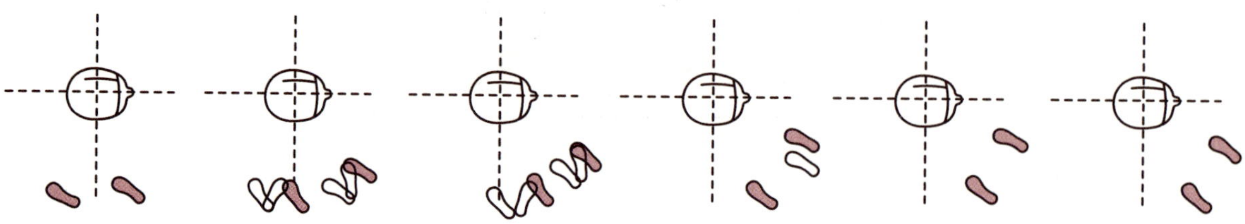

7. 우측 가장자리 부분

1) 구레나룻 가장자리 커트

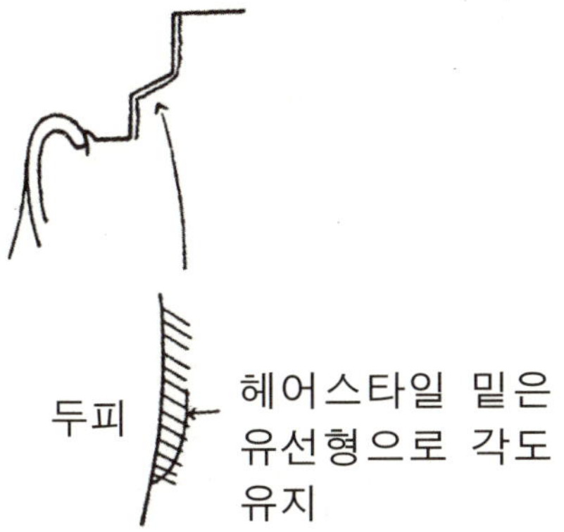

2) 구레나룻 라인 커트

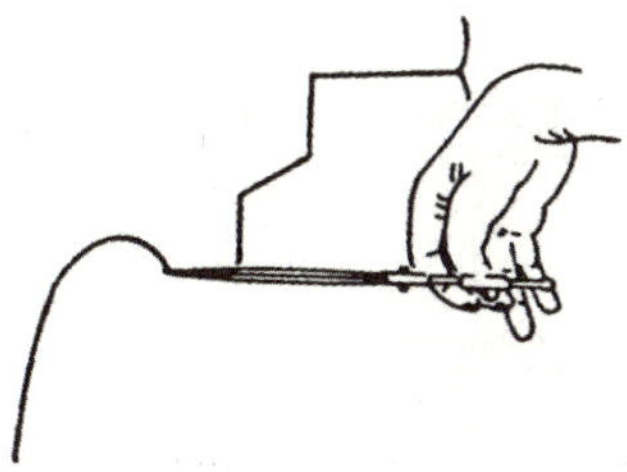

3) 귀 주위 빗 반대 빗질
귀 앞부분에서 귀 윗부분, 귀 뒷부분까지

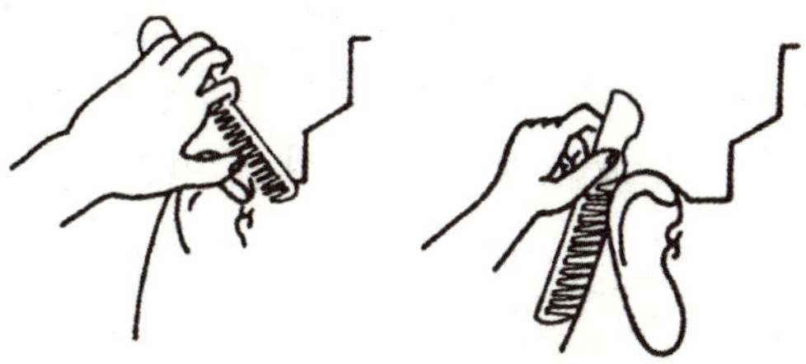

(귀 앞부분 · 귀 윗부분) (귀 뒷부분 · 귀 옆부분)

4) 네이프 라인
귀 앞에서 뒤로

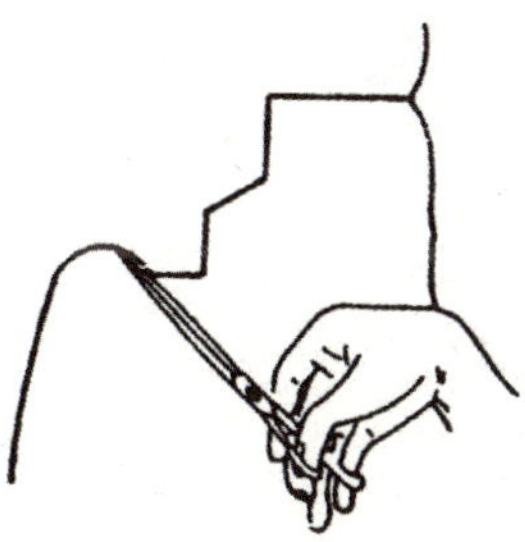

5) 고정 자르기 · 연속깎기
네이프 라인에 평행, 사선을 병행

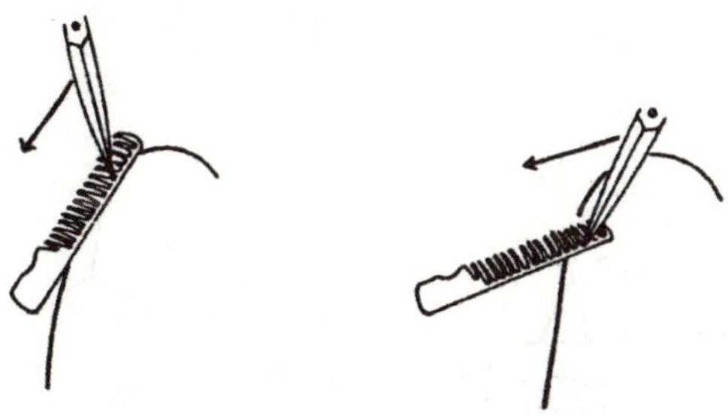

평행 고정 자르기
빗 끝으로 일으켜 세운다.

사선 고정 자르기
빗등으로 일으켜 세운다.

8. 후두 하부

1) 고정 깎기

2) 연속 깎기
클리퍼 라인을 연결 정리하며, 양 측면과 음영의 균형을 맞춘다.

마무리 깎기

◈ 마무리 깎기 준비

① 브러싱 ② 모발 나누기 ③ 정리 브러싱
④ 커팅 파우더 도포 ⑤ 중간 체크

1. 후두부 (몸 위치 - 후방 0°)

1) 지그재그 마무리 깎기 - 5회 이동, 연결 부분을 지그재그 빗 돌려 자르기
2) 몸의 돌려 깎기 - 연결 부분을 오른쪽에서 왼쪽으로 1회 운동 상부 및 하부
3) 눌러 깎기 - 5회 이동, 밑에서 연결 부분까지 사선 이동

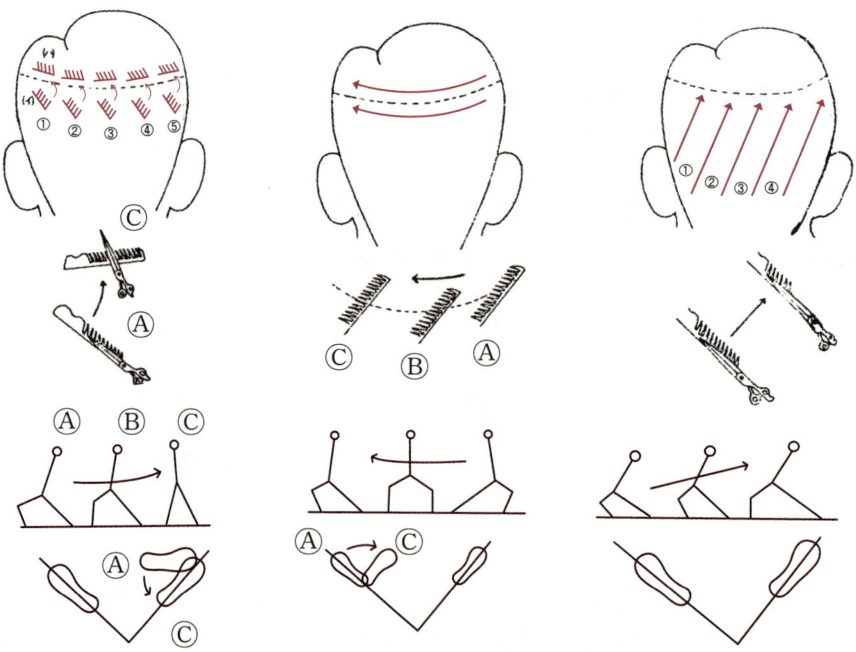

4) 빗 돌려 깎기

① 중간 빗 돌려 깎기－5회 이동
밑에서 연결 부분까지 원운동

② 작은 회전 빗 돌려 깎기 － 후두 하부
목덜미 주위를 오른쪽에서 왼쪽으로

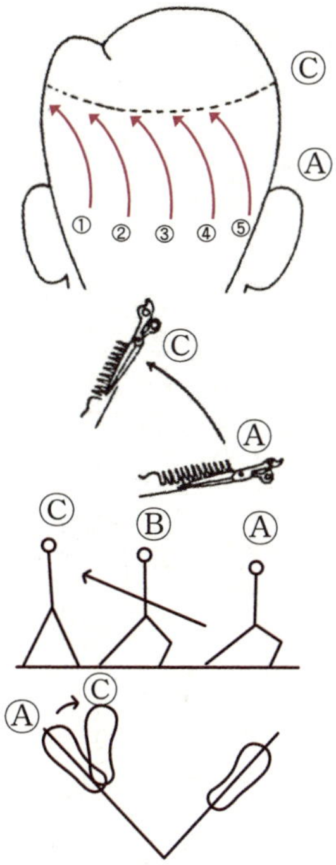

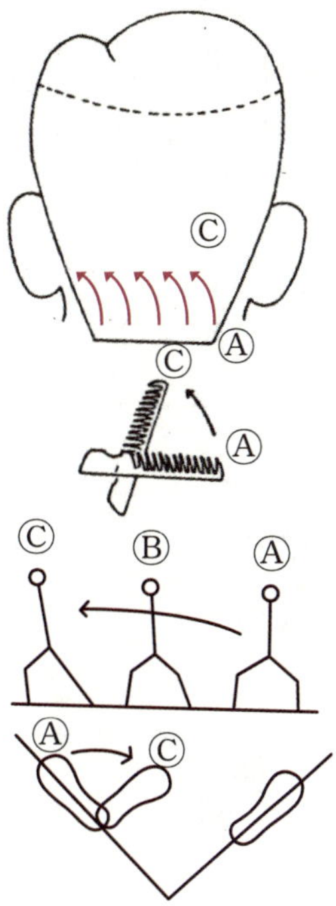

5) 고정 깎기

후두 하부

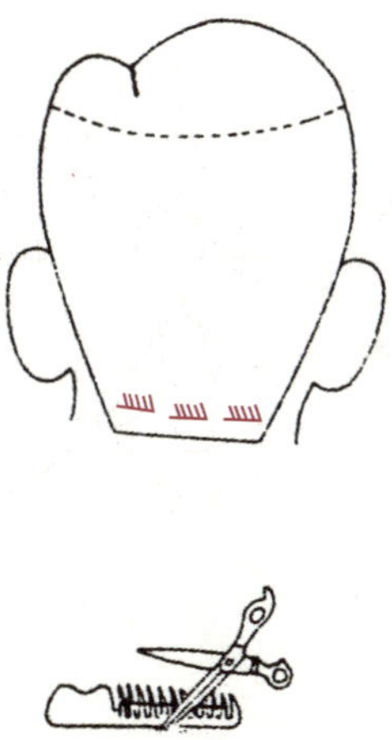

6) 체크 커트

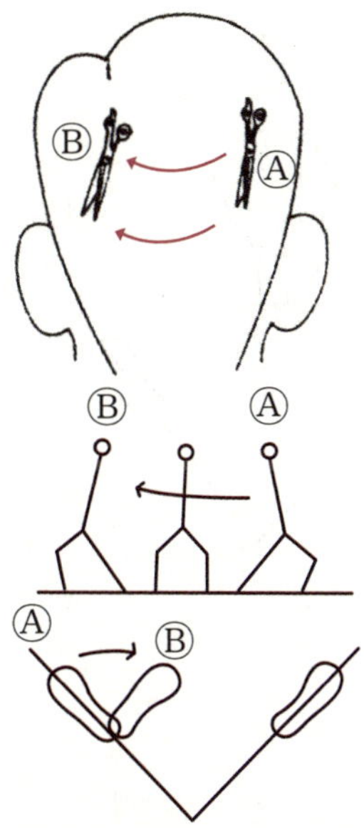

2. 우측 옆머리 (몸 위치 - 우측 후방 45° ~ 좌측 측방 90°)

1) 밀어 깎기 - 5회 이동
   밑에서 경계 부분까지 45° 사선 이동

2) 각 없앰 돌려 깎기 - 5회 이동
   ① 경계 부분에 대해 45° 에서 연결 부분 선까지
   ② 경계 부분에 대해 평행에서 45° 까지 지그재그

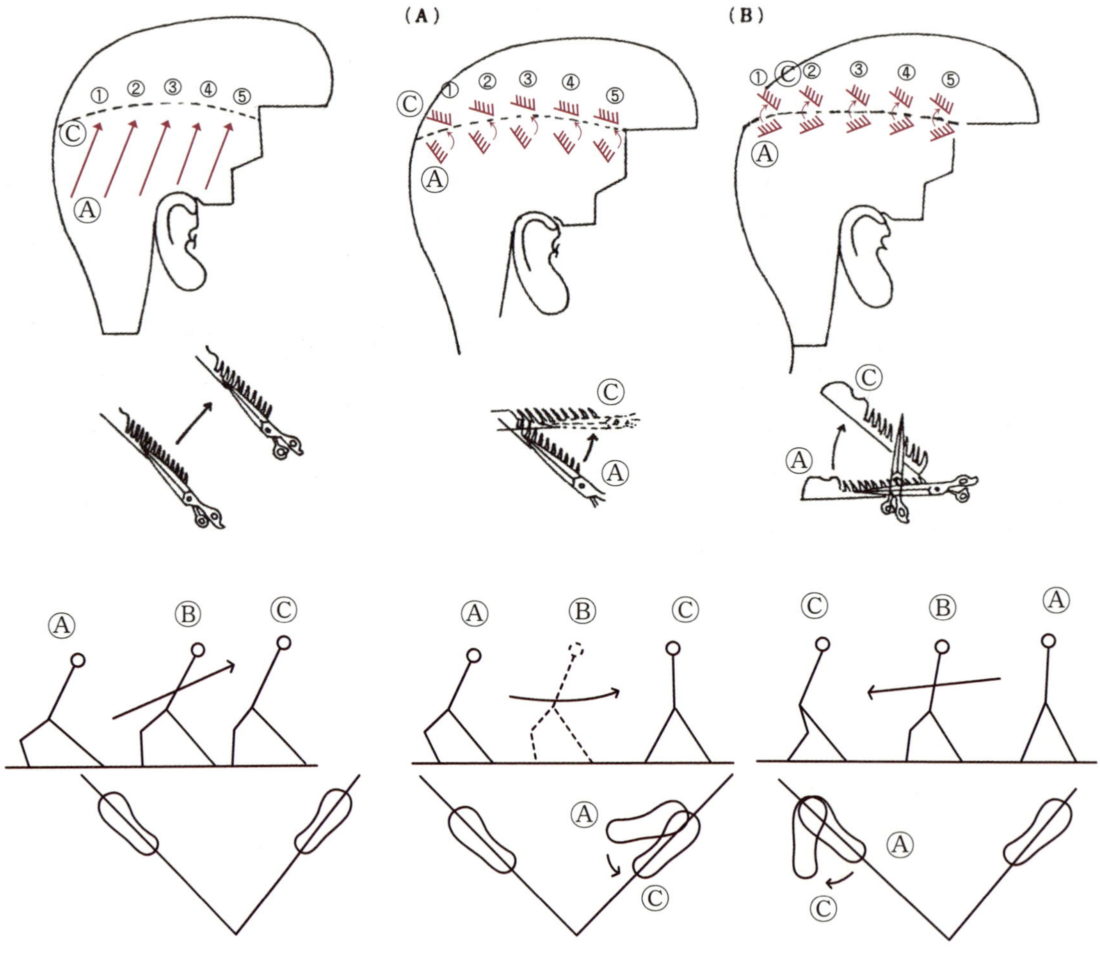

3) 빗 돌려 깎기 - 중간 돌리기 5회 이동
밑에서 연결 부분까지 원운동

4) 고정 깎기
네이프 라인에 평행, 직각, 사선을 병행
앞에서 뒤를 향하여

5) 체크 커트

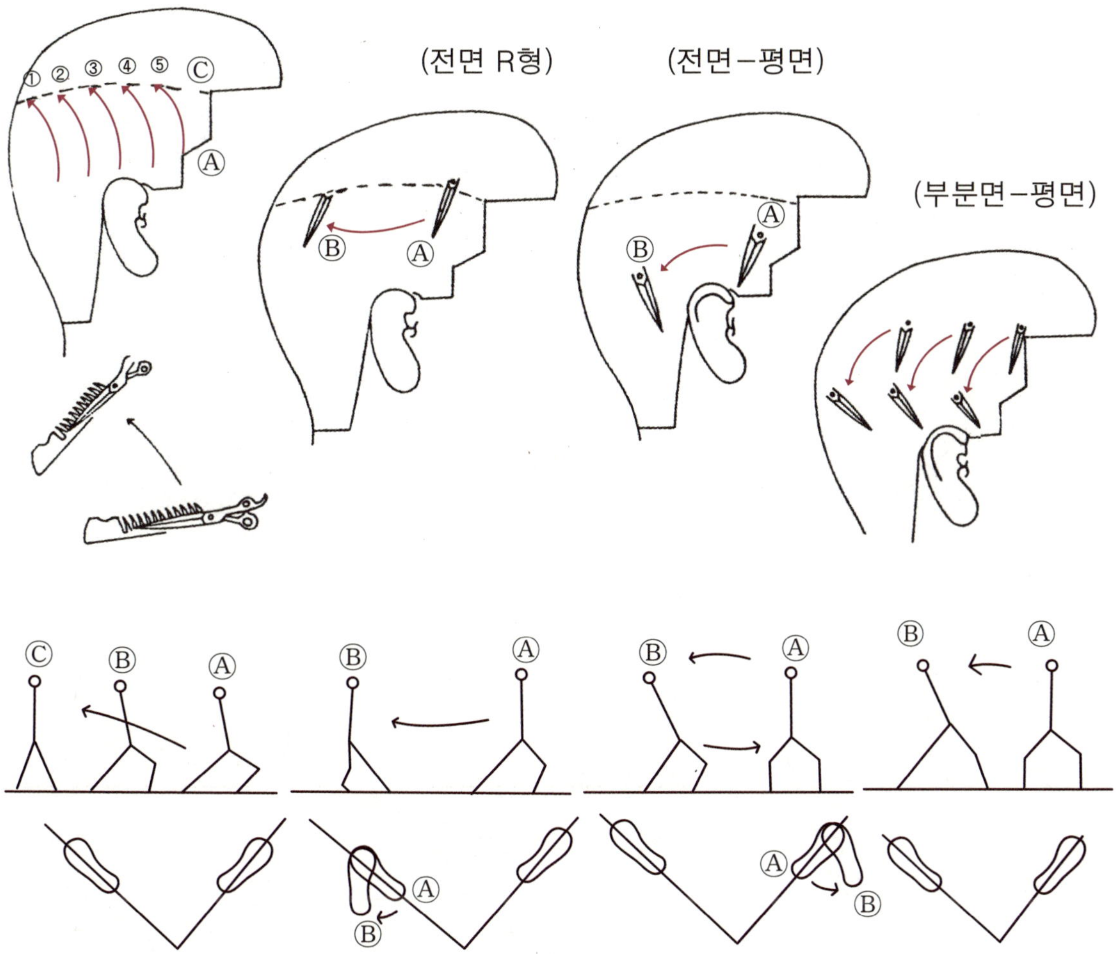

3. 좌측 옆머리 (몸 위치- 좌측 후방 45° ~ 좌측 측방 90°)

1) 밀어 깎기 - 5회 운행
   하부에서 경계 부분까지 45° 사선 이동

2) 각 없앰 돌려 깎기 - 5회 이동
   ① 경계 부분 밑 45° 부터 평행까지
   ② 경계 부분 평행부터 45° 까지 지그재그

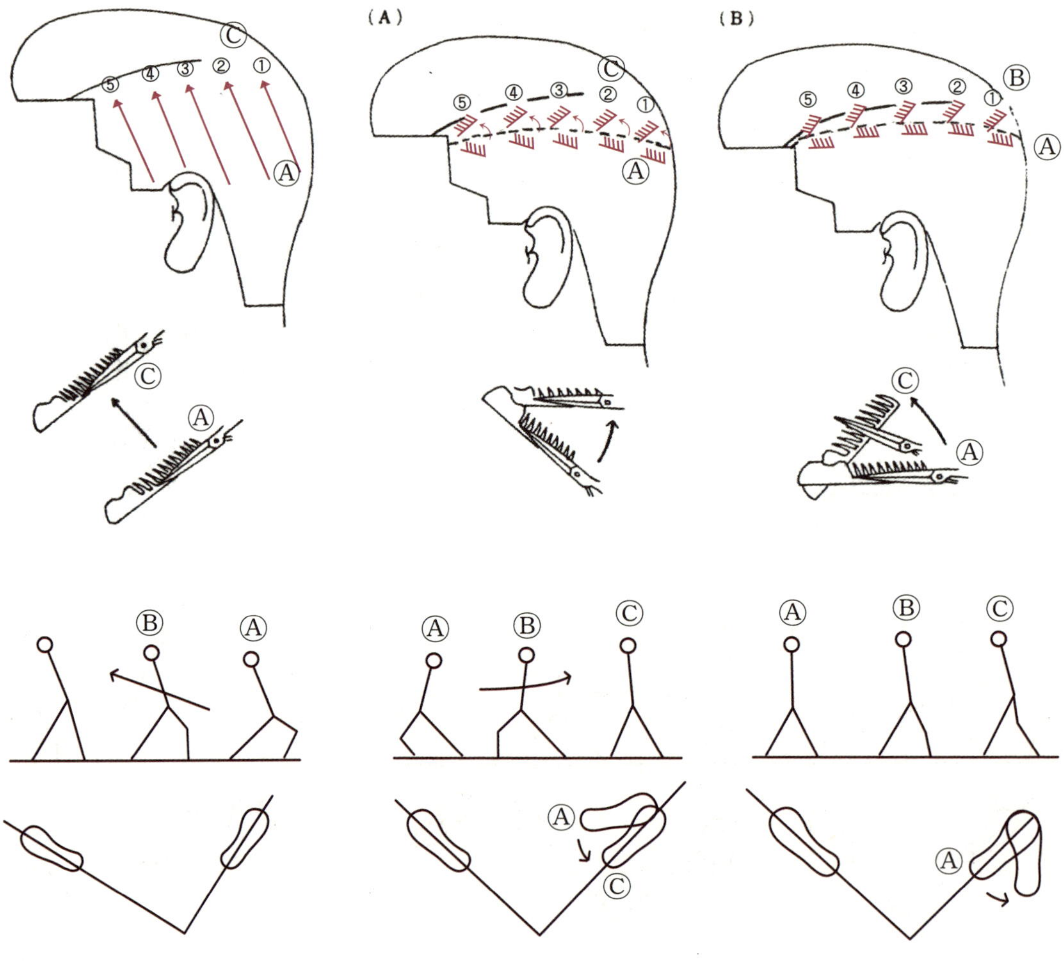

3) 빗 돌려 깎기 - 중간 돌려 5회 이동
밑에서 경계 부분까지 원운동

4) 고정 깎기
네이프 라인에 평행, 직각, 사선을 병행
앞에서 뒤를 향하여

5) 체크 커트

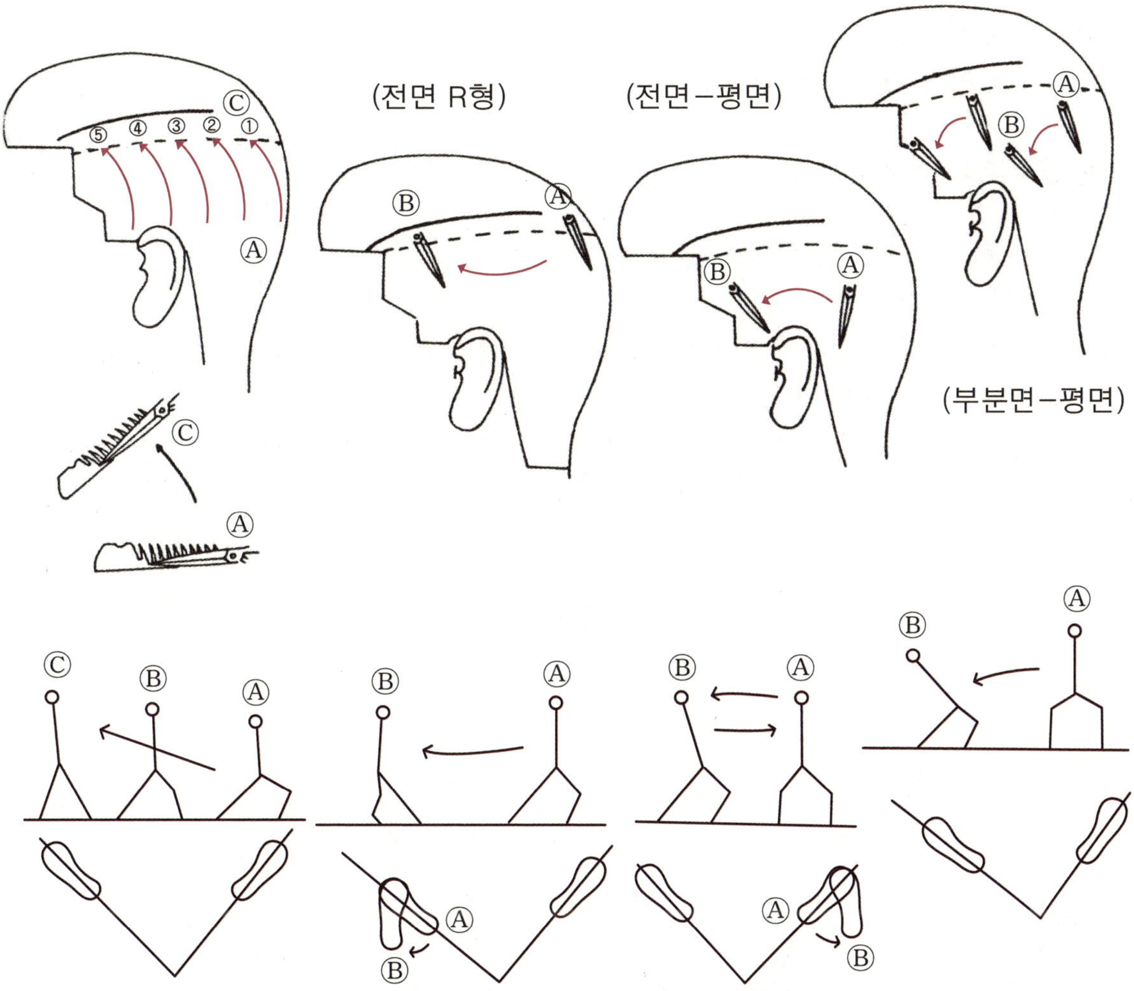

Ⅱ. 중간 머리 커트 – 2

기초 깎기

기술은 전부 연속 자르기로 행한다. 특히 연결 자르기 때 주변에 가위를 넣지 않고 빗만 사용

1. 두부 주위

1) 클리퍼 사용
(중간 머리 커트–1과 같다.)

2. 후두부 (몸 위치 – 후방 0°)

제1부분 … 후면 정중선 상단 수직 이동
제2부분 … 좌측 67° 30′
제3부분 … 좌측 45° 측면 두부 중심선까지 관측(觀測)하며 커트
제4부분 … 우측 67° 30′
제5부분 … 우측 45° 측면 두부 중심선까지 관측(觀測)하며 커트

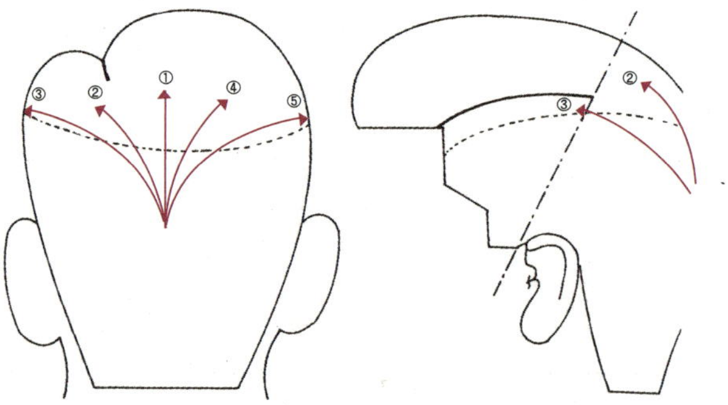

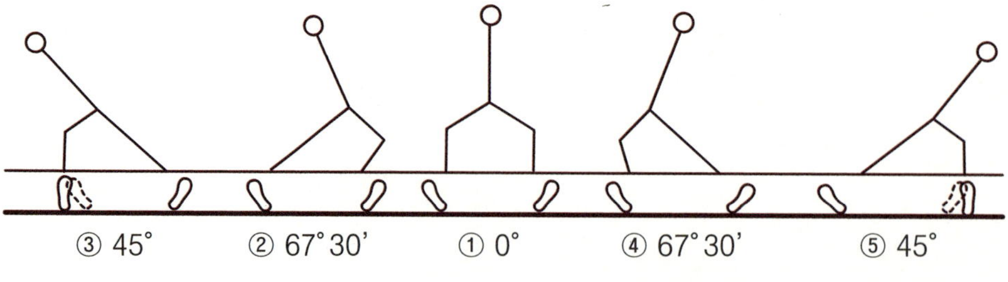

3. 좌측 옆머리 (몸 위치 – 좌측 후방 45°)

제1부분 … 귀 뒤 위 클리퍼 라인부터 원운동
제2부분 … 귀 위 클리퍼 라인부터 원운동
제3부분 … 귀 앞 클리퍼 라인부터 원운동(발뒤꿈치를 왼쪽으로 돌리며)
제4부분 … 가르마 부분

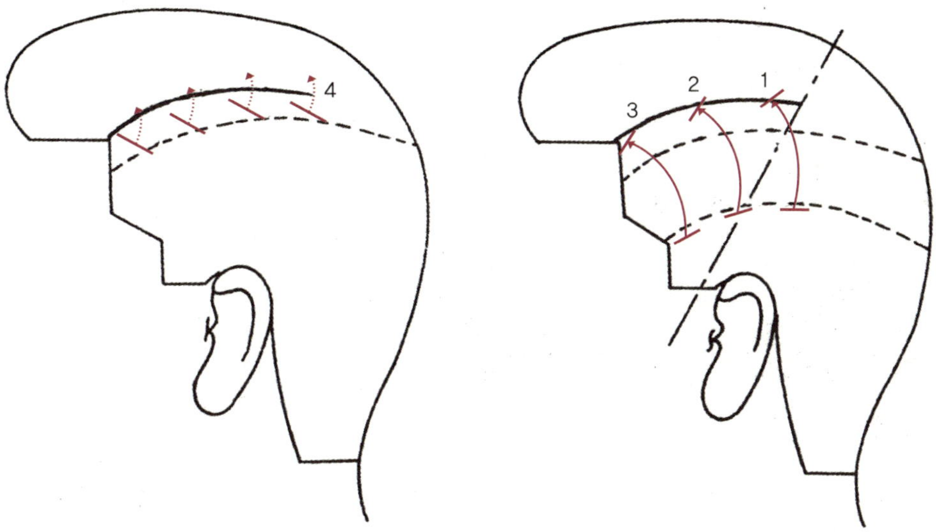

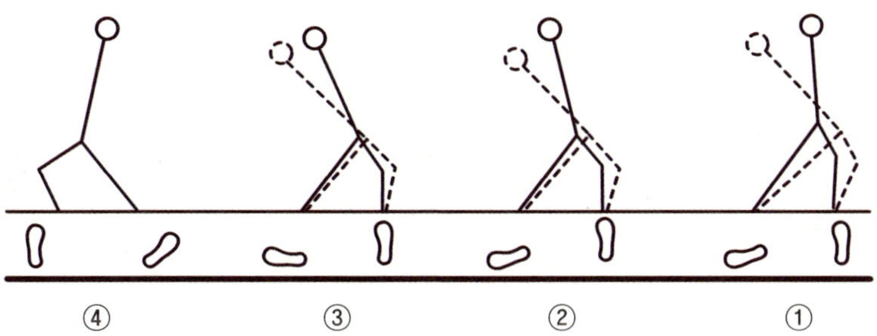

4. 좌측 가장자리

1) 구레나룻 가장자리 커트　2) 구레나룻 라인 커트　3) 네이프 사이드 라인 커트

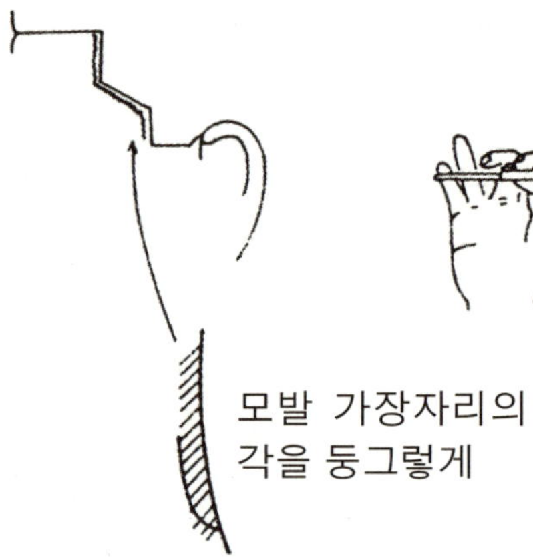

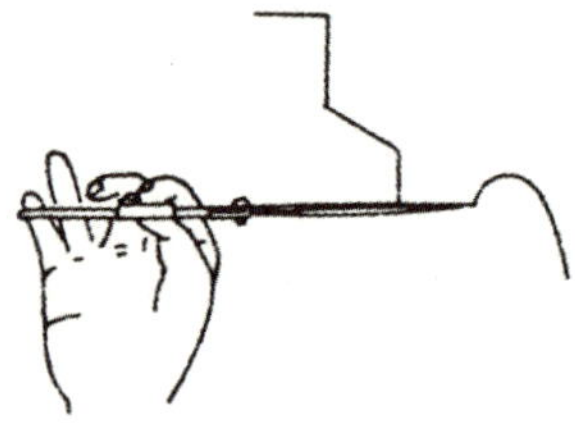

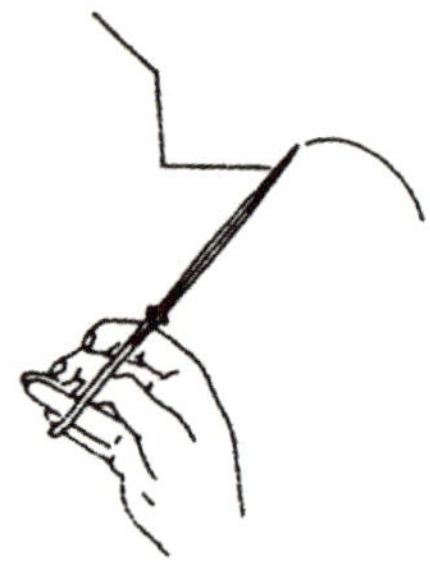

4) 빗 돌리기 - 빗 약간 돌려 깎기

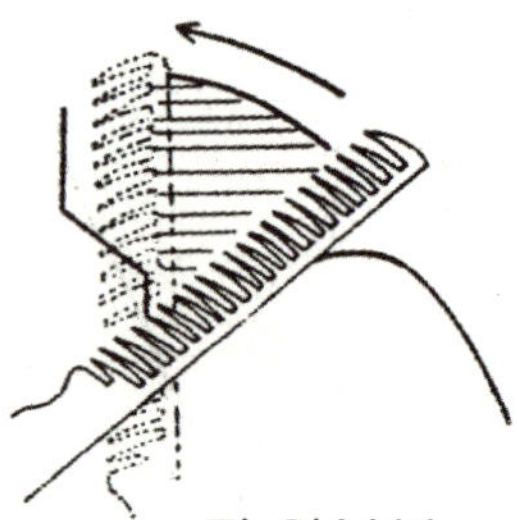

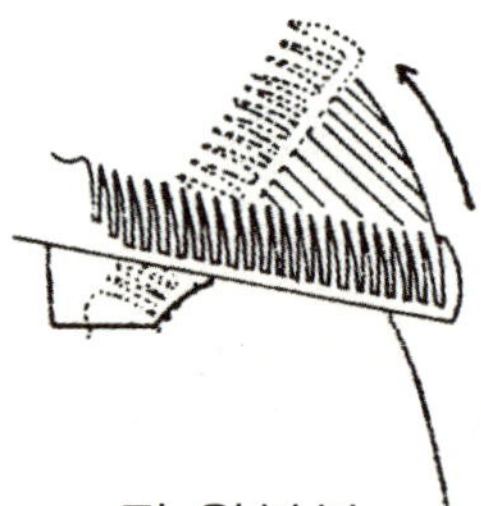

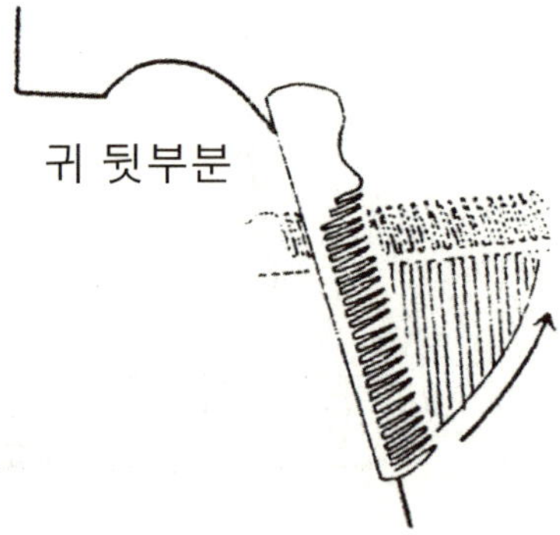

5. 우측 옆머리 (몸 위치 - 우측 후방 45°)

제1부분 … 귀 뒤 위 클리퍼 라인부터 원운동
제2부분 … 귀 부분 클리퍼 라인부터 원운동
제3부분 … 귀 앞 윗부분 클리퍼 라인부터 원운동

6. 두정부 (몸 위치, 발 위치, 방향 등 롱 커트 3 참조)

제1부분 … 이어 톱 포인트 위 뒤에서부터
제2부분 … 제1부분 기점과 이어 톱 포인트 위 앞에서부터
제3부분 … 구레나룻 윗부분부터
제4부분 … 제3부분 기점과 센터라인 중간 부분부터
제5부분 … 센터라인부터
제6부분 … 가르마 부분

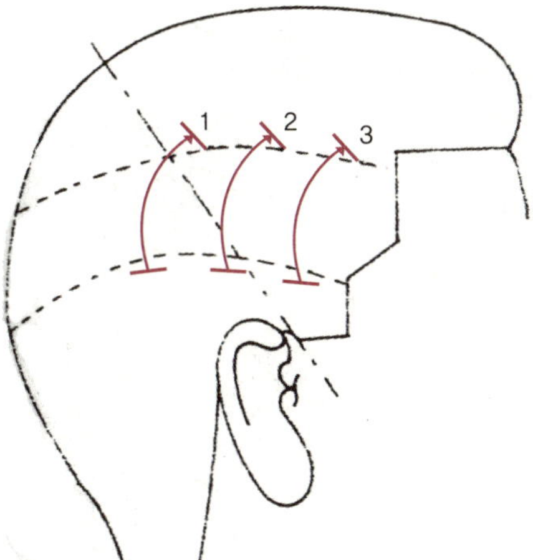

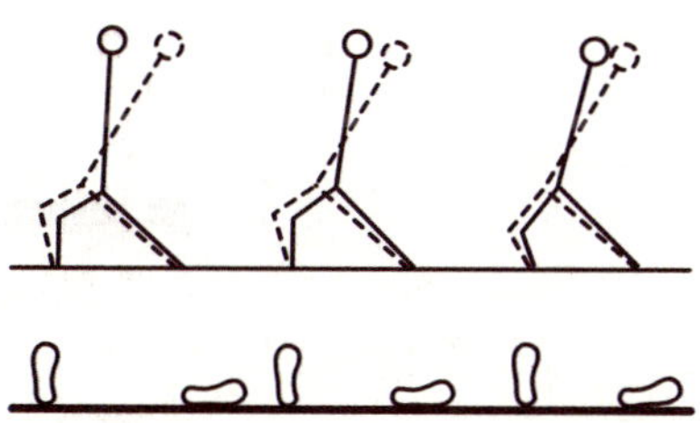

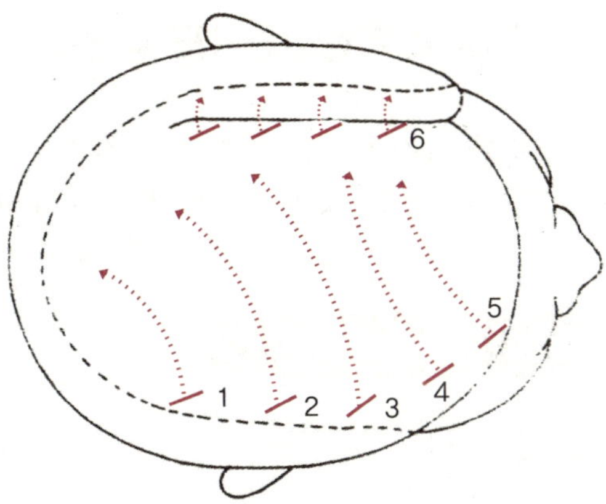

7. 우측 가장자리

1) 구레나룻 가장자리 커트　2) 구레나룻 라인 커트　3) 네이프 사이드 라인 커트

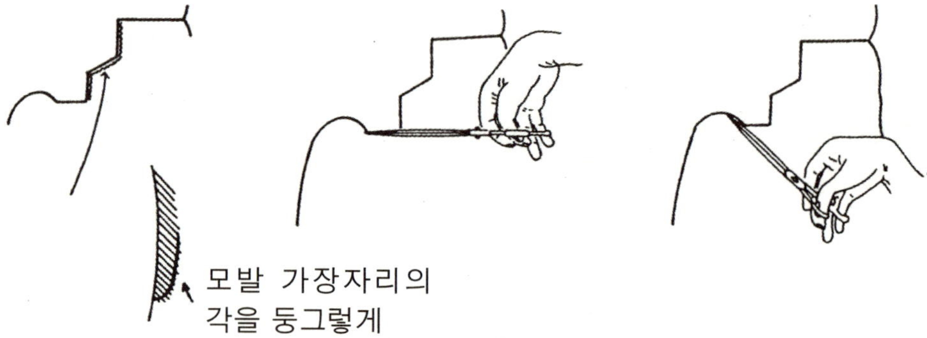

4) 빗 돌리기 – 빗 약간 돌려 깎기

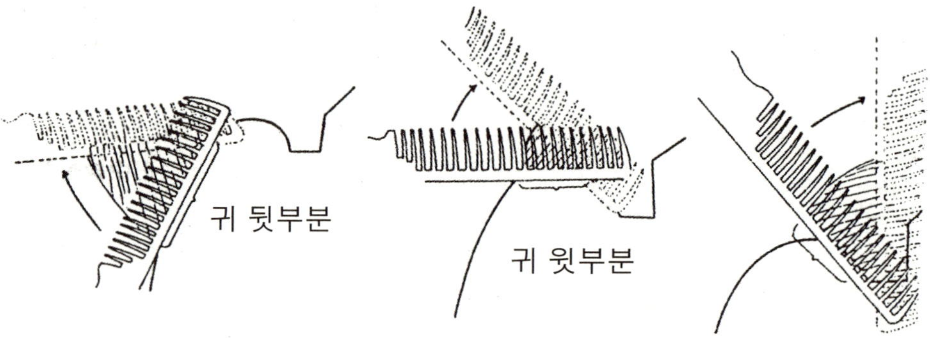

8. 목덜미 부분(네이프 라인)

1) 빗 돌리기 – 빗 약간 돌려 깎기
클리퍼 라인 정리 시 양 측면과의 명암을 계산한다.

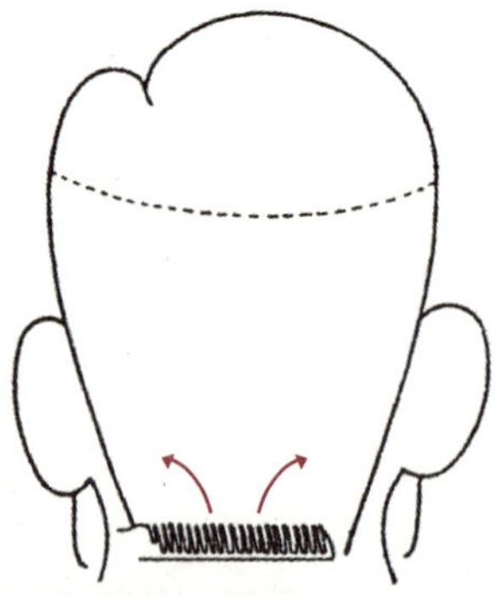

마무리 깎기

◈ 마무리 깎기 준비

① 브러싱 – 모발 정리　② 커팅 파우더 도포　③ 중간 체크

1. 후두부

1) 눌러 잘라 각 없앰 – 5회 이동

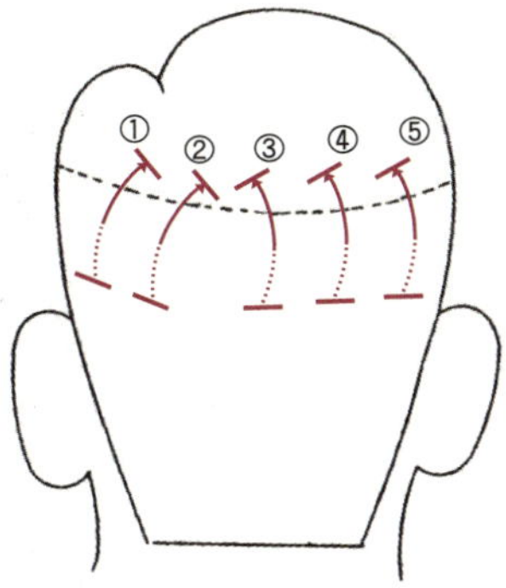

2) 목 돌려 깎기 – 1회 이동
오른쪽에서 왼쪽으로 1회 운동

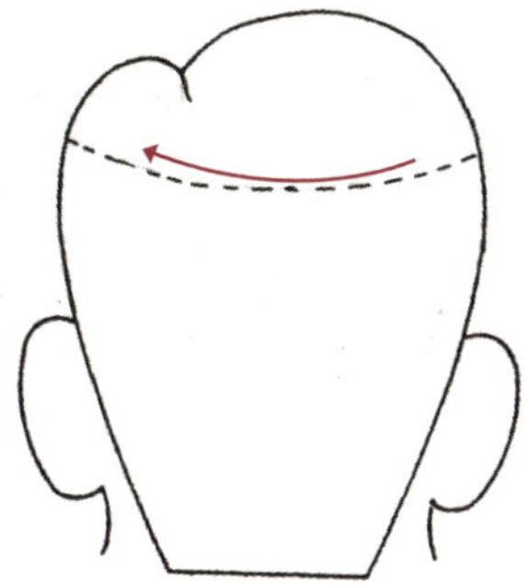

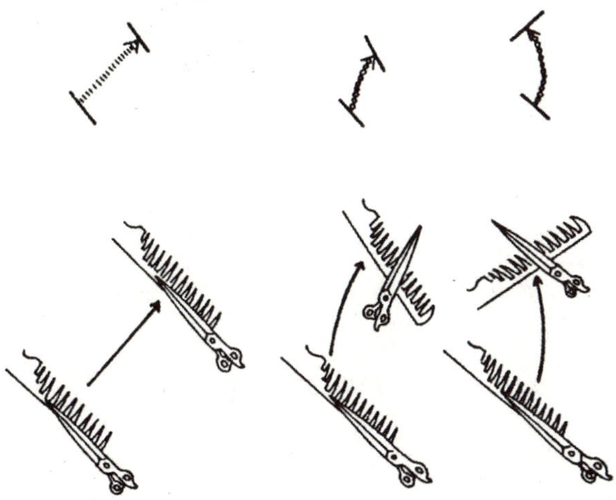

눌러 깎기 지그재그①, ② 지그재그③, ④, ⑤

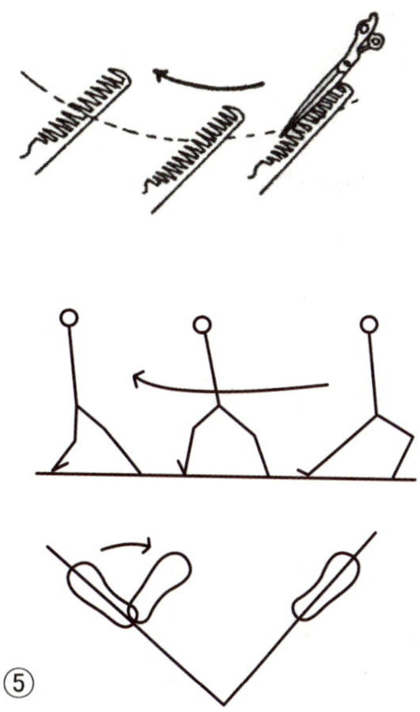

3) 빗 돌려 깎기 - 중간 돌리기- 4회 이동

4) 체크 커트

2. 우측 옆머리

1) 눌러 잘라 각 없앰 회전 깎기 - 4회 이동

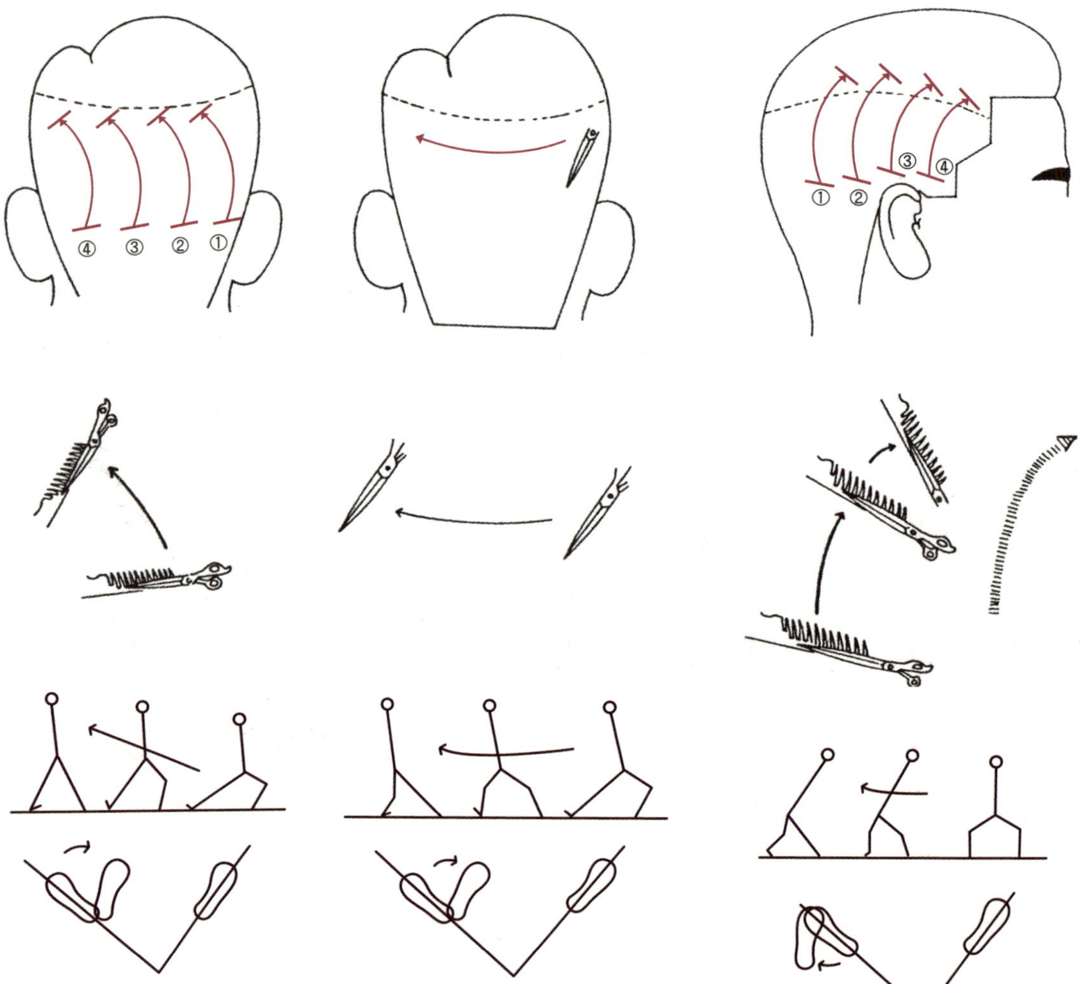

빗 돌려 깎기 체크 커트 눌러 잘라 각 없앰 회전 깎기

2) 빗 돌려 깎기 － 중간 돌리기 － 4회 이동

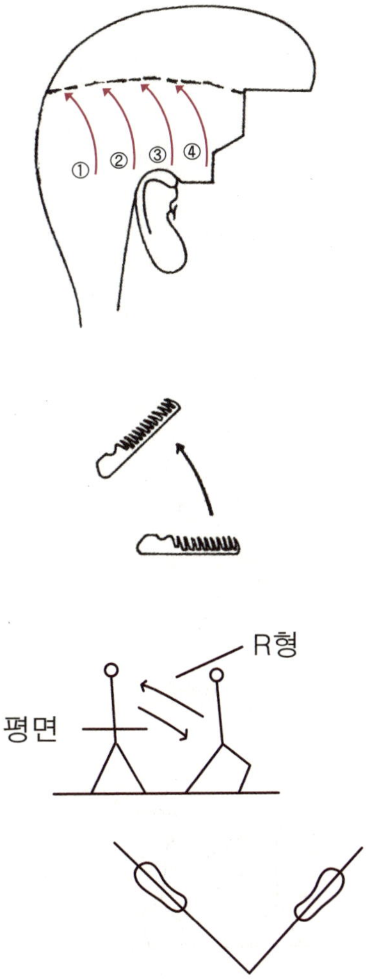

3) 체크 커트

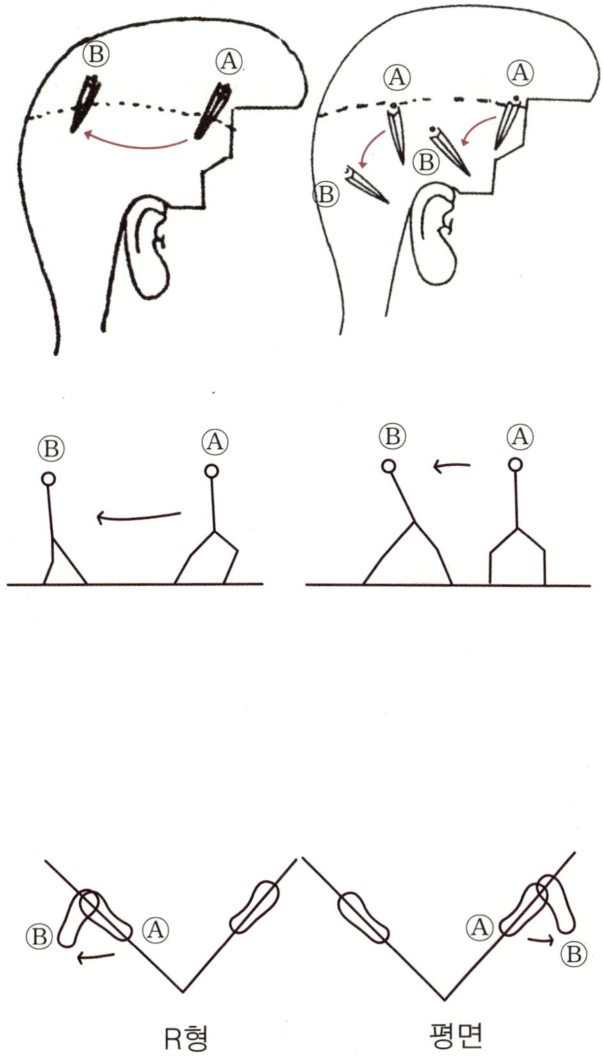

3. 좌측 옆머리

1) 눌러 돌려 각 없앰 회전 깎기 – 4회 이동

2) 빗질 돌려 깎기 – 중간 돌리기 – 4회 이동

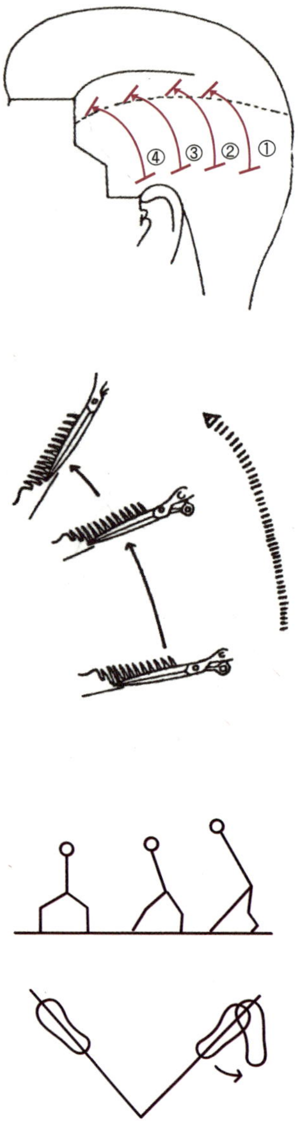

눌러 돌려 각 없앰 회전 깎기

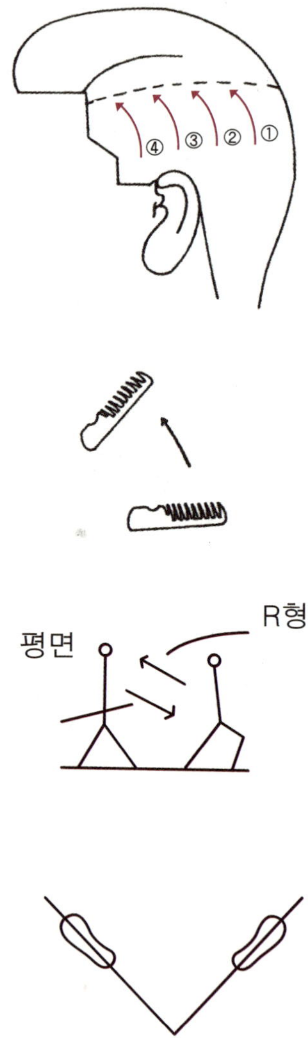

빗질 돌려 깎기

3) 체크 커트

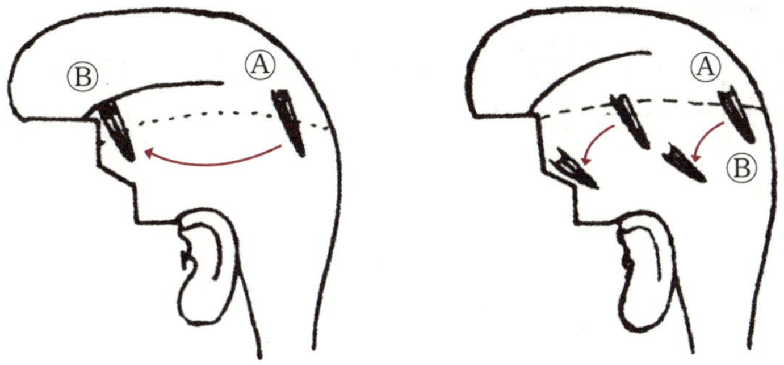

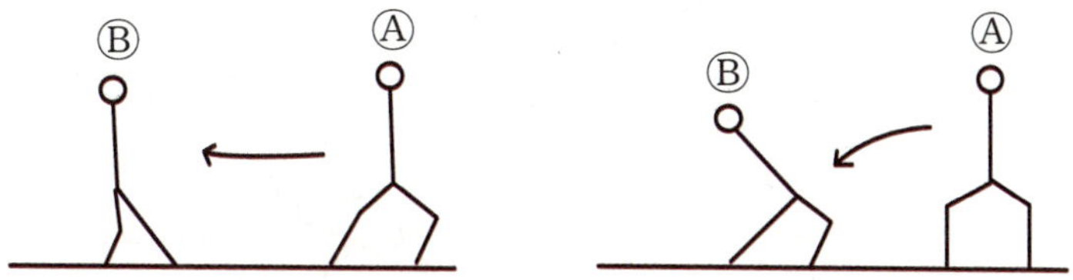

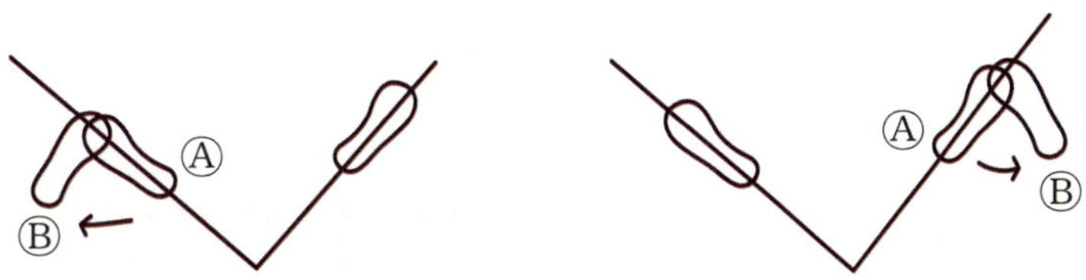

R형 평면

<가르마>

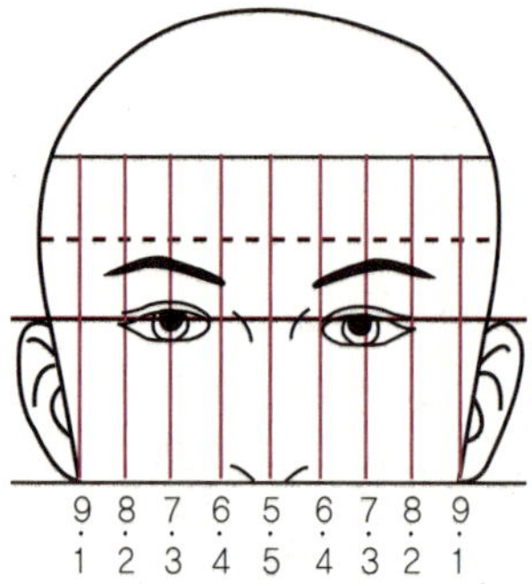

5 : 5 = 중심선 (中心線)
6 : 4 = 내자선 (內眥線)
7 : 3 = 동자선 (動眥線)
8 : 2 = 외자선 (外眥線)
9 : 1 = 자이간선(眥耳間線)

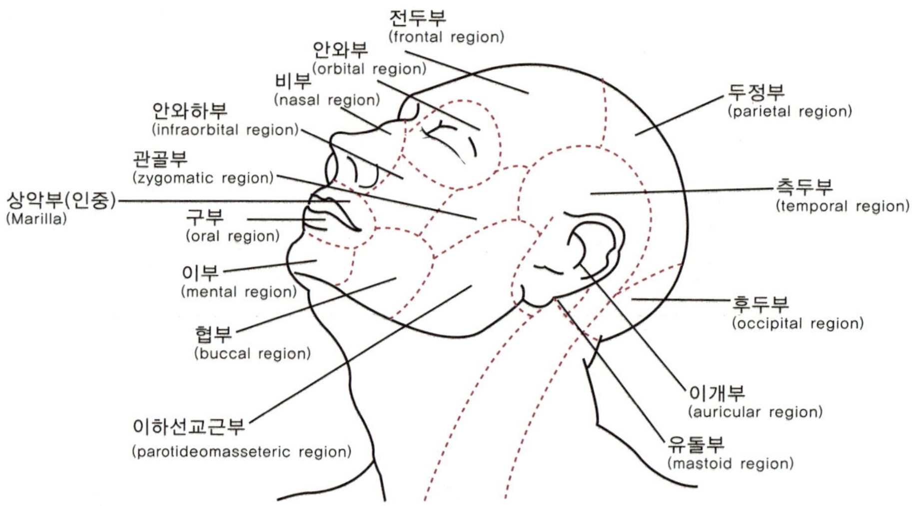

<두부와 안면부의 부위>

인체의 부위

인체의 체표는 많은 부위로 구분되는데, 그 부위에 있는 근육이나 기관 등을 바탕으로 하여 이름이 지어졌으며, 각 부위의 질환이나 통증의 부위를 지적 또는 기록하기 위하여 임상적으로 필요한 지식이다.

1. 두부(머리)의 부위

1) 전두부 (Frontal region) : 앞머리(이마), 즉 전두골 위의 부위
2) 두정부 (Parietal region) : 좌우 두정골 위의 부위
3) 측두부 (Temporal region) : 측두골 위의 부위로서 측두근에 접해 있다.
4) 후두부 (Occipital region) : 후두골 위의 부위로서 중앙에 외후두융기가 돌출되어 있다.

2. 안면부의 부위

1) 안와부 (Orbital region) : 안와의 모든 부위로서 안구가 들어 있다.
2) 비부 (Nasal region) : 코가 차지하는 부위
3) 구부 (Oral region) : 입이 차지하는 부위
4) 이부(Mental region) : 입의 아래쪽 부위, 턱부위
5) 협부 (Buccal region) : 구강의 외측벽을 이루는 뺨에 해당하는 곳
6) 이하선교근부 (Paroudeomassetenic region) : 협부의 상방에서 귀의 전방에 이르는 부위

05 포멀 커트(Farmal cut)－브로스(Brosse)

◈ 브로스 (brosse)
◈ 미들 브로스 (middle brosse)
◈ 스퀘어 브로스 (square brosse)
◈ 라운드 브로스 (round brosse)

1) 브로스 (brosse)

두정부 평면의 폭은 정면에서 보아 6cm
전두부는 곡면을 주어 R형으로 하는 것과 전두부의 높이를 그대로 뒤까지 커트하여 형을 만드는 것(콘티넨털 브로스)이 있다.

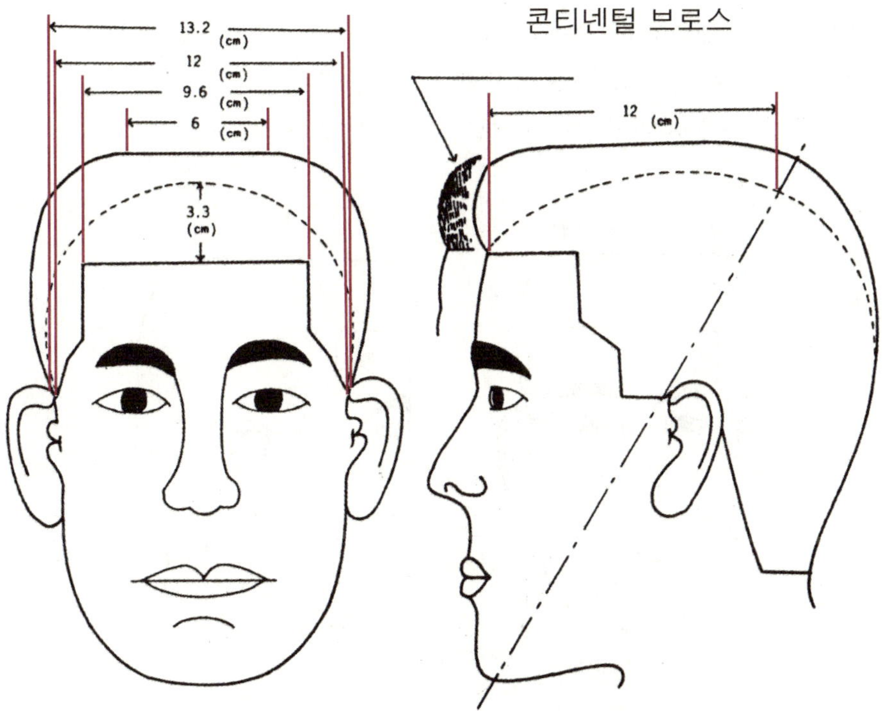

2) 미들 브로스 (middle brosse)

두정부의 중앙이 낮고 요철(凹)상으로 잘라서 가면 옆 상충부가 약간 각이 지도록 된다. 두정부는 다른 브로스보다 면적이 가장 크다.

정면에서 보아 측면도 약간 직선적으로 커트한다.

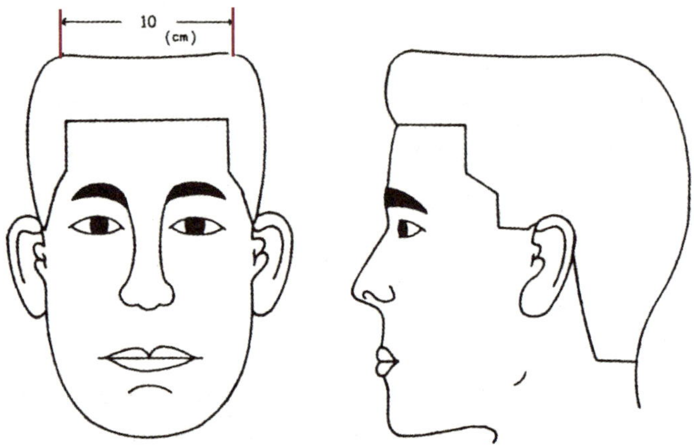

3) 스퀘어 브로스 (square brosse)

두정부는 평편하며 평면의 폭은 정면에서 보아 약 9Cm

옆 상충부 코너는 폰피야드 브로스보다 약간 둥글다.

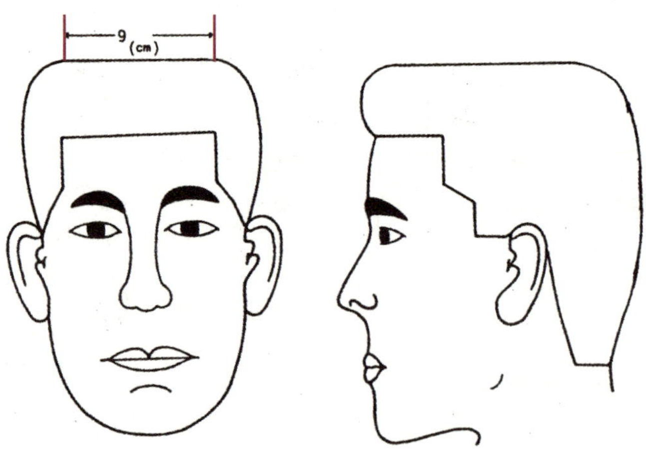

4) 폼피야드 브로스 (해병대 스포츠 또는 복판 스포츠)

폼피야드 브로스는 브로스 중 가장 짧게 자른 것이다.
두정부 평면의 폭은 정면에서 보아 약 3Cm 옆 상층부의 각은 스퀘어 브로스 보다 둥글다. 전두부는 앞이마 가장자리부터 짧고 둥글게 커트해 형을 만든다.
따라서 브로스와 같이 전두부의 높이가 높아 질 수 없다.

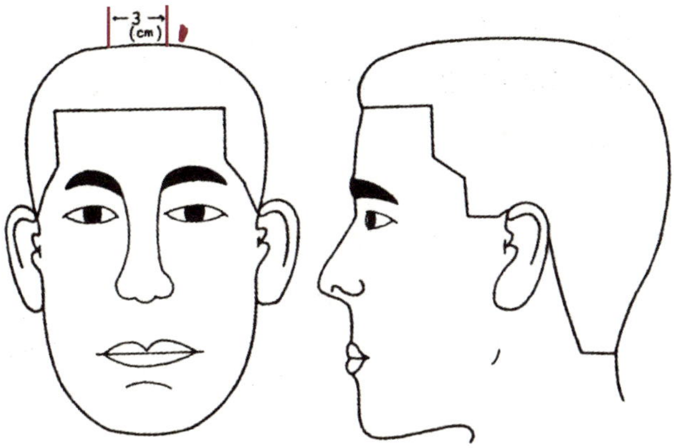

5) 라운드 브로스 (round brosse)

정면, 측면 어디에서 보아도 둥근형으로 평면 부분이 없다.
전두부에는 웨이브를 주는 모발이 있다.

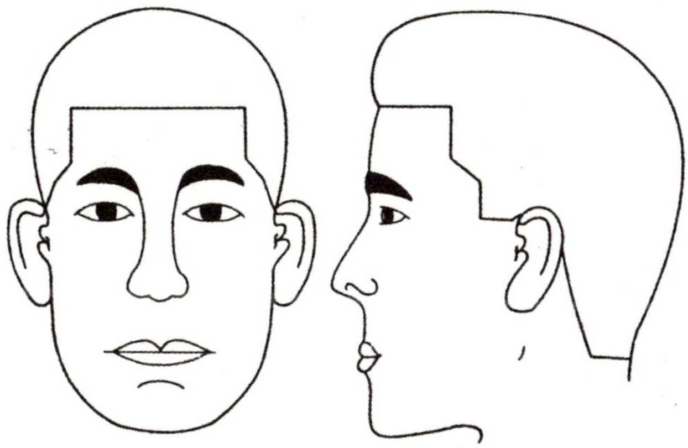

I. 브로스 커트 - 1

◆ 미들 브로스
◆ 스퀘어 브로스
◆ 브로스

기초 깎기

1. 두부 주위-클리퍼 사용

① 상, 중, 하단부에 두꺼운 5~9mm 클리퍼 사용
② 후두 하부 그 밑에는 2mm 클리퍼 사용

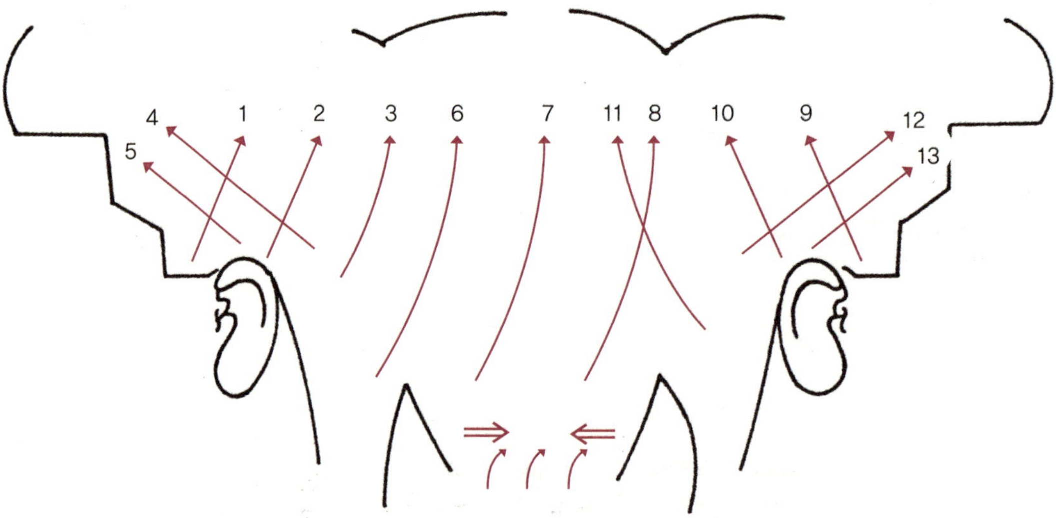

2. 후두부 상부와 두정부 뒤 (몸 위치 – 후방 0° … 각 이동에 대해 반대)

클리퍼 라인부터 두부 중심점까지 집중 이동 눌러 깎기

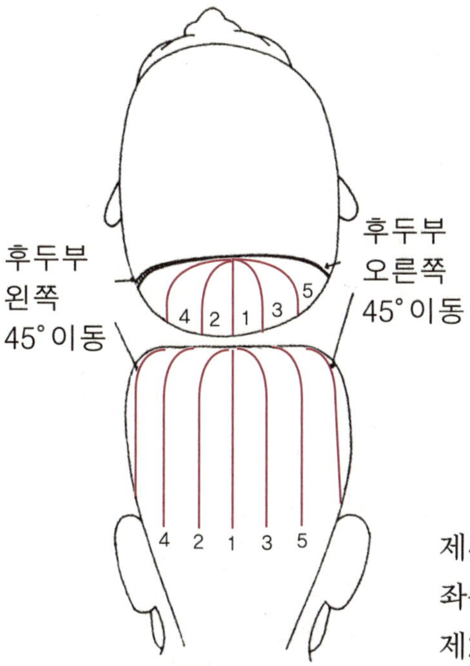

제1이동…
정중선
수직 이동

제2이동…
좌측 75°
후두 돌출부
왼쪽 옆으로부터

제3이동…
우측 75°
후두 돌출부
오른쪽 옆으로부터

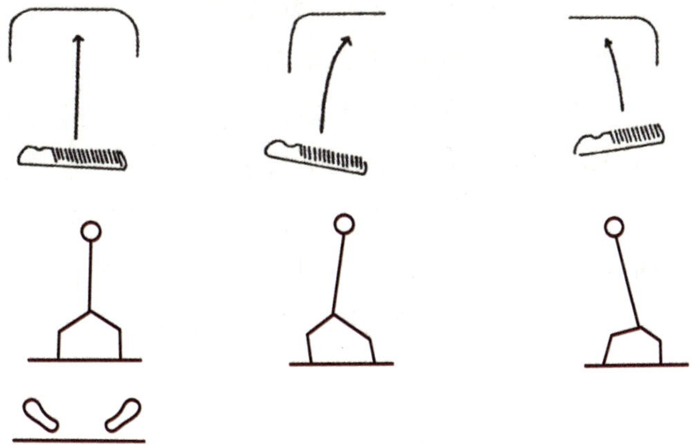

제4이동…
좌측 60°
제2이동 기점의
왼쪽 옆으로부터

제5이동…
우측 60°
제3이동 기점의
오른쪽 옆으로
부터

후두부 45° 이동…
좌측 후방 45° 정반대
두부 중심점까지 수직 이
동 눌러 깎기(상두부에서
는 수평 빗 돌려 자르기)

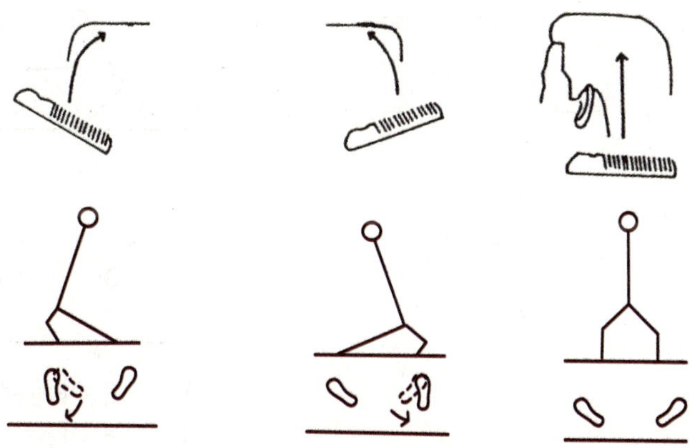

3. 좌측 옆머리 및 두정부 (몸 위치 - 좌측 측방 90°, 발뒤꿈치를 왼쪽으로 돌려준다.)

제1부분 … 측면 두부 중심선 중단부부터 상두부까지 사선 눌러 깎기
두정 중심선 1회 빗질, 우측까지 수평 빗 돌려 깎기
제2부분 … 귀 앞 위부터 상두까지 사선 눌러 깎기
두정 정중선 1회 빗질, 우측까지 수평 빗 돌려 깎기
제3부분 … 구레나룻 돌출부에서 상두부까지 사선 돌려 깎기
두정 정중선 1회 빗질, 우측까지 수평 빗 돌려 깎기
제4부분 … 앞이마 끝부터 회전
두정 정중선 1회 빗질, 우측까지 수평 빗 돌려 깎기
제5부분 … 앞이마 밑부터 정면 정중선과의 중간부터 회전
두정 정중선 1회 빗질, 우측까지 수평 빗 돌려 깎기
제6부분 … 정면 정중선 가장자리부터 두정 정중선 1빗질,
우측까지 수평 빗 돌려 깎기

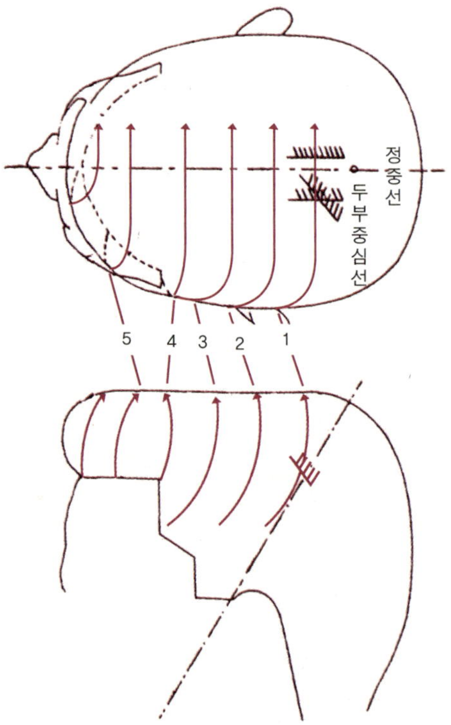

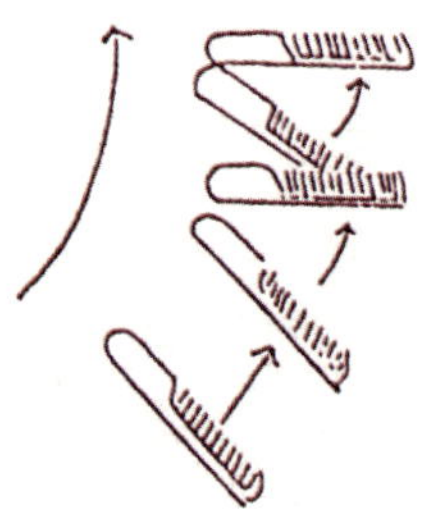

후두부 45° 이동…
몸 위치-우측 후방 45° 마주함
두부 중심선까지 수직
이동 눌러 자르기(위부터 수평
빗 돌려 자르기)
(후두부 이동도 참조)

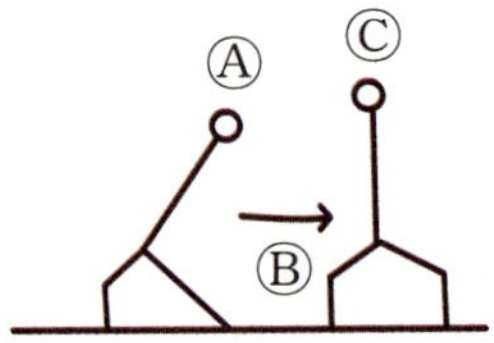

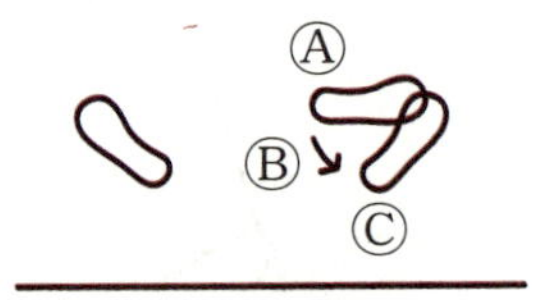

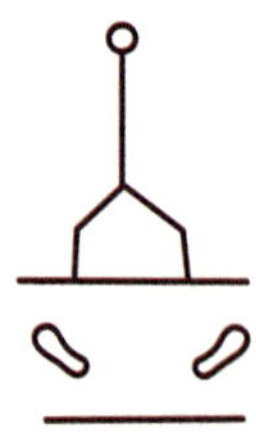

1, 2, 3 이동은 A, B, C
4, 5, 6 이동은 B, C

4. 우측 옆머리 및 두정부 (몸 위치- 우측 측방 90°, 발뒤꿈치를 오른쪽으로 돌려준다.)

제1부분 … 측면 두부 중심선 중단부부터 상두부까지 사선 눌러 깎기
두정 중심선 1회 빗질, 좌측까지 수평 빗 돌려 깎기

제2부분 … 귀 앞 위부터 상두까지 사선 눌러 깎기
두정 정중선 1회 빗질, 좌측까지 수평 빗 돌려 깎기

제3부분 … 구레나룻 돌출부에서 상두부까지 사선 돌려 깎기
두정 정중선 1회 빗질, 좌측까지 수평 빗 돌려 깎기

제4부분 … 앞이마 끝부터 회전
두정 정중선 1회 빗질, 좌측까지 수평 빗 돌려 깎기

제5부분 … 앞이마 밑부터 정면 정중선과의 중간부터 회전
두정 정중선 1회 빗질, 좌측까지 수평 빗 돌려 깎기

제6부분 … 정면 정중선 가장자리부터 두정 정중선 1회 빗질,
좌측까지 수평 빗 돌려 깎기

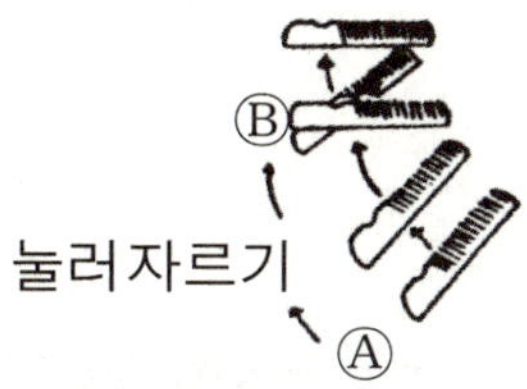

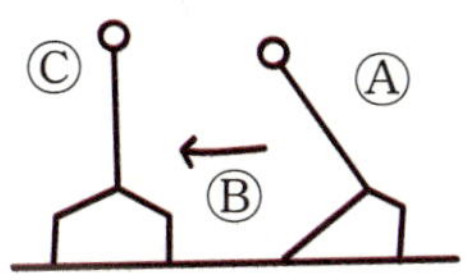

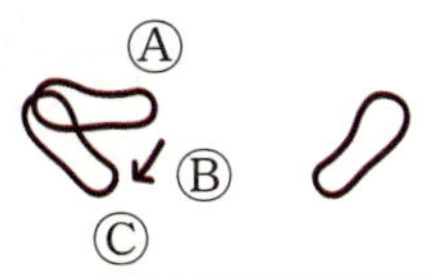

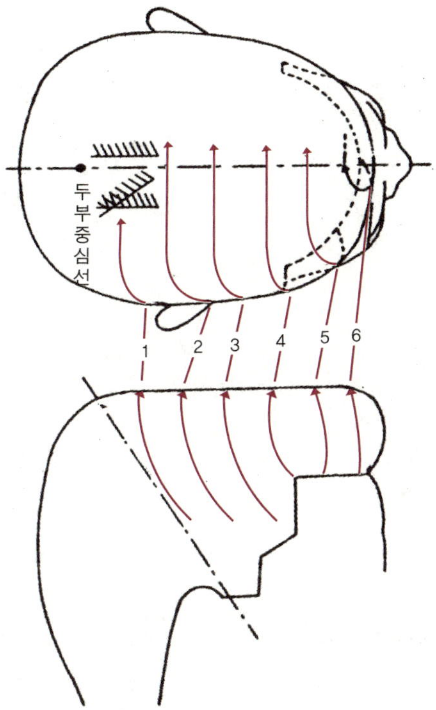

5. 앞머리 커트

1) 앞머리 정리

시술자 위치- 후방 0°

앞머리 각도 0°, 좌우 15°

좌우 30°, 우좌 45°

눌러 돌려 잡아 깎기

빗을 수평으로 잡고 2 구분

2) 앞머리 위 정리

시술자의 위치는 좌우 옆 90° ~좌우 앞 45°

① 앞머리 위 빗 각도 45°

② 앞머리 위 빗 각도 60°

③ 앞머리 위 빗 각도 30°

3) 앞머리 위 반대 연속 깎기

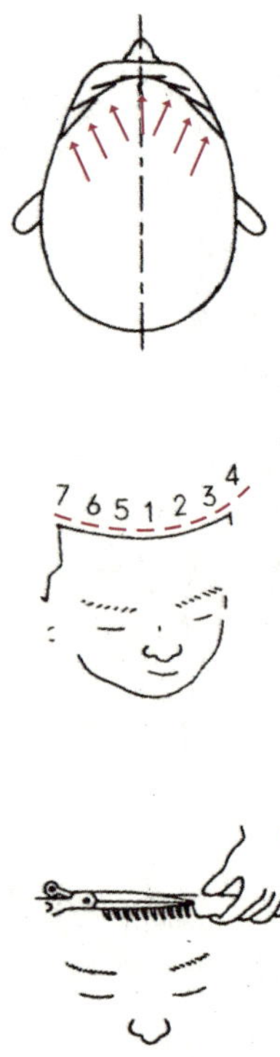

앞머리 정리

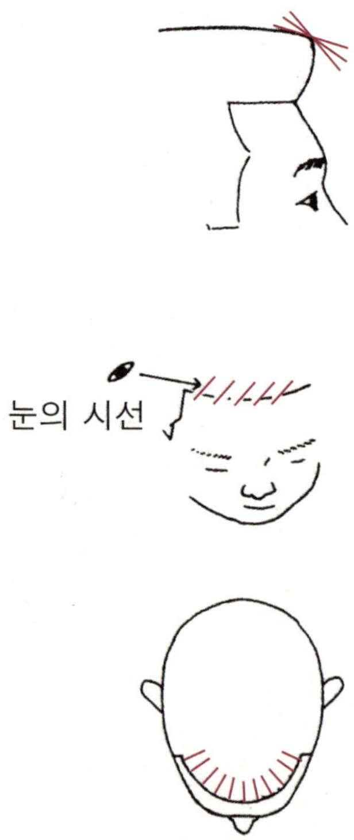

앞머리 위 정리

앞머리 위 반대 연속 깎기

6. 좌측 가장자리 부분

1) 구레나룻 가장자리 커트
2) 구레나룻 라인 커트
3) 귀 주위 반대 빗질
4) 네이프 사이드 라인
5) 고정 자르기, 연속 깎기

7. 우측 가장자리 부분

1) 구레나룻 가장자리 커트
2) 구레나룻 라인 커트
3) 귀 주위 반대 빗질
4) 네이프 사이드 라인
5) 고정 깎기, 연속 깎기

8. 후두 하부

1) 고정 깎기

2) 연속 깎기
클리퍼 라인 연결 정리 시 양 측면의 음영 정도를 맞춘다.

마무리 깎기

◆ 마무리 깎기 준비

① 브러싱-모발 정리
② 커팅 파우더 도포
③ 중간 체크

1. 뒷면 두정부 (몸 위치 - 후방 0° ~ 좌우 후방 45°)

눌러 깎기 - 7회 이동

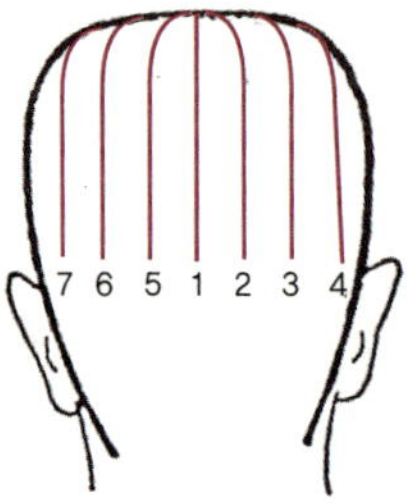

뒤 두정부 중간부터 두부 중심점을 향해 후방 0° 부터 좌우 후방 45° 까지 각 집중 이동하며 뒷면 두정부에 대해 몸을 마주한다.

2. 후두부 (몸 위치 - 후방 0°)

1) 눌러 깎기 - 5회 이동

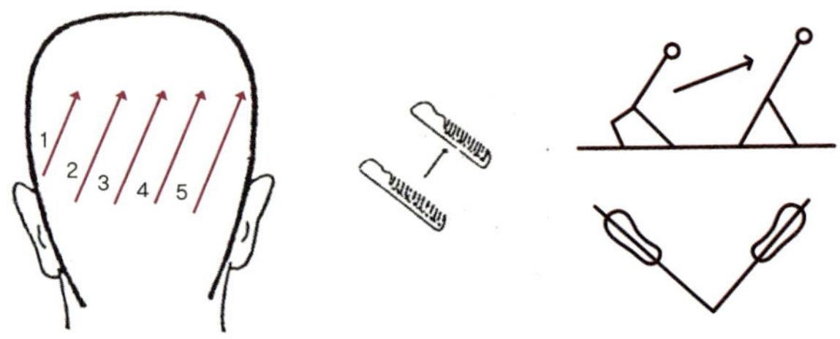

2) 빗 중간 돌려 깎기 - 5회 이동

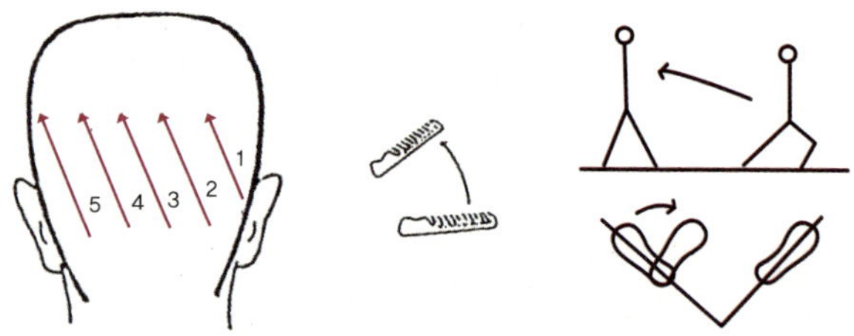

3) 몸 돌려 깎기 - 3회 이동
경계 부분을 오른쪽에서 좌측으로
1자세 위, 중간, 밑으로

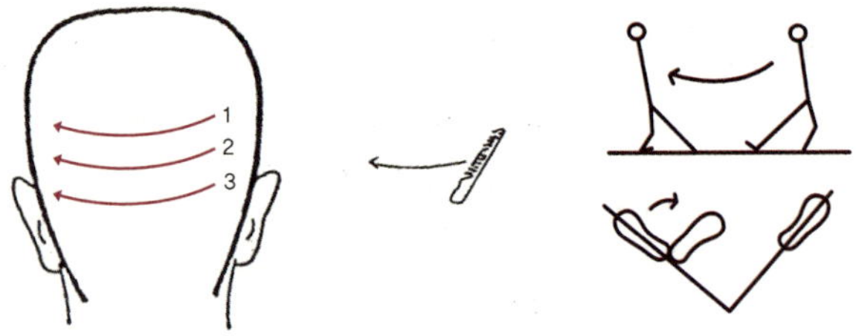

4) 체크 커트

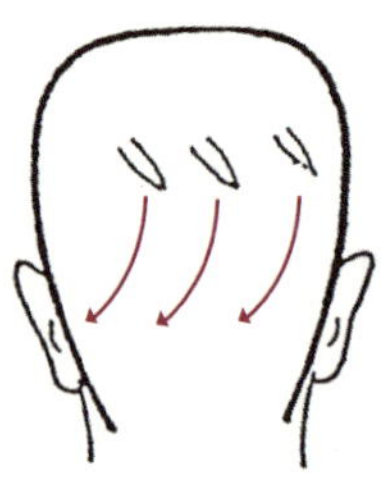

3. 우측 두정부 (몸 위치 – 우측 후방 45°~ 우측 전방 45°)

1) 각 없앰 빗 돌리기- 8회 이동

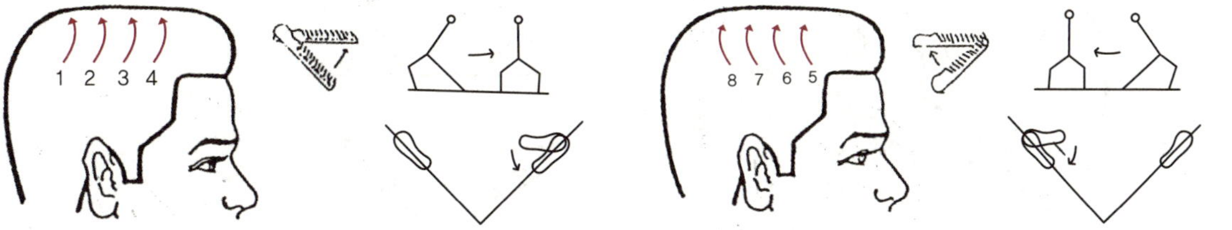

2) 45° 두정부 눌러 깎기

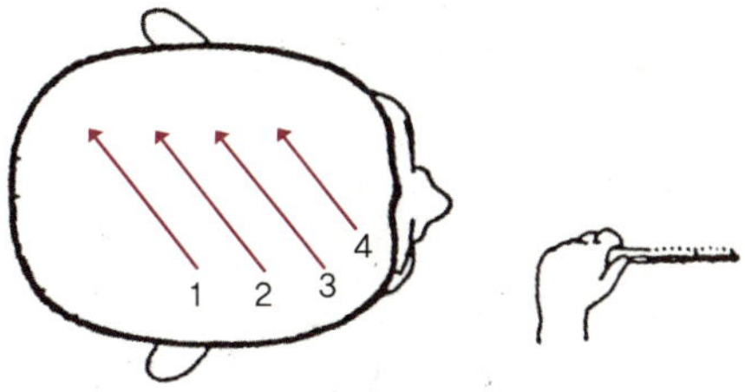

3) 45° 눌러 잡아 돌려 깎기

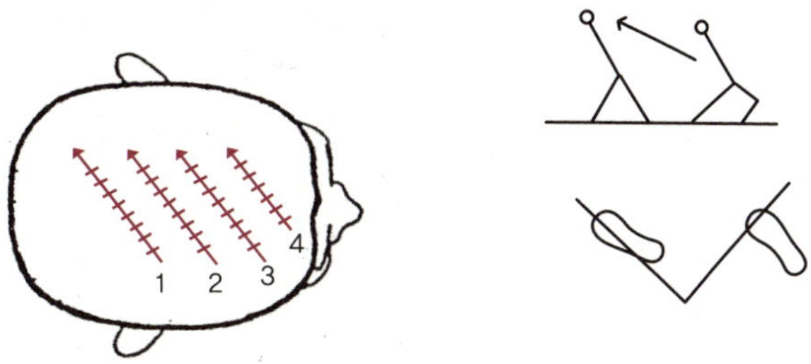

4) 두정부 수평 빗 돌려 깎기

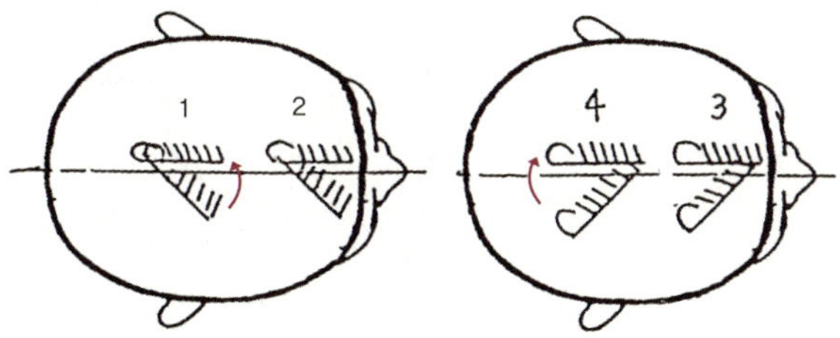

5) 앞머리 끝 정리 - 연속 반대 깎기

- 웨이브 빗질

6) 체크 커트 - 파형 체크 커트 • 대각선 체크 커트

- 톱(top)에서 각도로 이어지기
- 각에서 측두부에 이어지기

4. 우측 옆머리 (몸 위치 - 우측 측방 90°)

1) 눌러 깎기

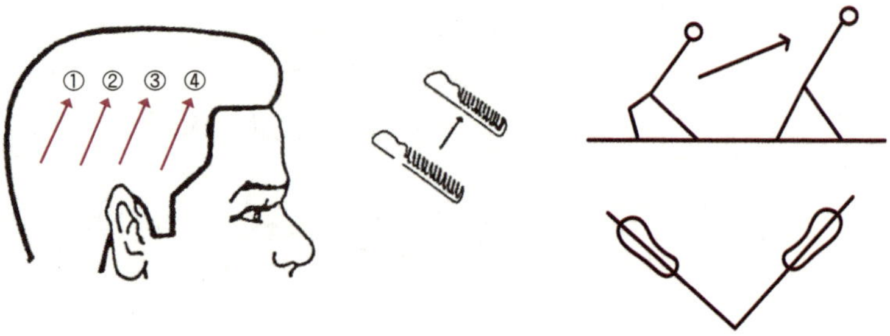

2) 빗 돌려 깎기 - 중간 회전

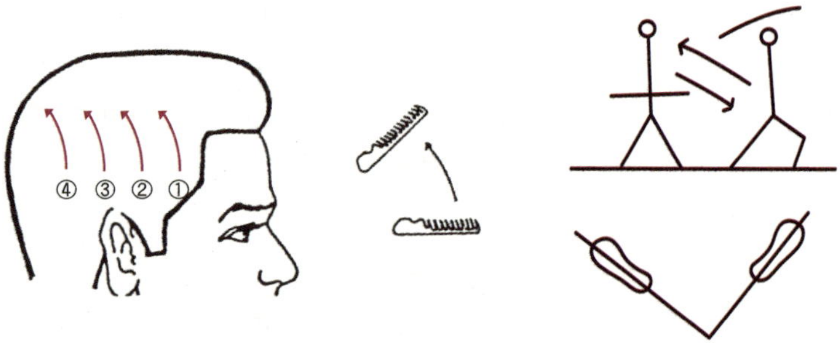

3) 체크 커트

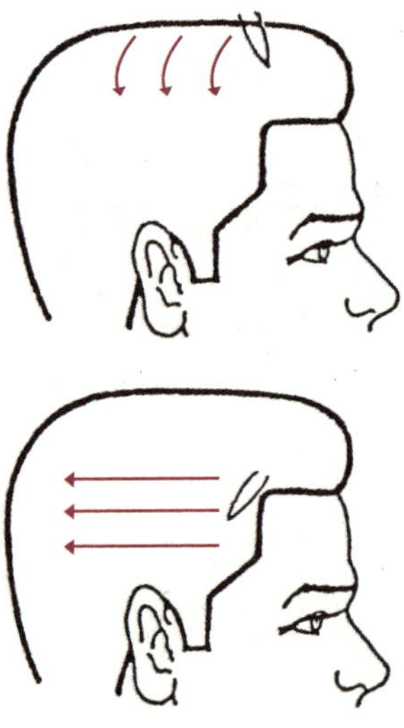

5. 좌측 두정부

1) 각 없앰 빗 돌리기
2) 45° 눌러 깎기
3) 45° 눌러 움켜잡아 돌려 깎기
4) 두정부 수평 빗 돌려 깎기
5) 전두부 끝 정리 커트
6) 체크 커트

6. 좌측 옆머리

1) 눌러 깎기
2) 빗 돌려 깎기
3) 체크 커트

Ⅱ. 브로스 커트 – 2

◈ 폰피어드 브로스
◈ 둥근형 브로스

토대만들기

1. 두부 주위 – 클리퍼 사용

① 상, 중, 하단부에 두꺼운(5~9mm) 클리퍼 사용
② 목덜미에 2mm 클리퍼 사용

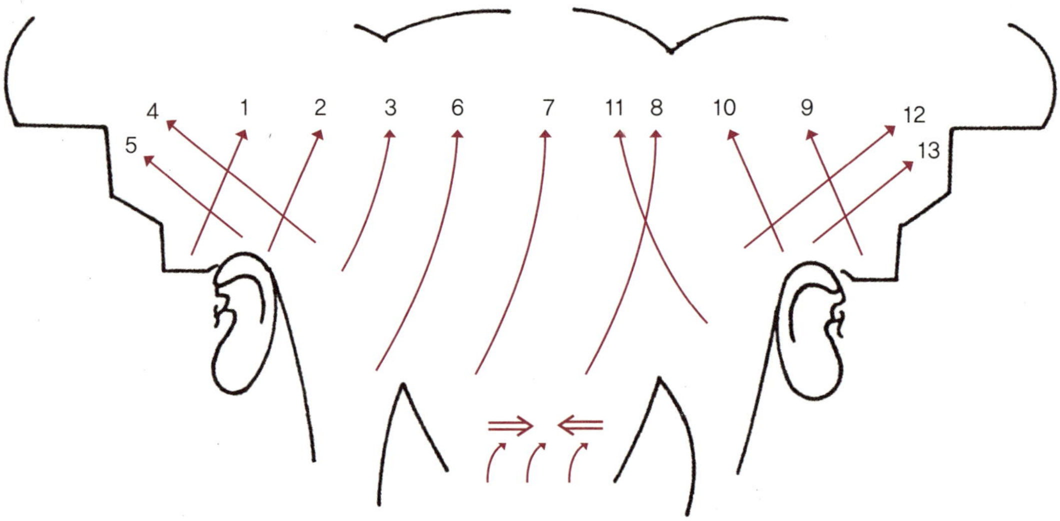

2. 후두 상부 및 후두 두정부 (몸 위치 – 후방 0° ……각 부분에 마주함)

클리퍼 라인부터 두정부 중심점까지 집중적으로 이동하여 눌러 깎기

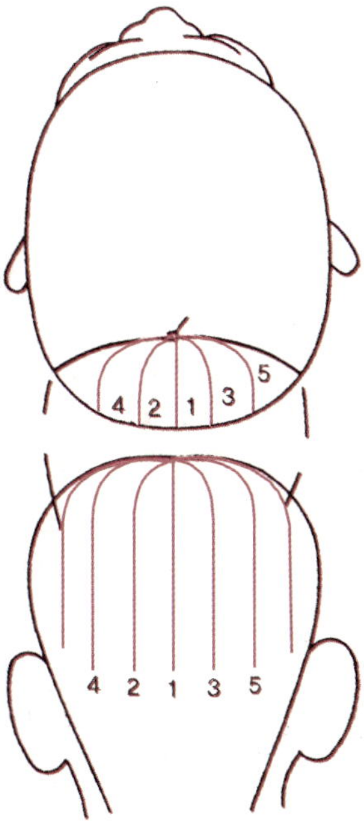

제1부분…
정중선 위에
수직 이동

제2부분…
좌측 75°
후두 돌출부
왼쪽 옆부터

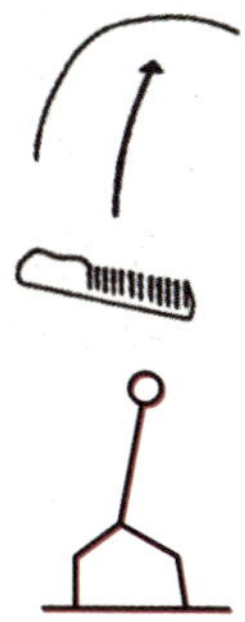

제3부분…
우측 75°
후두 돌출부
오른쪽 옆부터

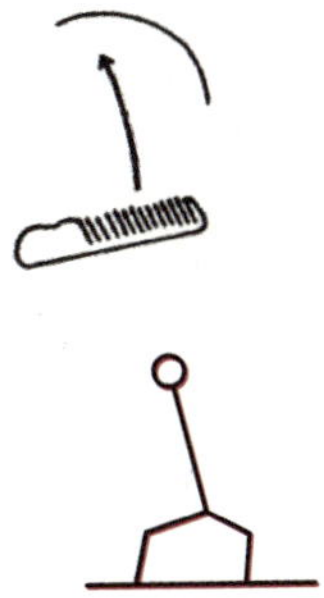

제4부분…
좌측 60°
제2부분으로
이동 기점의
왼쪽 옆부터

제5부분…
우측 60°
제3부분으로
이동 기점의 오
른쪽 옆부터

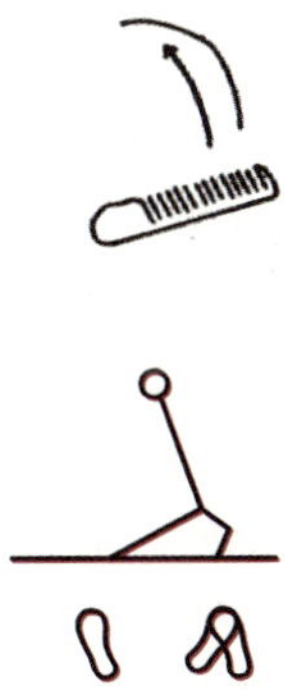

후두부 45° 이동…
좌 후방 45° 정반대
두부 중심점까지 수직
이동 눌러 자르기
(상두부부터 수평 빗
돌려 자르기)

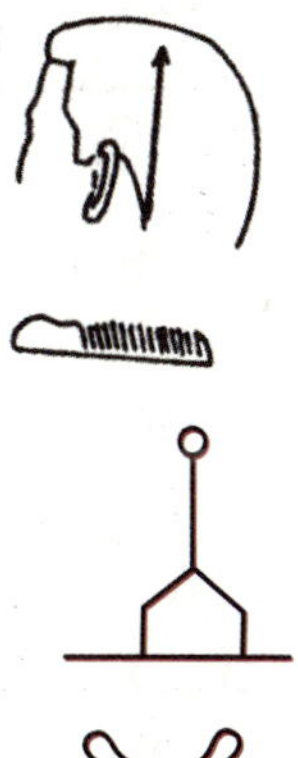

3. 좌측 옆머리 및 두정부 (몸 위치 - 좌측 측방 90° 발뒤꿈치를 왼쪽으로 돌려준다.)

제1부분 … 측면 두부 중심선 중단부에서 상두부까지 45° 이동하여 눌러 자르기, 계속해서 수평 빗 돌려 깎기

제2부분 … 귀 앞 위부터 상두까지 사선 눌러 깎기, 두정 정중선 1회 빗질 좌측까지 수평 빗 돌려 깎기

제3부분 … 구레나룻 돌출부에서 상두부까지 이동 눌러 깎기, 계속 수평 빗 돌려 깎기

제4부분 … 앞이마 끝부터 45° 이동 눌러 깎기, 계속 수평 빗 돌려 깎기

제5부분 … 앞이마 끝과 정면 정중선과의 중간부터 45° 이동 눌러 깎기, 계속 수평 빗 돌려 깎기

제6부분 … 정면 정중선 가장자리부터 수평 빗 돌려 깎기

45° 이동 눌러 깎기

수평 빗 돌려 깎기

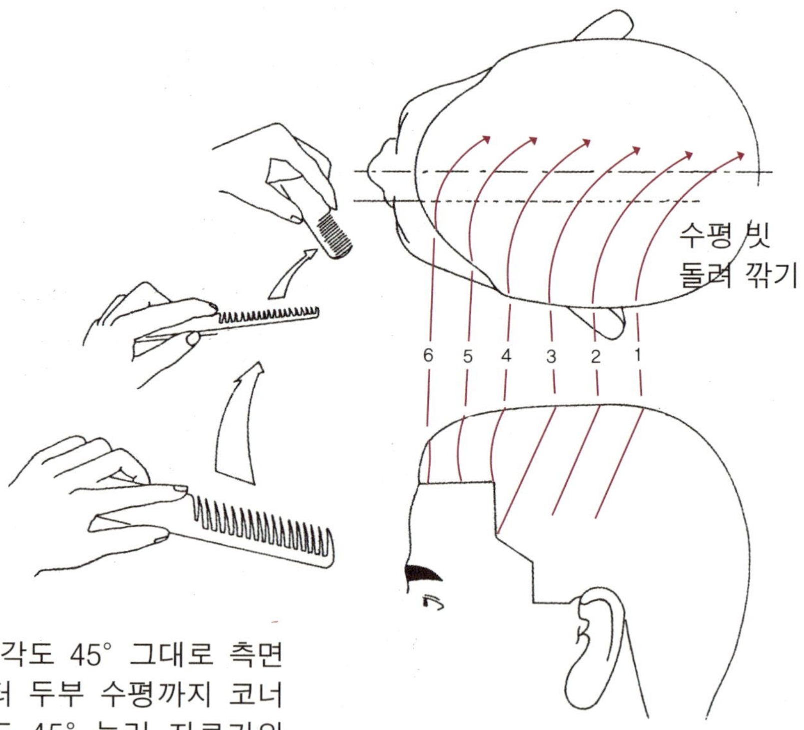

빗 각도 45° 그대로 측면부터 두부 수평까지 코너 각도 45° 눌러 자르기와 두정부의 수평 및 돌려 자르기의 연결 동작

후두부 45° 이동…
몸 위치-우측 후방 45° 정대
두부 중심점까지 수직 이동 돌려 깎기
(상두부부터는 수평 빗 돌려 깎기)

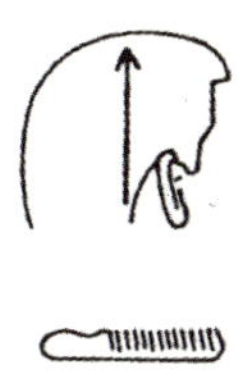

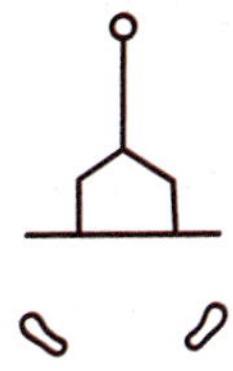

4. 우측 옆머리 및 두정부 (몸 위치 - 우측 측방 90° 발뒤꿈치를 오른쪽으로 돌려준다.)

제1부분 … 측면 두부 중심선 중단부에서 상두부까지 45° 이동 눌러 깎기, 계속해서 수평 빗 돌려 깎기
제2부분 … 귀 앞 위부터 상두부까지 사선 눌러 깎기
두정 정중선 1회 빗질 좌측까지 수평 빗 돌려 깎기
제3부분 … 구레나룻 돌출부에서 상두부까지 이동 눌러 깎기, 계속 수평 빗 돌려 깎기
제4부분 … 앞이마 끝부터 45° 이동 눌러 깎기, 계속 수평 빗 돌려 깎기
제5부분 … 앞이마 끝과 정면 정중선과의 중간부터 45° 이동 눌러 깎기, 계속 수평 빗 돌려 깎기
제6부분 … 정면 정중선 가장자리부터 수평 빗 돌려 깎기

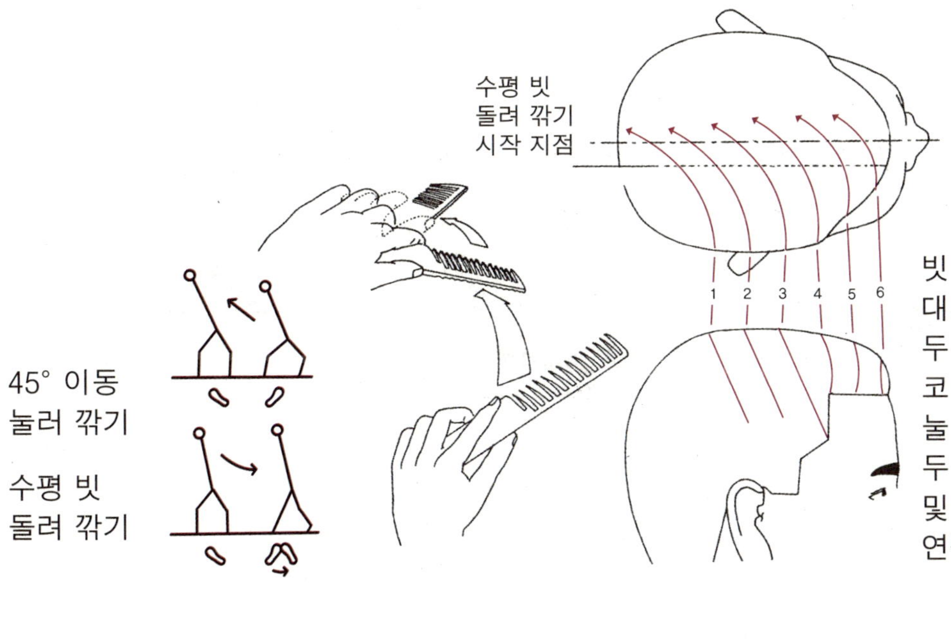

빗 각도 45° 그대로 측면부터 두부 수평까지 코너 각도 45° 눌러 자르기와 두정부의 수평 및 돌려 깎기의 연결 동작

5. 앞머리 끝 커트

1) 오른쪽 앞머리 (몸 위치 – 우측 앞쪽 45°~우측 옆쪽 90°)

① 앞머리 끝 반대 연속 깎기

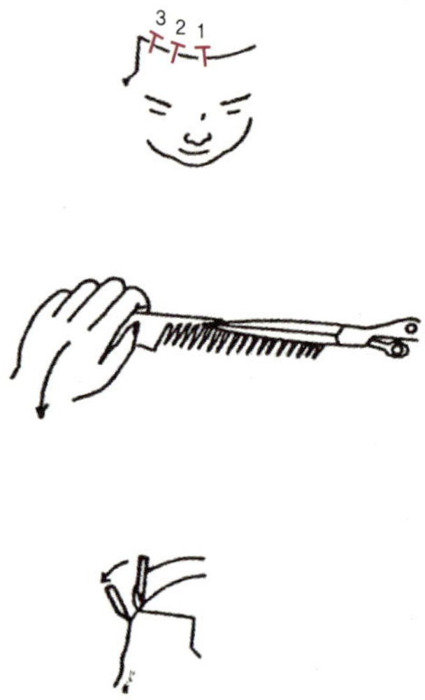

② 앞머리 끝 반대 고정 깎기

빗 끝이 머리가 나는 곳과 평행으로 대고 고정 깎기

③ 앞머리 끝 45° 파형 빗질

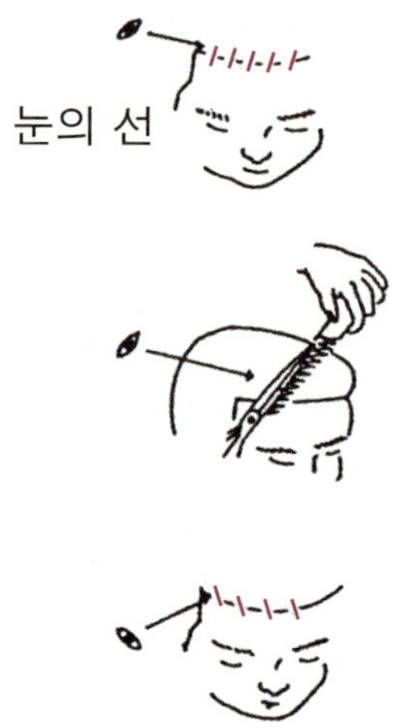

2) 왼쪽 앞머리 (몸 위치 – 좌측 앞쪽 45°~좌측 옆쪽 90°)

① 앞머리 끝 반대 연속 깎기

② 앞머리 끝 반대 고정 깎기

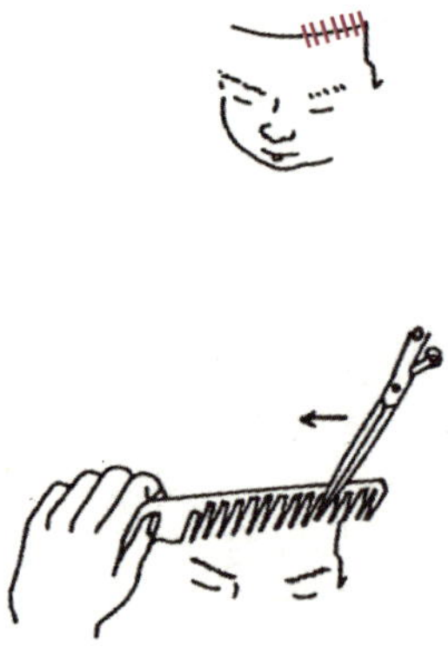

빗 끝이 머리가 나는 곳과 평행으로 대고 고정 깎기

③ 앞머리 끝 45° 파형 빗질

6. 좌측 측면 가장자리 부분

1) 구레나룻 가장자리 커트
2) 구레나룻 라인 커트
3) 귀 주위 반대 빗질
4) 네이프 라인
5) 고정 자르기 · 연속 깎기

7. 우측 측면 가장자리 부분

1) 구레나룻 가장자리 커트
2) 구레나룻 라인 커트
3) 귀 주위 반대 빗질
4) 네이프 라인
5) 고정 자르기 · 연속 깎기

8. 후두 하부

1) 고정 깎기
2) 연속 깎기

   클리퍼 라인 연결 정리 시 양 측면과의 음영을 맞춘다.

마무리 깎기

◈ 마무리 깎기 준비

① 브러싱-정리
② 커팅 파우더 도포
③ 중간 체크

1. 후두 두정부

(몸 위치 - 후방 0°~좌우 후방 45°)

눌러 자르기- 7회 이동
후두 중단면부터 두부 중심점을 향해 후방 0°부터 좌우 후방 45°까지 각각 집중 이동에 대해 정반대, 후두 두정부에 눈을 마주봄

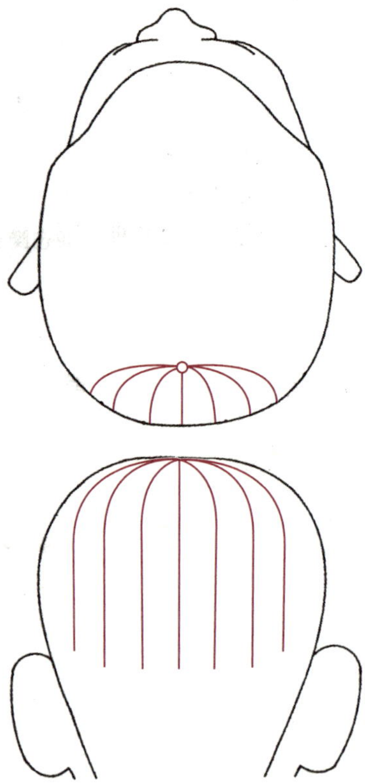

2. 후두부 (몸 위치 - 후방 0°)

1) 눌러 깎기 - 5회 이동

2) 중간 빗 돌려 깎기 - 5회 이동

3) 몸 돌려 깎기 - 3회 이동
경계 부분을 오른쪽에서 왼쪽으로
1자세를 유지하며 상, 중, 하 순서로 시술한다.

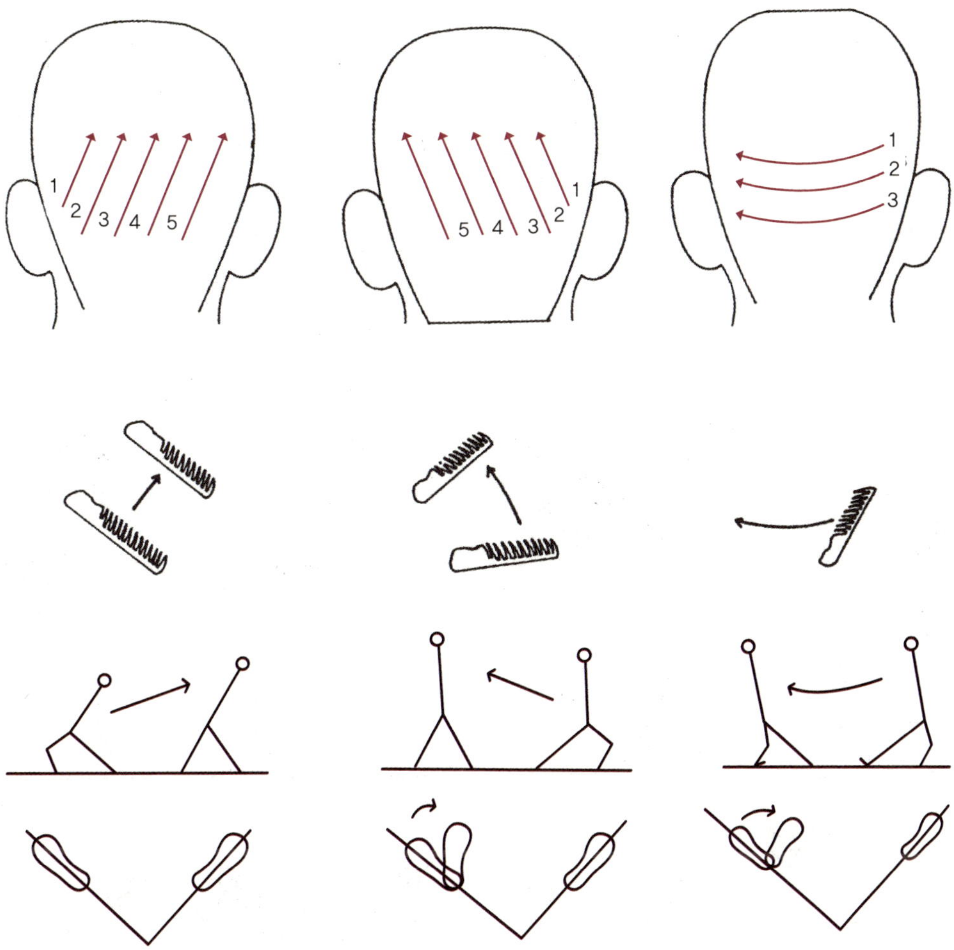

눌러 깎기　　　중간 빗 돌려 깎기　　　몸 돌려 깎기

3. 우측 두정부 및 좌측 옆머리 (몸 위치 - 오른쪽 옆 90° ~ 오른쪽 앞 45°)

1) 각 없앰 빗 깎기 - 4회 이동

2) 45° 각 만들기
   눌러 자르기 - 4회 이동

3) 수평 빗 돌려 깎기 - 4회 이동

4) 중간 빗 돌리기 - 4회 이동

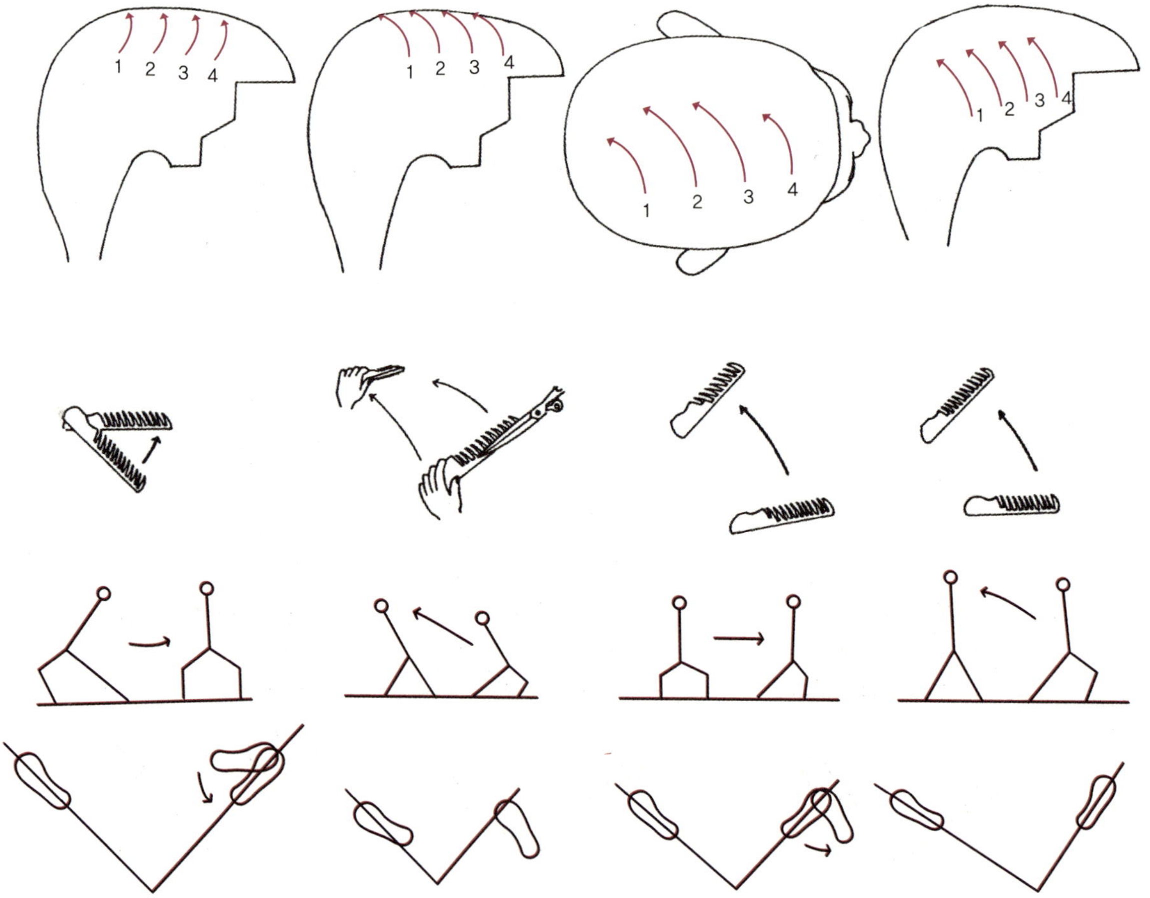

각 없앰 빗 돌리기 　 45° 각 만들기 　 수평 빗 돌려 깎기 　 중간 빗 돌리기

4. 좌측 두정부 및 좌측 옆머리 (몸 위치 - 왼쪽 옆 90° ~ 왼쪽 앞 45°)

1) 각 없앰 빗 돌리기 - 4회 이동

2) 45° 각 만들기
   눌러 자르기 - 4회 이동

3) 수평 빗 돌려 깎기 - 4회 이동

4) 중간 빗 돌리기 - 4회 이동

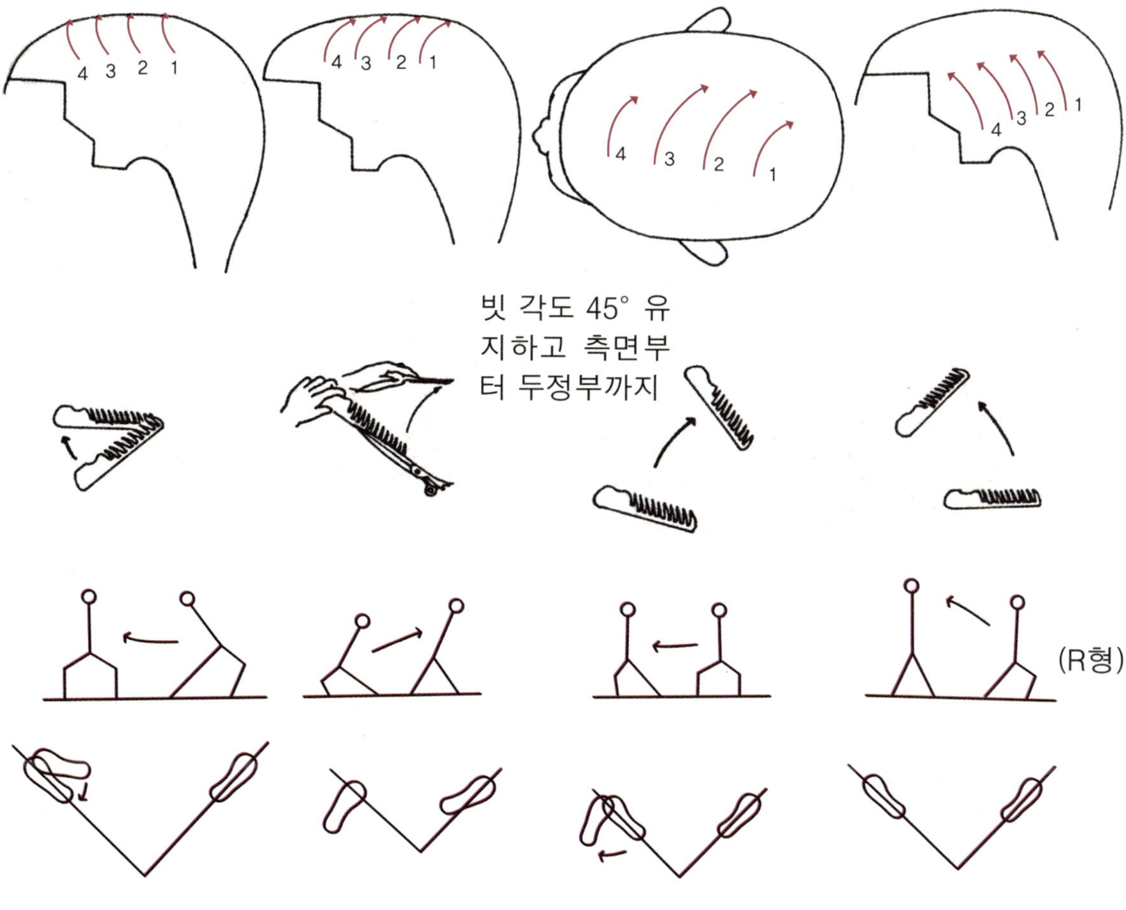

각 없앰 빗 돌리기　　45° 각 만들기　　수평 빗 돌려 깎기　　중간 빗 돌리기

Ⅲ. 브로스 커트 – 3

◈ 라운드 브로스

토대만들기

1. 두부 주위 – 클리퍼 사용

① 상, 중, 하단부에 두꺼운(5~9mm) 클리퍼 사용
② 목덜미에 2mm의 클리퍼 사용

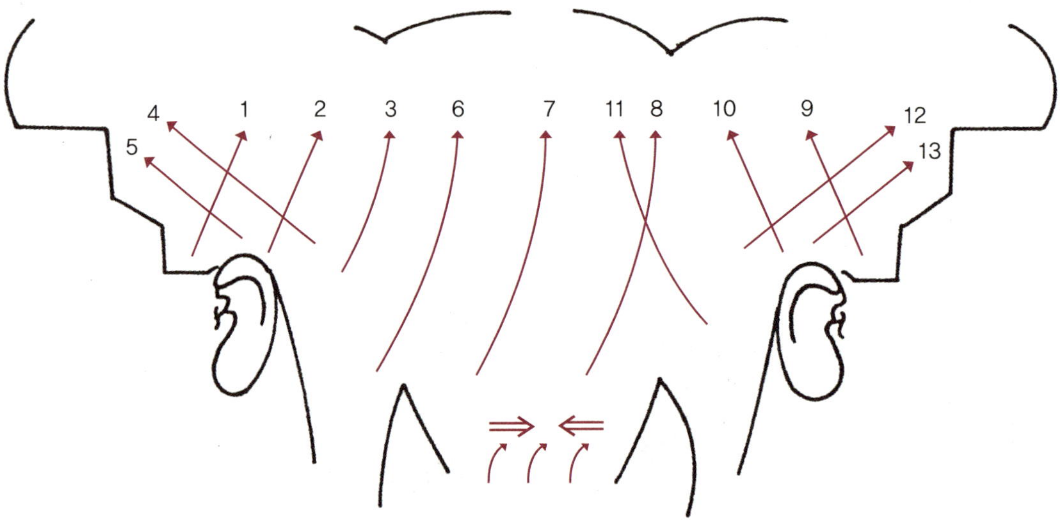

2. 후두 상부 및 후면 두정부 (몸 위치 – 후방 0° ……각 이동에 마주봄)

클리퍼 라인부터 두부 중심점까지 집중 이동 눌러 자르기

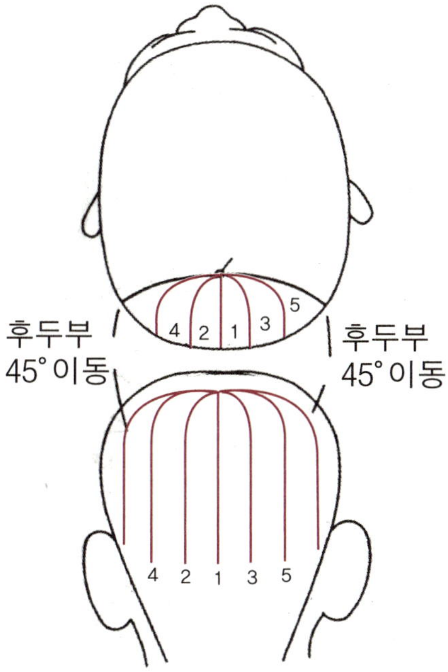

제1부분…
후면 정중선을
수직 이동

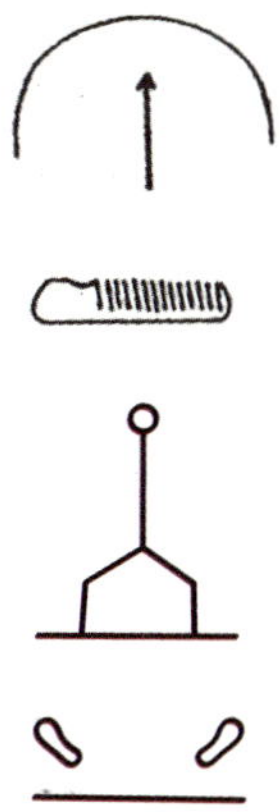

제2부분…
좌측 75° 후두 돌
출부 왼쪽부터

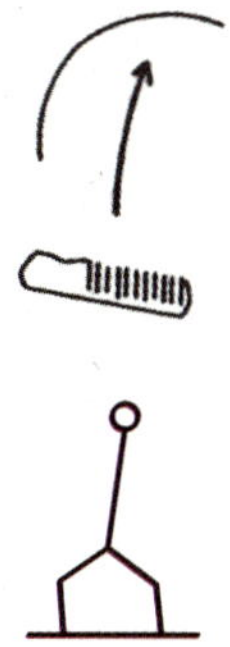

제3부분…
우측 75° 후두 돌
출부오른쪽부터

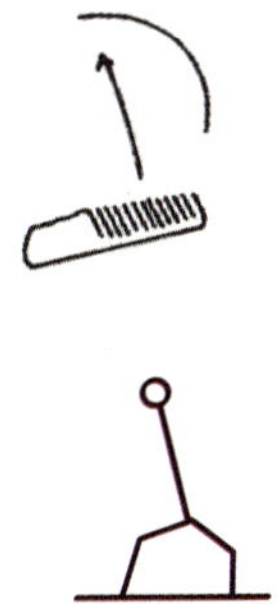

제4부분…
좌측 60°
제2부분
이동
기점의 왼쪽
부터

제5부분…
우측 60°
제3부분
이동
기점의
오른쪽부터

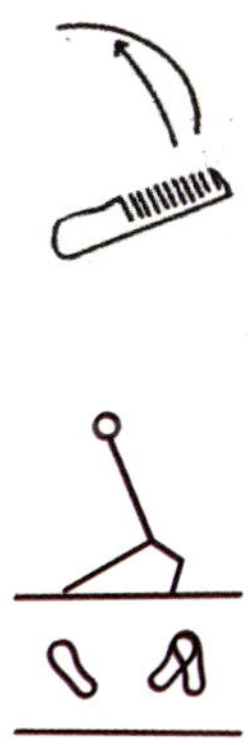

후두부 45° 이동…
좌측 후방 45° 정대
(마주봄)
두부 중심점
(top point) 까지
수직 이동 눌러 깎기

3. 좌측 옆머리 및 두정부 (몸 위치 - 좌 측방 90°, 발뒤꿈치를 왼쪽으로 돌려 준다.)

제1부분 … 측면 두부 중심선 중단부에서 두정 정중선 우측(반대쪽)까지 이동 눌러 깎기

제2부분 … 귀 앞 위부터 두정 정중선 우측까지 45° 이동 눌러 깎기
두정 정중선 1회 빗질, 좌측까지 수평 빗 돌려 깎기

제3부분 … 구레나룻 돌출 부분부터 두정 정중선 우측까지 45° 이동 눌러 깎기

제4부분 … 앞이마 끝부터 눌러 잡고 고정 자르기 후 두정 정중선 우측까지 45° 이동 눌러 깎기

제5부분 … 앞이마 끝과 정면 정중선과의 중간부터 눌러 잡고 고정 자르기 후 두정 정중선 우측까지 45° 이동 눌러 깎기

제6부분 … 정면 정중선 가장자리부터 눌러 잡고 고정 깎기 후 두정 정중선 우측까지 45° 이동 눌러 깎기

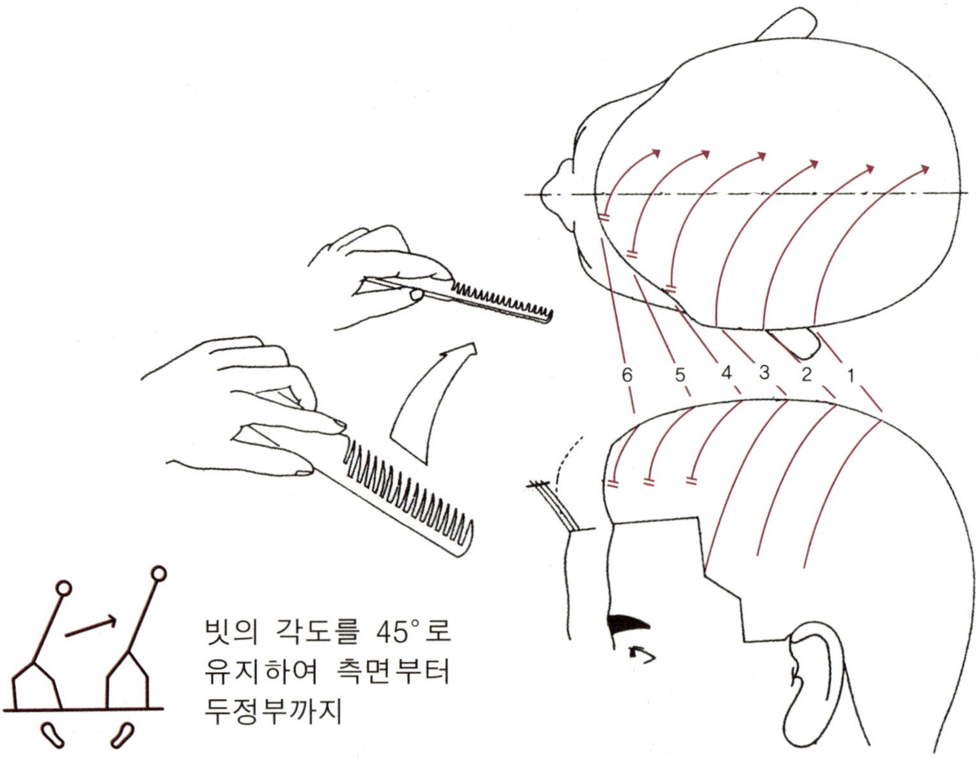

빗의 각도를 45°로 유지하여 측면부터 두정부까지

후두부 45° 이동…
몸 위치-우측 후방 45° 정대(마주봄)
두부 중심점까지
수직 이동 눌러 깎기

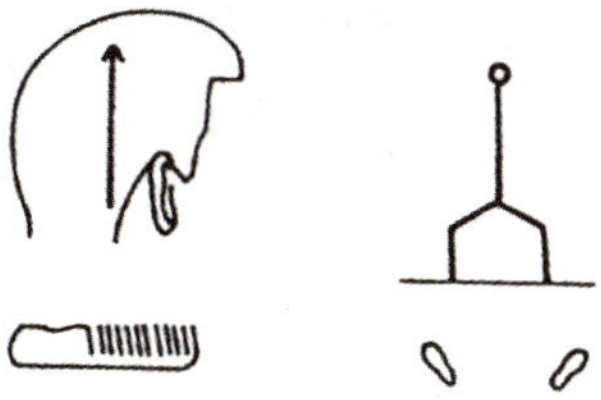

4. 우측 옆머리 및 두정부 (몸 위치 - 우측 측방 90°, 발뒤꿈치를 오른쪽으로 돌려준다.)

제1부분 … 측면 두부 중심선 중단부에서 두정 정중선 좌측(반대쪽)까지 이동 눌러 깎기

제2부분 … 귀 앞 위부터 두정 정중선 좌측까지 45° 이동 눌러 깎기
두정 정중선 1회 빗질, 좌측까지 수평 빗 돌려 깎기

제3부분 … 구레나룻 돌출 부분부터 두정 정중선 좌측까지 45° 이동 눌러 깎기

제4부분 … 앞이마 끝부터 눌러 잡고 고정 자르기 후 두정 정중선 좌측까지 45° 이동 눌러 깎기

제5부분 … 앞이마 끝과 정면 정중선과의 중간부터 눌러 잡고 고정 깎기 후 두정 정중선 좌측까지 45° 이동 눌러 깎기

제6부분 … 정면 정중선 가장자리부터 눌러 잡고 고정 깎기 후 두정 정중선 좌측까지 45° 이동 눌러 깎기

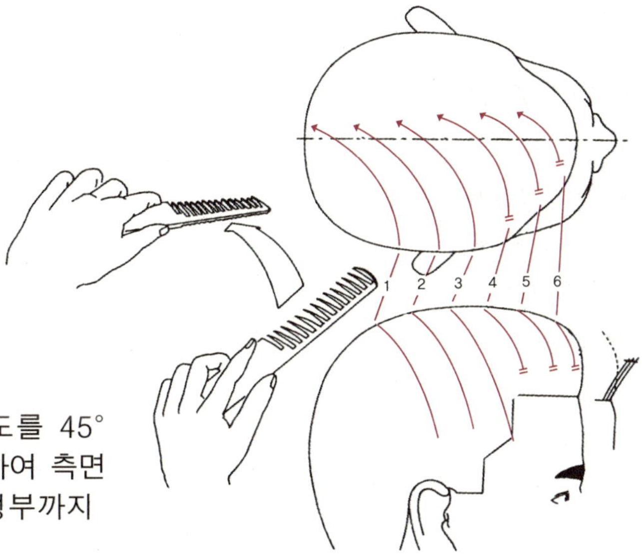

빗의 각도를 45°
로 유지하여 측면
부터 두정부까지

5. 오른쪽 앞머리 위 커트

(몸 위치 - 우측 앞쪽 45° ~ 우측 옆쪽 90°)

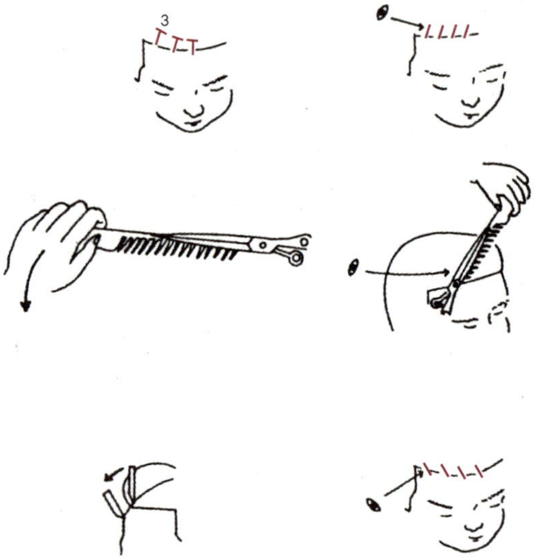

앞머리 끝 반대 연속 깎기

앞머리 끝 45° 파형 빗질

6. 왼쪽 앞머리 위 커트

(몸 위치 - 좌측 앞쪽 40° ~ 좌측 옆쪽 90°)

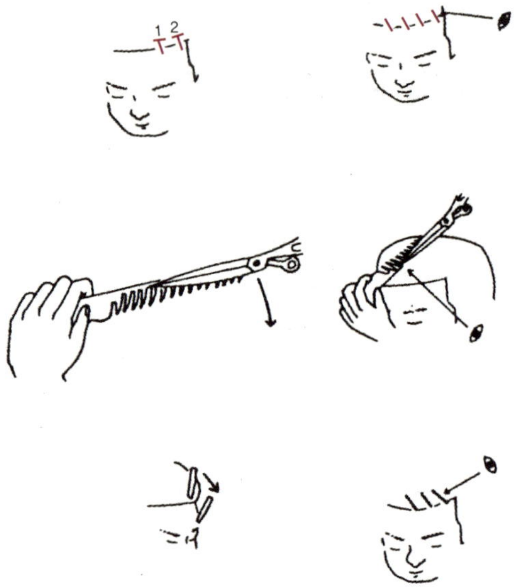

앞머리 끝 반대 연속 깎기

앞머리 끝 45° 파형 빗질

7. 좌측 가장자리 부분

1) 구레나룻 가장자리 커트
2) 구레나룻 라인 커트
3) 귀 주위 반대 빗질
4) 네이프 라인
5) 고정 자르기, 연속 깎기

8. 우측 옆머리 가장자리 부분

1) 구레나룻 가장자리 커트
2) 구레나룻 라인 커트
3) 귀 주위 반대 빗질
4) 네이프 라인
5) 고정 자르기, 연속 깎기

9. 후두 하부

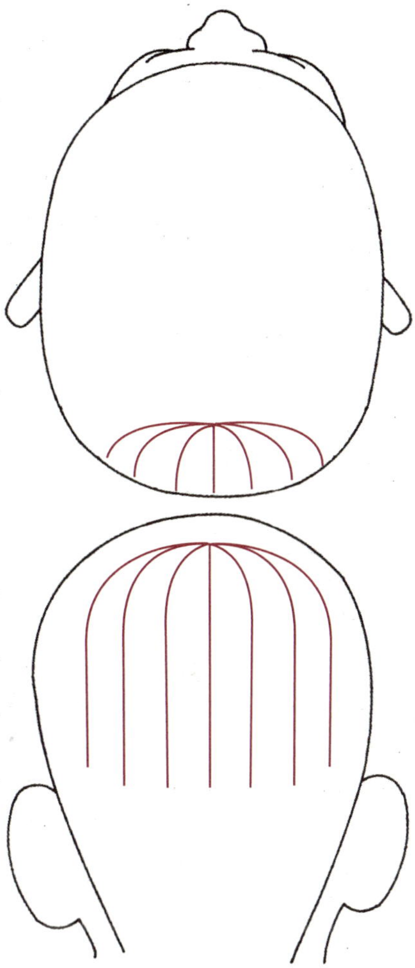

1) 고정 깎기
2) 연속 깎기
클리퍼 라인 연결 정리, 양 측면 음영을 맞춘다.

9. 마무리 깎기

◈ 마무리 깎기 준비

① 브러싱－모발 정리
② 커팅 파우더 도포
③ 중간 체크

1. 후두 두정부

몸 위치 － 후방 0° ~ 좌우 후방 45

1) 눌러 자르기 - 7회 이동
후두 중간부터 두부 중심점을 향해 후방 0° 부터 좌우 후방 45° 까지 각각 집중 이동에 정반대, 후두 두정부에 눈을 마주본다.

2. 후두부 (몸 위치 - 후방 0°)

1) 눌러 깎기 - 5회 이동

2) 중간 빗 돌려 깎기- 5회 이동

3) 몸 돌려 깎기 - 3회 이동
경계 부분을 오른쪽에서 왼쪽으로 자세 상, 중, 하 순서로

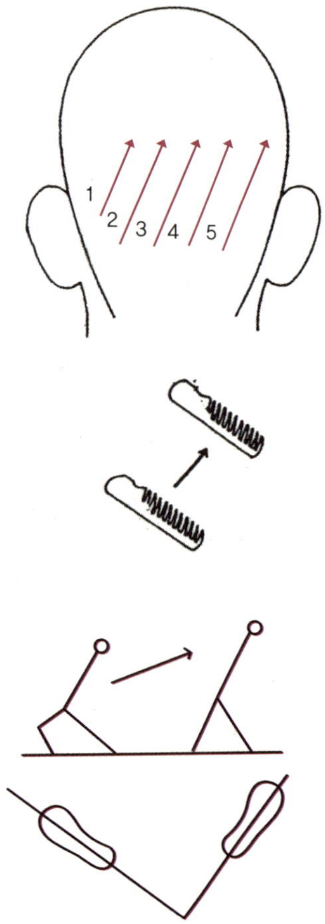

눌러 깎기

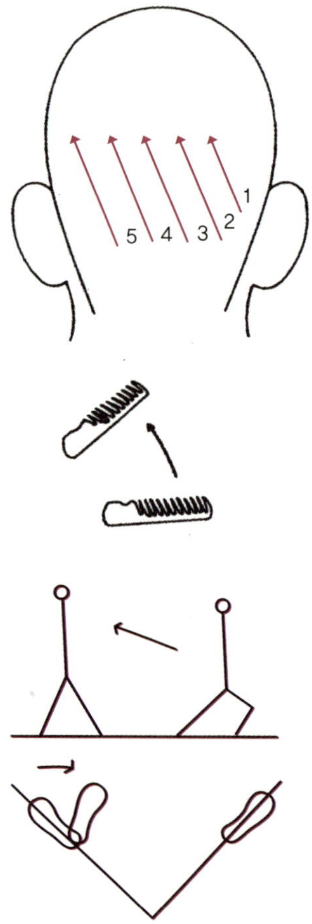

중간 빗 돌려 깎기

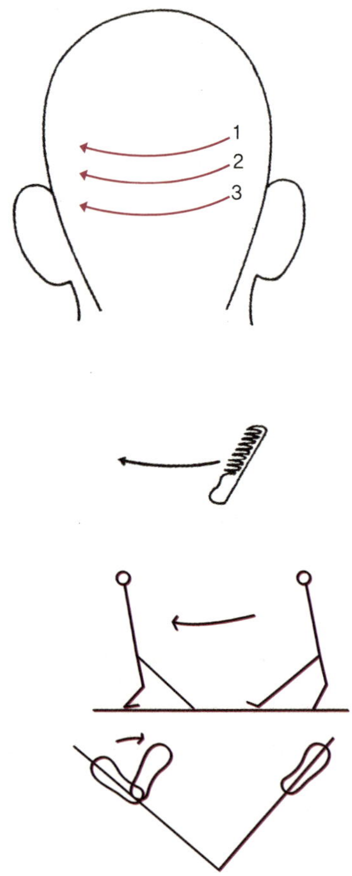

몸 돌려 깎기

3. 우측 두정부 및 우측 옆머리 (몸 위치 － 우측 후방 45°~우측 전방 45°)

1) 눌러 깎기 － 4회 이동(뒤에서부터)

2) 눌러 깎기 － 6회 이동(앞에서부터)

3) 중간 빗 돌려 깎기 － 4회 이동

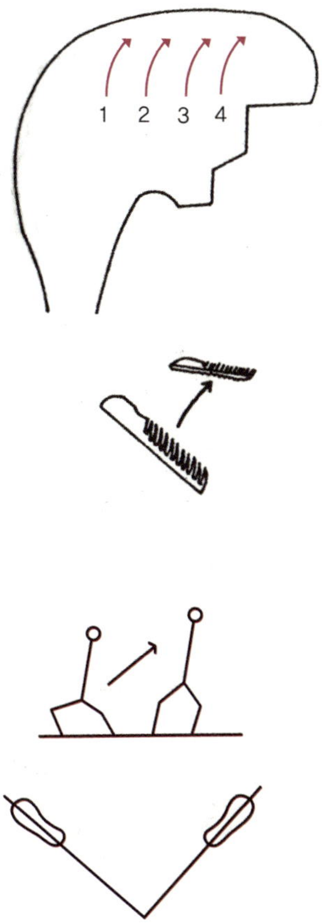

눌러 깎기(후방부터)

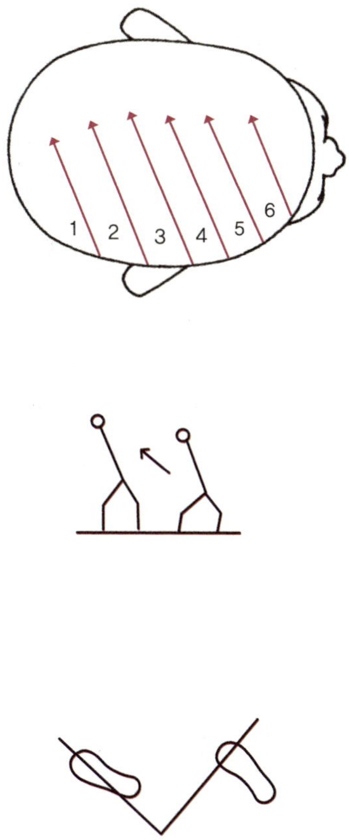

눌러 깎기

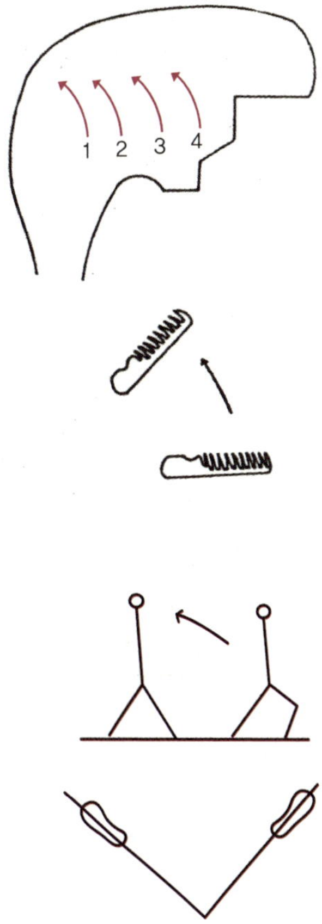

중간 빗 돌려 깎기

4. 좌측 두정부 및 좌측 옆머리 (몸 위치 – 좌측 후방 45˚~좌측 전방 45˚)

1) 눌러 깎기 – 4회 이동(후방부터)

2) 눌러 깎기 – 6회 이동(전방부터)

3) 중간 빗 돌려 깎기 – 4이동

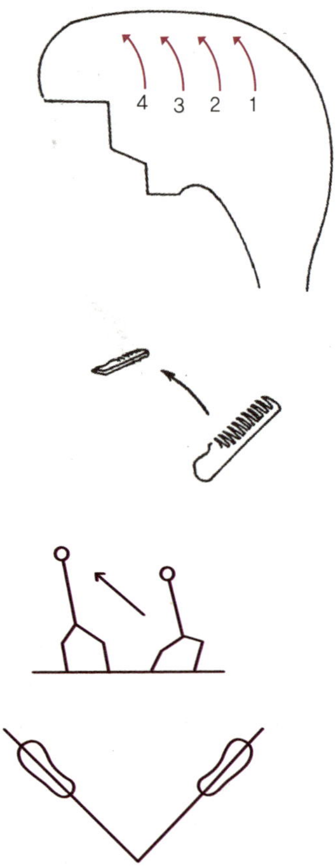

눌러 깎기(뒤부터)

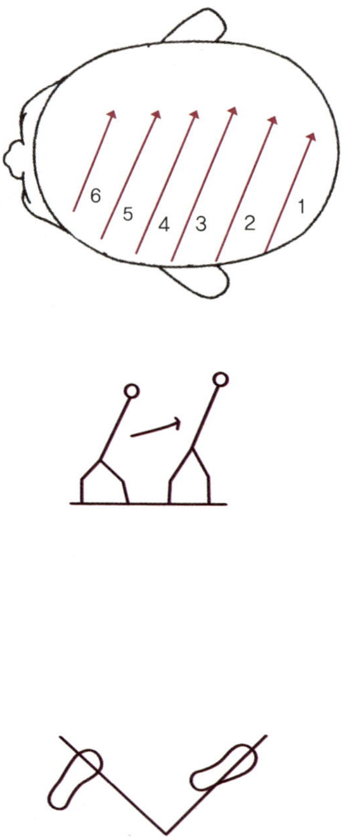

눌러 깎기(앞부터)

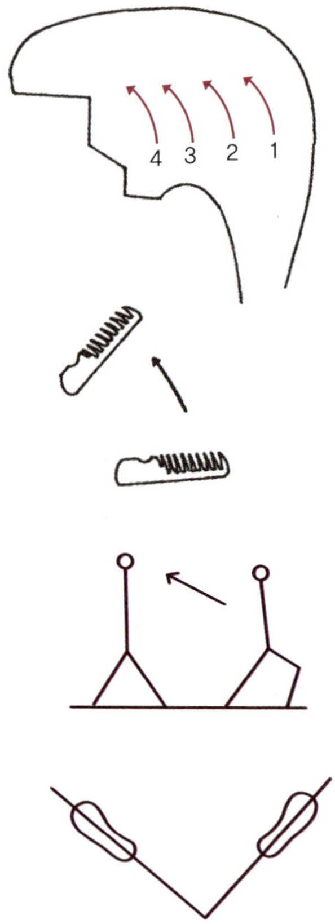

중간 빗 돌려 깎기

Ⅳ. 브로스 커트 – 4

1. 후두부 및 후두 두정부 (몸 위치 – 후방 0°……각 부분에 대향)

1) 두부 중심점까지 집중 이동 눌러 깎기

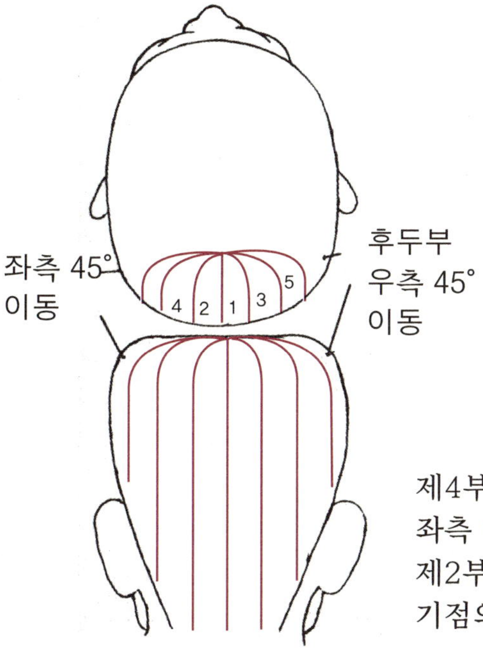

제1부분…
정중선 위에
수직 이동

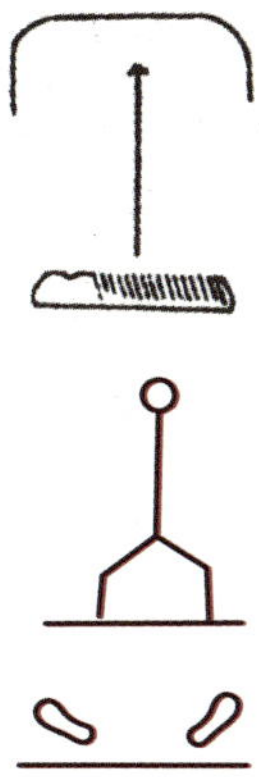

제2부분…
좌측 75°
제1부분 기점
왼쪽 옆부터

제3부분…
우측 75°
제1부분 기점의
오른쪽 옆부터

제4부분…
좌측 60°
제2부분 이동
기점의 왼쪽 옆부터

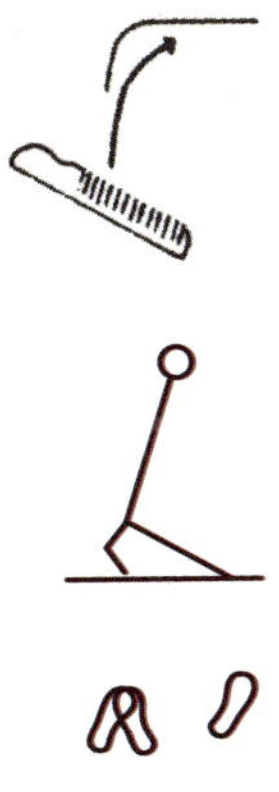

제5부분…
우측 60°
제3부분 기점의
오른쪽 옆부터

후두부 45° 이동…
좌측 후방 45° 정자세
두부 중심점까지 수직
이동 눌러 깎기
(상두부부터 수평 빗
돌려 깎기)

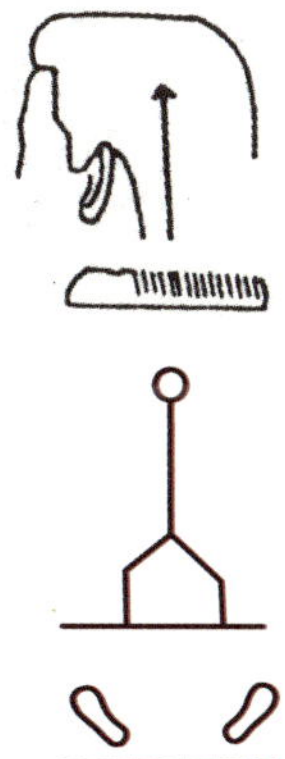

2. 좌측 옆머리 (몸 위치 - 좌측 후방 45° ~ 좌측 측방 90°)

1) 목덜미 가장자리부터 위까지- 5회 이동
2) 눌러 빗 잡고 올려 깎기

3. 좌측 옆머리 및 두정부 (몸 위치 - 좌측 측방 90°, 발뒤꿈치를 왼쪽으로 돌려준다.)

제1부분 … 측면 두부 중심선 중단부부터 상두부까지 사선 눌러 깎기,
상두부에서 회전 두정 정중선 우측까지 눌러 깎기

제2부분 … 귀 앞 위부터 상두부까지 사선 눌러 깎기,
상두부에서 두정 정중선 우측까지 눌러 깎기

제3부분 … 구레나룻 돌출 부분부터 상두부까지 사선 눌러 깎기,
상두부에서 두정 정중선 우측까지 눌러 깎기

제4부분 … 앞이마 가장자리부터 회전 두정 정중선 우측까지 눌러 깎기

제5부분 … 앞이마 가장자리와 정면 정중선과의 중간부터 두정 정중선 우측까지 눌러 깎기

제6부분 … 정면 정중선 가장자리부터 두정 정중선 우측까지 눌러 깎기

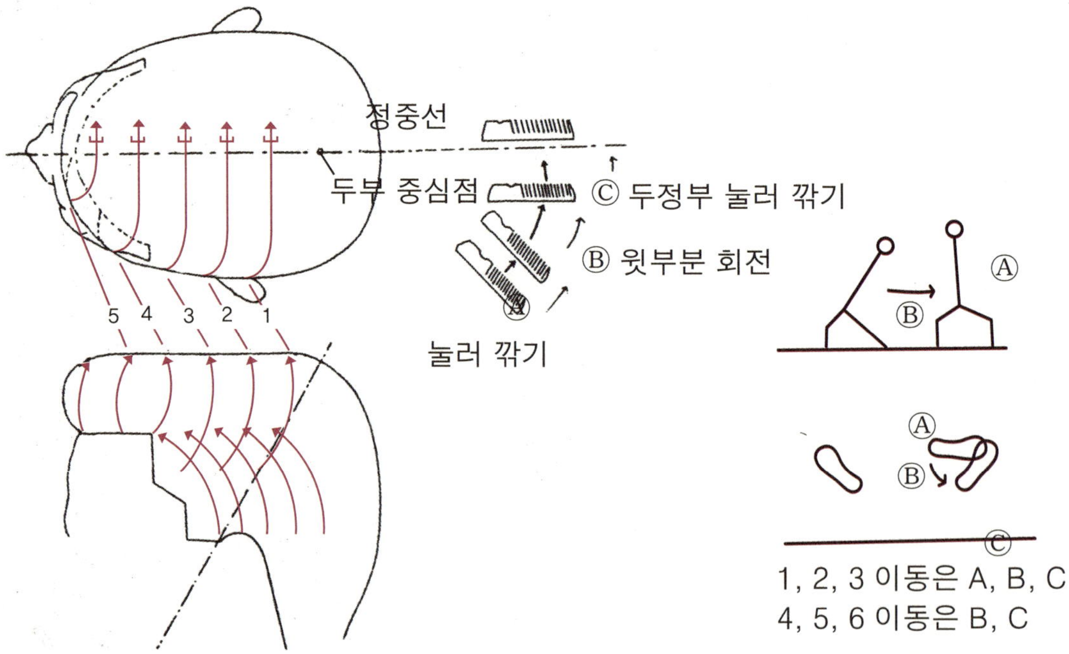

후두부 45° 이동…
몸 위치-우 후방 45° 정대(마주봄)
두부 중심점까지 수직 이동 눌러 깎기
(상두부부터는 수평 빗 돌려 깎기)
(후두부 이동도 참조)

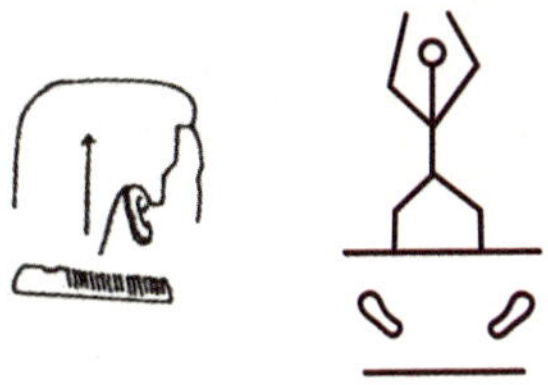

4. 우측 옆머리 (몸 위치 - 우 후방 45° ~ 우 측방 90°)

목덜미 가장자리부터 위까지- 5이동
눌러 빗 잡고 올려 깎기

5. 우측 옆머리 및 두정부

제1부분 … 측면 두부 중심선 중단부부터 상두부까지 사선 눌러 깎기
상두부에서 회전 두정 정중선 우측까지 눌러 깎기
제2부분 … 귀 앞 위부터 상두부까지 사선 눌러 깎기
상두부에서 두정 정중선 우측까지 눌러 깎기
제3부분 … 구레나룻 돌출 부분부터상두부까지 사선 눌러 깎기
상두부에서 두정 정중선 우측까지 눌러 깎기
제4부분 … 앞이마 가장자리부터 회전 두정 정중선 우측까지 눌러 깎기
제5부분 … 앞이마 가장자리와 정면 정중선과의 중간부터 두정 정중선 우측까지 눌러 깎기
제6부분 … 정면 정중선 가장자리부터 두정 정중선 우측까지 눌러 깎기

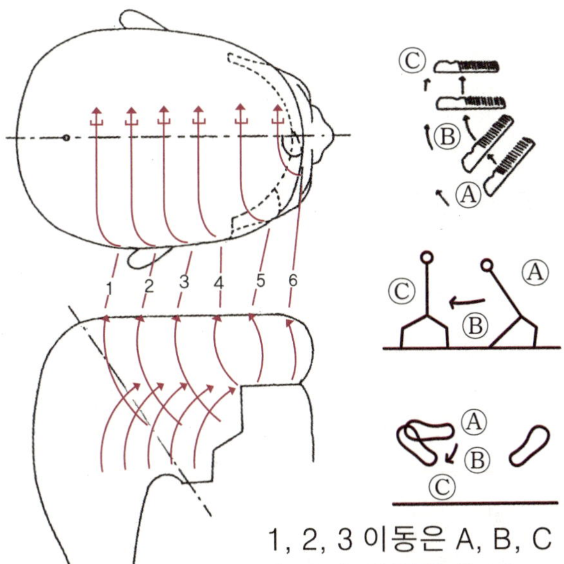

1, 2, 3 이동은 A, B, C
4, 5, 6 이동은 B, C

(이하는 브로스 커트-1과 같음)

06 지그재그 연속 깎기

1. 상단 상부(옆머리 상부 · 뒷머리 상부)

(몸 위치 - 우측 측방 90° ~ 좌측 전방 45°)

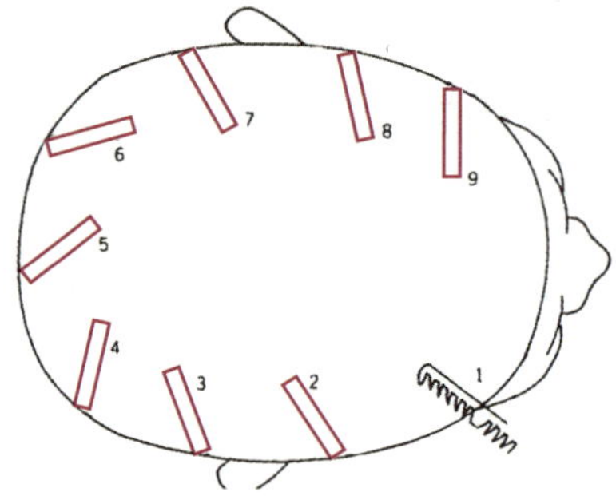

이동하며 깎는다.
손가락 이용 깎기 - 9회 빗질(각 이동 1회 빗질)
절단 각도 45°, 절단 기준 2회 빗질

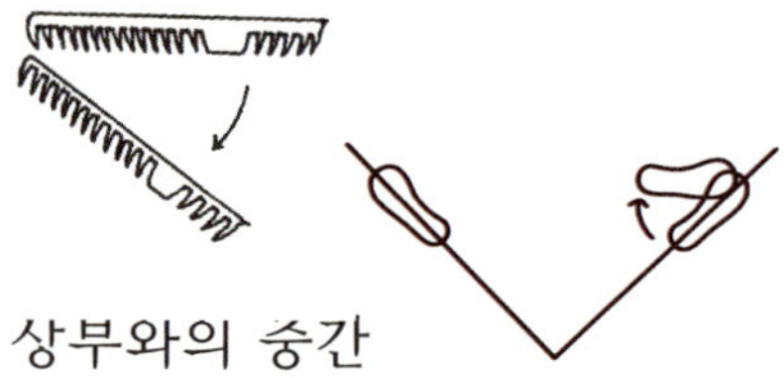

제1부분 … 우측 앞이마 끝부분
제2부분 … 우측 귀 위 부근
제3부분 … 우측 귀 뒤 부근
제4부분 … 우측 귀 뒤 위 부근과 후면 정중선 상단 상부와의 중간
제5부분 … 후면 정중선 상단 상부
제6부분 … 후면 정중선 상단 상부와 넣는 각도(수평)
제7부분 … 왼쪽 귀 뒤 상변과 그 중간 넣는 각도(45°)
제8부분 … 좌측 귀 위 상부
제9부분 … 왼쪽 이마 끝부분

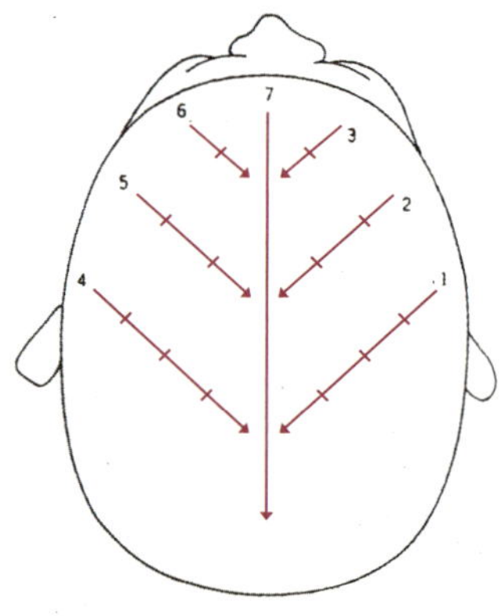

2. 두정부

손가락 이용 깎기-17회 빗질
절단 각도 45°, 절단 기준 2회 빗질, 몸 위치-좌측 후

제1부분 … 오른쪽 귀 위 상부에서 3회 빗질
제2부분 … 오른쪽 구레나룻 위에서 2회 빗질
제3부분 … 오른쪽 이마 끝의 왼쪽부터 1회 빗질 (몸 위치-오른쪽 후방 45°)
제4부분 … 왼쪽 귀 위부터 3회 빗질
제5부분 … 왼쪽 구레나룻 위부터 2회 빗질

제6부분 … 왼쪽 이마 끝의 오른쪽 옆부터 1회 빗질 (몸 위치-오른쪽 후방 0°)
제7부분 … 두정 정중선 위를 지그재그 이동 5회 빗질

3. 후두 하부 (몸 위치 – 후방 0°)

1) 클리퍼 사용
2) 클리퍼 라인 연결 정리

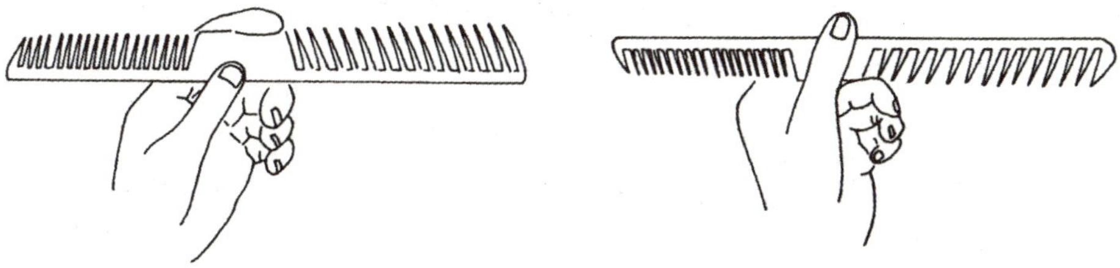

잘라가며 잡는 법 / 흘려 잡는 법

[지그재그 커트에서의 빗 잡는 법]

4. 후두부 (몸 위치 – 후방 0°)

1) 지그재그 커트
후두 중심점을 향해 대면 집중 이동

제1부분 … 후두 정중선
제2부분 … 우측 75°
제3부분 … 우측 60°
제4부분 … 좌측 75°
제5부분 … 좌측 60°

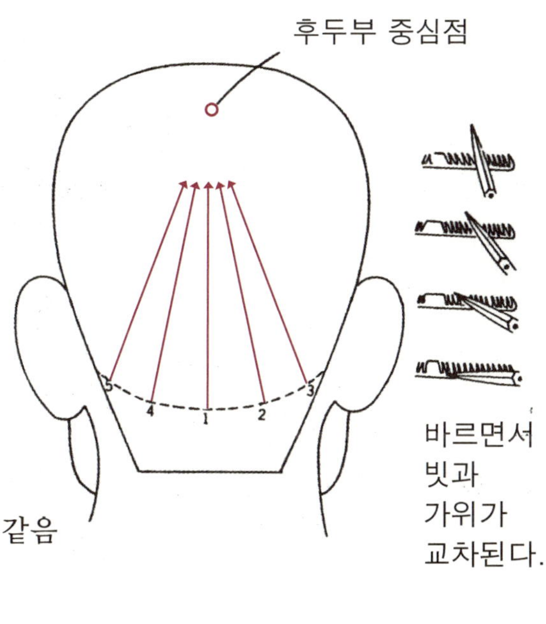

2) 몸 돌려 깎기
3) 빗 돌려 깎기
4) 후두 하부 고정 깎기
5) 체크 커트

(2)~5): 포멀 커트 롱과 같음)

5. 좌측 옆머리 (몸 위치 - 좌측 후방 45°)

1) 지그재그 커트(후두부)

제1부분…
돌출부 밑을 기점으로
부채형 고정 깎기 3빗질
윗부분까지 지그재그 커트

제2부분…
돌출부 밑을 기점으로
부채형 고정 깎기 3빗질
윗부분까지 지그재그 커트

제3부분…
돌출부 밑을 기점으로
고정 깎기 1빗질
윗부분까지 지그재그 커트

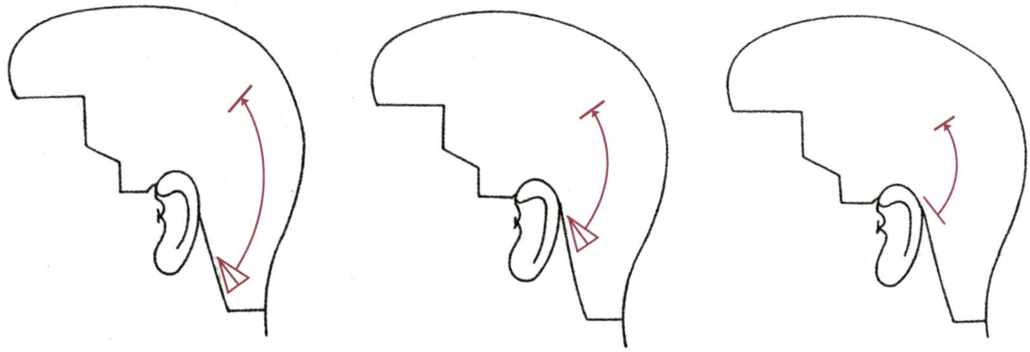

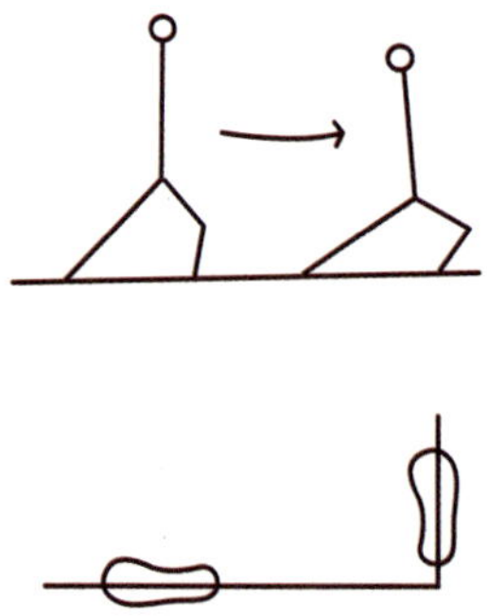

(①, ②, ③ 부분은 같음)

2) 측두부 가장자리 반대 빗질
3) 네이프 라인 고정 깎기

※ 2) 3)은 포멀 커트 - 롱과 같음

4) 지그재그 커트(전두부)

제4부분…
귀 앞을 기점으로 구레나룻 돌출부까지 지그재그 커트

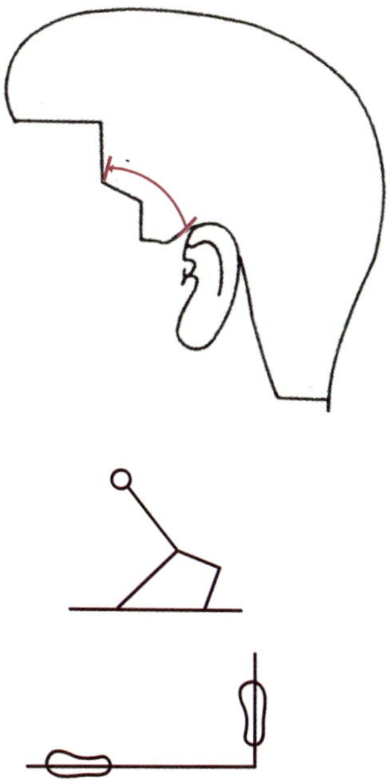

제5부분…
귀 윗부분을 기점으로 고정 깎기 1회 빗질,
이마 왼쪽까지 지그재그 커트

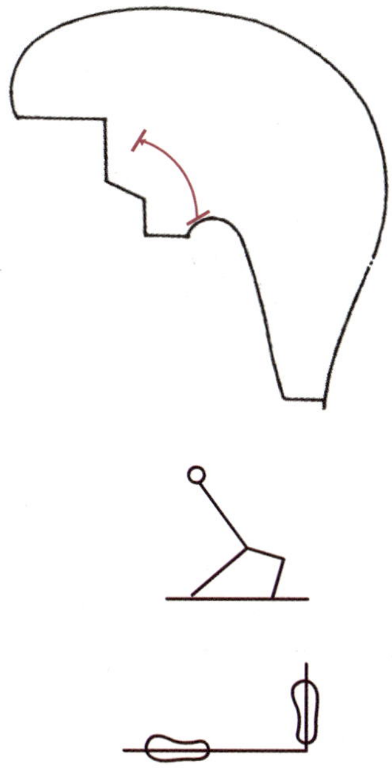

제6부분…
귀 위까지를 기점으로 고정 깎기 1회 빗질,
윗부분까지 지그재그 커트

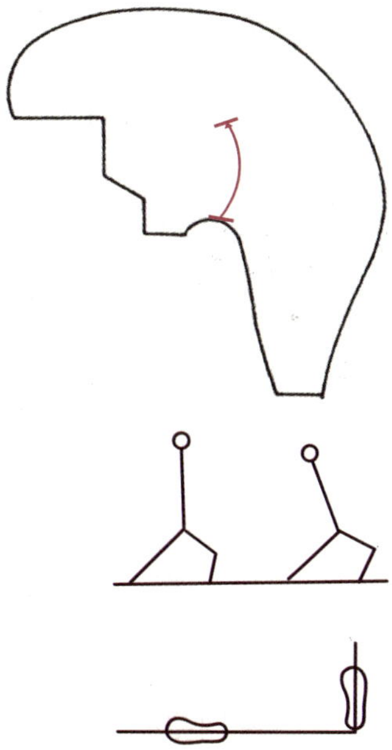

5) 구레나룻 가장자리 커트
6) 구레나룻 라인 커트
7) 귀 주위 반대 빗질
8) 네이프 라인
9) 네이프 라인 고정 깎기
10) 체크 커트

※ 5)~10) 포멀 커트 –롱과 같음

6. 우측 옆머리 (몸 위치 - 우측 후방 45°)

1) 지그재그 커트(후부)

제1부분…
돌출부 밑을 기점으로 부채형 고정 깎기 3회 빗질,
윗부분까지 지그재그 커트

제2부분…
돌출부를 기점으로 부채형 고정 깎기 3회 빗질,
상단부까지 지그재그 커트

제3부분…
돌출부 윗부분을 기점으로 고정 깎기 1회 빗질,
상단부까지 지그재그 커트

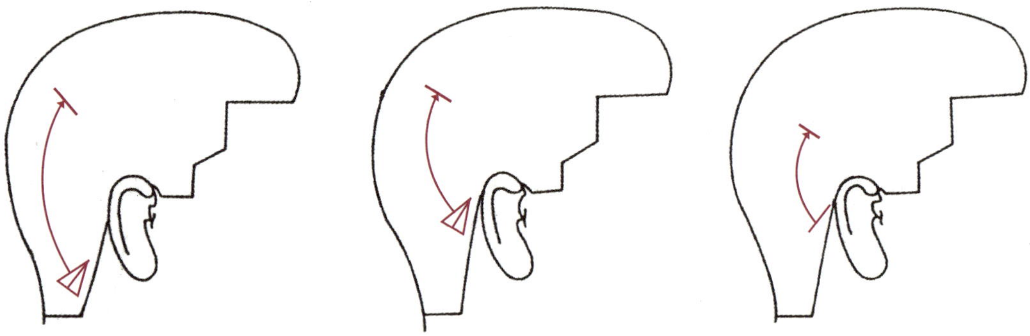

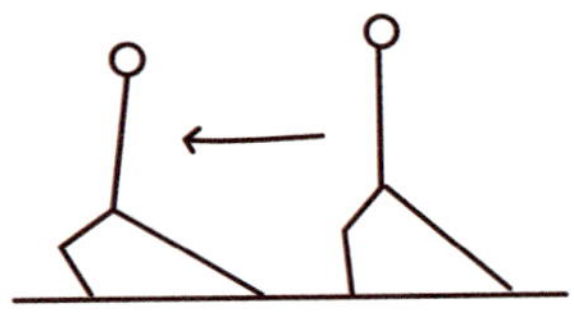

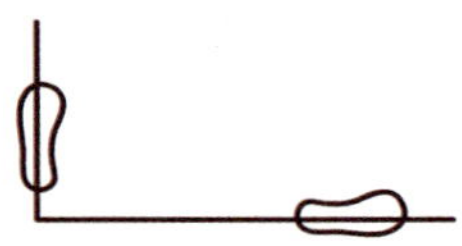

(①, ②, ③ 부분은 같음)

2) 귀 주위 반대 빗질
3) 네이프 라인 고정 깎기

※ 2) 3)은 포멀 커트-롱과 같음

4) 지그재그 커트(전두부)

제4부분…
귀 앞을 기점으로 고정 깎기 1회 빗질 구레나룻 부분까지 지그재그 커트

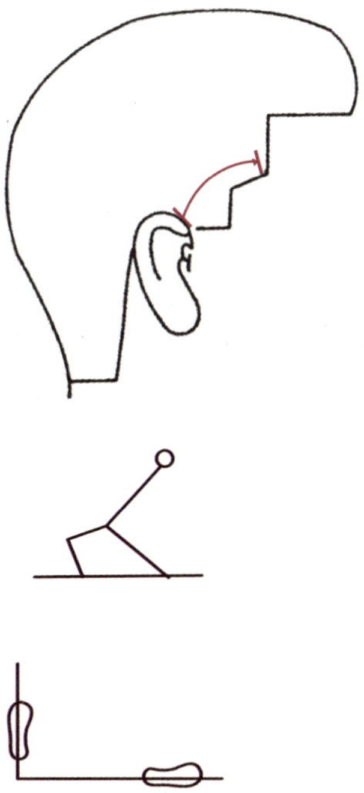

제5부분…
귀 위를 기점으로 고정 깎기 1회 빗질 오른쪽 이마 끝부분까지 지그재그 커트

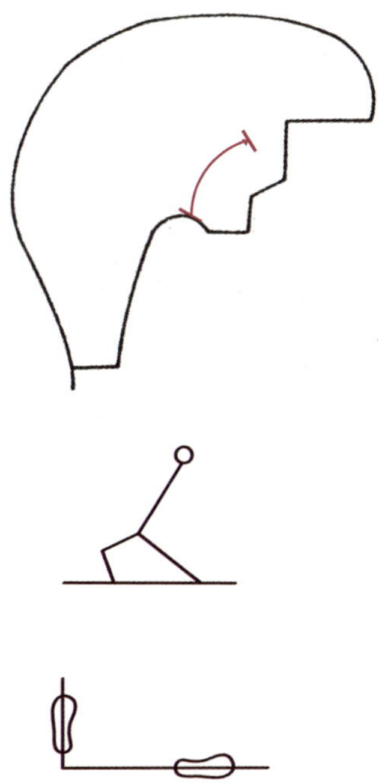

제6부분…
귀 뒤 위를 기점으로 고정 깎기 1회 빗질
상단부까지 지그재그 커트

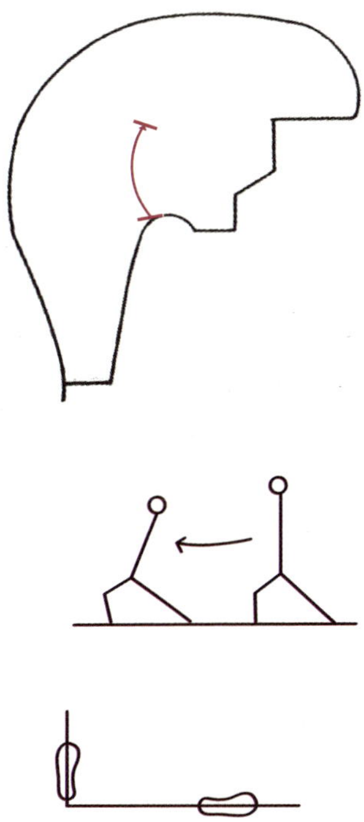

5) 구레나룻 가장자리 커트
6) 구레나룻 라인
7) 귀 주위 반대 빗질
8) 네이프 라인
9) 네이프 라인 고정 깎기
10) 체크 커트

※ 5)~10) 포멀 커트-롱과 같음

07. 포멀 커트(Farmal cut)-응용

기법은 전부 연속 깎기로 진행한다

◈ 연속 깎기 때 연결 깎기의 포인트

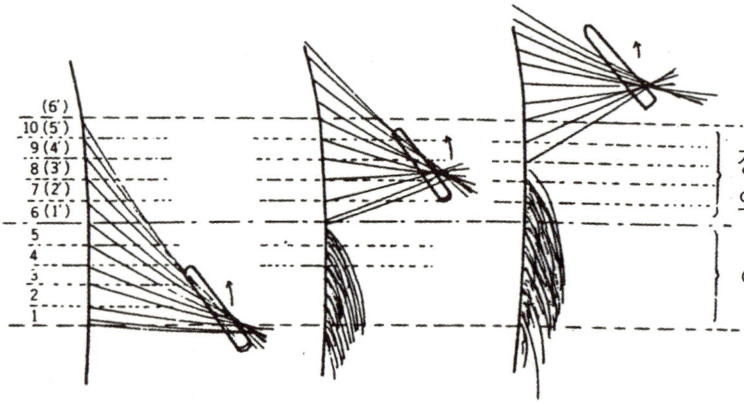

동적 범위

동적 범위는 1~5로 1에서 자르기 시작해 2, 3, 4, 5로 서서히 빗등으로 일으켜 세운다. 5에서 다시 연결하고 6부터 다시 깎기 시작한다. 즉, 정적 범위6~10이 (1´), (2´), (3´), (4´), (5´)와 동적 범위가 된다.

참고

※ 연결 깎기 때 잡는다, 되돌린다, 일으킨다(빗등)가 중요하다.
돌린다-일으킨다는 동시에 진행한다.
연결 깎기는 보통 1회 이동에 2~3회 행한다. 단, 모질의 성질과 길이에 따라 다르다.

앞 페이지의 연결 자르기 한계선에 오면

① 가위를 모발 밑의 직선 예정선에 댄다.

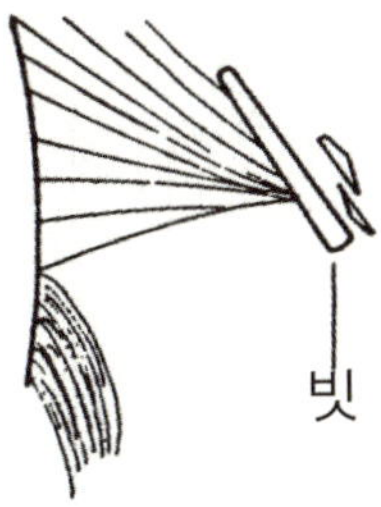

② 모발을 가위에 맡기듯 올려놓는다.

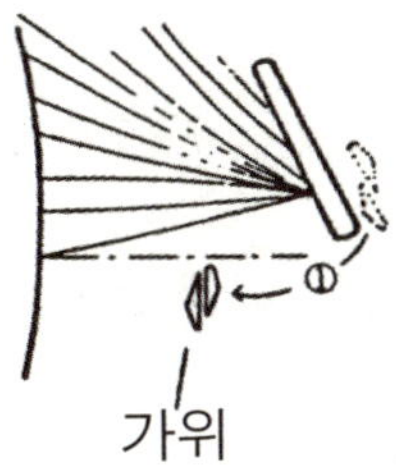

③ 제일 밑의 모발뿌리에 빗을 넣는다.

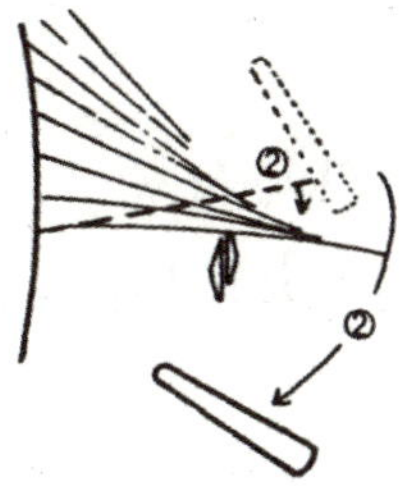

④ 밑에 대고 있던 가위를 빼는 것과 동시에

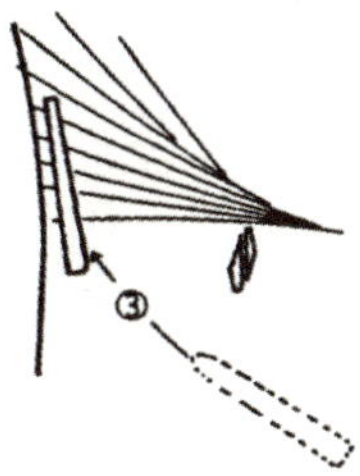

⑤ 빗등으로 일으켜 세우듯 빗질한 후 계속 잘라간다.

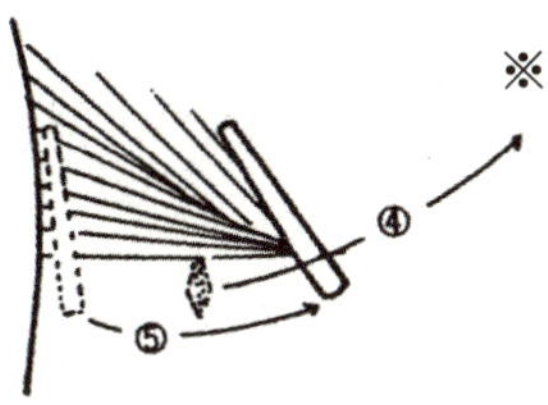

※ 그림에서는 빗 끝이 나오듯 하지만 실제로는 빗 끝이 모발 속에 있지 않으면 안 된다. 따라서 빗 끝이 나온 경우에는 다시 연결하여 자른다.

Ⅰ. 롱 커트 – 3

토대만들기

1. 후두부 (몸 위치 – 후방 0°)

1) 클리퍼 사용
목덜미에 2mm의 클리퍼를 수평으로 사용

2) 연속 자르기(잡아 돌려 연속 깎기)
클리퍼 라인부터 상단부까지 원운동

제1부분 … 후면 정중선상
제2부분 … 후면 정중선 우측
제3부분 … 제2부분의 우측, 우측 돌출부 밑부터
제4부분 … 후면 정중선 좌측
제5부분 … 제4부분의 좌측 왼쪽 돌출부 밑부터

3) 클리퍼 라인 연결 정리 또는 목덜미 연결 정리

※ 연속 자르기는 지그재그 연속 깎기와 달리 가위를 빗 뿌리에 대고 위로 진행하여도 교차하는 경우가 없다.

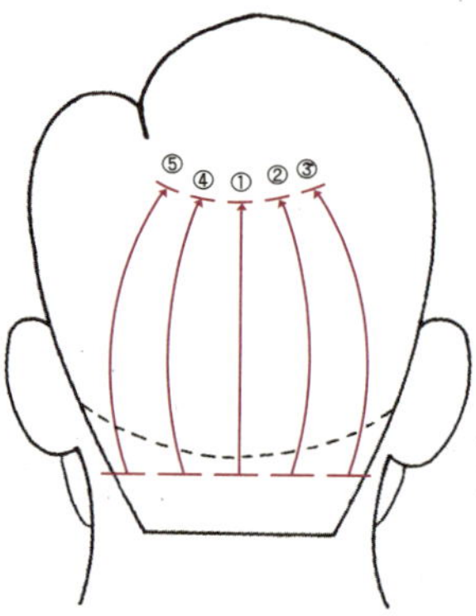

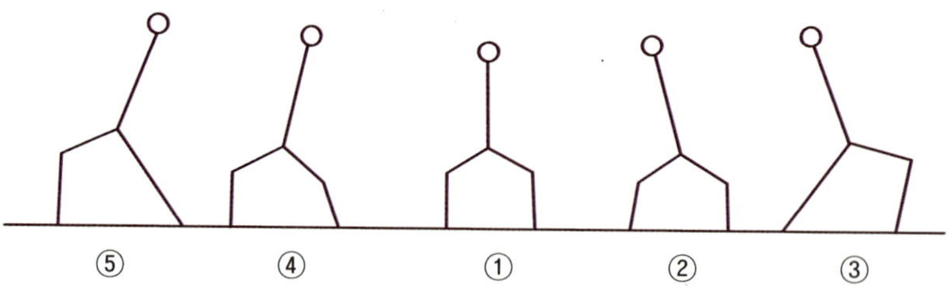

2. 좌측 옆머리 (몸 위치 - 좌측 후방 45°)

연속 깎기(잡아 돌려 연속 자르기)

제1부분 … 좌측 돌출부부터 상단부까지 - 큰 회전
제2부분 … 귀 앞부터 상단부까지 - 중간 회전
제3부분 … 귀 위, 귀 뒤 위에서 상단부까지 - 중간 회전
구레나룻 가장자리 처리
제4부분 … 가르마 부분

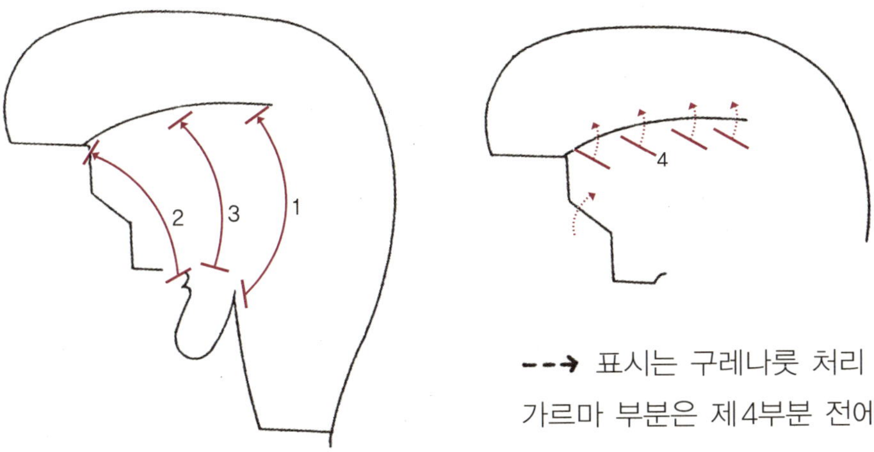

--→ 표시는 구레나룻 처리
가르마 부분은 제4부분 전에 행한다.

3. 좌측 가장자리

1) 구레나룻 가장자리 커트
2) 구레나룻 라인 커트
3) 귀 주위 반대 빗질
4) 네이프 라인
5) 약간 돌려 깎기

※ 1)~5)는 롱 커트-2와 같다.

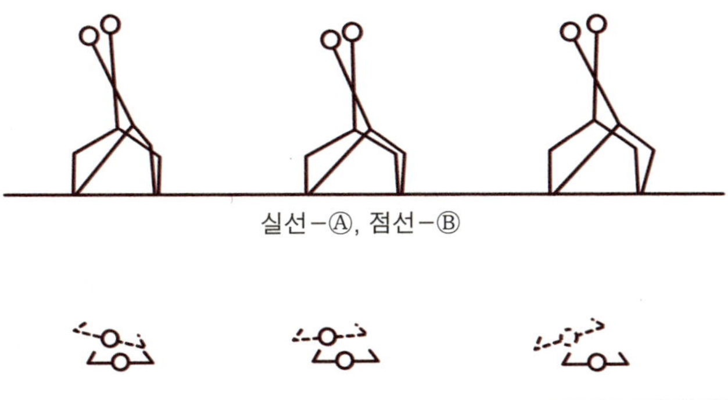

4. 우측 옆머리 (몸 위치 – 우측 후방 45°)

연속 깎기(잡아 돌려 연속 깎기)

제1부분 … 우측 돌출부부터 상단부까지 – 큰 회전
제2부분 … 귀 앞부터 상단부까지 – 중간 회전
제3부분 … 귀 위, 귀 뒤 위에서 상단부까지 – 중간 회전

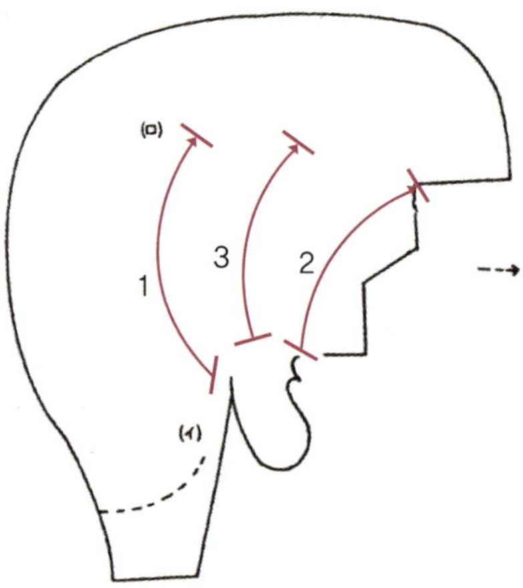

--→ 표시는 구레나룻 처리
(두정부 제3부분 전에 행한다.)

5. 우측 가장자리 부분

1) 구레나룻 가장자리 커트
2) 구레나룻 라인 커트
3) 귀 주위 반대 빗질
4) 네이프 라인
5) 약간 돌려 깎기

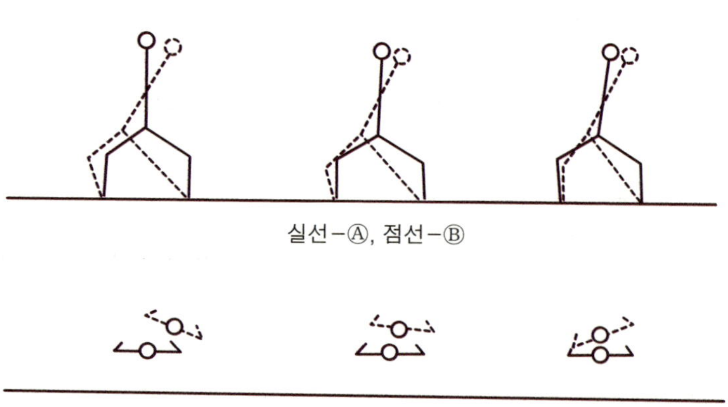

실선–Ⓐ, 점선–Ⓑ

※ 1)~5)는 롱 커트–2와 같다.

6. 두정부 (몸 위치-우측 옆 방향 90°~우측 앞 방향 45°)

연속 자르기(잡아 눌러 연속 깎기)

제1부분 … 측면 두부 중심선 상단 위부터
제2부분 … 제1부분 기점과 우측 이마 끝과의 중간부터 구레나룻 가장자리 처리
제3부분 … 우측 이마 끝부터
제4부분 … 제3부분의 기점과 정중선과의 중간부터
제5부분 … 정면 정중선 가장자리부터
제6부분 … 가르마 부분

※ 제1부분을 4~5회 가위로 계속적으로 수정 연결하면서 연속적으로 잘라간다.

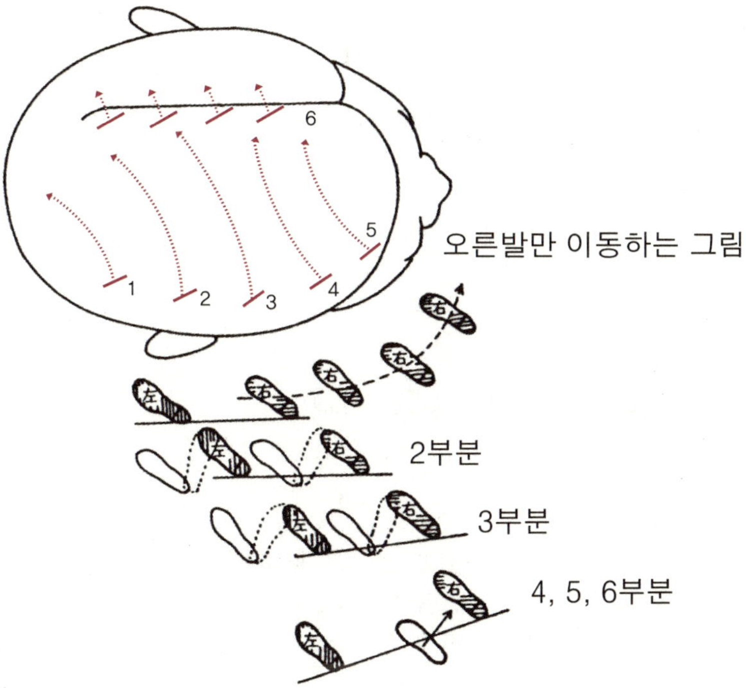

〈두정부 1, 2, 3부분의 자세〉

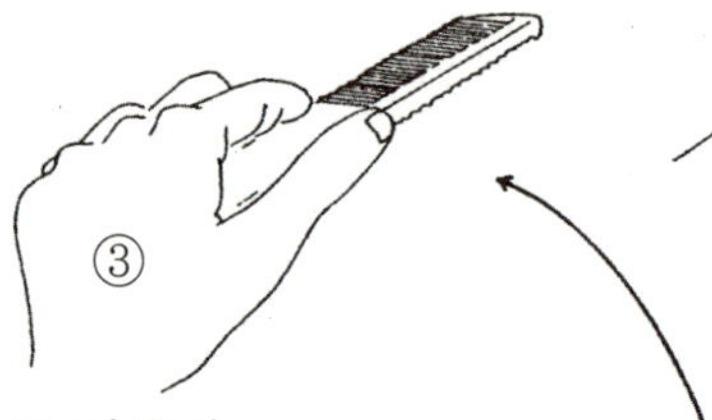

R이동으로 자른다.
45°를 중심으로 한 원운동으로 눌러 깎기를 이용한다.

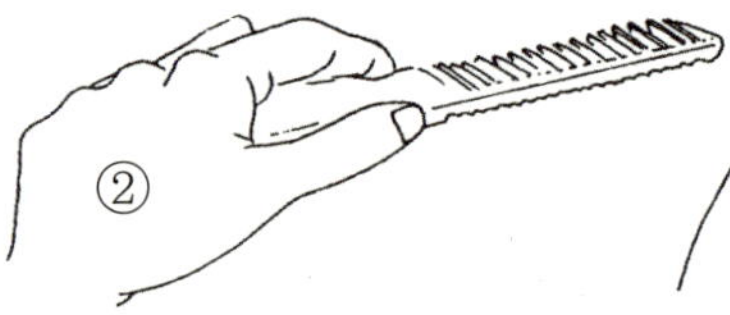

①에 넣어진 부분부터 모발을 수직으로 세우면서 빗의 각도를 45° 세우면서 깎는다.

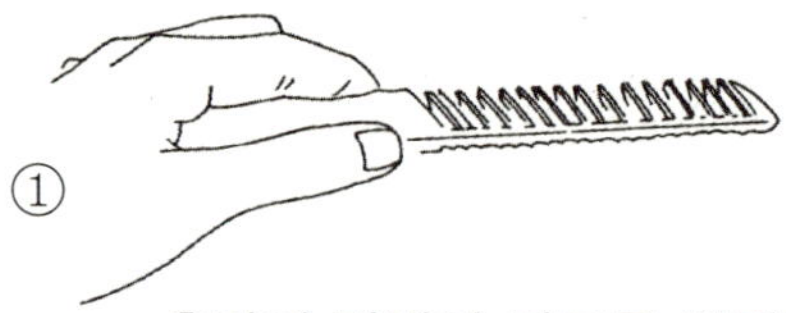

측면에 평행이 되도록 뿌리로 향하게 한다.

〈두정부 4, 5부분의 자세〉

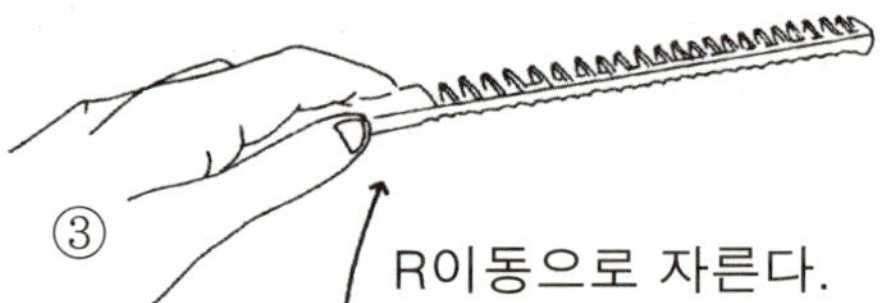

R이동으로 자른다.
45°를 중심으로 한 원운동 눌러 깎기를 이용한다.

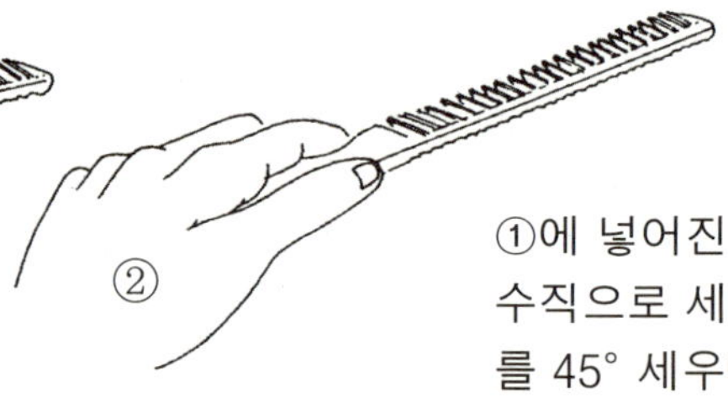

①에 넣어진 부분부터 모발을 수직으로 세우면서 빗의 각도를 45° 세우면서 깎는다.

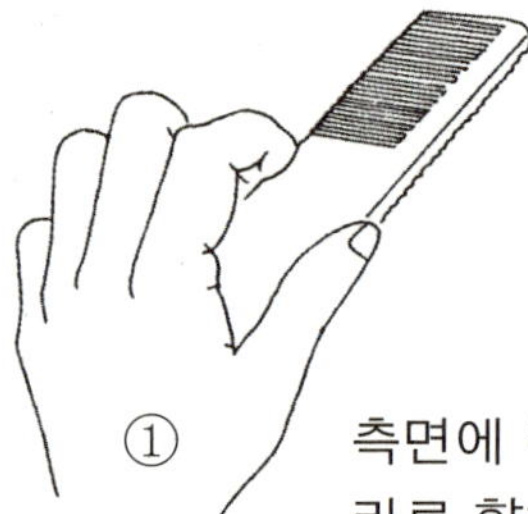

측면에 평행이 되도록 뿌리로 향하게 한다.

〈두정부 제6이동(가르마 부분)의 자세〉

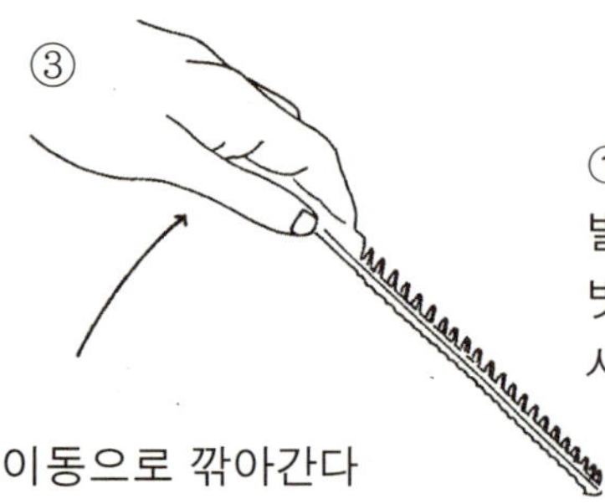

R이동으로 깎아간다
45°를 중심으로 한 원운동 눌러 깎기를 이용한다.

①에 넣어진 부분부터 모발을 수직으로 세우면서 빗의 각도를 45° 세우면서 깎는다.

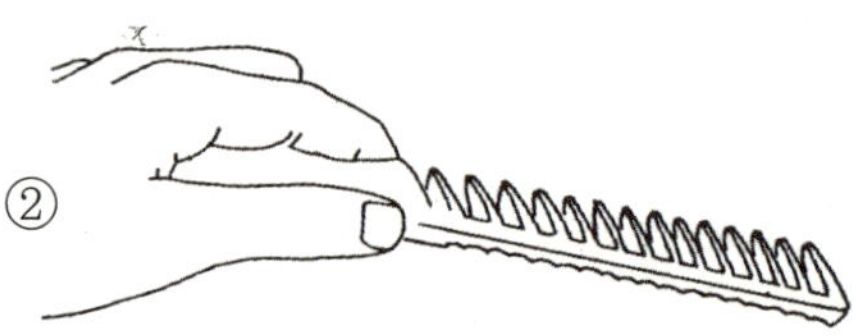

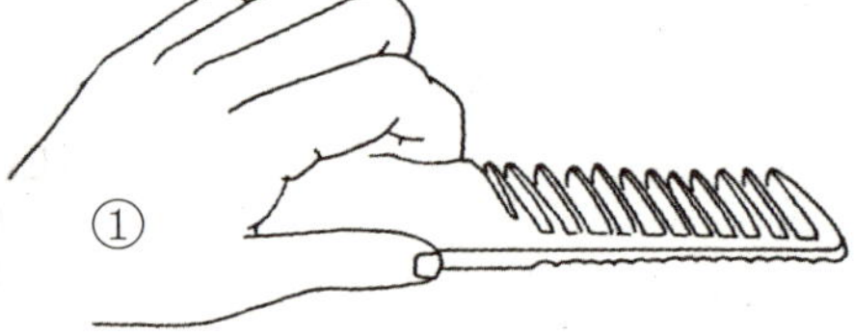

측면에 평행이 되도록 뿌리로 향하게 한다.

마무리 깎기

(롱 커트 1 · 2를 참조)

◈ 마무리 깎기 준비

① 브러싱 정리　② 커팅 파우더 도포　③ 중간 체크

1. 후두부 (몸 위치 - 후방 0°)

1) 지그재그 마무리 깎기 5회 이동
연결 부분부터 두부 중심점을 향하여 집중 원운동

2) 몸의 돌려 깎기 1회 이동 1자세
연결 부분을 오른쪽부터 중심을 지나 왼쪽까지

3) 빗 돌려 깎기

4) 체크 커트

2. 우측 옆머리 (몸 위치 - 우측 후방 45°~우측 측방 90°)

1) 지그재그 마무리 깎기
뒤에서 앞으로 향해 원운동

2) 체크 커트

3. 좌측 옆머리 (몸 위치 - 우측 후방 45°~우측 측방 90°)

1) 지그재그 마무리 깎기
뒤에서 앞으로 향해 원운동

2) 체크 커트

II. 미디엄 커팅 – 3

기초 깎기 (연결 깎기 동작, 자세는 롱 커트 3과 같음)

1. 후두부

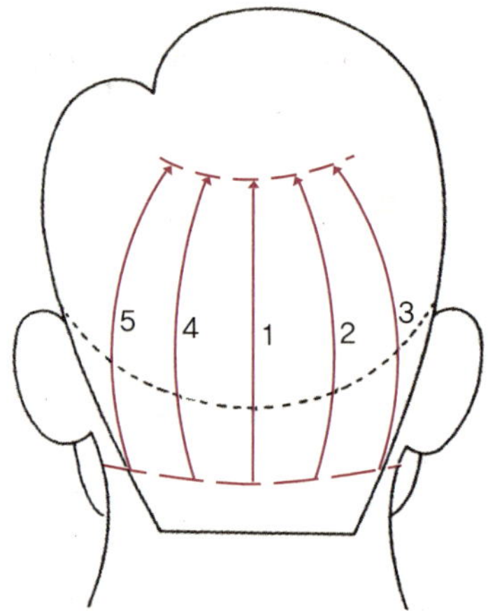

1) 클리퍼 사용(5mm · 2mm)

2) 연속 자르기(돌려 잡아 연속 깎기)
   연결 부분부터 상단부까지 원운동

   제1부분 … 0°　　　　제2부분 … 우측 15°
   제3부분 … 우측 30°　　제4부분 … 좌측 15°
   제5부분 … 좌측 30°

3) 클리퍼 라인 연결 정리

2. 좌측 옆머리 (몸 위치 – 좌측 후방 45°)

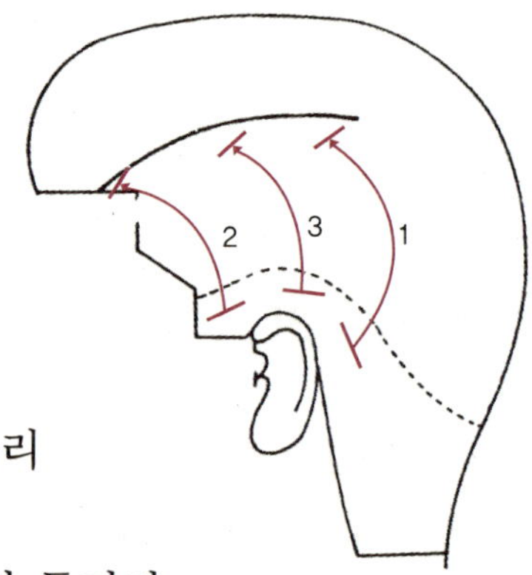

연속 자르기(돌려 잡아 연속 깎기)

제1부분 … 왼쪽 돌출부부터 상단부까지–크게 돌리
제2부분 … 귀 앞에서 상단부까지 –중간 돌리기
제3부분 … 귀 위, 귀 뒤 위에서 상단부까지–중간 돌리기
　　　　　구레나룻 가장자리 처리
제4부분 … 가르마 부분

3. 좌측 가장자리 부분

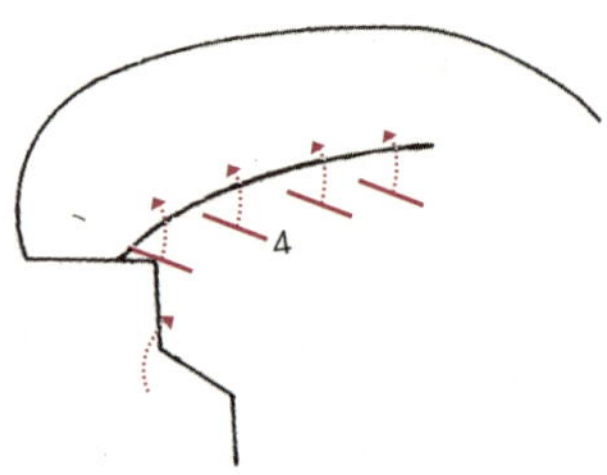

1) 구레나룻 가장자리 커트　　2) 구레나룻 라인 커트
3) 네이프 라인　　　　　　　4) 약간 돌려 깎기
→ 미디엄 커트 2와 같음

4. 우측 옆머리 (몸 위치 - 우후방 45°)

연속 깎기(돌려 잡아 연속 깎기)

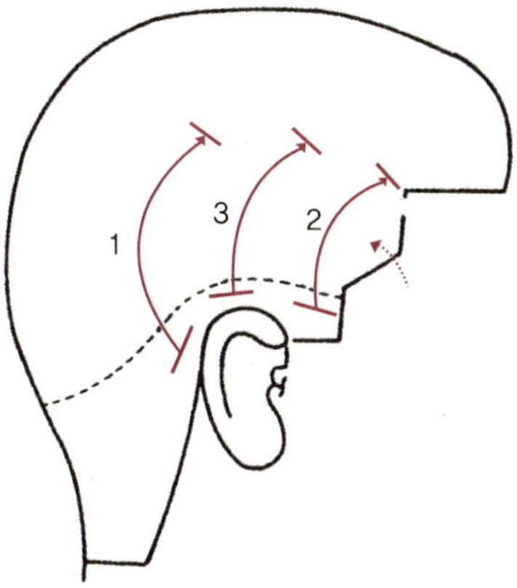

제1부분 … 오른쪽 돌출부부터 상단부까지 - 큰 회전

제2부분 … 귀 앞에서 상단부까지 - 중간 회전

제3부분 … 귀 위, 귀 뒤 위에서 상단부까지-중간 회전

5. 우측 가장자리 부분

1) 구레나룻 가장자리 커트
2) 구레나룻 라인 커트
3) 네이프 라인
4) 약간 돌려 깎기

미디엄 커트 2와 같음

6. 두정부 (몸 위치 - 우측 측방 90°~우측 전방 45°)

연속 깎기(눌러 잡아 연속 깎기)

제1부분 … 측면 두부 중심선 상단 상부부터

제2부분 … 제1부분 기점과 정면 정중선 가장자리와의 중간부터
구레나룻 가장자리 처리

제3부분 … 오른쪽 이마 끝부터

제4부분 … 제3부분 기점과 정면 정중선 가장자리와의 중간부터

제5부분 … 정면 정중선 가장자리부터

제6부분 … 가르마 부분

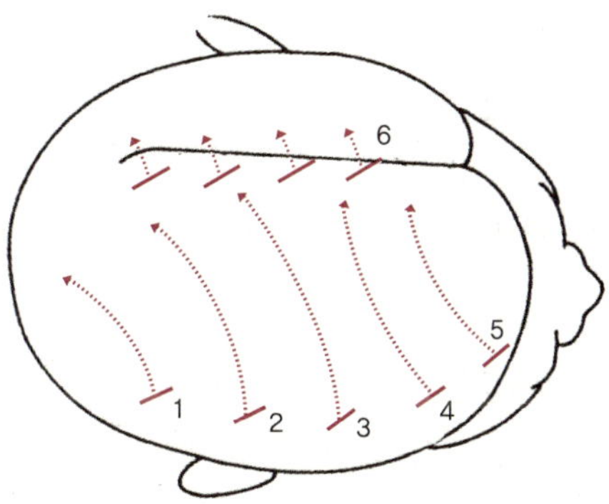

마무리 깎기 (미디엄 커트 1 · 2를 참조)

◈ 마무리 깎기 준비

① 브러싱 – 정리 ② 커팅 파우더 도포 ③ 중간 체크

1. 후두부 (몸 위치 – 후방 0°)

1) 지그재그 마무리 깎기
웨이트 라인부터 두부 중심을 향해 집중 이동

2) 몸 돌려 깎기 1회 이동 1자세
웨이트 라인을 오른쪽부터 중심을 지나 왼쪽까지

3) 빗 돌리기

4) 체크 커트

2. 우측 옆머리 (몸 위치 – 우측 후방 45°~우측 측방 90°)

1) 지그재그 마무리 깎기
뒤에서 앞으로 향해 원운동

2) 체크 커트

3. 좌측 옆머리 (몸 위치 – 좌측 후방 45°~좌측 측방 90°)

1) 지그재그 마무리 깎기
뒤에서 앞으로 향해 원운동

2) 체크 커트

08 뉴 포멀 헤어 커트(New Farmal Hair Cut)

뉴 포멀 헤어는 옛날 포멀 롱 헤어와 초(超) 롱으로 대표되는 현대적인 패션 헤어와의 중간이라고 할 수있는 스타일이다.

스타일의 특징은

① 두발 가장자리를 짧게 하기 때문에 헤어라인에 의한 변화가 많지 않다.
② 따라서 싱글링에 의한 명암은 그렇게 많지 않으나 후두 하부의 숱 조절에 의해 모발과 피부의 명암 차이가 나타나는 경우도 있다.
③ 헤어라인의 모발길이는 거의 끝까지 자르는 경우가 많아 길어도 헤어라인이 1cm 이하이다.

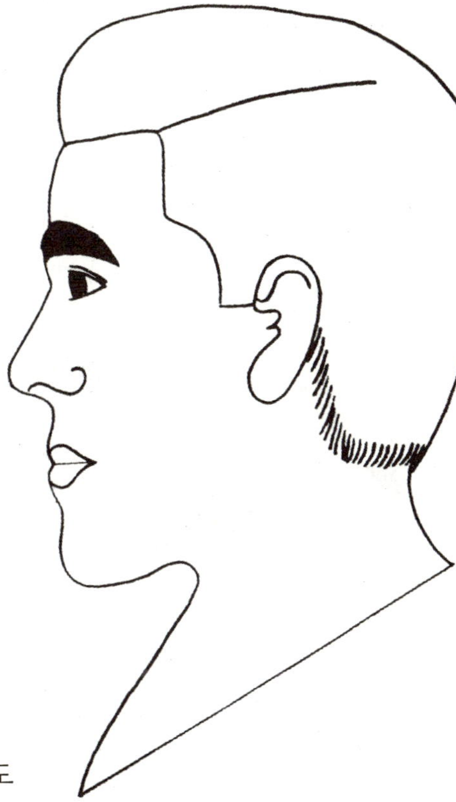

그래서 이 커팅은 모발 끝이 브런트 커트에 의해 일직선을 정리하는 것이 아니고 지그재그 커트에 의해 적당히 모발 끝의 흐름을 만들듯이 잘라준다. 이것은 포멀 헤어에서 돌려 자르기에 의해 모발이 겹쳐지는 방식으로 자르는 것에 대해 레이저 커트 등과 같은 방식으로 조형을 만드는 것에 의해 모발 표면의 양감, 질감, 표정을 풍부하게 표현하기 쉽고 특히 소프트한 자연미를 나타내는 장점이 있다.

그래서 이 지그재그 커트기법에 의한 커트를 내추럴 커트라고 한다.

단, 남녀 어린이의 커트나 일반적인 여성 커트에도 응용 범위를 넓힐 수 있다.

I. 커트 순서

뉴 포멀 헤어 커팅의 전체적인 기술 순서는 다음과 같다. 단, 여기에는 모류가 오른쪽으로 돌아가는 왼쪽 가르마의 경우를 예를 든다.

① 왼쪽 귀 윗부분 ② 왼쪽 귀 뒤 윗부분 ③ 왼쪽 구레나룻 가장자리
④ 좌측 두부 ⑤ 가리마 좌측 ⑥ 왼쪽 가장자리
⑦ 오른쪽 귀 상부 ⑧ 오른쪽 귀 뒤 상부 ⑨ 오른쪽 구레나룻
⑩ 오른쪽 두부 ⑪ 오른쪽 가장자리 ⑫ 목덜미 부분
⑬ 후두 하부 ⑭ 후두부 ⑮ 목덜미 가장자리 정리 ⑯ 두정부

이상 원칙으로서 기초 자르기(=토대 자르기),마무리 자르기의 구별이 없이 각 부위마다 마무리해 간다. 사용하는 빗은 제1 굵은 빗은 빗살 간격과 빗살 굵기가 넓기 때문에 지그재그 효과가 높지 않고, 제2 굵은 빗에는 빗살의 길이가 짧아서 여러 가지 모발을 빗살 뿌리에 모을 수 없다. 그래서 제2 굵은 빗의 빗살 폭과 빗살 굵기에 제1 굵은 빗살의 빗살 길이를 가진 빗이 적당하다. 이렇게 설계한 빗을 뉴 포멀, 내추럴 커트용 빗으로서 가칭 제1 굵은 빗의 2라고 부른다.

사용하는 가위는 스트레이트의 미니 가위를 사용하지만, 미니R 가위를 사용하면 모발 끝의 미묘한 변화를 줄 수 있고 영업적으로도 고객의 관심을 줄 수 있기 때문에 도움이 될 수도 있다.

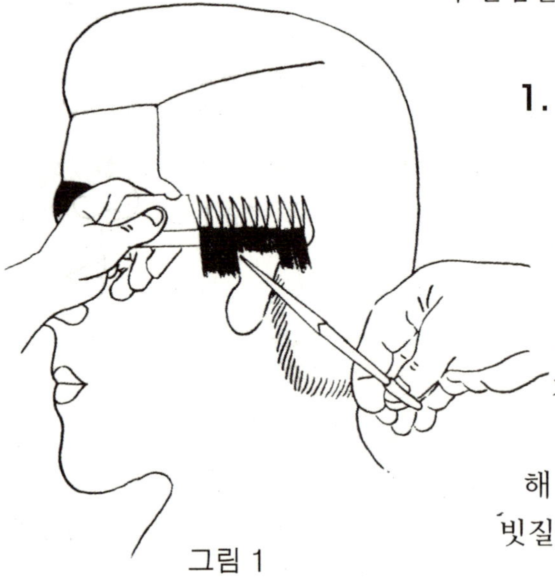

그림 1

1. 왼쪽 귀 윗부분 …… 1~2회 빗질(그림 1)

먼저 왼쪽귀 상부의 모발길이를 정한다. 귀 상부 가장자리에 빗을 대고 모발 가장자리부터 약간 띄운 곳에 빗을 수평으로 고정하고 가위를 빗에 대해 45°로 넣고 지그재그로 커트한다.

숱이 많은 경우는 빗을 다시 사용해 수정해 첫 번째 빗질보다 약간 위를, 즉 첫 번째 빗질의 각을 없앤다. 따라서 이 부분의 숱이

작은 경우와 거꾸로 이 부분에 두터움이 필요한 경우에는 두 번째 빗질을 하지 않는다.

이때의 길이는 전체 시술의 기준이 되기 때문에 충분히 주의하지 않으면 안 되지만, 특히 길이의 경우에는 고객의 취향에 따라 달라진다.

특히 이 부분에서 주의할 점은 빗을 댄 곳의 빗 위는 귀 앞부분과 귀 뒷부분의 모발이 튀어나오기 때문에 귀 윗 부분 이외의 모발은 자르면 안 된다.

2. 왼쪽 귀 뒤 윗부분

…… 1~2회 빗질(그림 2)

귀 뒤 상부에 빗을 45° 대고 귀 상부의 모발에 맞추어 가위를 빗에 대해 45° 로 지그재그 커트한다.

단, 두 번째 빗질에 관해서는 앞 페이지와 같은 방법으로 한다.

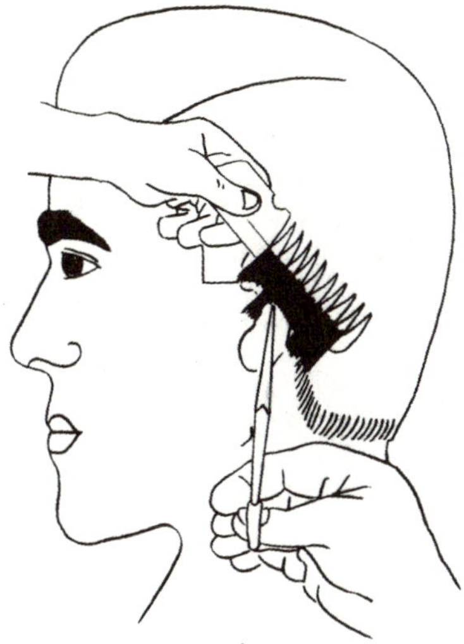

그림 2

3. 왼쪽 구레나룻 가장자리

…… 1~2회 빗질 (그림 3)

돌출부를 중심으로 귀 뒷부분을 머리에서 떨어뜨려 빗을 수직을 대고 귀 뒤 상부의 모발에 맞추어 가위를 빗에 대해 45° 로 지그재그로 커트한다.

단, 두 번째 빗질에 관해서는 앞 페이지와 같은 방법으로 한다.

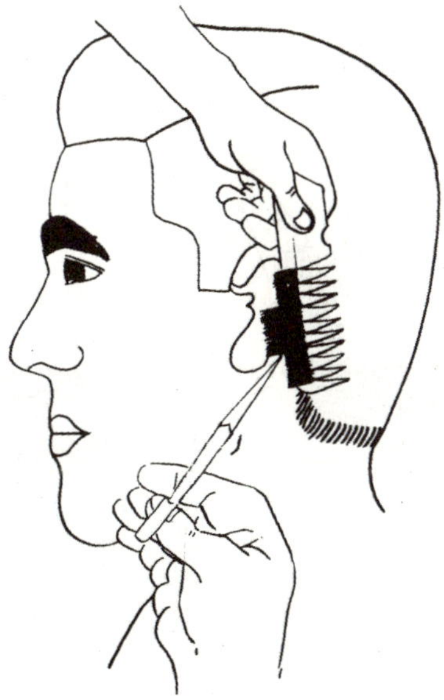

그림 3

4. 좌측 옆머리 5회 운행

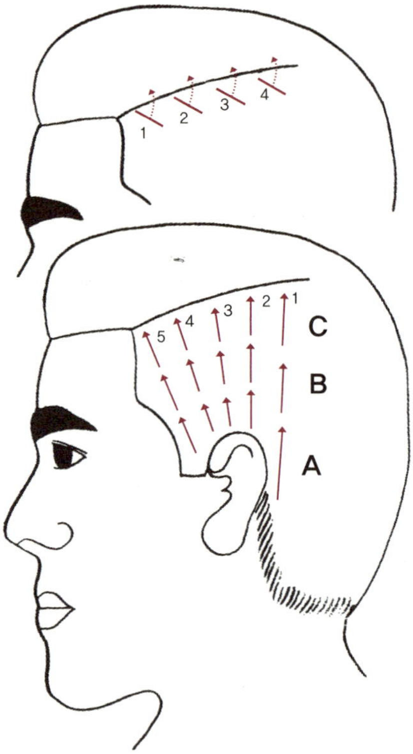

그림 4

옆머리는 세로 슬라이스로 연결 회전으로 지그재그 커트한다.

① 돌출 부위에서 그 위쪽으로
② 귀 뒤 상부에서 위로
③ 귀 상부에서 위로
④ 귀 위앞에서 위로
⑤ 귀 앞앞에서 위로

각 이동은 ABC의 회전 지그재그를 연결 자르기로 행한다.

①, ②, ③은 전에 자른 귀 뒤 상부, 귀 상부의 모발이 기준선이 되지만 ④, ⑤는 A의 단계에서 고객의 취향에 맞추어 길이와 두께를 정해 형태를 만든다. 이 경우 이 부분의 형태에 의해 비교적 포멀풍이나 패션풍으로도 된다.

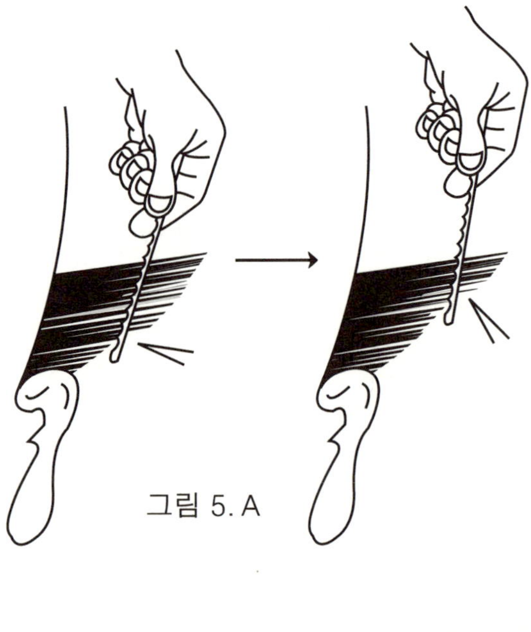

그림 5. A

※연결 깎기 회전 지그재그 커트
(그림 5,6,7)

A … 빗을 세로 슬라이스 하부의 피부 바짝 넣어 모발을 일으켜 세운다. 이때 귀 상부, 귀 뒤 상부에서 커트된 모발을 모발 상부에 맞추어 빗을 위쪽으로 회전시키면서 지그재그로 커트한다.

B … A의 커트가 끝나면 빗을 그대로 하고 가위를 B의 모발 슬라이스 뿌리부터 빗질하여 B 밑의 기준선에 맞추어 회전 지그재그 커트를 한다.

C … B의 커트가 끝난 후 A에 맞추어 B를 커트한 것처럼 B에 맞추어 C를 커트한다.

모발을 뿌리 부분부터 빗질하기 때문에 곱슬머리와 퍼머머리의 경우에 빗은 표면을 따라간다.

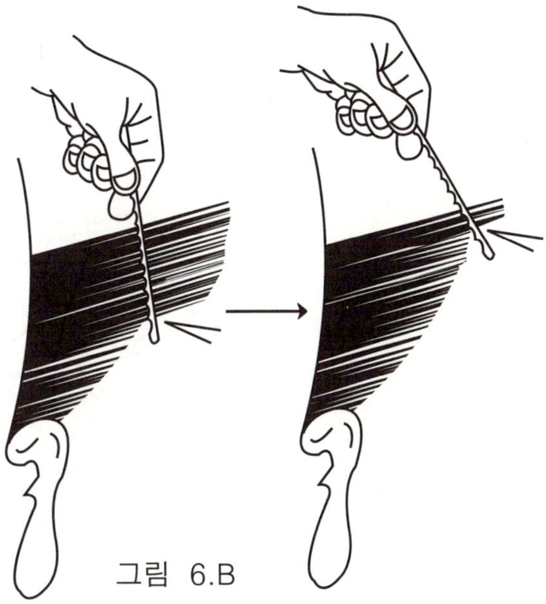

그림 6.B

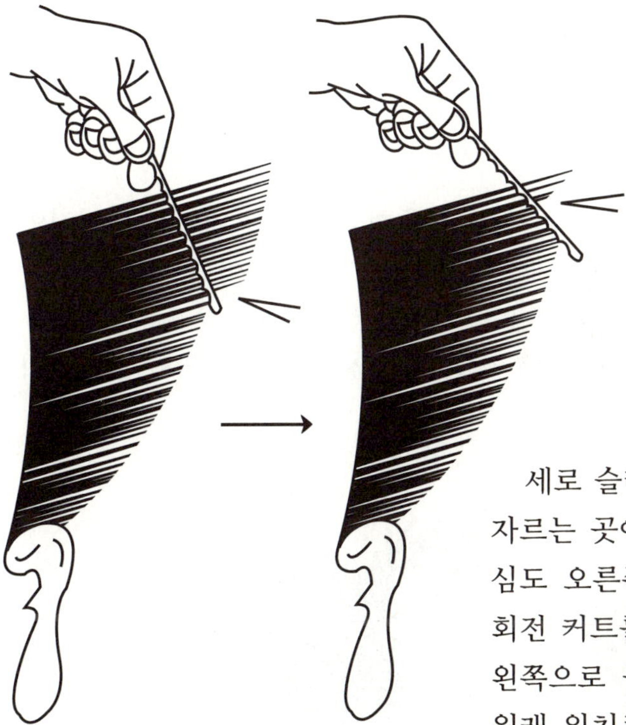

그림 7.C

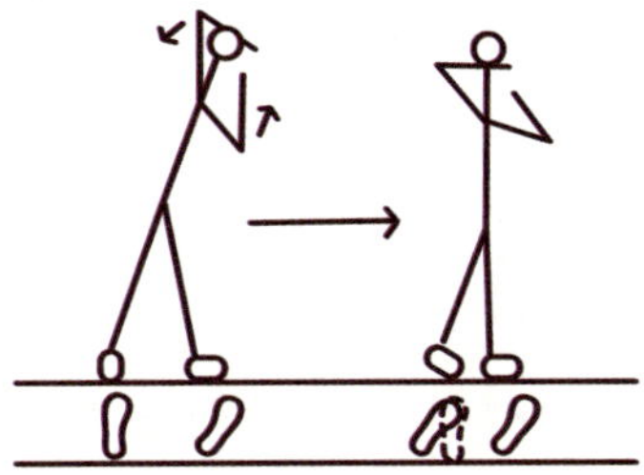

그림 8

세로 슬라이스의 내추럴 커트의 자세는 항상 자르는 곳에 마주해 오른쪽 발이 있어 몸의 중심도 오른쪽 발에 두고 왼쪽 발뒤꿈치를 들고 회전 커트를 시작하는 것과 동시에 발뒤꿈치를 왼쪽으로 돌리며 토우 턴시킨 왼쪽발뒤꿈치는 원래 위치로 돌아간다. 이 동작을 계속 되풀이하여 기술을 진행한다.

5. 가르마 좌측

가르마는 측두부 각 이동의 C와의 각을 회전 커트를 없앤다.
1번 동작에서 2번 동작으로 회전하면서 각을 연결시켜 준다.

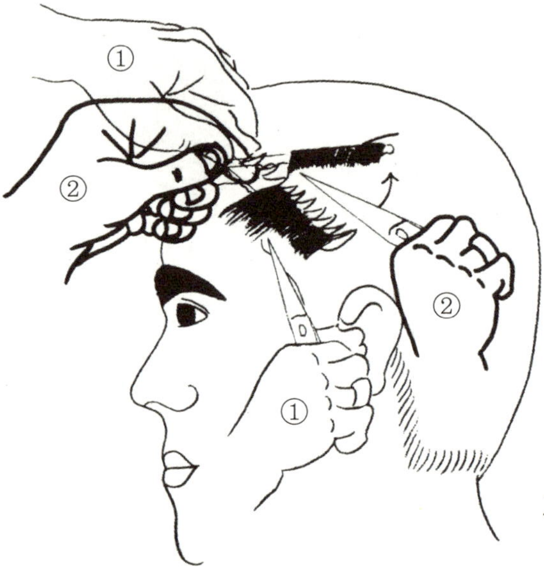

그림 9

6. 좌측 가장자리

뉴 포멀롱에 관해 가장자리는 헴라인(hem line)에 형을 만드는 비교적 포멀적인 경우와 약간 귀 위에 모발이 닿는 비교적 패션적인 경우가 있다. 어떤 경우도 절단면 끝에 직선적인 딱딱한 선을 만들지 않고 지그재그로 마무리한다.

특히 포멀 분위기라 하여도 귀 후부는 피부가 보이지 않도록 형태를 만드는 것이 중요하다.

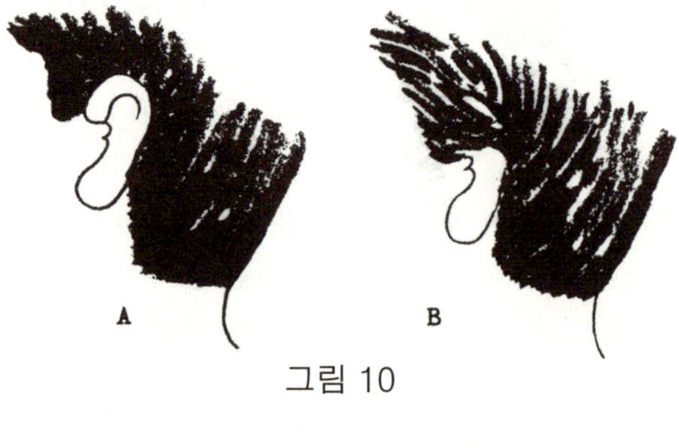

그림 10

① 구레나룻 처리

② 구레나룻 및 목덜미 가장자리 처리
가위의 끝을 이용해 넥 라인을 내추럴하게 정리한다. 특히 포멀 분위기로 하는 경우는 빗을 각 넥 라인에 평행으로 대고 귀 앞에서 돌출부 밑까지 지그재그 커트하면 좋다.

③ 가위만 사용
가위 시술 방법은 모발 가장자리 위에서 가장자리 코너까지 가위를 수직으로 잡고 밑으로 내려가면서 가위 끝을 사용해 커트한다.

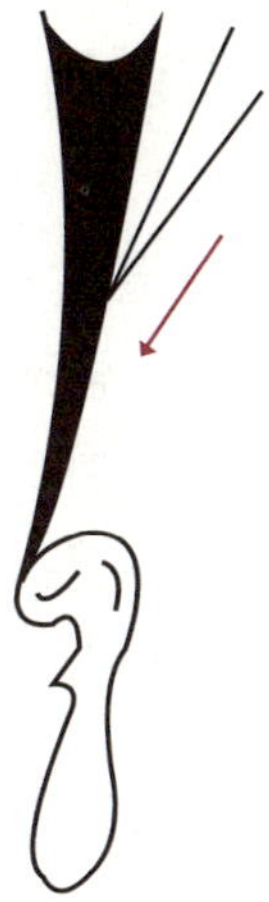

그림 11

7. 오른쪽 귀 윗부분

8. 오른쪽 귀 뒤 윗부분

9. 오른쪽 구레나룻 가장자리

10. 오른쪽 옆머리

11. 오른쪽 가장자리

우측 커트는 가르마 부분을 제외하고 전부 좌측과 같다

단, 오른쪽 구레나룻 가장자리의 빗을 잡는 법이 좌측과 다르고 아이롱 빗을 잡는 요령으로 시술한다.

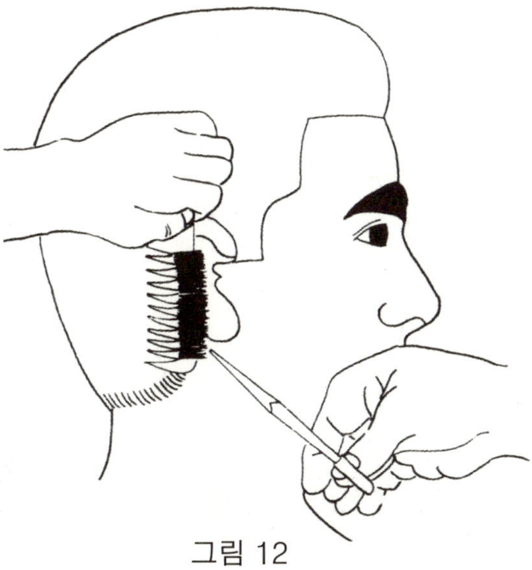

그림 12

12. 목덜미 부분 …… 3회 운행 (그림 13)

① 목덜미 중앙 … 1~2회 빗질

목덜미 중앙에 빗을 수평으로 대고 빗 등을 피부에 붙이며, 빗살을 세우고 가위는 빗의 뒷면에 대고, 모발을 빗의 뿌리에 대고 빗에 대해 45° 각도로 지그재그 커트한다. 빗을 다시 움직여 그 위를 커트한다. ②, ③는 중앙에 맞추어 좌우를 같은 요령으로 커트한다. 원칙으로서 이때는 3회 이동 전부 수평 커트한다.

[그림 13]

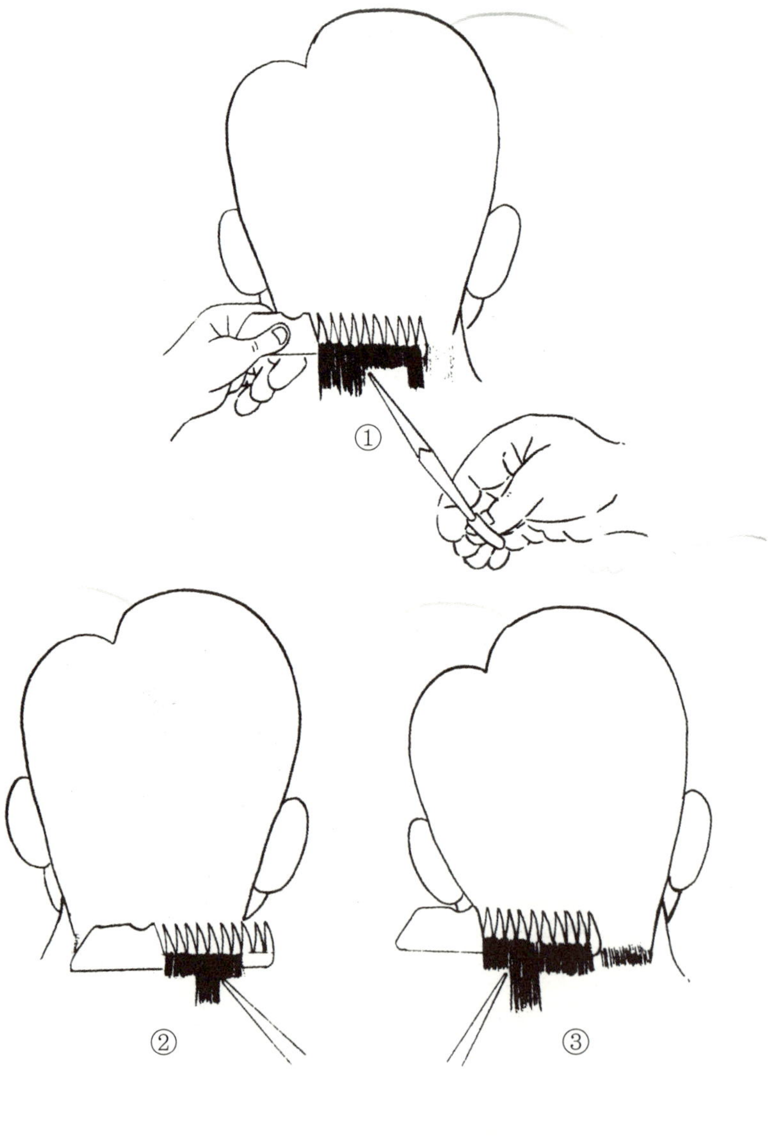

13. 후두 하부

수평으로 커트되어진 모발의 각을 빗의 앞을 절단 각도 45°로 피부에 대고 빗등을 일으켜 세우면서 가위를 위에서부터 지그재그로 커트한다.

이 경우 빗의 올림 각도는 두껍게 원할 때는 많이 세우고 옅게 할 때는 약간만 세워 왼쪽에서 오른쪽으로 사선 슬라이스로 행한다.

이 각을 없애는 것은 목덜미 주변에 R을 만들기 위해서이다.

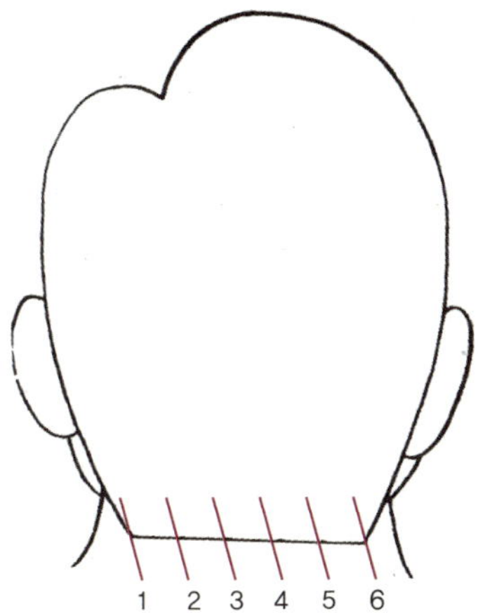

그림 14

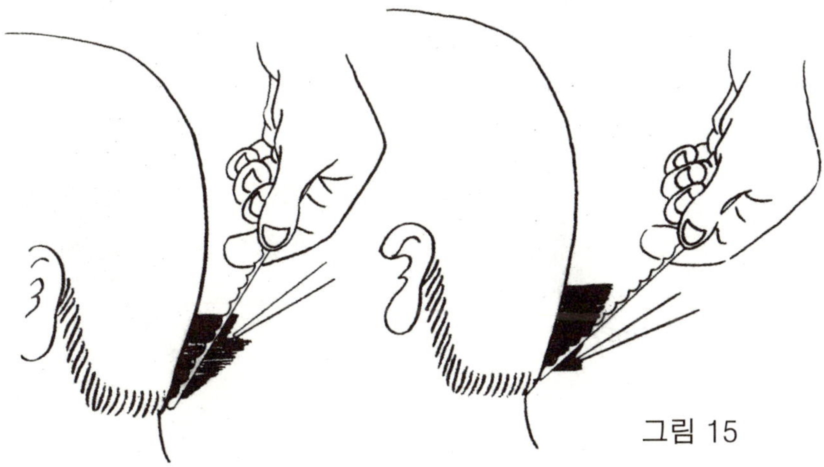

그림 15

14. 후두부 (하단, 중단, 상단) 5회 이동

우측 돌출부 밑에서 세로 슬라이스로 위로 하단, 중단, 상단을 회전 지그재그 커트해 순차적으로 왼쪽으로 이동해 좌측 돌출부 밑까지 이동한다.

어떤 경우라도 후두 하부의 각을 없애 커트되어진 모발을 기준선으로 위까지 연결시켜 준다.

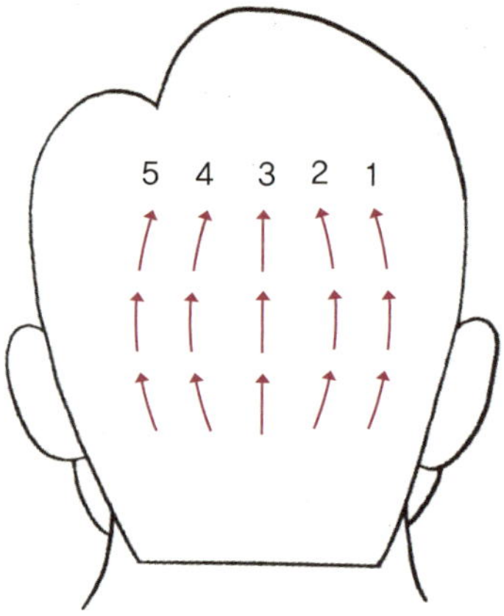

그림 16

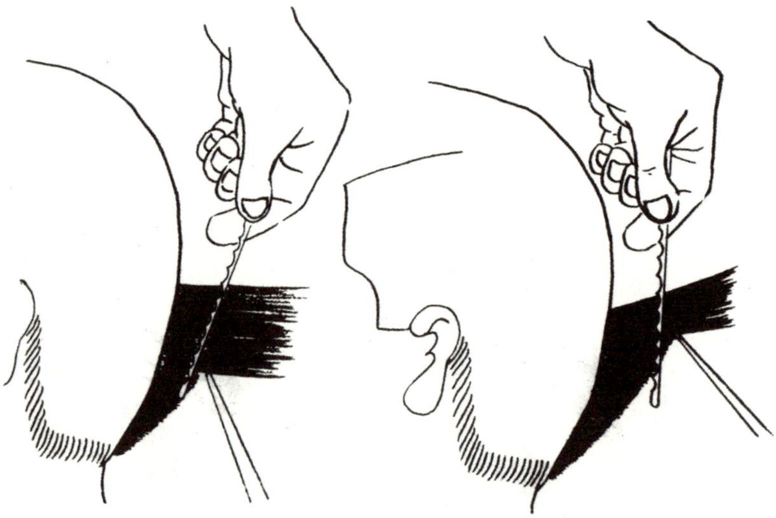

그림 17

15. 목덜미 가장자리 정리 (그림 19)

① 목덜미 아웃라인을 가위 끝을 사용해 세로로 송곳형 자르기 요령으로 내추럴한 형을 만든다.

② 체크 커트
가위를 수직으로 세우고 목덜미부분을 위에서 밑으로 가위 끝을 모발 표면에 새기듯이 행한다.

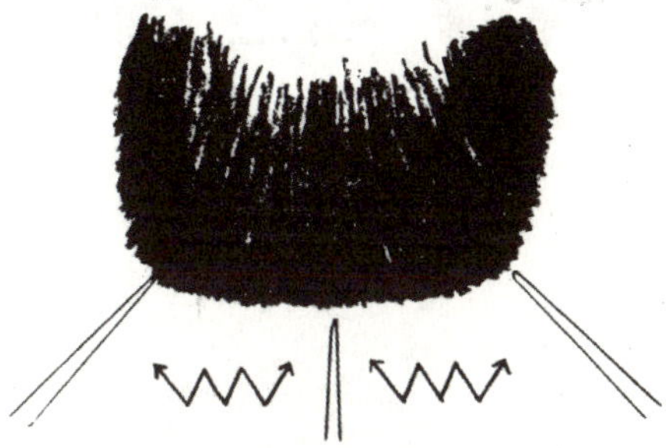

[그림 18]

16. 두정부 (그림 19)

두정부는 손가락을 이용하여 자르기를 행하지만 순서, 자세는 포멀롱과 같다.

커트할 때는 브런트 커트하지 않고 지그재그 커트한다.

또 손가락 사이에 잡힌 모발을 수직으로 올리면서 몸 앞쪽으로 텐션을 주면서 지그재그 커트를 하면 메시(mesh) 감각의 표현을 쉽게 할 수 있다.

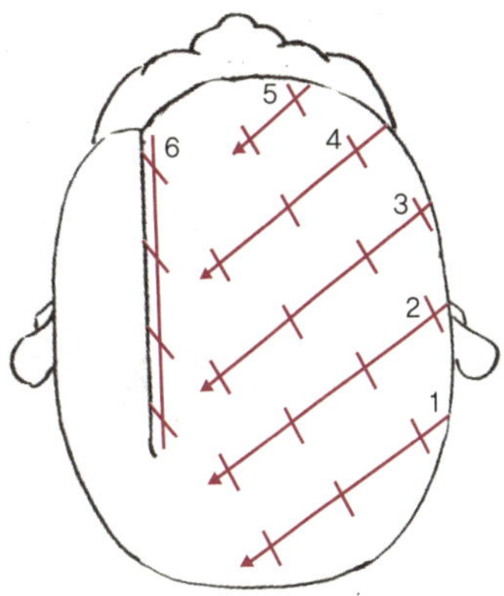

[그림 19]

박스형으로 마무리하기 위해서는 두정 정중선을 자르고 그 좌우 및 가르마 선에 맞추어 커트하면서 측면 상단부의 각을 마지막으로 커트한다.

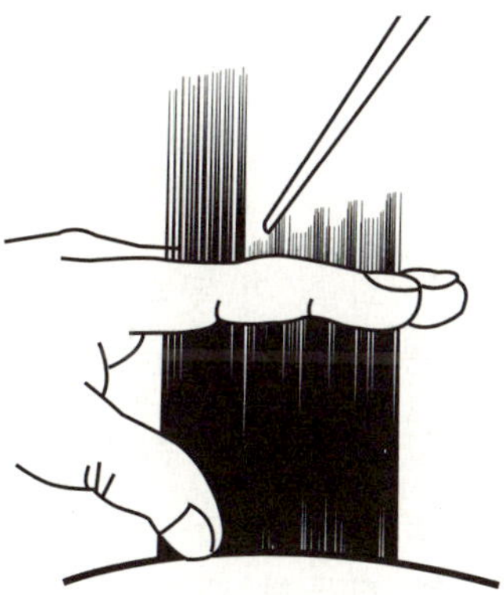

그림 20

그림 21

09 패션 헤어 커트(Fashion Hair Cut)

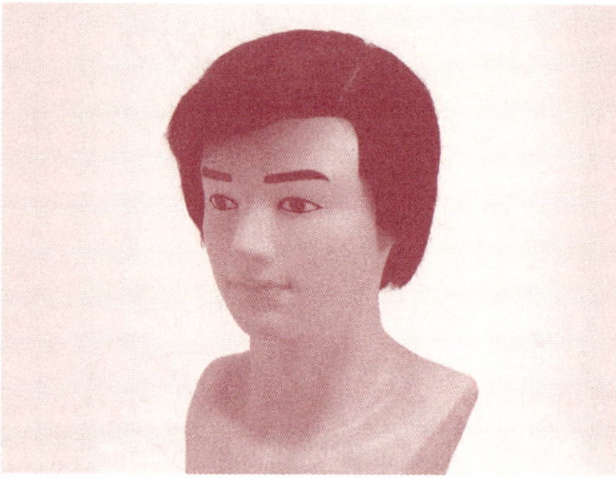

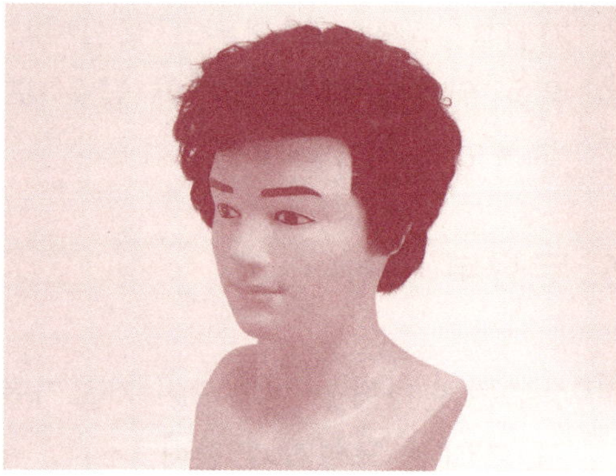

◈ 구역 나누기(blocking)

◈ 커팅 순서

① 후두 하부	② 좌측 옆머리 하부	③ 좌측 귀 뒷부분
④ 우측 하부	⑤ 우측 귀 뒷부분	⑥ 후두 중단부 좌측
⑦ 후두 중단부 우측	⑧ 후두 상단부 좌측	⑨ 후두 상단부 우측
⑩ 좌측 옆머리 상부	⑪ 우측 옆머리 상부	⑫ 가마 부분
⑬ 앞이마 부분	⑭ 두정부	⑮ 전두부 체크

◈ 구역 나누기(blocking)

디자인이 머릿속에 그려지면 그때마다 구역을 나누며 기술을 진행해도 좋다.

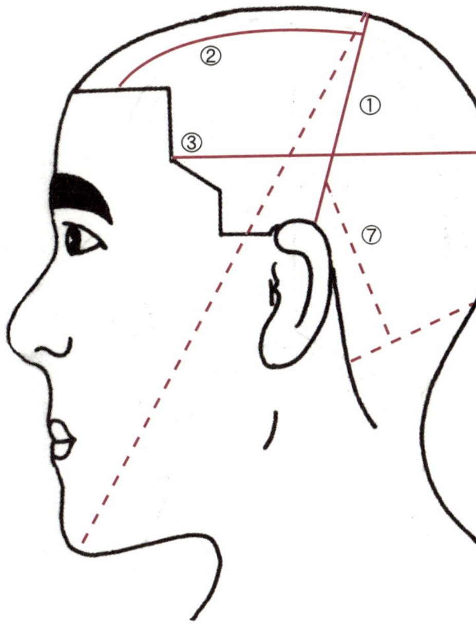

① 먼저 전체적인 디자인에 따라 모발의 흐름을 만들고 측면에서의 헤어스타일 중심에 구역선을 그린다. 이 구역선은 일반적으로 이어 투 이어 라인(ear to ear line)이라고 부르고 좌우 귀 위와 골든 포인트(golden point)를 연결한 선을 말한다.

② 두정부 중심선에 선을 긋고 다음에 두정부의 디자인에 따라 U자형 파트로 나눈다. 가리마가 필요없는 올백 스타일의 경우는 좌우 중심으로 두정부를 나눈다.

③ 좌우측 두부는 눈 선 위에서 3cm(구레나룻 돌출부)에 수평으로 그린다. 단, 눈 선 위 3cm의 수평 라인은 무엇보다도 기본적으로 모발의 양에 따라 많이 또는 적게 잡을까를 결정한다.

④ 후두부 정중선에 라인을 긋는다.

⑤ 가마와 후두 돌출부의 중간에 수평 라인을 그린다.

⑥ 귀 뒷부분의 숱을 잘 관찰해 농담이 균일하도록 일정량으로 나눈다. 기본적으로 후두 돌출부와 좌우 돌출부를 연결하면 모양이 된다.

⑦ 점선으로 표시한 선은 잘라가는 도중에 나누는 선으로 기본 구역 나누기 선은 아니다.

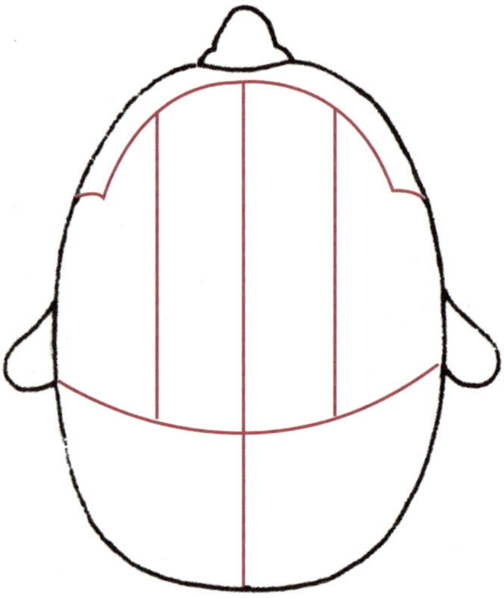

두정부(그림 2)

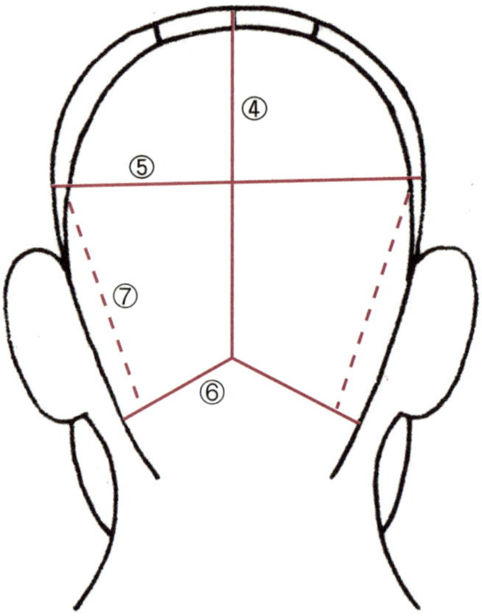

후두부(그림 3)

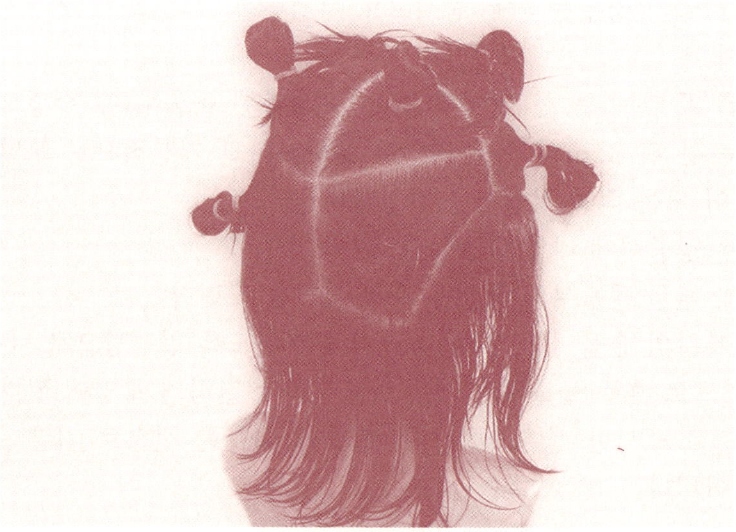

구역 나누기를 한 모습(그림 4)

◈ 시술 순서도

1. 목덜미 부분

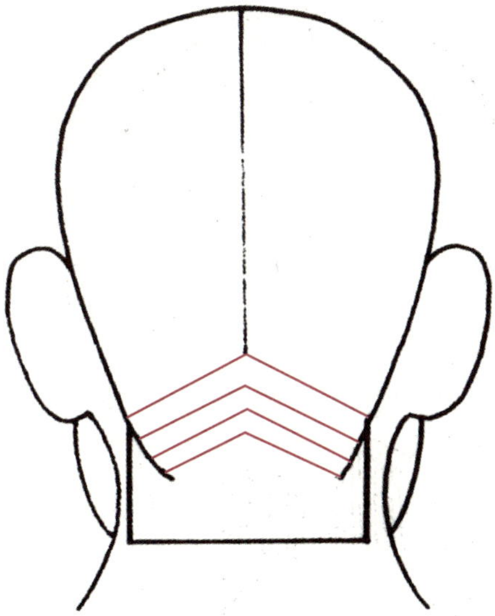

커트 부분-슬라이스 라인(그림 5)

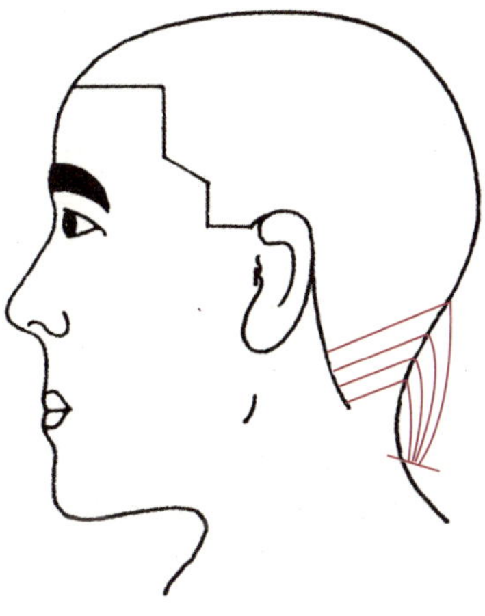

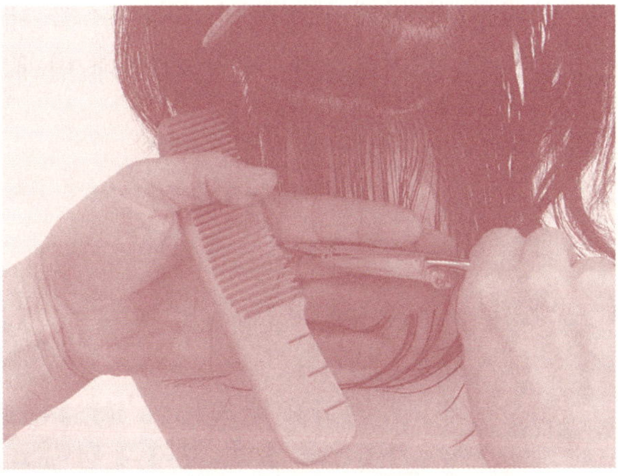

원 렝그스 상태(그림 6)

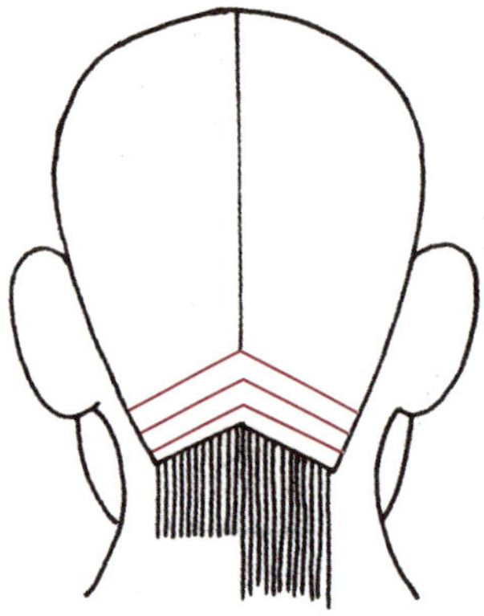

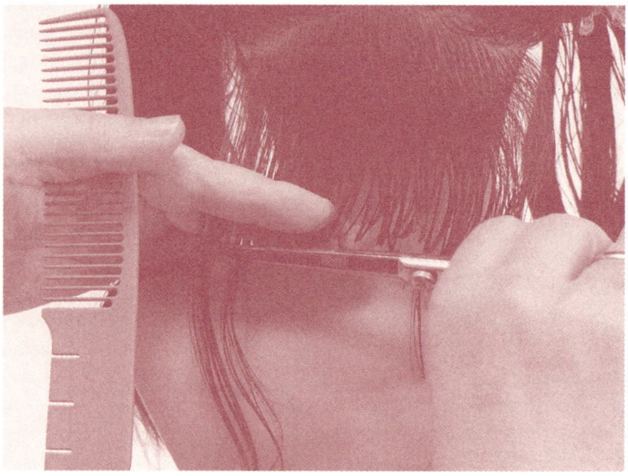

첫 번째 슬라이스를 해 절반 커트한 상태(그림 7)

후두 하부는 원 렝그스 커트한다.

후두 돌출부(목덜미 부분 위)까지 3~4회의 원 랭그스 커트,

기본선을 결정하고 첫 번째 커트 때의 슬라이스는 가능한 적게 슬라이스해 목덜미에 바짝 붙여 마무리를 고려해 수평 라인으로 커트한다.

커트는 먼저 가운데를 자르고 좌측, 그리고 우측으로 진행한다.

두 번째는 첫 번째와 평행의 슬라이스를 내려 밑의 기준선에 머리카락을 맞추어 1mm 정도 길게 커트한다. 세 번째와 네 번째도 같은 요령으로 커트한다.

참고

※ 원 렝그스 커트(one length)는 전체에 층이 없는 길이로 자르는 기법으로 같은 길이라 하여도 하나하나의 길이가 다른 의미가 아니라, 같은 장소에서 잘라 같은(하나의) 길이로 맞추는 것을 말한다. 실무 현장에서는 흔히 '원랭스 커트'라고 부르며, 단발머리를 뜻한다.

2. 좌측 옆머리 하부

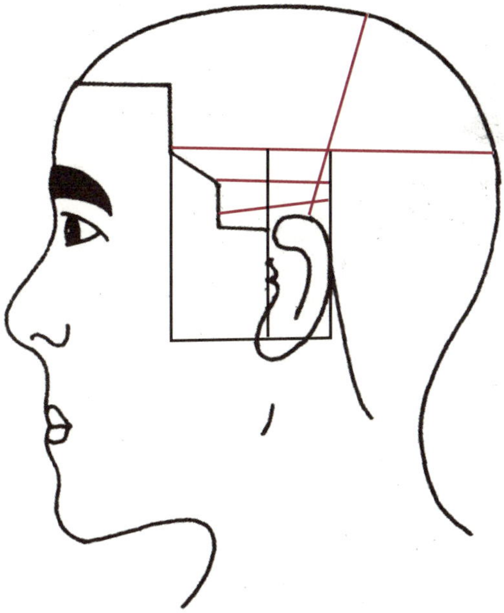

커트 부분 슬라이스 라인(그림 8)

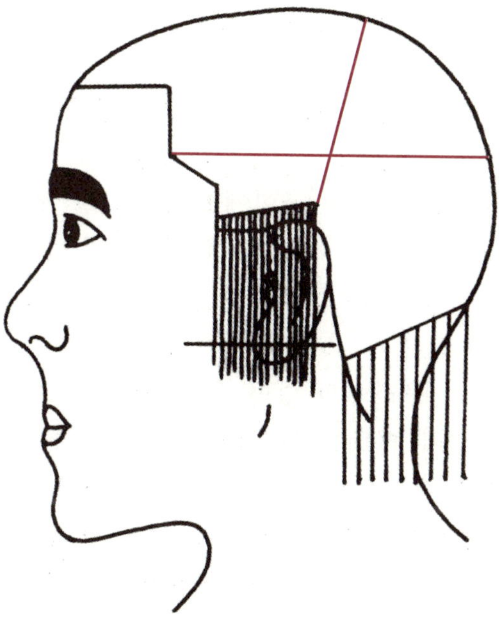

첫 번째 슬라이스한 상태(그림 9)

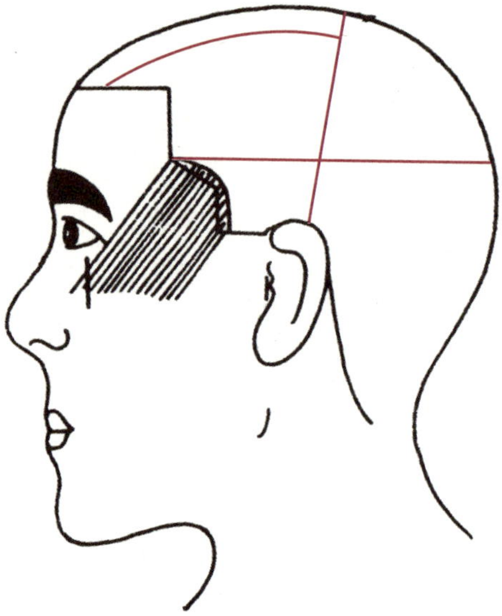

끝부분 처리(그림 10)

좌측 옆머리 하부의 구레나룻 부분은 원 렝그스 커트를 한다

눈 위의 3cm(숱에 따라 달라진다)까지 2~3회 원 렝그스 커트

기준 선정하는 첫 번째 커트 때의 슬라이스는 숱이 평균적으로 되도록 네이프 라인에 따라 가능한 적게 나누어 주는 것이 좋다.

이 부분은 귀의 두께가 있기 때문에 귀에 덮이는 부분과 귀 앞부분으로 나누어 커트해도 좋다.

먼저 귀 앞부분 길이와 후두 하부의 균형에 맞추어 수평으로 직선 커트한다. 귀 앞부분의 모발 다발을 커트하였으면 귀 위에 걸쳐지는 모발 다발을 커트한다.

이때 절대로 텐션을 주면 안 된다. 귀 위에 걸쳐져 있는 그대로 가볍게 빗질한 상태에서 수평으로 직선 커트한다.

두 번째와 세 번째 커트는 구역선과 수평 슬라이스 라인으로 내려 첫 번째 라인을 기준선으로 각각 1mm씩 길게 커트한다.

원 렝그스 커트 후 구레나룻 부분의 모발을 45° 전방으로 빗질하여 페이스 라인을 생각하며 끝부분만 수직으로 커트한다.(그림 10)

그리고 측두 하부의 모발을 밑으로 빗질하고 제일 밑부분은 앞에서 뒤로 45° 각도로 끝부분을 처리한다.

3. 좌측 귀 뒷부분

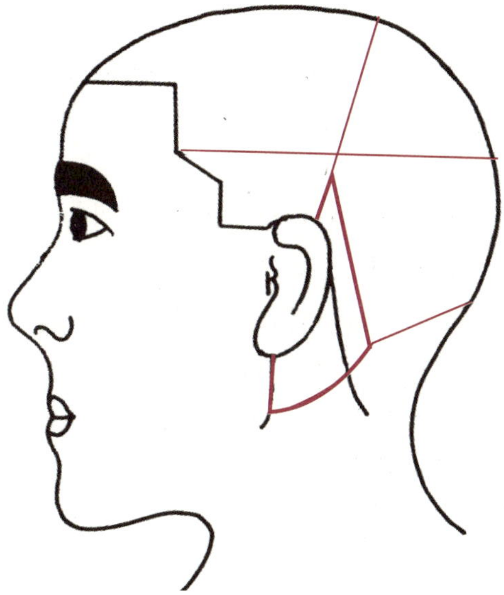

커트 부분 슬라이스 라인(그림 11)

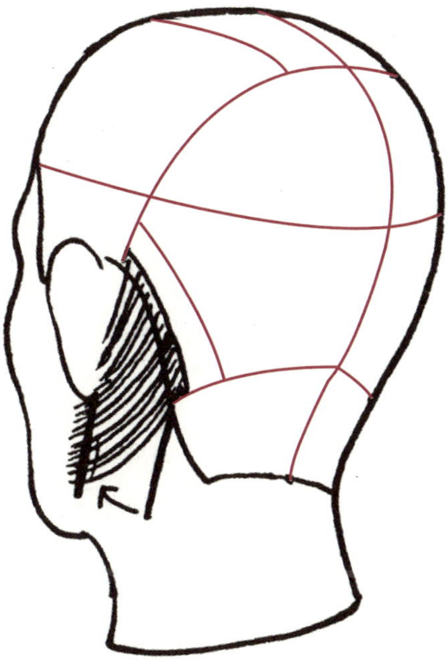

첫 번째 슬라이스 상태(그림 12)

좌측 귀 뒷부분은 원 렝그스 커트를 행한다

네이프 라인에 평행한 구역선을 넣는다(숱에 따라 다르지만 기본적으로 3cm). 그 사이를 1~2회 원 렝그스 커트

기준선을 정하는 첫 번째 커트 때의 슬라이스는 가능한 적게 잡고 모류에 방해되지 않게 귀 뒷부분에 바짝 붙여 목덜미 부분에서 커트된 모발을 기준으로 귀밑 부분을 직선으로 커트한다.(그림 12)

두 번째 커트는 첫 번째와 평행으로 슬라이스를 잡고 밑의 기준선의 모발에 맞추어 1mm 정도 길게 커트한다.

이 부분의 커트가 끝나면 모발의 흐름에 따라 자연스럽게 빗질해 본다.

이때 튀어나오는 모발이 있으면 커트한다.

이와 같이 귀 앞이 수평, 구레나룻이 수직, 귀 뒷부분을 수평으로 커트하는 것이 보다 남성적 헤어를 표현하는 것에 어울리는 헴 라인(hem line)이라고 할 수 있다.

4. 우측 옆머리 하부

(좌측옆머리 하부와 같음)

5. 우측 구레나룻 부분

(좌측 구레나룻 부분과 같음)

6. 후두 중단부 좌측

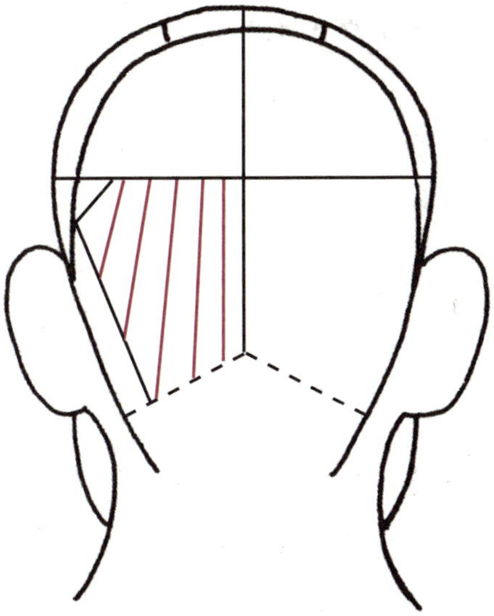

커트 부분 슬라이스 라인(그림 13)

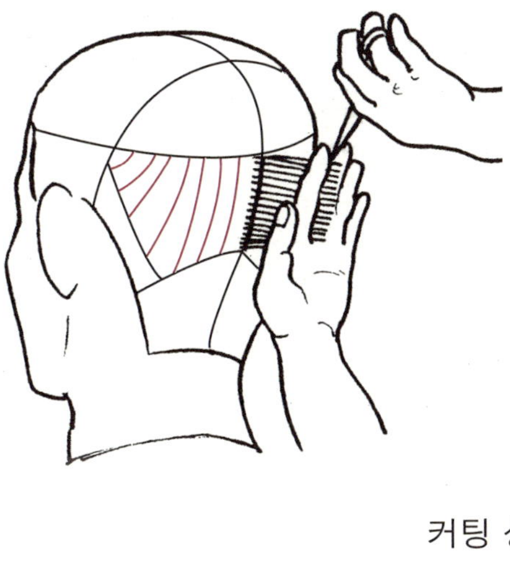

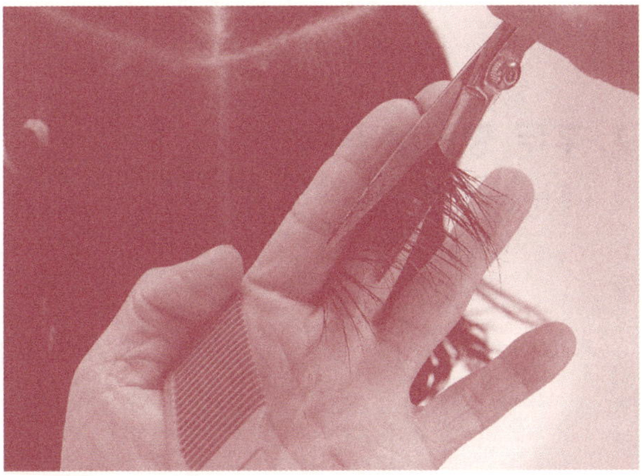

커팅 상태(그림 14)

후두 중단부 좌측은 손가락을 이용하여 자르기를 한다.

후두 정중선부터 이어 투 이어 라인까지 부채형으로 이동하며 커트한다.

이 부분은 원칙적으로 각 패널을 세로 슬라이스로 모발 다발을 수평으로 잡아내어 모발 다발에 직각으로 커트한다.

각 패널은 슬라이스 폭의 중심이 직선상이 되도록 잡아내고 슬라이 폭 2cm 각 패널 1cm로, 즉 전에 커트로 잘려진 슬라이스 폭이 절반의 모발이 다음에 자르는 모발 다발의 기준 모발이 되어 순차적으로 잘라간다.

※ 이 경우 손가락을 이용하여 자르기는 종래의 포멀 헤어 커트 방법으로 시술하며 손등 쪽이 두피 쪽으로 향하게 하고 손가락 안쪽면의 모발을 자른다.(그림 14)

이것은 손가락 관절을 축으로 하는 움직임으로 모발을 똑바로(특히 수평으로 하는 경우 등) 당기는 것에도 또 두피의 상태에 관계없이 직선으로 커트하는데 쉽다.

쇼트 가위를 사용해 손가락 위의 모발을 자를 때에 손가락 등 쪽보다도 가위의 움직임이 자연스러우며 손가락에 상처가 잘 안나는 점 등의 이유도 있지만, 더욱 큰 이유는 패션 헤어의 커팅 연출법도 고려하는 것이 좋기 때문에 이 손가락을 이용한 자르기를 행한다.

단, 우측은 때에 따라 팔꿈치를 위로 올려 모발을 위에서부터 자르는 경우가 있다.

7. 후두 중단부 우측

(후두 중단부 좌측과 같음)

8. 후두 상단부 좌측

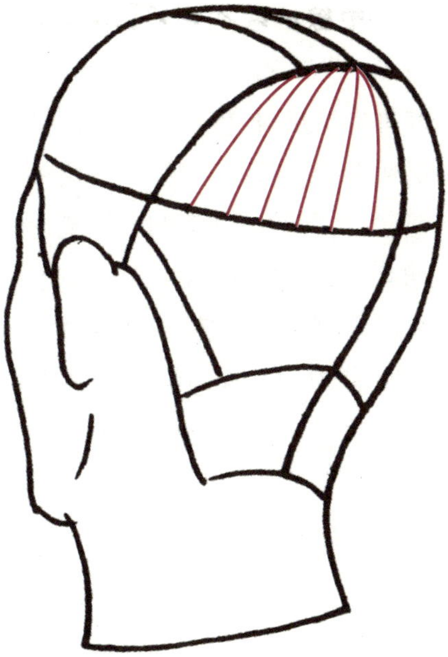

커트 부분 슬라이스 라인(그림 15)

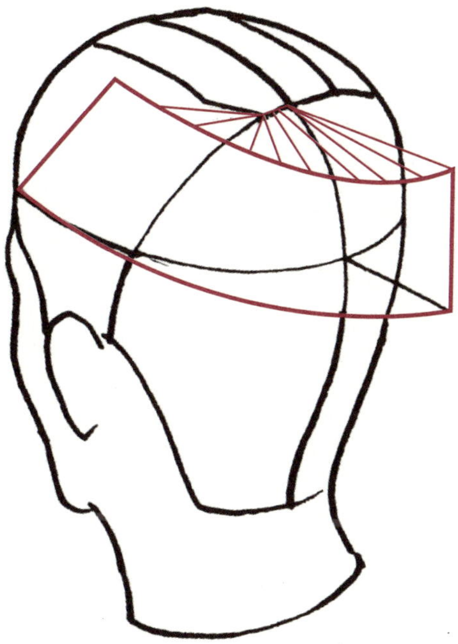

커트 결과 모형도(그림 16)

후두 상단부 좌측은 손가락 이용 자르기로 행한다.

후두 정중선부터 이어 투 이어 라인 까지를 부채살 모양으로 이동하며 커트한다.

이 부분도 중단부의 커트 때와 마찬가지로 원칙적으로 각 패널은 세로 슬라이스로 모발 다발을 수평으로 잡고 잡혀진 다발을 직각으로 커트한다.

특히 이 부분은 중간 부분보다 두부가 구형이기 때문에 잡은 모발 다발의 각도는 후두 정중선에는 수평이지만, 측두부로 이동함에 따라 서서히 각도를 주면서 잡은 측두 상부와의 구역선과 평행인 곳에서는 패널 폭의 중심부가 직선상이 되도록 잡아준다. 각 패널은 슬라이스 폭의 중심이 직선 단면이 되도록 잡아 슬라이스 폭 2cm, 이동 폭 1cm로, 즉 앞에 자른 슬라이스 폭의 절반 모발이 다음에 커트되는 모발의 기준선이 되도록 순차적으로 커트해 간다.

9. 후두 상단부 우측

(후두 상단부 좌측과 같음)

10. 좌측 옆머리 상부

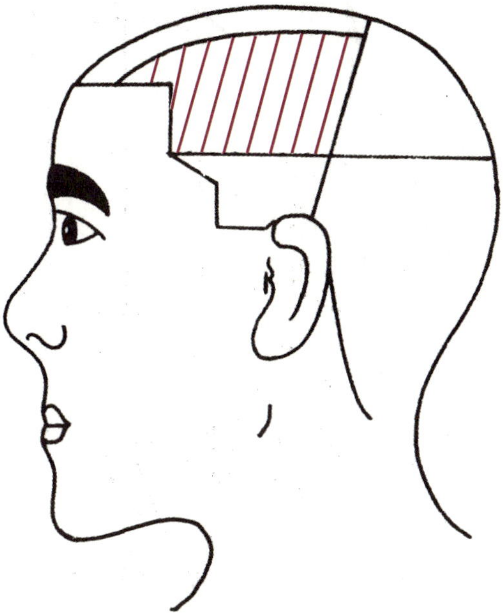

커트 부분 슬라이스 라인(그림 17)

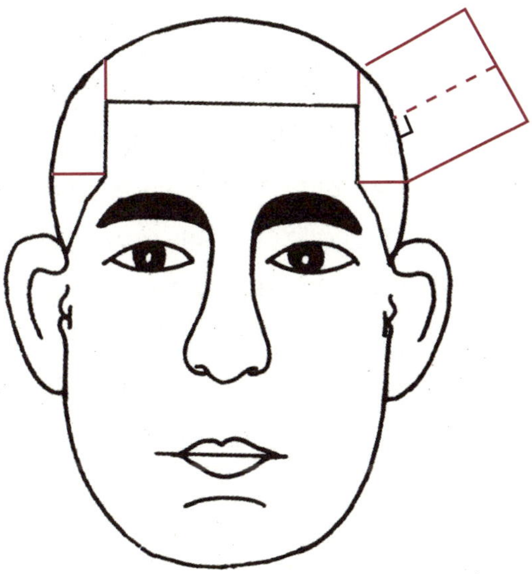

모발을 잡은 각도의 정면도(그림 18)

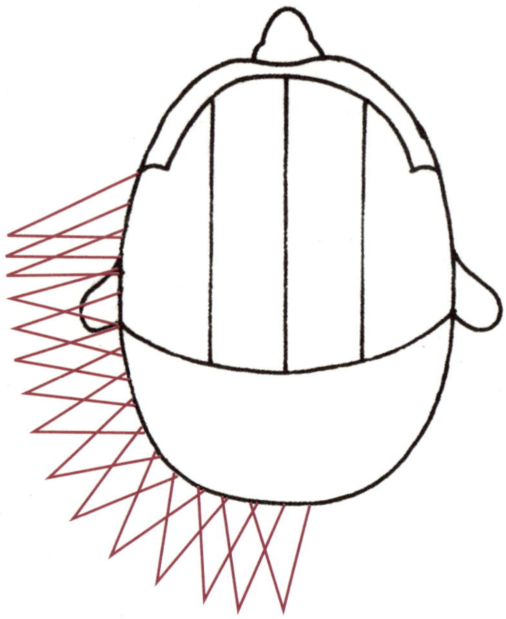

모발을 잡은 각도 두정부(그림 19)

좌측 옆머리 상부는 손가락 이용 자르기를 행한다.

이어 투 이어 라인부터 구레나룻 부분까지 이어 투 이어 라인과 평행의 슬라이스로 커트한다.

각 패널은 패널 폭의 중심부가 두피면의 직선상 위가 되도록 잡아 밑의 원 렝그스 커트된 모발, 상부는 후두 상단부부터 연결되어진 모발과 연결되도록 커트한다.

각 패널의 슬라이스 폭은 2cm, 이동 폭은 1cm로 측면 정중선까지 슬라이스 폭의 중심이 두피면에 대해 직각이 되도록 잡지만 측면 정중선의 앞은 형태가 없어지기 때문이며, 보통 이 부분에 숱을 필요로 하기 때문에 같은 방법으로 슬라이스 폭 중심이 두피면에 직선이 되도록 자르지 않고 모발 다발을 약간 뒤쪽으로 잡아당기듯이 커트한다. 그 결과 이 부분은 직선상의 모발은 되지 않지만 다른 부분보다 피부가 들어가 있는 관계로 모발이 약간 길게 된다.

11. 우측 옆머리 상부

(좌측 옆머리 상부와 같음)

12. 가마 부분

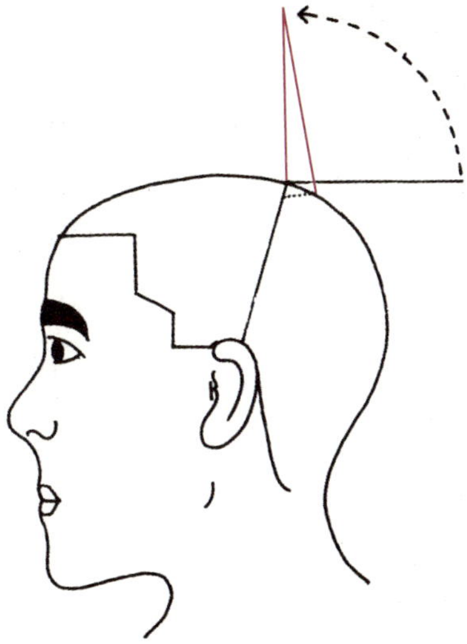

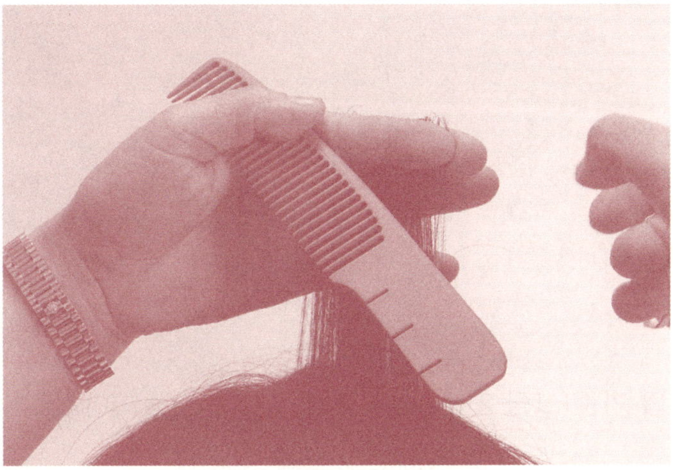

가마 부분 체크(그림 20)

가마 부분의 커트

가마(G·P)를 삼각형 베이스로 모발 다발을 잡고 후두 상단부에서 커트된 제일 위의 필요 없는 모발을 처리하면 두정부 커트의 기본이 된다.

이 부위의 커트는 어디까지나 필요 없는 모발의 처리가 목적이기 때문에 너무 자르지 않도록 주의하지 않으면 안 된다.

13. 앞이마 부분

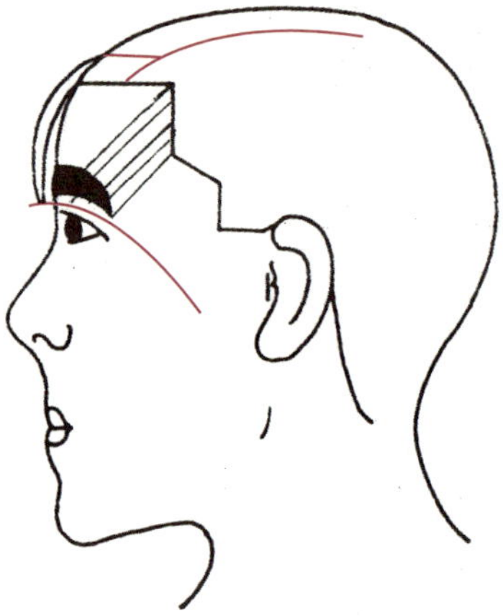

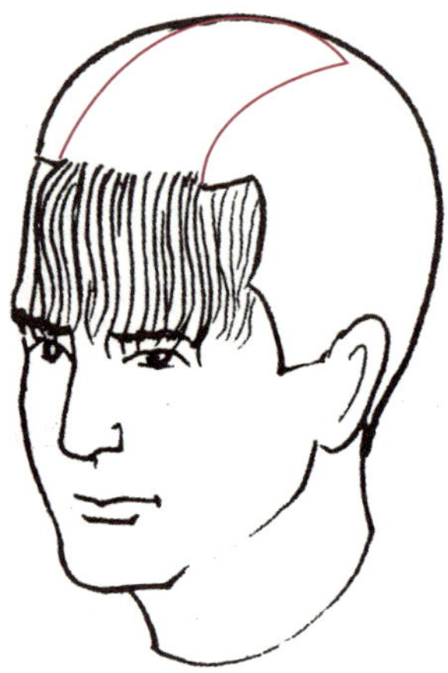

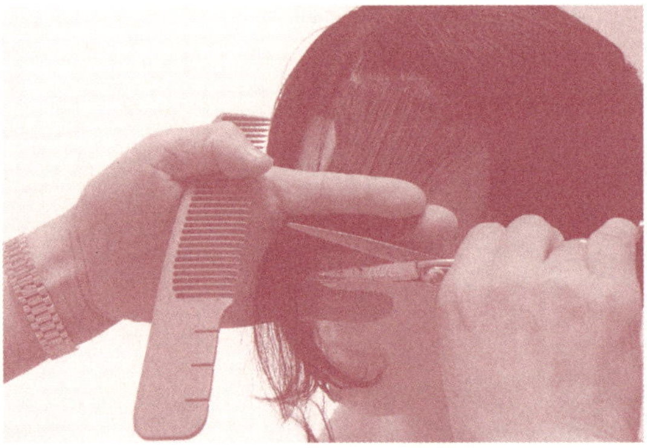

커트의 기준(그림 21)

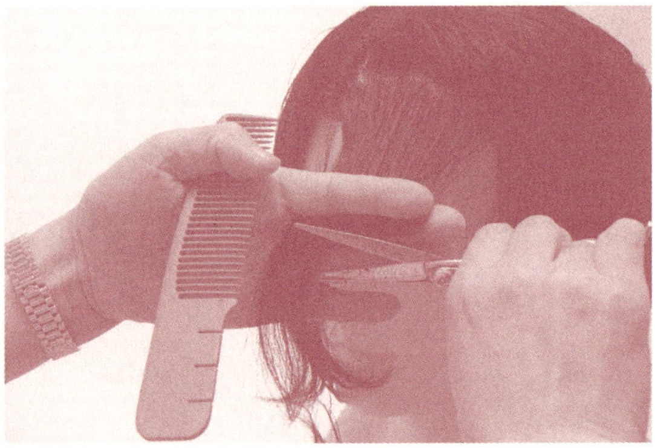

슬라이스(그림 22)

앞이마 부분 커트

앞머리에 따라 1cm의 구역선을 정하고 앞머리를 내린다.

좌우 앞머리의 모발을 45° 전방으로 빗질해 눈과 눈꼬리의 중간을 기준으로 자른다.

다음은 페이스 라인 중간부를 눈에 걸리지 않는 길이로 먼저 자른 후 좌우 앞머리와 연결해 페이스 라인을 만든다.

눈에 걸리지 않게 페이스 라인을 커트하는 것은 남성 헤어의 특징인 디자인에 따라 달라진다.

14. 두정부

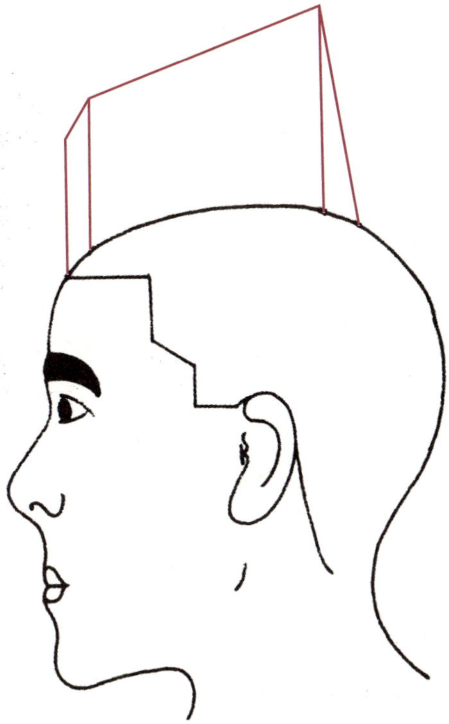

커트 기준(그림 23)

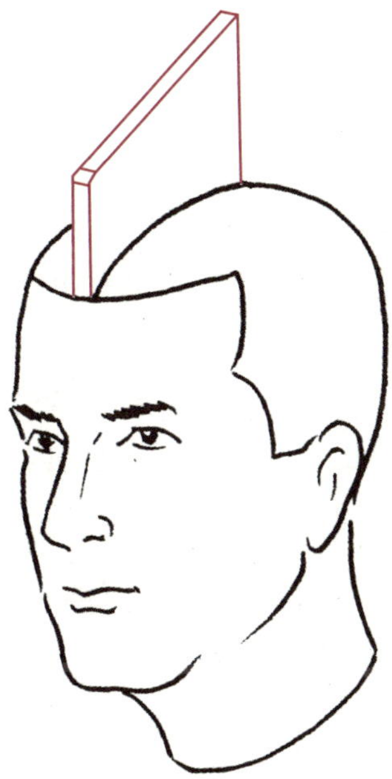

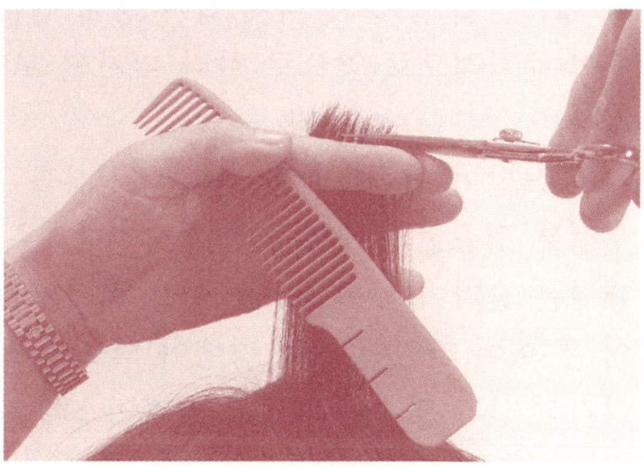

커트 결과 모형(그림 24)

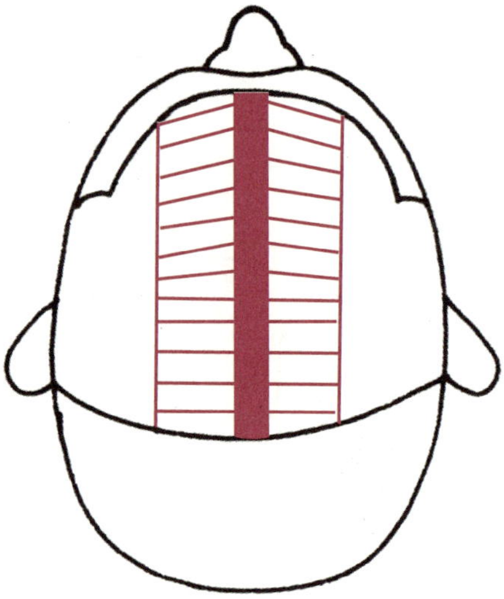

커트 부분 슬라이스 라인(그림 25)

두정부의 커트

① 두정 정중선상의 앞이마 가장자리부터 가마까지 1cm의 패널 폭을 잡아 두정부 커트의 기준 모발을 만든다. 이때 두정부 정중선상의 거리가 멀기 때문에 한 번에 자를 수 없다. 따라서 앞부분(이마 쪽에 자른 모발)과 뒷부분(G·P에서 체크한 모발)을 동시에 잡아 형태 선을 만들고 다시 가위의 진행 방향에 맞추어 순차적으로 앞으로 잘라 나가면 보다 직선적으로 더욱 정확히 연결되어진다.

② 기준 모발이 만들어지면 좌측 두정부를 뒤에서 앞으로 좌측 두정부의 모발과 두정부 정중선의 모발을 연결시킨다. 우측 두정부는 좌측 두정부와 같다. 각 패널은 슬라이스 폭 2cm, 이동 폭 1cm로 측면 정중선까지의 슬라이스는 이어 투 이어 라인에 대해 평행이 되도록 잡고, 측면 정중선보다 앞은 앞이마 가장자리 선과 평행이 되도록 슬라이스해 패널을 잡아 커트한다.

15. 전두부 체크

1) 시술자 좌측 후방 45°에서
2) 시술자 우측 후방 45°에서
3) 시술자 우측 전방 45°에서
4) 시술자 좌측 전방 45°에서

체크 커트

헤어 디자인에 따라 전체를 체크 커트한다.

체크 커트는 자르다 남은 모발만을 커트하는 것으로 헤어 디자인으로서 필요한 모발도 자르는 것은 아니다.

방법은 각 위치에 서서 45° 각도로 체크 커트한다.

10 스퀘어 커트(square cut)

기초 깎기

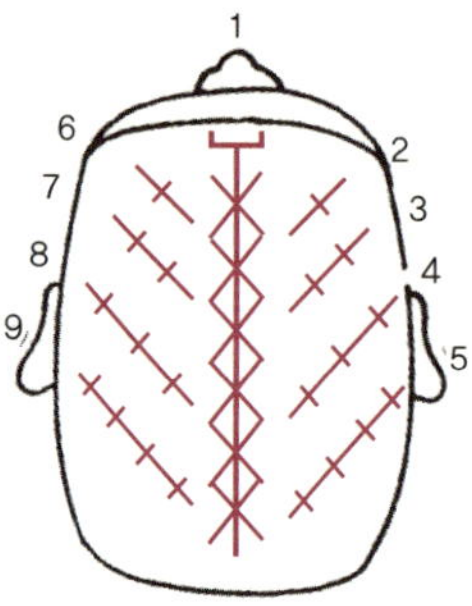

1

1. 두정부

손가락 이용 자르기-9회 이동
몸 위치-후방 0°
좌측 후방 45°
우측 후방 45°

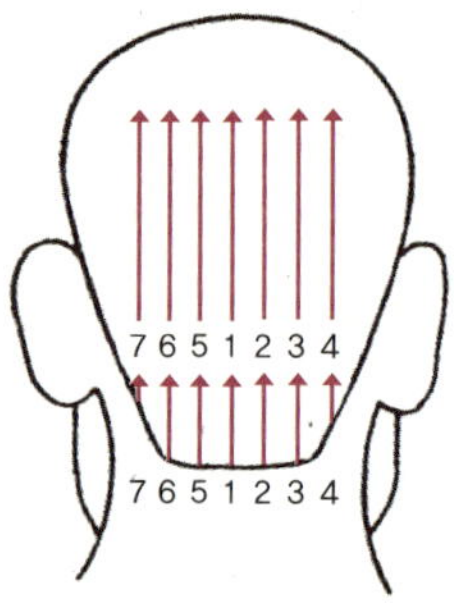

2

2. 후두 및 후두 하부

연속 자르기-7회 이동
몸 위치-후방 0°

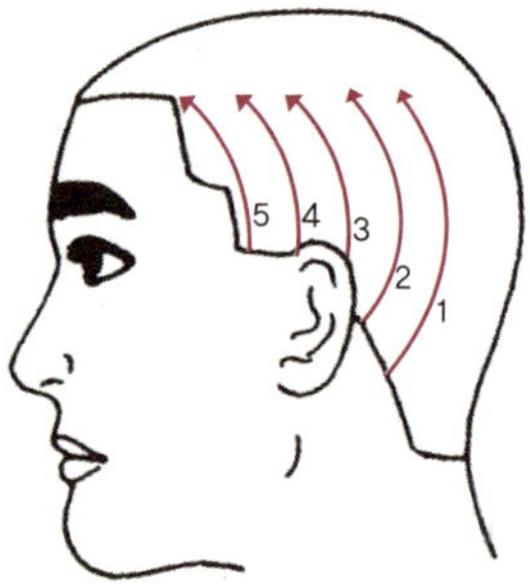

3

3. 좌측 옆머리

연속 자르기-5회 이동
몸 위치-좌측 후방 45°

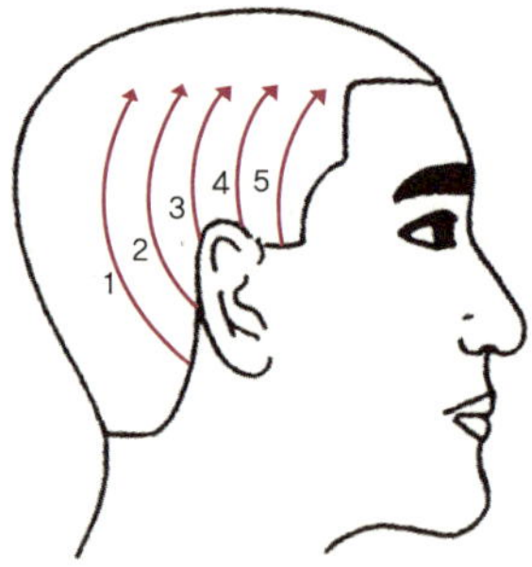

4

4. 우측 옆머리

연속 자르기-5회 이동
몸 위치-우측 후방 45°

스퀘어 커트

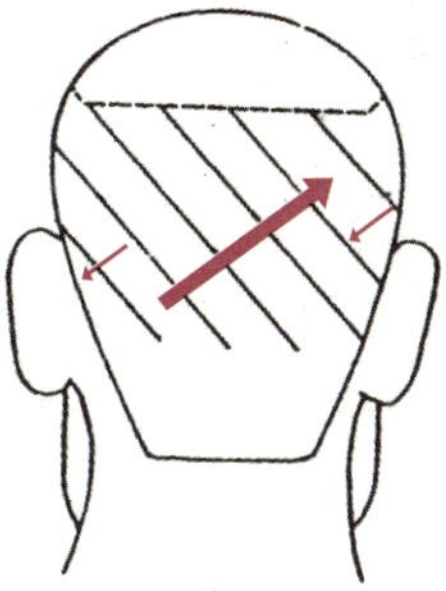

1

1. 후두부 Ⅰ

몸 위치–후방 0°
모발의 방향–우측 밑 45°
레이저 조작 방향–좌측 밑 45°
레이저 조작 방향–우측 위 45°

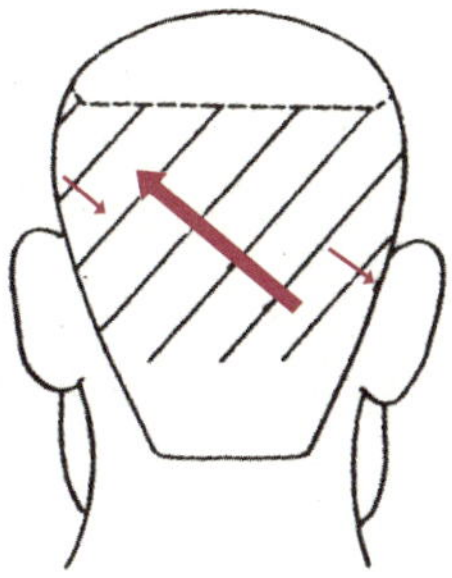

2

2. 후두부 Ⅱ

몸 위치–후방 0°
모발의 방향–좌측 밑 45°
레이저 조작 방향–우측 밑 45°
레이저 조작 방향–좌측 위 45°

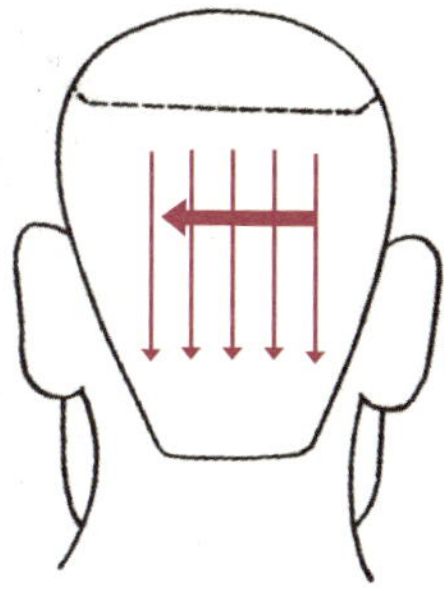

3

3. 후두부 Ⅲ

몸 위치–후방 0°
모발의 방향–밑 0°
레이저 조작 방향–밑 0°
레이저 조작 방향–왼쪽 90°

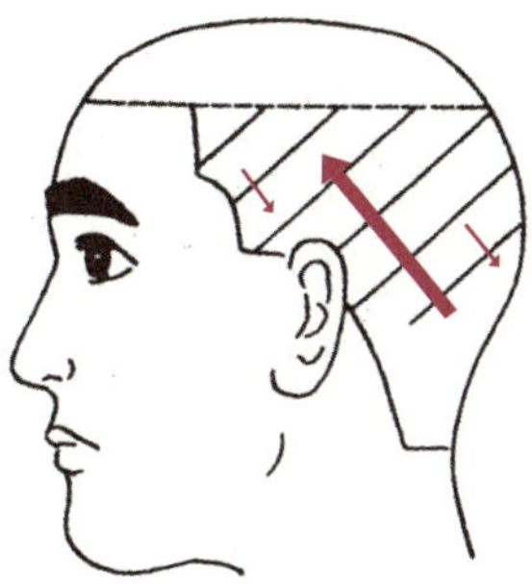

4

4. 좌측 옆머리 Ⅰ

몸 위치–좌측 후방 45°
모발의 방향–전방 밑 45°
레이저 조작 방향–후방 밑 45°
레이저 조작 방향–전방 위 45°

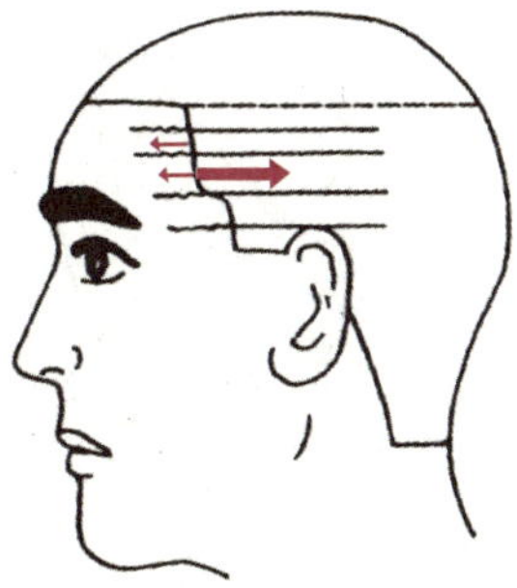

5

5. 좌측 옆머리 Ⅱ

몸 위치–좌측 전방 45°
모발의 방향–전방 90°
레이저 조작 방향–전방 90°
레이저 조작 방향–전방에서 후방으로

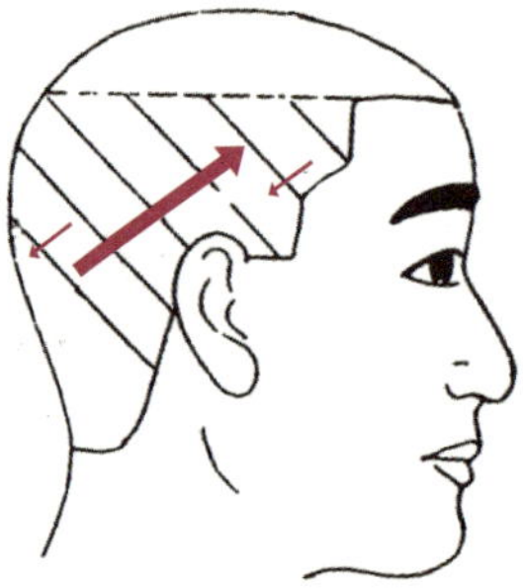

6

6. 우측 옆머리 I

몸 위치-우측 후방 45°
모발의 방향-전방 밑 45°
레이저 조작 방향-후방 밑 45°
레이저 조작 방향-전방 위 45°

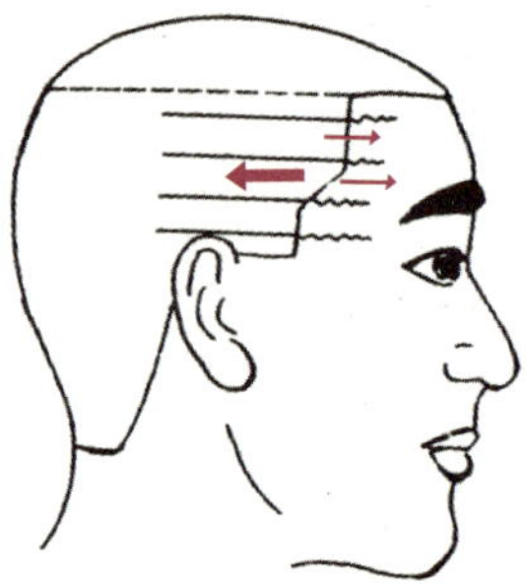

7

7. 우측 옆머리 II

몸 위치-우측 전방 45°
모발의 방향-전방 90°
레이저 조작 방향-전방 90°
레이저 조작 방향-전방에서 후방으로

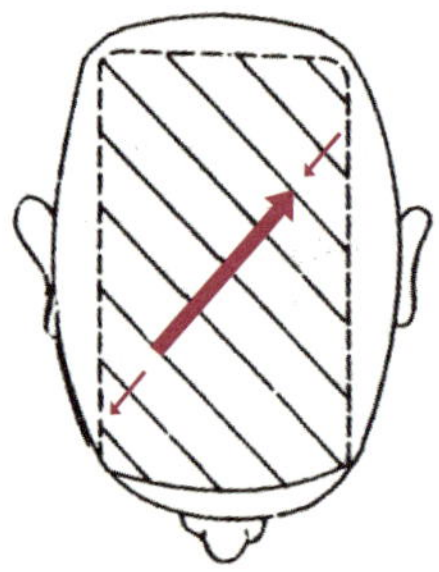

8

8. 두정부 I

몸 위치-우측 후방 45°
모발의 방향-좌측 전방 45°
레이저 조작 방향-우측 전방 45°
레이저 조작 방향-좌측 후방 45°

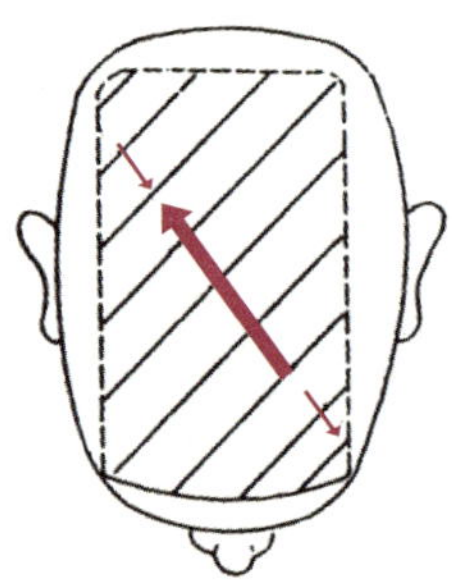

9

9. 두정부 II

몸 위치-좌측 전방 45°
모발의 방향-우측 전방 45°
레이저 조작 방향-좌측 전방 45°
레이저 조작 방향-우측 후방 45°

11 레이디스 헤어 커트(Ladies Hair Cut)

Ⅰ. 원 렝그스 (one length cut)

원 렝그스 커트는 전체 모발을 같은 길이에서 커트하는 기법으로 커팅의 기본이라고 할 수 있다.

그리고 스타일로서 아웃 라인이 수평 원 렝그스의 경우 측면 라인을 직선 커트하면 건조했을 때 중앙이 올라가는 경우가 많다.

마무리형이 수평 라인을 원할 경우에는 커트 단계에서 약간 중앙이 내려가는 상태가 바람직하다.

또 스타일의 기품을 생각하면 마무리 라인도 약간 중앙이 긴 것이 좋다.

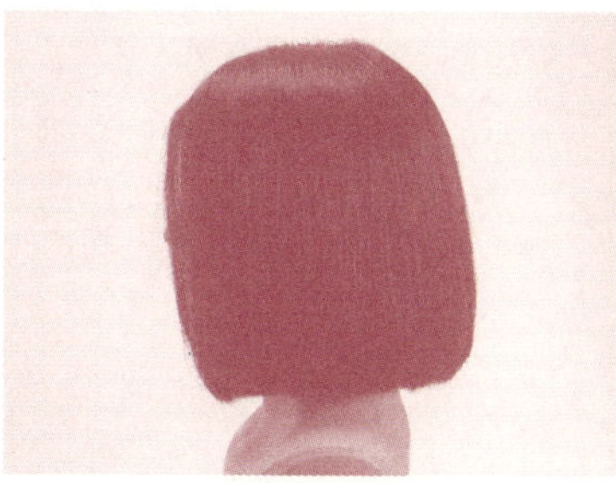

그림 Ⅰ－1

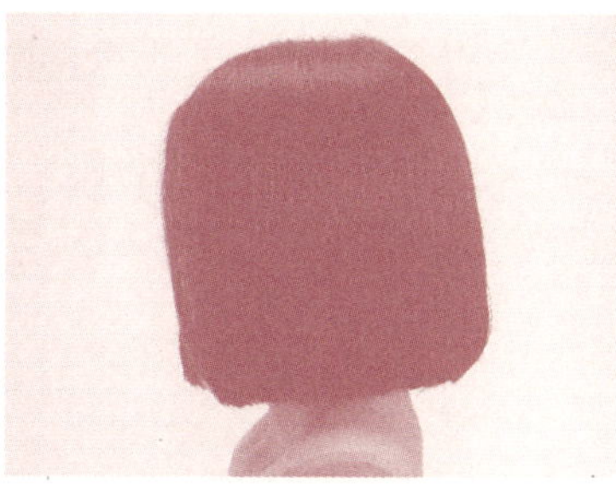

그림 Ⅰ－2

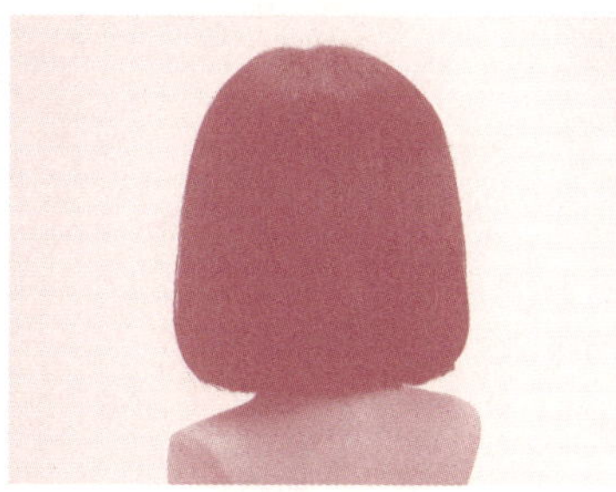

그림 Ⅰ－3

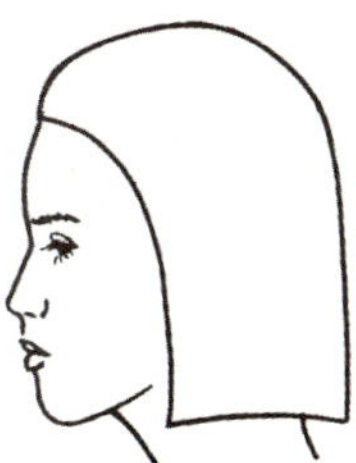

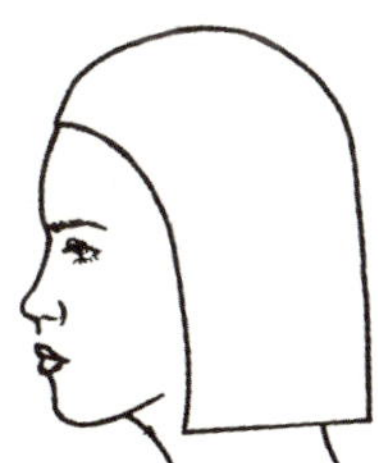

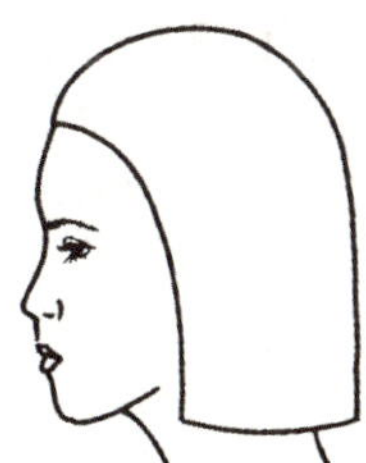

◈ 기술 순서

① 후두 하부 ② 두부 좌측 ③ 두부 우측

1. 두부 하부 (그림 Ⅰ-4)

좌우 후두부의 돌출부 밑까지 슬라이스하면서 손가락을 넣지 않고 빗으로 빗질하며 커트, 이 경우 좌우 양끝이 약간 중앙을 끌려오듯 커트한다.

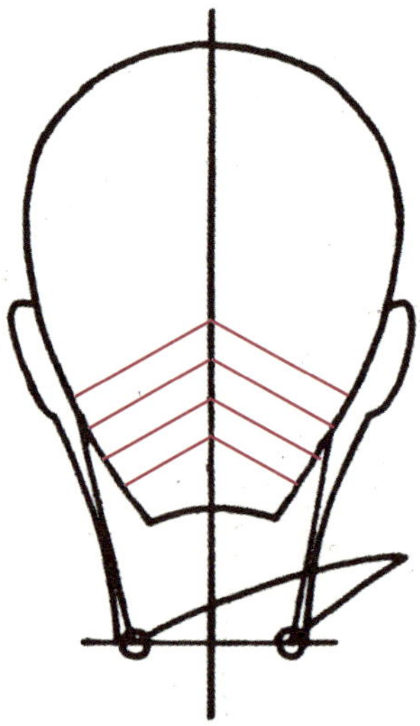

그림 Ⅰ-4

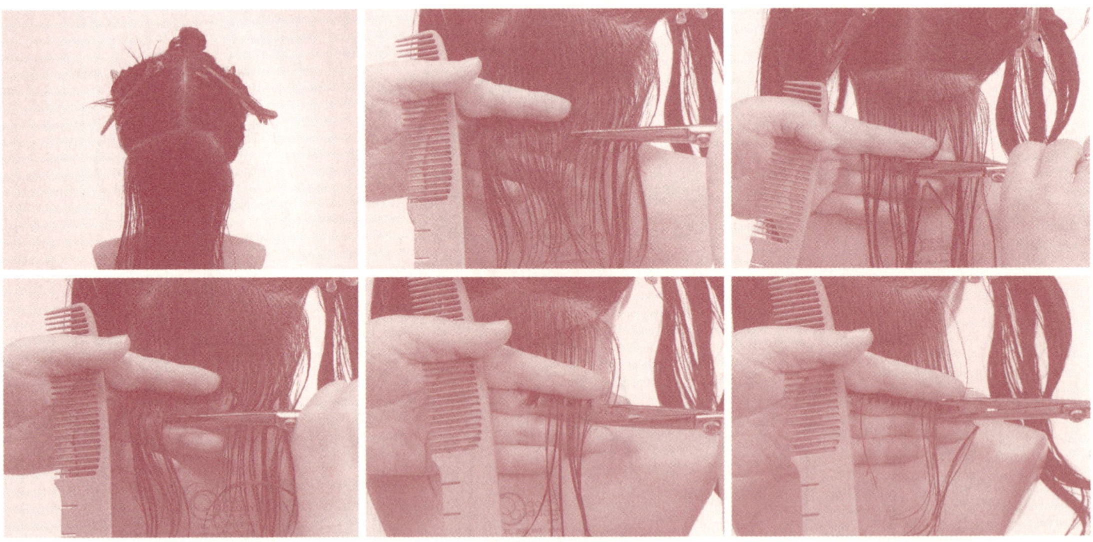

2. 좌측 옆머리

이 부분은 전부 손가락에 잡아서 커트,

슬라이스 각도는 두부의 후방 45°의 선에 대해 45°,

항상 측면 정중선부터 앞부분은 후방에 맞추어 커트한 후 다시 한 번 밑으로 빗질하여 긴 부분(각)을 커트한다.

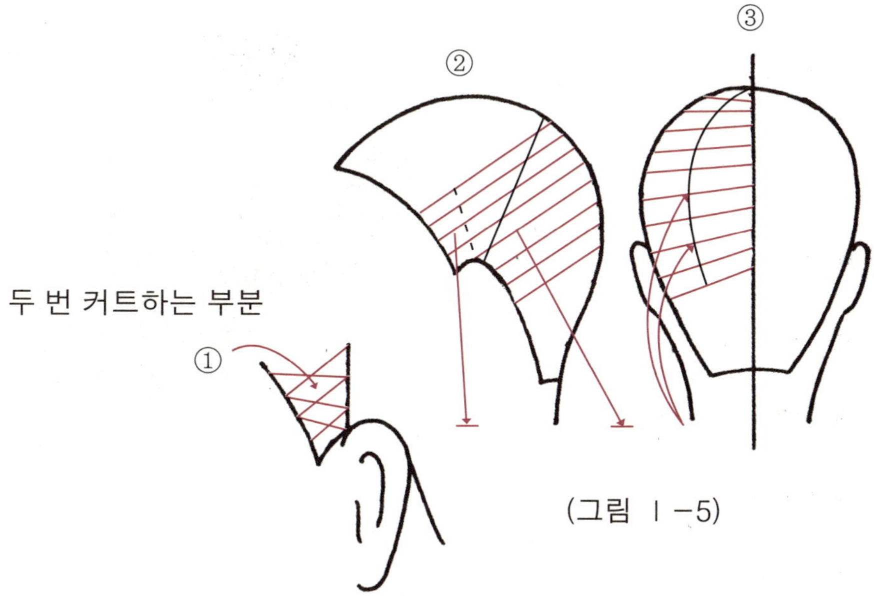

(그림 Ⅰ-5)

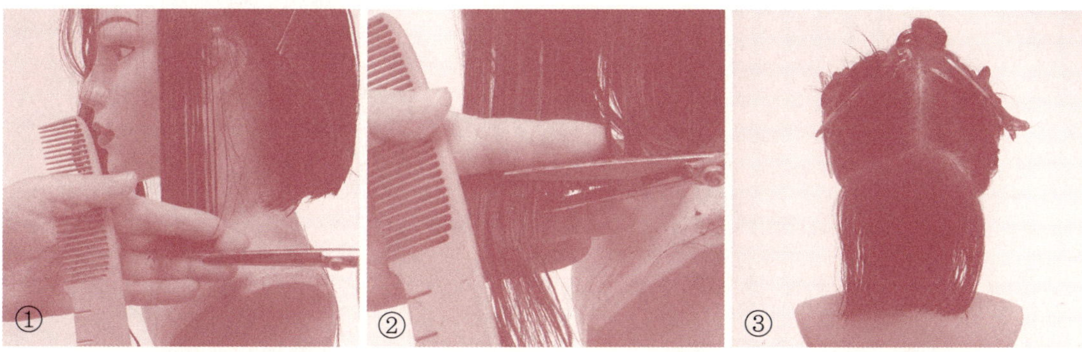

3. 우측 옆머리

좌측과 같은 요령으로 커트

Ⅱ. 그라데이션 커트(gradation cut)

그라데이션 커트는 상고머리 커트라는 것으로 밑에서 위로 혹은 좌우 위 절단면이 작은 단차(층)로 연결하는 커트이다.

일반적으로 위가 밑보다 길게 되는 상태를 말한다.

◈ 기술 순서

① 후두부
② 좌측 옆머리 전부
③ 앞머리 좌측
④ 좌측 옆머리 후부
⑤ 우측 옆머리 및 두정부
⑥ 앞머리 우측
⑦ 우측 옆머리 후부

1. 후두부 (그림 Ⅱ-1)

이 부분은 원 렝그스로 행한다.

톱 부분까지 빗으로 눌러서 커트, 그 위는 손가락으로 잡고 커트한다.

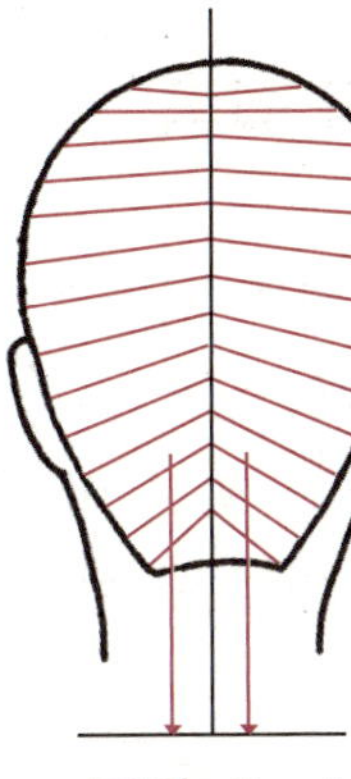

그림 II-1

2. 좌측 옆머리 전부 (그림 Ⅱ-2)

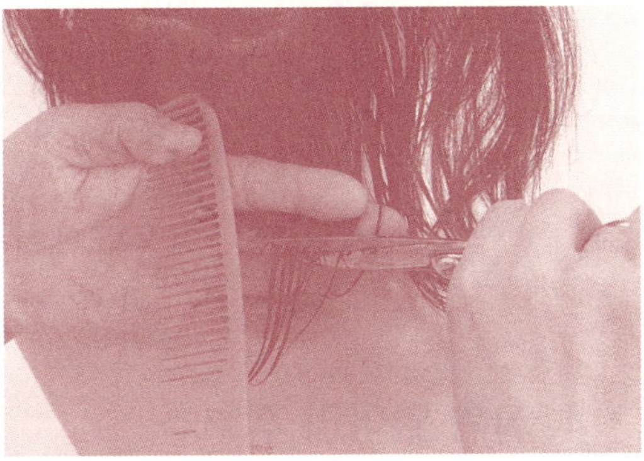

볼륨이 있는 그라데이션을 만들기 위해서는 밑부터 순차적으로 슬라이스해 돌출부 윗부분까지 원 렝그스 커트, 이 위부터는 손가락 두께만큼 그라데이션을 만들고 더욱 그 윗부분은 각도를 순차적으로 크게 주고 마지막 슬라이스, 즉 가마 앞의 모발은 두피에 대해 0°로 만들어 준다.

또 그라데이션 커트는 기준선이 되는 밑 모발도 함께 잡아 약간 잘라준다.

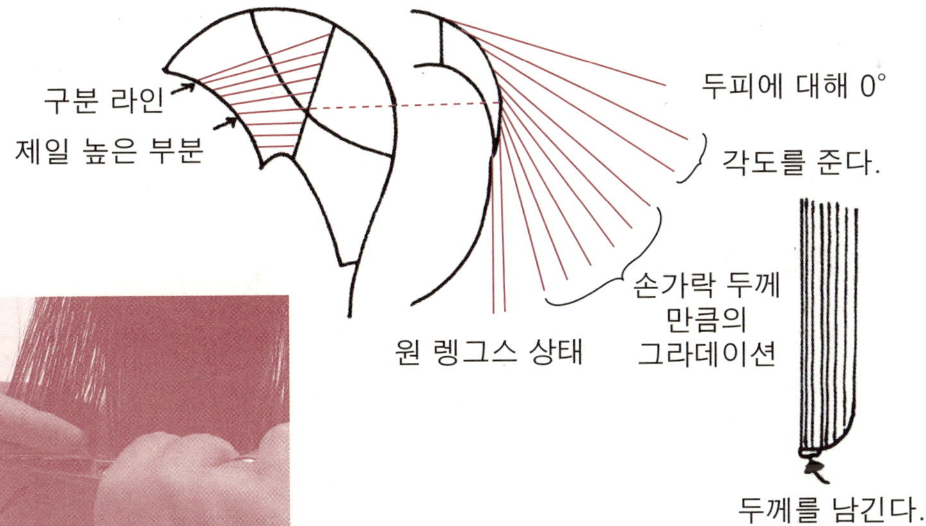

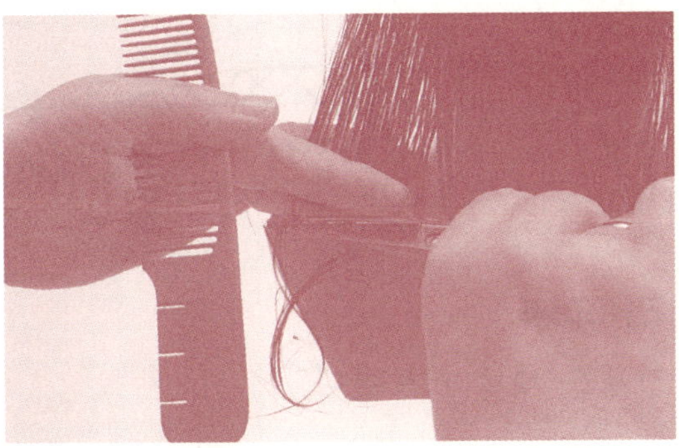

그림 II-2

3. 앞머리 좌측 (그림 Ⅱ-3, 4)

앞머리 형의 기준은 눈썹머리와 광대뼈의 중간을 연결한 선으로 이 각도로 길이를 조절한다. 커트는 한 번에 자르는 것이 아니라 두피의 둥근형에 맞추어 3회로 나누어 행한다. 또한 아웃라인에서 프런트와 사이드에 코너가 생기면 최소한의 범위에서 이 돌출부를 잘라준다.

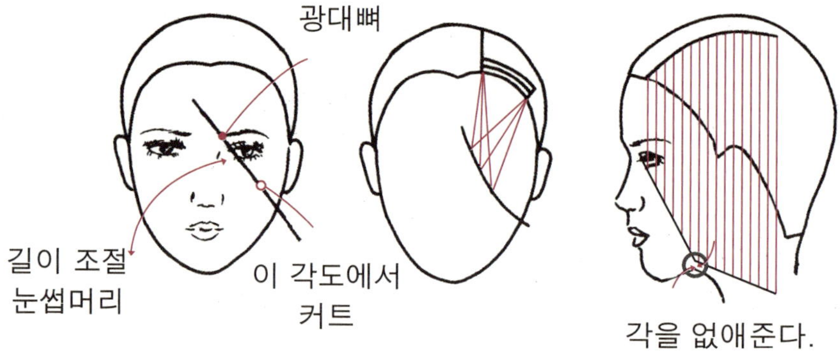

그림 II－3

4. 좌측 옆머리 후부

그림 II－4

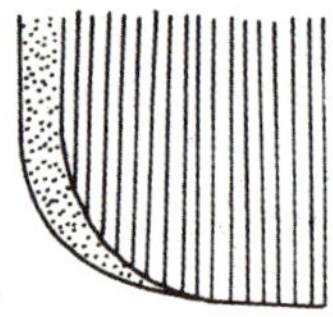

사이드와 백에 맞추어 커트한다.
집어내는 각도는 사선으로 당기지 않고 똑바로 내린다.
잘랐으면 그라데이션 부분과 백의 원 렝그스 부분의 층을 없앤다.
집게손가락과 가운뎃손가락에 넣어 3단계로 서서히 각도를 준다.
(그림 Ⅱ-6)

5. 우측 옆머리 및 두정부

좌측과 같은 요령으로 커트, 특히 두정부는 우측 옆머리 전부를 그대로 연장해 커트한다.

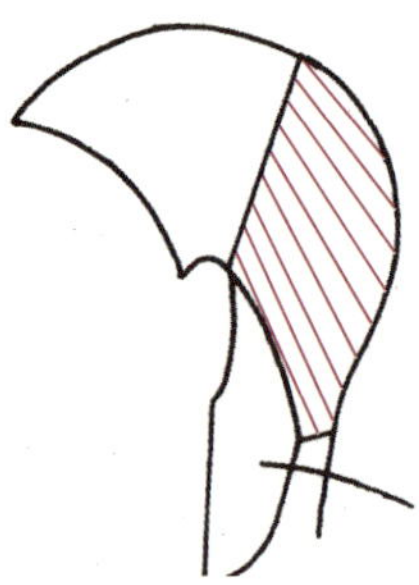

그림 II－5

그림 II－6

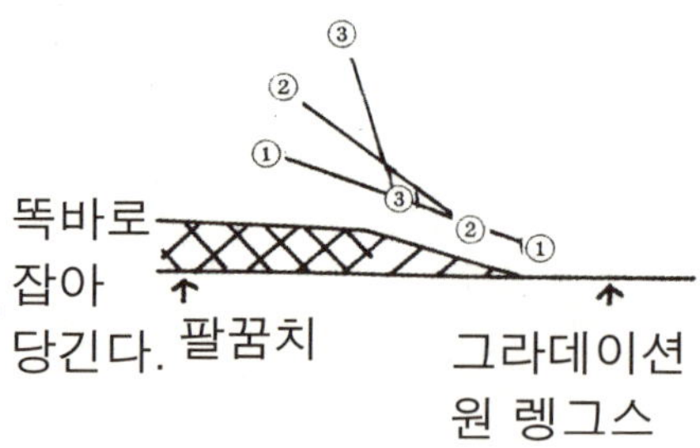

6. 앞머리 우측

7. 우측 옆머리 후부

마지막으로 전체를 체크 커트한다.

III. 레이어 커트(layer cut)

레이어 커트는 계속 쌓아가며 커트하는 것으로 위로 올라감에 따라 점점 짧고 마치 절단면을 쌓아올리는 것같이 커트한다.

◈ 기술 순서(그림 III－1)

① 후두 하부
② 후두 중단부 기준선
③ 후두 좌측 중단부
④ 좌측 귀 뒷부분
⑤ 후두 우측 중단부
⑥ 우측 귀 뒷부분
⑦ 후두 상단부
⑧ 좌측 옆머리 하부
⑨ 좌측 옆머리 상부
⑩ 우측 옆머리 하부
⑪ 우측 옆머리 상부
⑫ 앞머리
⑬ 두정부

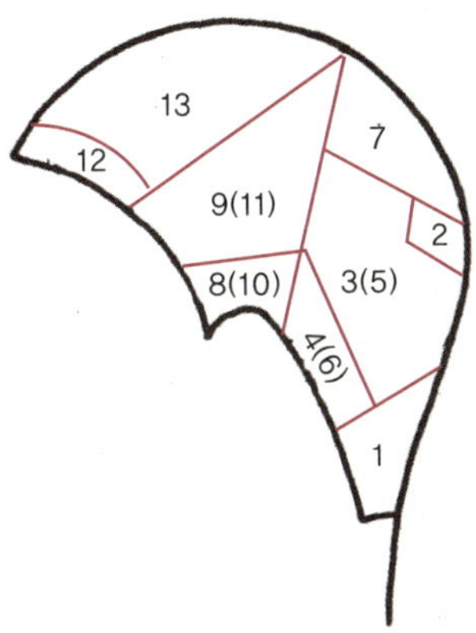

)=우측
림 III－1

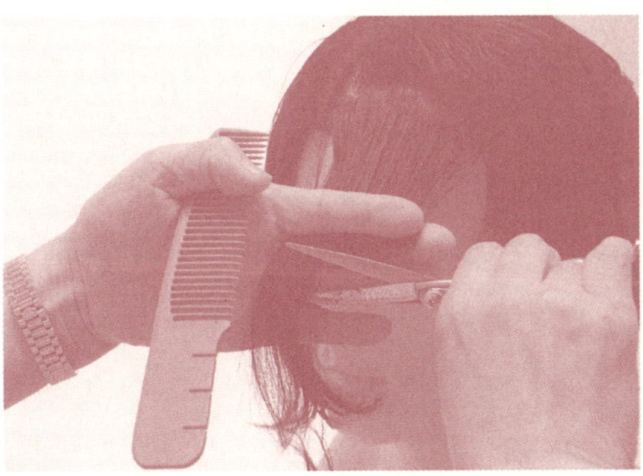

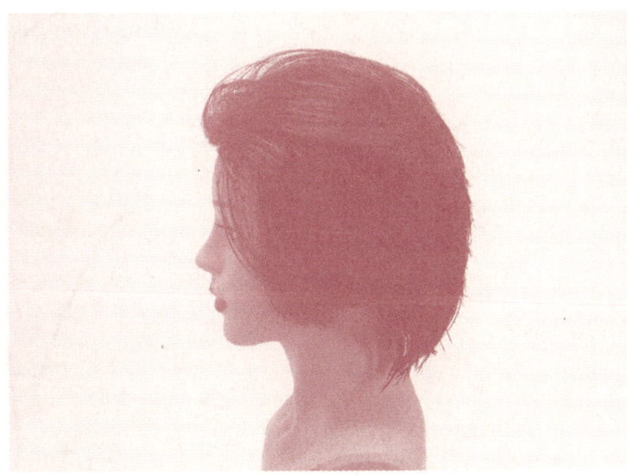

1. 후두 하부 (그림 Ⅲ-2)

원 렝그스로 백의 아웃라인을 만든다. 디자인적으로 옆으로의 연결이 쉬운 A자형으로 한다.

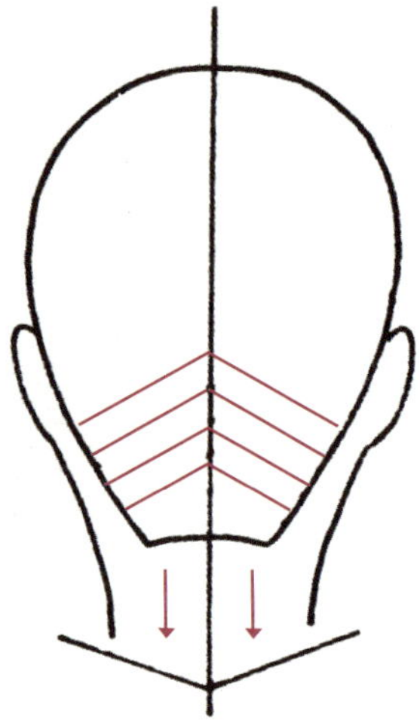

Ⅲ-2

2. 후두 중단 기준선 (그림 Ⅲ-3)

후두 정중선 중단부의 제일 위에 전체 스타일의 포인트가 되는 기준선을 가로 슬라이스로 만든다. 뒤는 두피에 대해 90°로 잡고 길이의 기준은 제일 위 모발이 누었을 때 돌출부부터 모발 가장자리까지의 범위에 안정되는 길이이며, 완성되는 마무리 스타일의 들어가는 부분에 모발 끝이 안착되도록 하고, 그리고 후두부 두개골이  형인 경우는 짧게 하고  형인 경우에는 길게 한다.

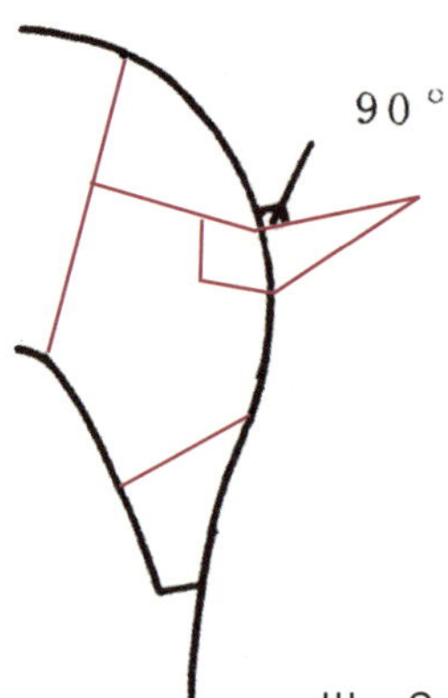

Ⅲ-3

3. 후두 좌측 중단부 (그림 Ⅲ-4)

기준선으로 커트한 후두 정중선상 중단부의 제일 윗부분을 축으로 회전하듯 세로 슬라이스로 커트, 슬라이스의 마지막은 삼각형으로 남는다.

이 경우 각도는 위 구분선에 대해서 45° 각 슬라이스를 잡아당기는 각도는 좌우 직선상이며 단, 상하에서는 상부가 90° 가 되도록 한다.

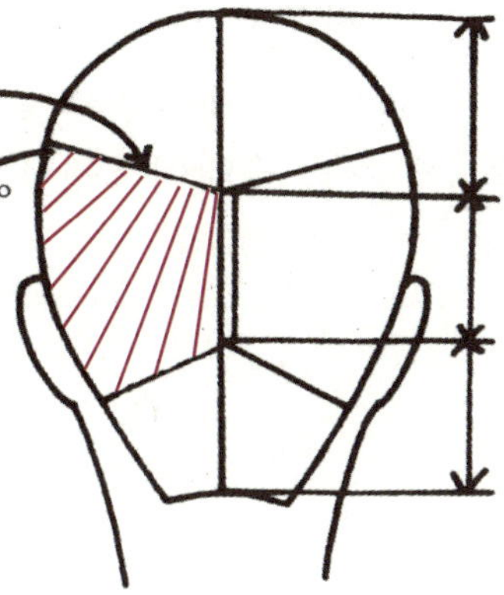

그림 Ⅲ-4

4. 좌측 귀 뒷부분 (그림 Ⅲ-5)

원 렝그스 커트를 한다.

이 부분에 볼륨을 원할 경우는 중단부보다도 먼저 이 부분을 커트하고 필요한 길이, 양을 확보한 뒤부터 중단부에 연결해도 좋다.

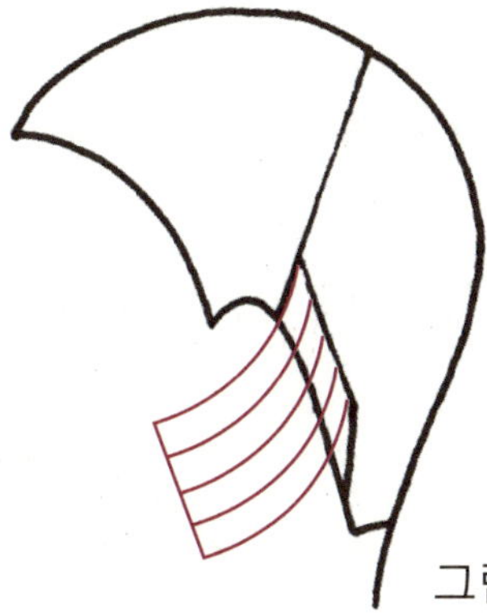
그림 Ⅲ-5

5. 후두 우측 중단부
6. 우측 귀 뒷부분

좌측과 같은 요령으로 커트

7. 후두 상단부 (그림 Ⅲ-6)

후두 정중선 위의 세로 슬라이스로 슬라이스의 중심이 90°가 되도록 잡아 커트, 순차적으로 부채형으로 슬라이스해 좌우를 연결한다. 이 경우 후두 정중선 위의 커트, 즉 처음 슬라이스에서 나온 G·P의 모발 길이와 중단부의 모발을 기준선으로 한다.

그림 Ⅲ-6

8. 좌측 옆머리 하부 (그림 Ⅲ-7)

원 렝그스로 백과 연결하며 아우트 라인을 만든다. 범위는 구레나룻 윗부분까지

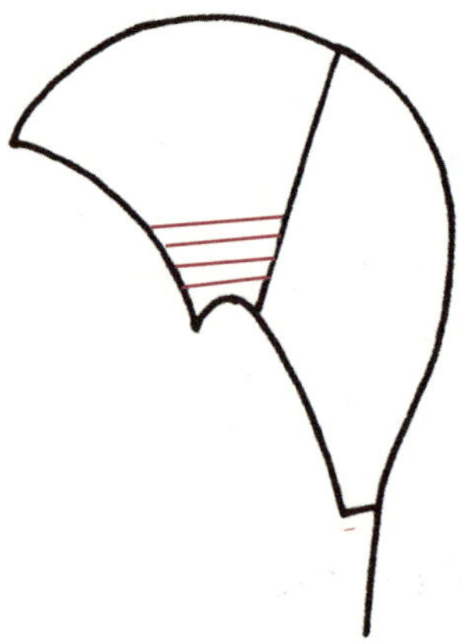

그림 Ⅲ-7

9. 좌측 옆머리 상부 (그림 Ⅲ-8)

뒤에서 앞으로 사선 슬라이스로 커트, 잡은 각도는 좌우 측면 정중선까지 온 더 베이스(on the base)로 커트하고 그보다 앞은 앞의 길이를 유지하기 위해 커트의 위치를 바꾸지 않고 모두 측면 정중선까지 끌고와 커트한다.

이 경우 슬라이스 라인에 90°의 방향으로 당긴다.

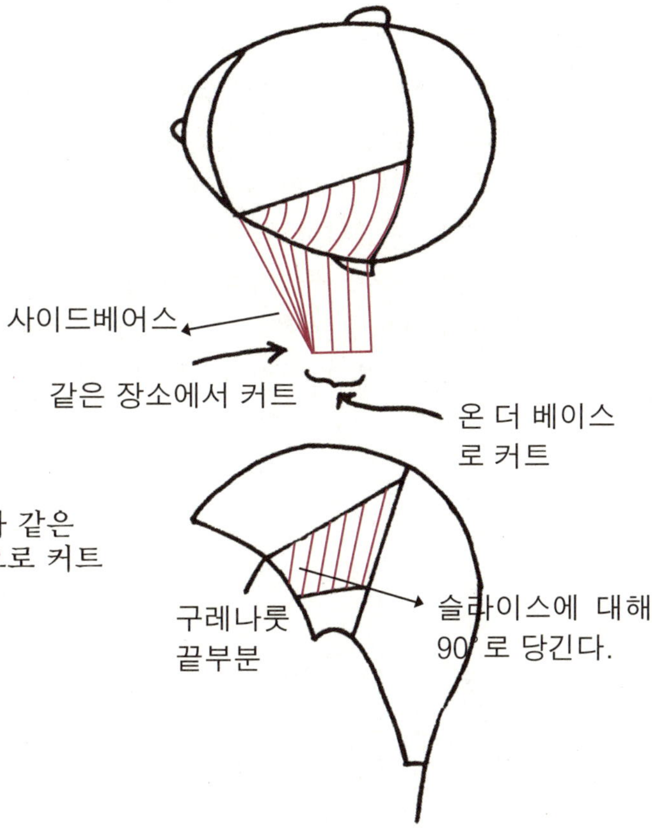

그림 Ⅲ-8

10. 우측 옆머리 하부
11. 우측 옆머리 상부

] 좌측과 같은 요령으로 커트

12. 앞머리 (그림 Ⅲ-9)

그라데이션과 같은 방법으로 커트하지만, 이 경우는 두 번째의 슬라이스 때는 약간 각도를 들어 준다.

한 슬라이스를 3회 정도 커트하지만, 먼저 파트 라인 가까운 곳에 길이를 정하고 다음은 반대쪽의 중앙이나 어려운 곳부터 순차적으로 커트

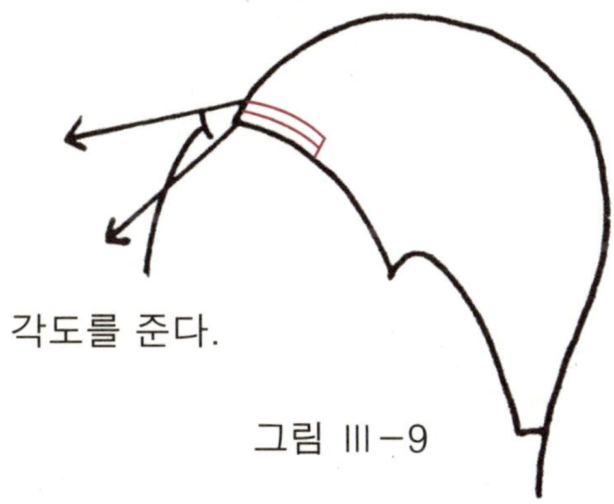

그림 Ⅲ-9

13. 두정부 (그림 Ⅲ-10)

좌우 앞머리 끝부터 외곽선까지 나누고 여기에 두정 정중선까지 좌우로 나누어 좌우 각각 앞에서부터 순차적으로 슬라이스하면서 뒤쪽으로 커트를 진행한다.

잡은 각도는 앞쪽, 즉 앞이마 가장자리에 가까울수록 눕혀 각도를 주지 않지만 뒤로 갈수록 모발을 일으켜 세우면서 마지막은 90°까지 준다.

이 경우 보다 아름답고 정확히 레이어 커트하기 위해 하나의 슬라이스를 각도를 바꾸어 2번 커트한다. 즉, 처음에는 눕혀서 기준선에 맞추어 커트하고 같은 모발을 다시 빗질하여 각도를 세우는 것은 물론 끝쪽이 기술자가 보았을 때(두부의 뒤) 반대쪽으로 뒤집어 모발 다발의 위 측 모발만 잡아 다음 기준선을 정확히 정리한다.

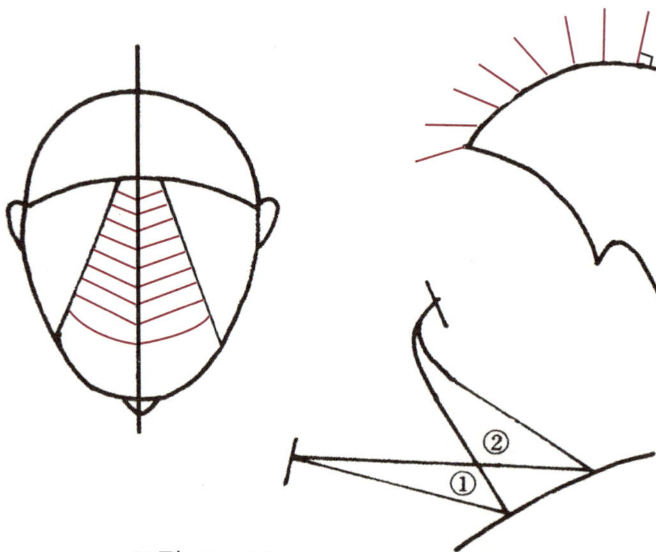

그림 Ⅲ-10

마지막으로 전체를 체크 커트한다.

IV. 레이디스 헤어 뉴 시스템 커트

이용 기술 중에서 커팅 기술을 살려서 그것도 여성스러움을 잘 표현될 수 있도록 만든 시스템이다.

◈ 기술 순서

① 후두 하부
② 후두부
③ 페이스 라인 좌측
④ 좌측 옆머리
⑤ 페이스 라인 우측
⑥ 우측 옆머리
⑦ 두정부
⑧ 페이스 라인과 두정부 및 옆머리의 돌출부 없애기
⑨ 후두부와 후두 하부의 돌출부 없애기

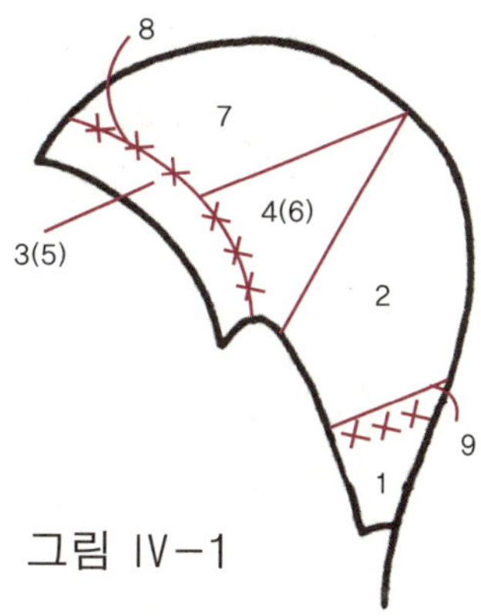

그림 IV-1

1. 후두 하부 (그림 Ⅳ-2)

중앙 돌출부 밑을 원 렝그스 커트한다.
숱이 적은 경우에는 이 범위를 넓게 뜬다.

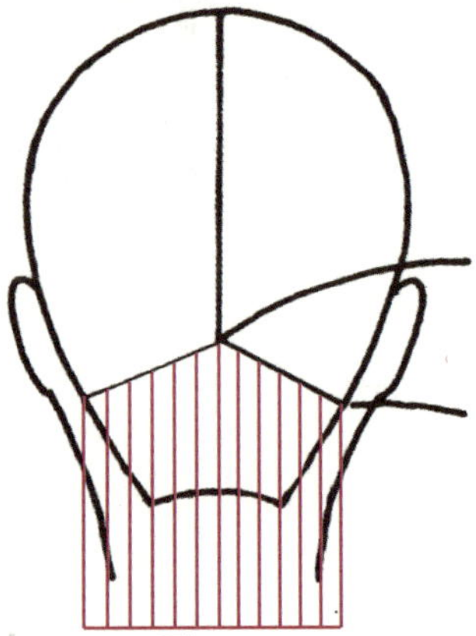

그림 Ⅳ-2

2. 후두부(그림 Ⅳ-3)

후두 정중선상을 9회 빗질 전후로 커트하고 그것에 맞추어 좌우 15° 각도로 방사선 이동 커트,

커트 테크닉은 첫 번째는 오른손으로 잡은 빗으로 모발을 집어내고 왼손의 가운데와 집게손가락으로 빗의 밑에서 모발을 잡고 필요한 길이까지 모발을 잡아내고 오른손으로 잡은 가위로 커트,

두 번째부터 왼손 가운뎃손가락으로 모발을 모은 상태에서 그 밑의 오른손으로 잡은 빗을 넣은 다음 잡아낸 모발을 커트,

모발을 잡는 각도는 좌우에 대해 직선, 단 45° 이동은 목덜미의 숱에 따라 각도를 조정, 전후에는 디자인에 의해 바뀌지만 첫 번째 빗질은 반드시 직각일 것

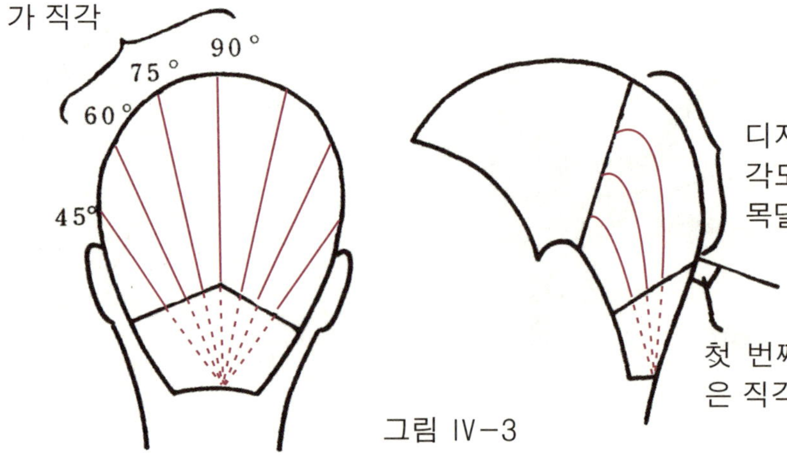

그림 Ⅳ-3

3. 페이스 라인 좌측 (그림 Ⅳ-4)

앞이마 구레나룻에 따라 2~3 슬라이스로 페이스 라인을 구레나룻 윗부분부터 커트

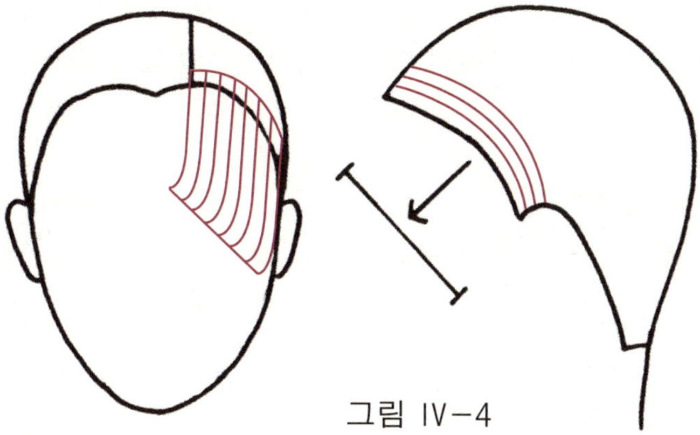

그림 Ⅳ-4

4. 좌측 옆머리 (그림 Ⅳ-5)

후두부와 페이스 라인의 모발을 기준으로 밑에서 위로 잘라간다.

커트 테크닉은 후두부와 같다.

잡는 각도는 좌우 슬라이스에 대해 90° 상하에 대해서는 만드는 아우트 라인의 상태에 따라 바뀐다.

즉, 아우트 라인을 정리하는 경우는 각도를 가능한 한 내려준다. 또 흩어지는 자연스런 상태로 하고 싶을 때는 제일 밑의 슬라이스를 90°로 잡아준다.

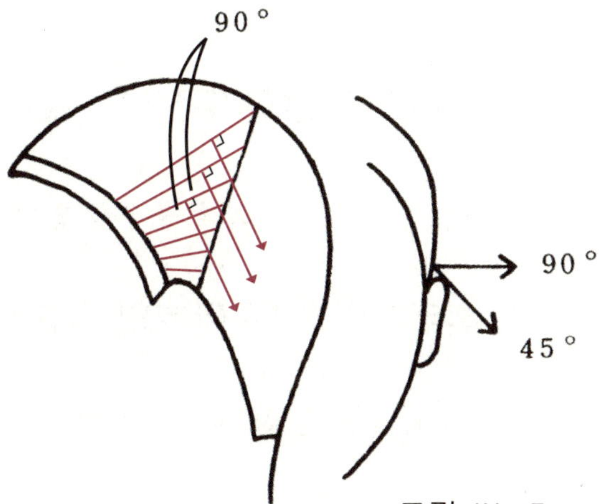

그림 Ⅳ-5

5. 페이스 라인 우측

6. 우측 옆머리

(5, 6) 좌측과 같은 요령으로 커트

7. 두정부 (그림 Ⅳ-6)

측두부 및 페이스 라인의 모발을 기준으로 뒤부터 순차적으로 슬라이스해 앞쪽을 진행한다.

-좌우가 같은 경우는 두정부 정중선으로 좌우로 나누어 좌우 따로 커트,

-파트 스타일은 파트 반대쪽의 앞이마 끝부터 외곽선까지 나누어 커트

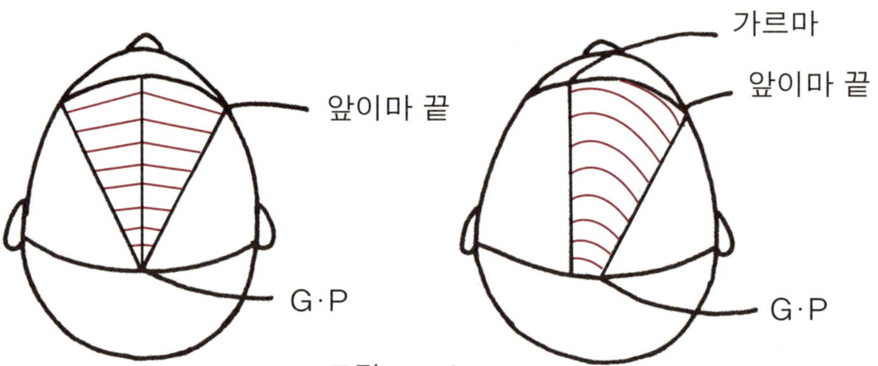

그림 Ⅳ-6

8. 페이스 라인과 두정부 · 옆머리의 돌출부 없애기 (그림 Ⅳ-7)

좌우 페이스 라인의 돌출부를 없앤다.

9. 후두부와 후두 하부의 돌출부 없애기

레이어 부분과 원 렝그스 부분을 연결한다.

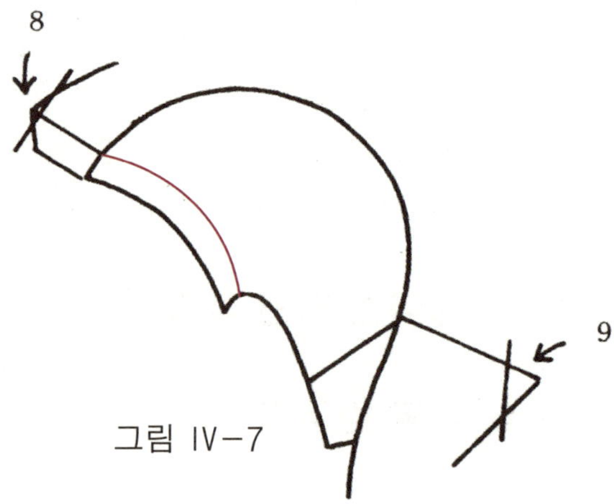

그림 Ⅳ-7

12 보이스 커트(Boys Cut)

Ⅰ. 보이스 커트 – 1

1. 앞머리

몸 위치–전방 0°
앞이마 라인의 커트

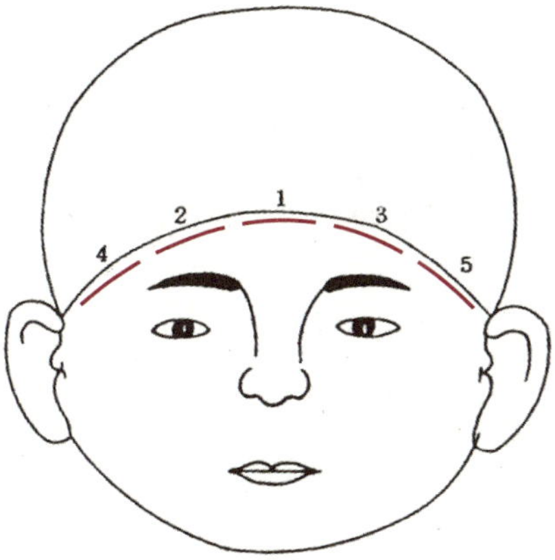

▷ 앞머리의 다양한 형태

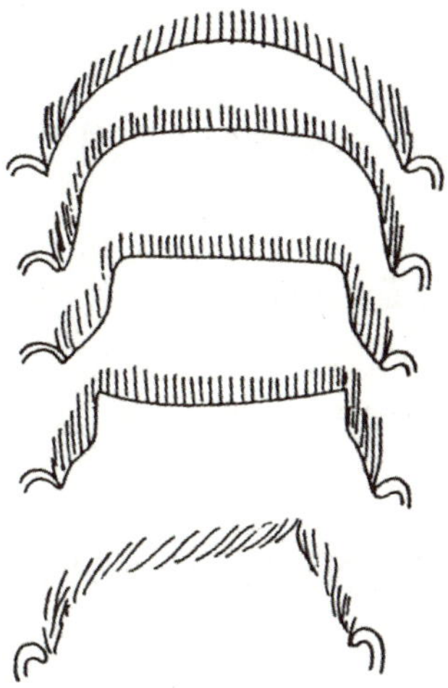

2. 앞머리 부분

몸위치–우측 측방 90°
절단 각도45°, 손가락 이용 자르기 5회 빗질
우측 측방 90° 위치에서 발뒤꿈치를
왼쪽으로 45° 이동해 절단 각도
45°로 정한다.
왼쪽 끝에서 오른쪽 끝까지

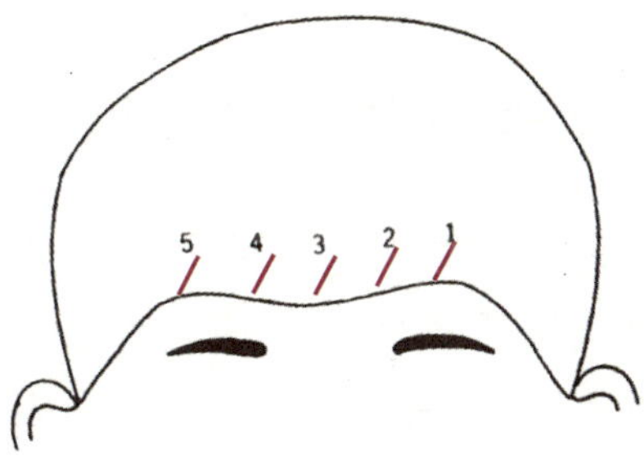

3. 두정부 손가락 이용 깎기 15회 빗질, 절단 기준 2회 빗질

1) 우측 두정부 (몸 위치 - 좌측 후방 45°)
제1부분 … 우측 옆머리 상부 주변부터 3회 빗질
제2부분 … 제1부분의 기점 왼 앞이마부터 2회 빗질
제3부분 … 제2부분의 기점 왼 정중선부터 1회 빗질

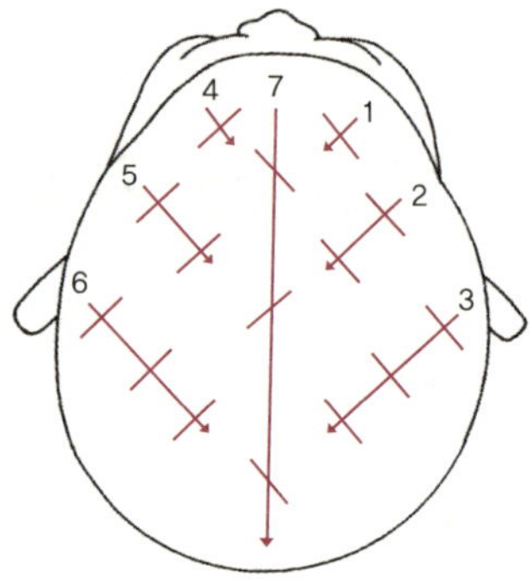

2) 좌측 두정부 (몸 위치 - 우측 후방 45°)
제4부분 … 좌측 옆머리 상부 상변부터 3회 빗질
제5부분 … 제4부분의 기점 우측 앞이마부터 2회 빗질
제6부분 … 제5부분의 기점 우측 정중선부터 1회 빗질

3) 두정부 정중선상 (몸 위치 - 후방 0°) 제7부분 지그재그 이동 3회 빗질

4. 클리퍼 사용

1) 두부 주변 … 5mm 2) 후두 하부 … 2mm

5. 좌측 옆머리 (몸 위치 - 좌측 측방 90°)

연속 깎기(돌려 잡아 연속 잘라 연결 깎기)

제1부분 … 귀 앞에서 가마를 향해 상단부까지
제2부분 … 귀 위에서 가마를 향해 상단부까지
제3부분 … 귀 뒤 위에서 가마를 향해 상단부까지
제4부분 … 돌출 부위에서 가마를 향해 상단부까지

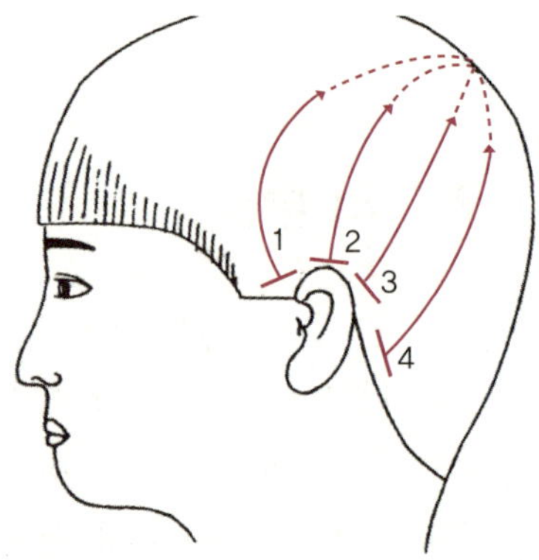

6. 좌측 가장자리 부분

1) 구레나룻 라인 커트 2) 귀 반대 빗질
3) 네이프 라인 4) 고정 깎기
5) 조금 빗 돌려 깎기 6) 체크 커트 ※롱 커트 참조

7. 우측 옆머리 (몸 위치 - 우측 측방 90°)

제1부분 … 귀 앞에서 가마를 향해 상단부까지
제2부분 … 귀 위에서 가마를 향해 상단부까지
제3부분 … 귀 뒤 위에서 가마를 향해 상단부까지
제4부분 … 돌출 부위에서 가마를 향해 상단부까지

8. 우측 가장자리 부분

1) 구레나룻 라인 커트　　2) 귀 반대 빗질
3) 네이프 라인　　4) 고정 깎기
5) 조금 빗 돌려 깎기　　6) 체크 커트　　※롱 커트 참조

9. 후두부 (몸 위치 - 후방 0°)

연속 자르기(돌려 잡아 연속 잘라 연결 깎기)
가마를 향해 집중 원운동

제1부분 … 좌측 돌출부 하부부터 깎기 시작하는 절단 각도 30°
제2부분 … 제1부분과 후두 정중선과의 중간부터 깎기 시작하는 절단 각도 15°
제3부분 … 우측 돌출부 하부부터 깎기 시작하는 절단 각도 30°
제4부분 … 제3부분과 후면 정중선과의 중간부터 깎기 시작하는 절단 각도 15°
제5부분 … 후면 정중선상 절단 각도 0°(수평)

10. 후두 하부 (몸 위치 - 후방 0°)

밑 부분 연결 정리하기

1) 고정 깎기
2) 조금 빗 돌려 깎기
3) 체크 커트　　※롱 커트 참조

Ⅱ. 보이스 커트 – 2

1. 두정부 지그재그 손가락 이용 깎기

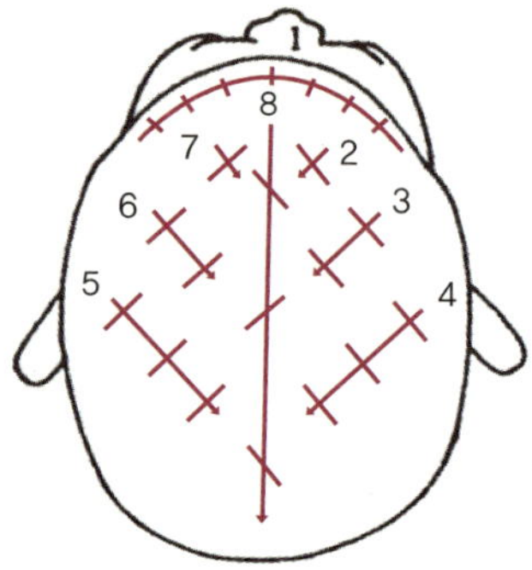

2. 앞머리

1) 지그재그 손가락 이용 깎기 앞이마 선에 대해 45°

2) 슬라이스 커트 (몸 위치 - 전방)

3) 레이저에 의한 커트 (몸 위치 - 전방)

앞머리 처리 후의 모발 상태

왼쪽으로
향한 경우

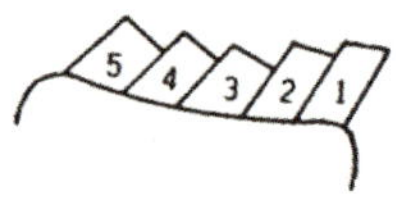

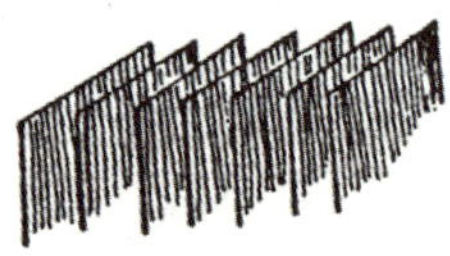

몸 위치–우측 측방 90°
왼쪽 끝에서
오른쪽 끝까지

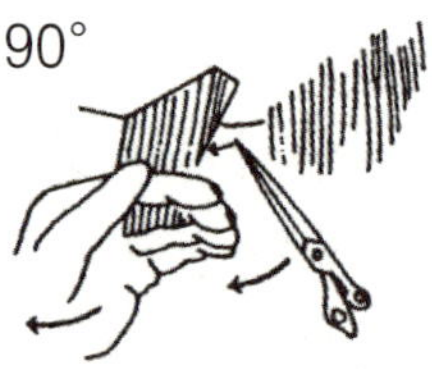

레이저를 대고 왼손과 함께 왼쪽으로 당겨준다.

오른쪽으로
향한 경우

가위를 넣어주면서 왼손을 서서히 빼준다.

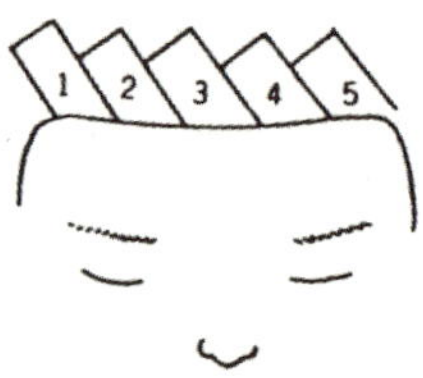

몸 위치–좌측 측방 90°
오른쪽 끝에서
왼쪽 끝까지

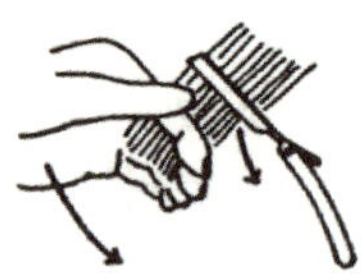

레이저를 대고 왼손과 함께 오른쪽으로 당겨준다.

▷ 쪽 옆머리 및 후두부의 이동

모발 가장자리부터 연결 부분 예상선까지 연속 자르기 후 프렌치 지그재그 커트

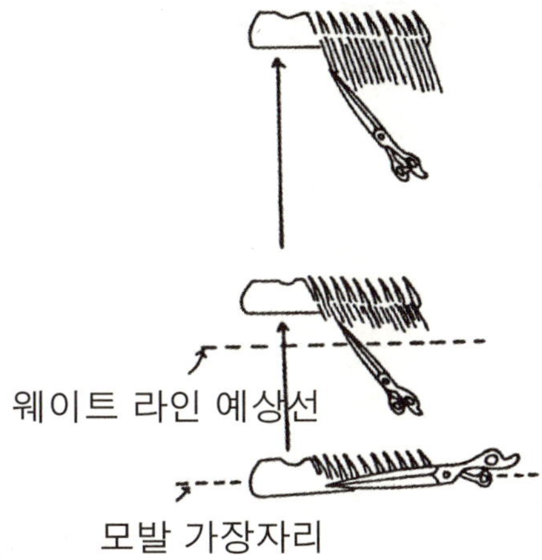

3. 좌측 옆머리

(몸 위치 – 좌측 측방 90°)

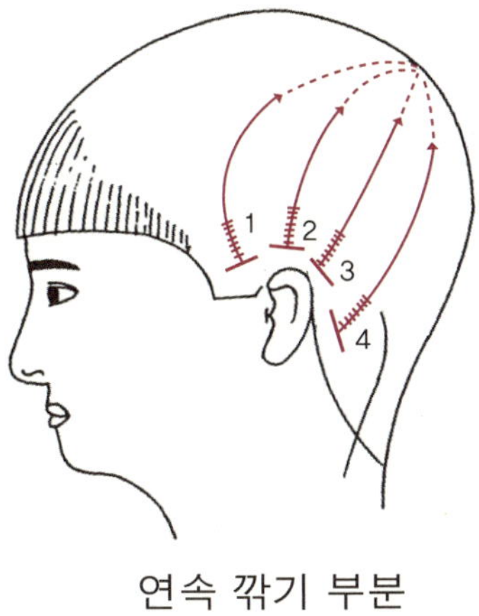

4. 우측 옆머리

(몸 위치 – 우측 측방 90°)

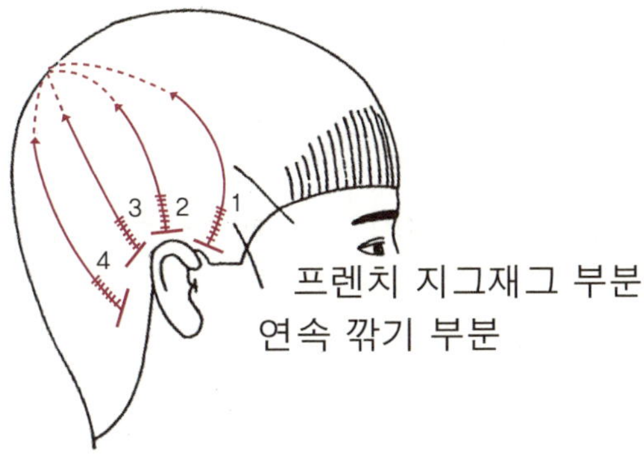

5. 좌측 모발 가장자리

1) 구레나룻 라인 커트　2) 귀 주위 반대 빗질
3) 네이프 라인　4) 약간 빗 돌려 깎기　※ 롱 커트-2 참조

6. 우측 모발 가장자리

1) 구레나룻 라인 커트　2) 귀 주위 반대 빗질
3) 네이프 라인　4) 약간 빗 돌려 깎기　※ 롱 커트-2 참조

7. 후두부 (몸 위치 - 후방 0°)

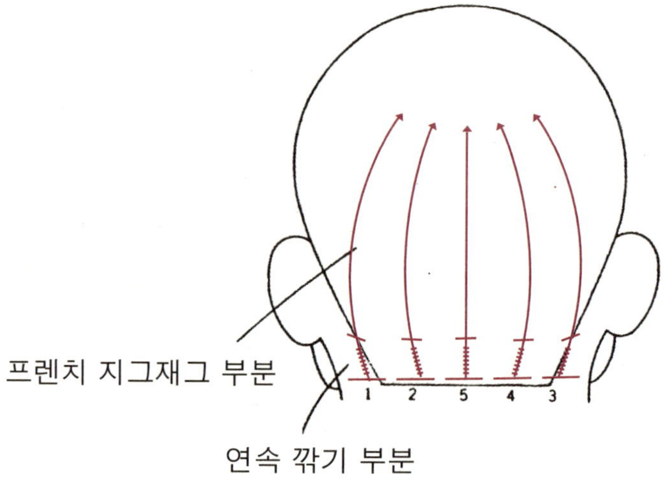

8. 후두 하부

1) 고정 깎기
2) 약간 빗 돌려 깎기 ※ 롱 커트-2 참조

13 걸스 커트(Girls Cut)

Ⅰ. 걸스 커트 – 1

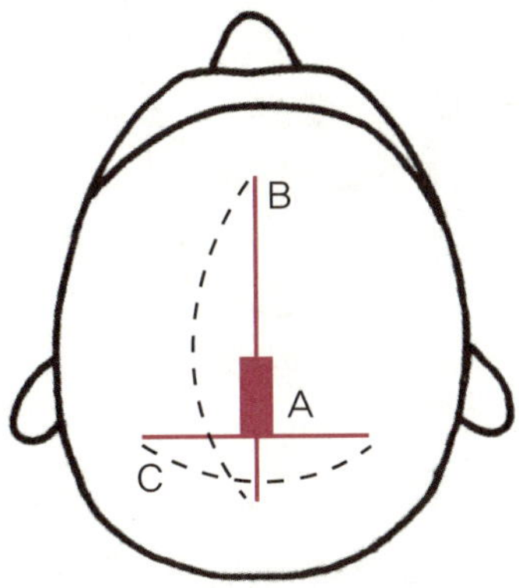

그림 1

기본 스타일=짧은 단발머리

1. 준비

1) 자연 상태 살리기

① 토닉 등을 뿌려주면 특히 왼손의 움직임에 의해 안쪽 모발이 더욱 정리 정돈된다.

② 스팀타월로 가볍게 마사지
특히 숱이 많고 균일하게 젖게 하기 어려운 경우는 모발을 감싼 상태(스팀머부터 나온 상태)의 타월을 왼손으로 잡고 감싸주면서 두발을 적셔준다.

2) 정리 정돈

짧은 단발머리는 두정 정중선상의 제일 높은 곳에 전후 약 3cm의 가리마(그림 1-A)를 만든다. 이것은 두발의 자연스런 무게가 전후좌우로 떨어지면 형을 만들기 때문이지만, 머리의 길이가 전후(그림 1-B)와 좌우(그림 1-C)의 길이, 폭이 다르기 때문에 가마의 한 점을 중심으로 전후좌우로 빗질하여도 모발은 항상 정돈되지 않고 불규칙하게 되어 두정부 정상 뒤에 3cm의 가르마 선을 만드는 것에 의해 전후좌우로 균등하게 모발 숱이 자연스럽게 떨어져 균일하게 커트할 수 있다.

2. 커팅

1) 앞머리

앞머리는 주로 전두부의 모발로 구성되어져 가리마 앞에서 방사선형으로 자연스

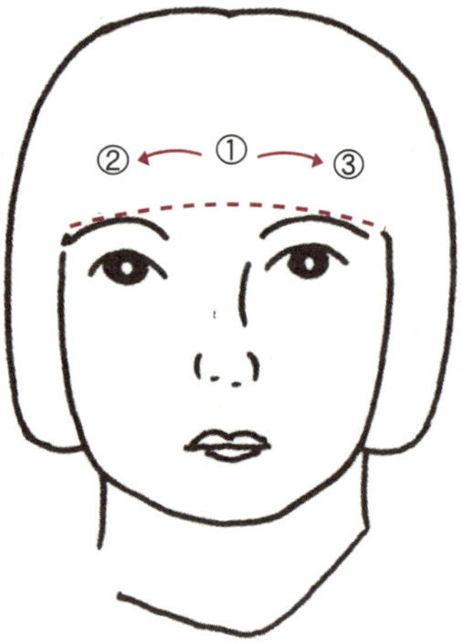

그림 2

렵게 빗질하여 먼저 중앙에 디자인 라인을 정하고 계속해 좌우를 중심부터 끝쪽으로 커트한다.(그림 2)

한편 앞머리를 맞추는 경우에는 숱, 모류 등의 상태에 따라 다음의 2가지 방법이 있다.

A (그림 3)

먼저 앞머리를 커트해 라인을 만들고서 커트라인의 안쪽 모발을 45°의 각도로 지그재그 커트한다.

B (그림 4)

먼저 세워 빗질하는 요령으로 앞머리 끝을 2~3회 빗질한 후 제일 앞쪽의 모발을 가지런히 한 후 라인을 만든다.

그림 3

그림 4

2) 앞머리 끝부분

보통 앞머리를 구성하는 것은 좌우 앞머리 끝의 사이이지만(그림 5 Ⓐ의 범위) 좌우 따로 튀어나온 곳에 나누기 선을 잡고(그림 5 Ⓑ의 범위) 끝부분의 라인을 만든다. 그 후 정리하는 것에 의해 사이드 모발(그림 5 Ⓒ의 범위) 끝부분에 덮어져 코너가 아름답게 정리된다.

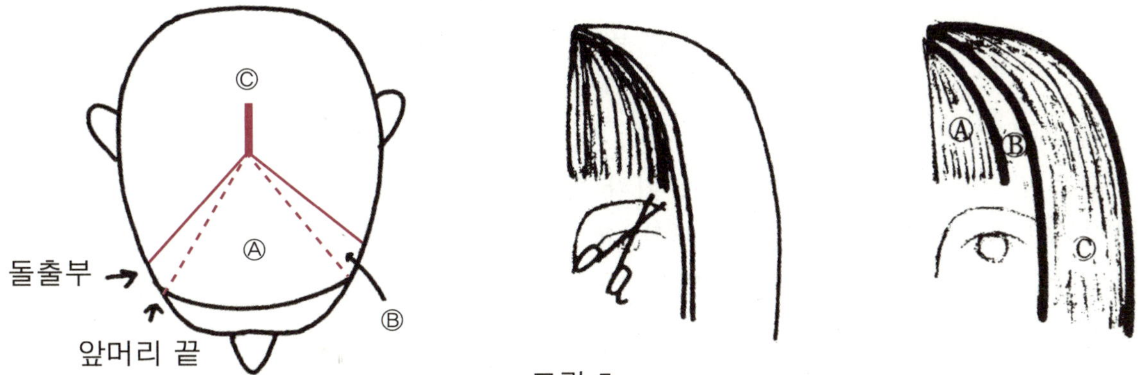

그림 5

특히 이 경우 만들고 싶은 라인과 평행으로 가위를 사용하는 것이 아니라 오히려 직각에 가까운 각도로 가위 끝이 밀리지 않는 요령으로 라인을 만든다.

3) 측면 혹은 후두부의 기본 라인(그림 6)

정확히 정리된 상태에서 우측, 좌측 각각을 한 번에 디자인한다.

① 오른쪽 절반 커트 (몸 위치 – 우측 후방 45°)
시술자의 눈이 디자인 라인에 위치할 때

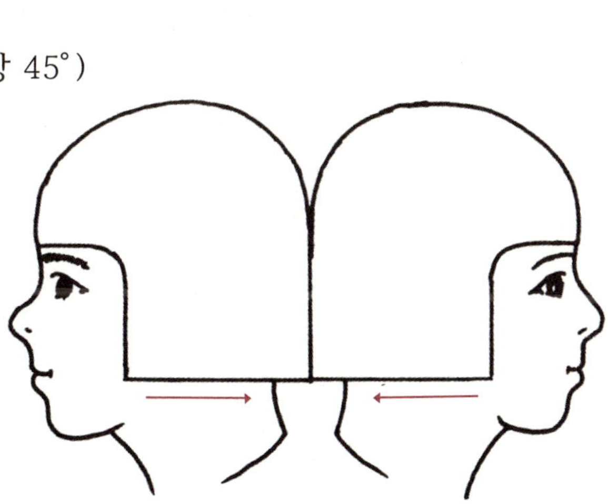
그림 6

허리를 숙이고 먼저 중심을 왼발에 두고 마지막 후두부의 길이를 몸으로 확인했으면 중심을 확실히 오른쪽에 두고 사이드 전방의 모발부터 백센터까지 한 번에 중심을 이동하면서 커트한다.

② 왼쪽 절반 커트 (몸 위치 - 좌측 후방 45°)

시술자의 눈이 디자인 라인에 위치할 때까지 허리를 숙이고 먼저 중심을 오른발에 두고 마지막 후두부의 길이를 몸으로 확인했으면 중심을 확실히 오른쪽에 두고 사이드 전방의 모발부터 백센터까지 한 번에 중심을 이동하면서 커트한다.

4) 후두면, 측면의 교차 커트

짧은 단발머리는 사람의 움직임에 따라 전후좌우로 움직이는 경우가 많아 어떠한 움직임이 있어도 선이 흩어지지 않도록, 또 움직인 경우 그 움직임에 의해 만들어진 모발 끝의 라인이 항상 아름답게 변화하도록 보다 정확히 정리되기 위해 다음 7곳을 커트한다.

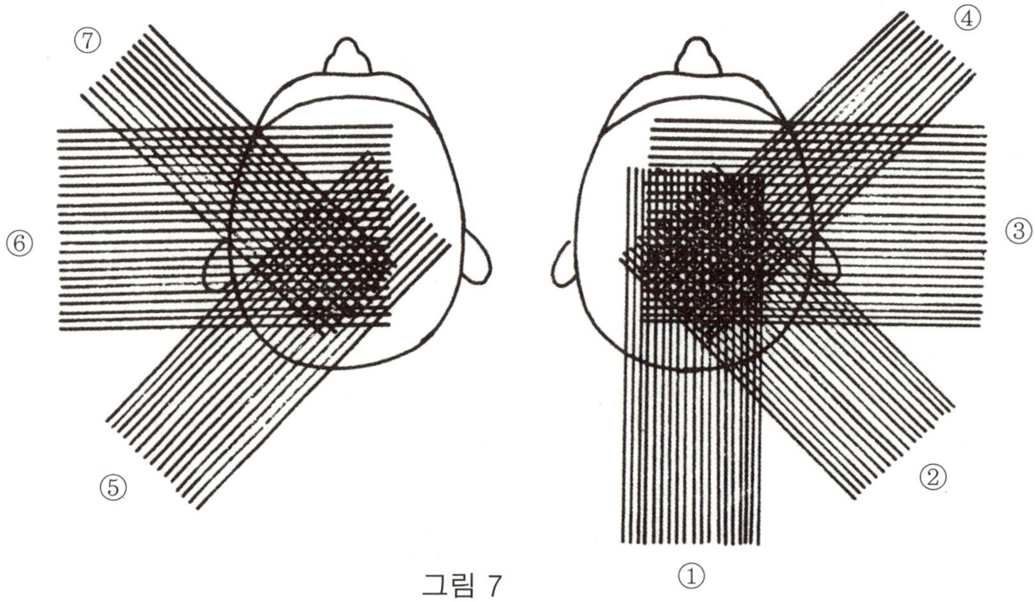

그림 7

① 후방 0°
② 우측 후방 45°
③ 우측 측방 90°
④ 우측 전방 45°
⑤ 좌측 후방 45°
⑥ 좌측 측방 90°
⑦ 좌측 전방 45°

어떠한 경우에도 두발의 제일 높은 곳을 사방으로 빗질해 늘어나는 모발을 펴주고 반드시 직선이 되도록 커트한다.

그림 8

5) 목덜미 라인 처리(그림 8)

가지런히 정리된 머리를 앞쪽으로 숙인다

① 백 : 기본 라인이 약간 올라가기 때문에 목덜미, 목의 짧은 모발이 기본 라인에서 튀어나온다. 이 가장자리의 모발을 세로 커트의 요령으로 지그재그 커트한다.
② 사이드 : 머리를 숙여도 긴 모발은 수직으로 내려보기 때문에 위의 모발과 밑의 모발(안쪽 모발)의 짧은 모발이 어긋나 안쪽의 모발이 나온다. 그 나온 모발을 지그재그 커트한다.

① 백, ② 사이드 어느 것도 안쪽의 모발을 지그재그 커트한 것으로 짧은 단발머리의 커트라인이 매우 소프트하며 끝의 헴라인이 피부에 밀착된다.

6) 체크 커트

가지런히 마무리한 후 머리를 흔들어 스타일이 자연히 정리된 상태로 기본 디자인 라인부터 나온 모발이 있으면 커트한다.

Ⅱ. 걸스 커트 – 2 …… 바리에이션=이사도라 커팅

1) 후두부 (그림 9)

먼저 후두부를 좌우 목덜미 사이를 디자인 라인의 길이로 수평으로 커트해 기준 길이를 만든다.

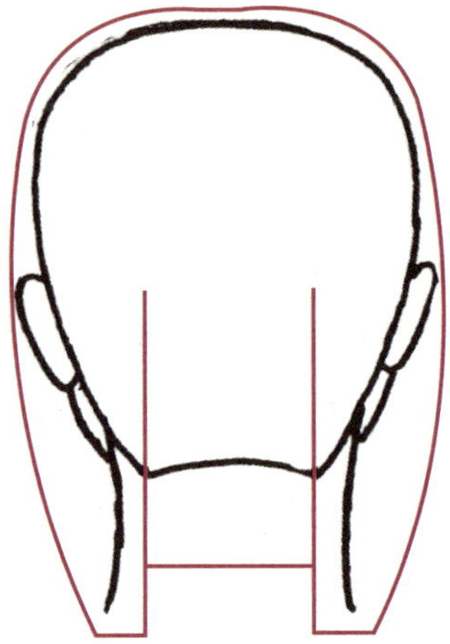

그림 9

2) 좌측 옆머리 (그림 10)

측면을 다음과 같이 3곳으로 구분한다.

Ⓐ 측면 정중선보다 앞의 모발
Ⓑ 귀에 덮이는 모발
Ⓒ 귀 뒤에서 목덜미까지의 모발

먼저 측면에 마주해 만들고 싶은 사이드 라인의 디자인에 맞추어 후두부에서 자른 좌측 끝의 모발과 좌측 사이드 앞쪽의 모발에 맞추어 라인을 설정한 뒤 그 설정 라인보다 약간 각도를 주고 Ⓐ를 커트, 계속 각도를 낮춰 Ⓑ를 커트(이 부분이 처음 설정한 때의 사선 각도), 여기에 각도를 더욱 낮추어 후두부 라인과 연결되도록 Ⓒ를 커트한다.

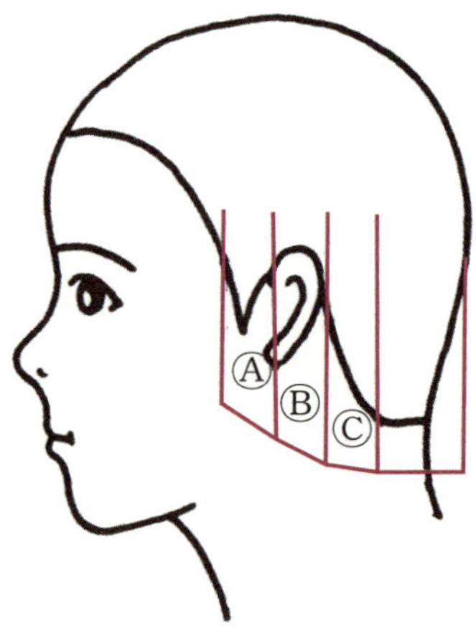

그림 10

3) 우측 옆머리

우측도 좌측과 같은 순서, 각도로 커트한다.

4) 헴라인 위쪽

백부터 양 사이드로 헴라인의 각을 없애고 약간의 그라데이션을 만든다.

세로 슬라이스로 먼저 피부에 따라 집어내고, 집어낸 모발에 대해 직각으로 위쪽의 각을 없앤다. 다음으로 45°로 잡아 마지막으로 제일 위(표면)의 모발이 수평으로 되도록 잡아당겨 어떤 것도 위쪽의 코너를 커트한다.

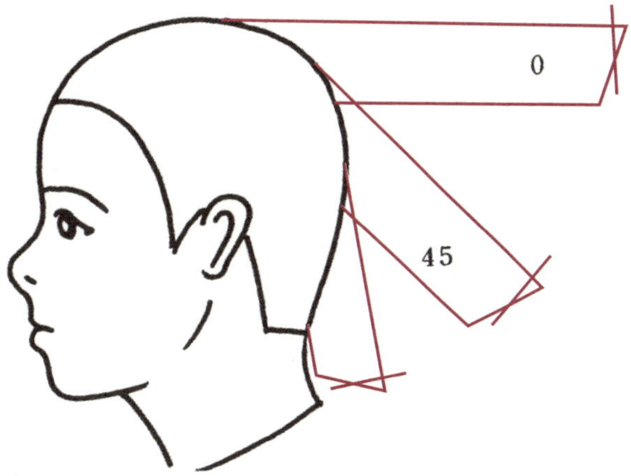

그림 11

5) 앞머리

① 중앙부를 세로 커트 요령으로 디자인 라인의 기준을 만든다.

② 좌우 끝까지 적은 슬라이스로 가운데로 모으는 느낌으로 자른다.

③ 앞머리는 그라데이션을 만드는 것 같이 세로 슬라이스로 1~2회 빗질할 때마다 각을 없앤다.

그림 12

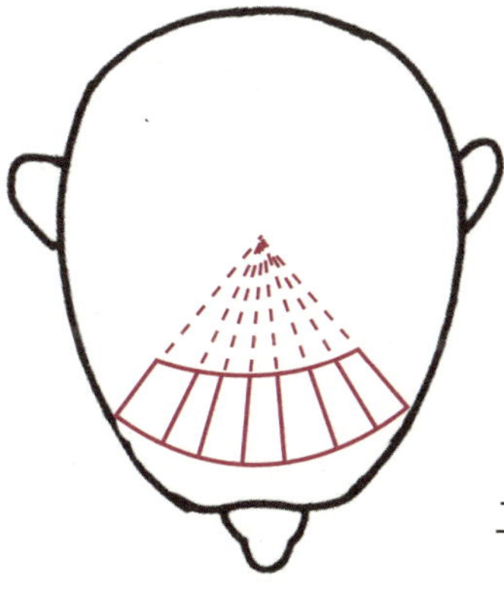

그림 13

III. 걸스 커트 -3 …… 머시룸(mushroom) 커트

커팅

두부의 가마를 중심으로 2개의 원으로 구분선을 만드는 방법으로 3단으로 블록킹한다. (그림 14)

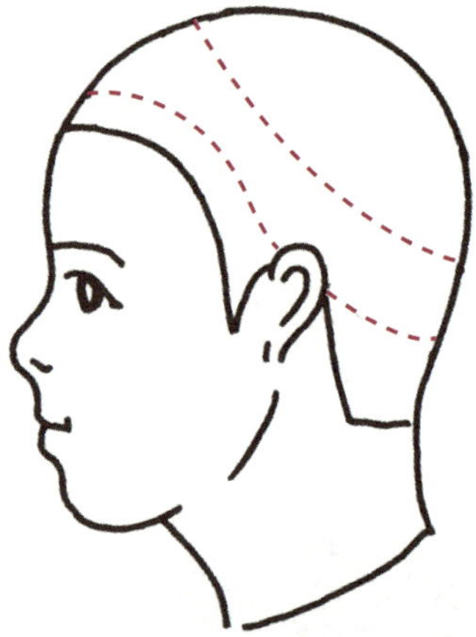

그림 14

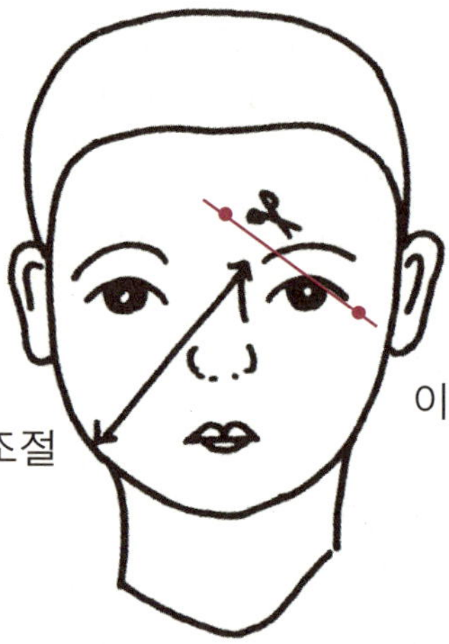

그림 15

1) 제일 밑부분

머시룸 스타일의 기본선을 만드는 부분이다.

① 먼저 정면, 얼굴 정중선상에 삼각형이 되는 각도로 정중선부터 좌우에 각각 가위 끝이 밑으로 향하는 각도로 앞머리를 만든다.

② 앞머리가 정해지면 좌우 각각의 사이드부터 백에 원으로 연결되게 만든다.

2) 중단부

중단부의 모발을 이미 잘려진 하단부의 모발과 합쳐 빗질하고 디자인 라인에 맞추어 커트한다.

3) 상단부

상단부의 모발을 중단부와 합쳐 앞서 자른 모발에 맞추어 커트한다.

-부록-

1.예상 문제 및 해설

01.이용 이론 02.공중보건학 03.소독학 04.피부학

2.용어 해설

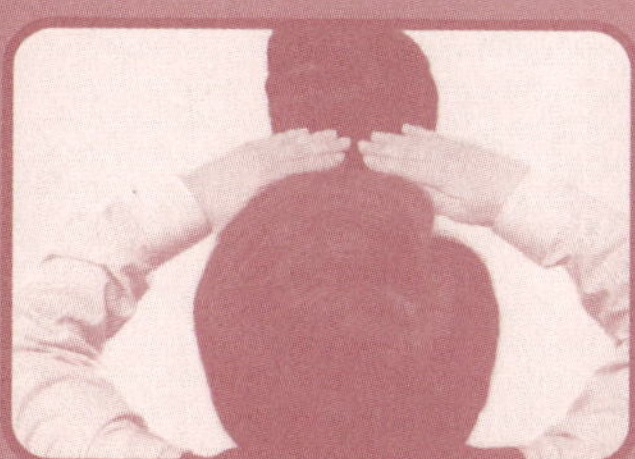
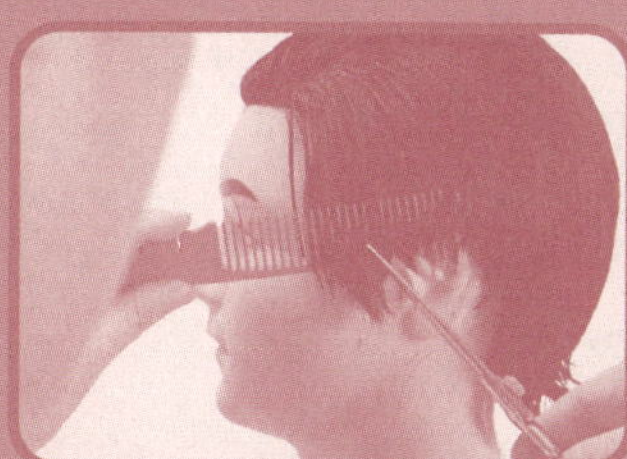

01. 이용이론

01. 머리를 삭발한 동기는 B.C 1984년에 '히브라이족' 추장이 최초로 시작하였다. 그 이유는?

① 위생적인 이유
② 보기 좋게 하기 위함
③ 봉건 사상을 철폐하기 위한 수단
④ 죄진 사람의 머리를 깎아 그 머리가 길어질 때까지 죄과를 반성도록 하기 위해서였다.

➲ 히브라이족의 추장이 죄진 사람의 머리를 깎아 그 머리가 자랄 때까지 죄과를 반성토록 하기 위해서였다.

02 세계에서 제일 먼저 이발이 시작된 나라는?

① 독일　② 미국　③ 프랑스　④ 일본

➲ 프랑스 나폴레옹 제정 당시 이발이 시작되었다.

03. 세계 최초의 이용사는 다음 중 누구인가?

① 장바버　② 바리캉　③ 나폴레옹　④ 안종호

➲ 프랑스 외과병원에서 장바버 씨가 치료를 하기 위하여 이발을 해오다가 병원과 이용을 분리하면서 사인보드 표시등을 가지고 이용원의 개설자가 되었다.

04. 프랑스 나폴레옹 제정 당시 장바버가 병원과 이용원을 분리시킨 연도는?

① 1814년　② 1804년　③ 1894년　④ 1946년

➲ 프랑스 외과병원과 이용을 같이 해오다가 1804년에 분리되었다.

01-④　02-③　03-①　04-②

05. 세계 이 · 미용연맹(CIC)의 본부는 다음 중 어디에 있는가?

① 영국 런던 ② 프랑스 파리 ③ 미국 뉴욕 ④ 독일 뮌헨

➡ 세계 이 · 미용연맹(CIC)는 Comefde Ration, intenatiololedera Coiffure의 약칭이며, 사무국은 프랑스 파리에 있고, 그 운영은 상임이사회의 이사회 총회가 맡고 있다.

06. 동양에서 제일 먼저 이용이 시작된 나라는?

① 일본 ② 한국 ③ 중국 ④ 대만

➡ 동양에서 서양문화를 빨리 받아들인 나라가 일본이며, 이용 또한 제일 먼저 시작하였다.

07. 우리나라에서 제일 먼저 머리를 깎게 된 시기는?

① 세종대왕 ② 고종황제 ③ 해방 후 ④ 일본 통치 때

➡ 고종황제 때 김홍집 내각이 안종호, 유길준, 정병하 등에게 체두관이란 벼슬을 주어 상감, 세자, 대신 등 고관의 거추장스러운 머리를 자른 후 각 지방으로 나가서 머리를 자르기 시작하였다.(체두관 : 머리를 짧게 할 수 있는 관직의 명칭.)

08. 우리나라 최초의 이용사는?

① 김옥진 ② 서재필 ③ 박영호 ④ 안종호

➡ 안종호가 우리나라 최초의 이용사이며 고관귀족들을 처음 이발하였다.

09. 사인보드는 다음 색 중 어느 것인가?

① 청, 홍, 백 ② 청, 황, 백 ③ 녹, 홍 백 ④ 청, 홍, 황

➡ 사인보드는 청색, 홍색, 백색의 표시로써 동맥, 정맥, 붕대의 뜻으로 표시되어 세계 공통적인 이용소의 표시등이다.

해답 05-② 06-① 07-② 08-④ 09-①

10. 사인보드(사인볼)의 3색은 나폴레옹 제정 이전에 이용과 병원을 겸하여 사용하던 표시 등으로써 3가지 색의 의미는?

① 정맥, 동맥, 위생복　② 정맥, 동맥, 흰종이
③ 정맥, 동맥, 붕대　④ 바리캉, 면도, 가위

➲ 사인보드는 세계 통일적으로 이용소의 표식으로 사용하고 있다.

11. 세계 및 한국 이용업의 발달사를 보면 다음 중 어느 계층에서 시작되었는가?

① 고관대작　② 평 민　③ 상 민　④ 죄 수

➲ 이용의 발달사를 보면 서양이나 동양 모두가 귀족, 고관 대작으로부터 이발을 먼저 시작하였다.

12. 현대 이용의 기술론으로 다음 중 어느 항목이 제일 적당한가?

① 머리를 잘 깎으면 된다.
② 면도를 잘하면 된다.
③ 건전한 풍속도와 남자의 품위 표현 모색
④ 안마를 잘하면 된다.

➲ 현대 이용의 기술은 머리를 자르는 것이 목적이 아니라 아름다운 예술이다. 직업에 따라 신체의 미와 품위를 최대로 표현, 모색하는 것이다.

13. 다음 중 이용 기능공의 사명감이 아닌 것은?

① 직업 의식에 대한 사명감　② 항상 겸손, 언어, 행동 조심
③ 새로운 머리형 창조　④ 안마, 귀 후비기 등 고객 서비스

➲ 이용 기능공의 사명은 직업의식의 명예감과 겸손한 말과 행동에 주의하여야 하며, 새로운 머리 모양을 만들어내는 자세가 필요하다.

14. 밑 날판이 윗 날판보다 2개 많은 것은 다음 중 어느 것인가?

① 5리기　② 1분기　③ 2분기　④ 5분기

➲ 5리기는 밑 날판이 1mm 두께로 제일 얇은 것이고, 밑 날판 23개이고 위 날판의 수는 21개이다. 5리기 이외에는 밑 날판이 1개 많다.

10-③　11-①　12-③　13-④　14-①

15. 1분기 바리캉으로 삭발한 머리 길이는?

① 2mm ② 3mm ③ 5mm ④ 7mm

➡ 1분기의 밑 날판 두께는 2mm, 2분기는 3mm, 3분기는 5mm

16. 중, 고등학생에게 주로 사용하는 이발기는?

① 5리기 ② 1분기 ③ 2-3분기 ④ 5분기

➡ 바리캉은 총 7종이다. 제일 얇은 것이 1mm, 두터운 것이 9mm이고, 10mm 이상은 없다. 중, 고등학생에게는 대부분 2-3분기 바리캉을 사용한다.

17. 다음 중 특수 조발이 아닌 것은?

① 가위(형발) 머리 ② 상고머리 ③ 스포츠 머리 ④ 2분 머리

➡ 특수 조발이라 함은 조발 형태로 작품이 구성되는 것(상고머리, 가위 머리, 스포츠 머리)

18. 다음 중 가르마의 종류가 아닌 것은?

① 5.5 가름 ② 3.8 가름 ③ 2.8 가름 ④ 4.6가름

➡ 가르마의 종류는 4가지로 분류하며 3.8 같은 홀수는 성립될 수 없다. 5.5 가르마는 콧등이 중심, 4.6 가르마는 눈물주머니 중심, 3.7 가르마는 눈동자 중심, 2.8 가르마는 눈꼬리 중심

19. 긴 얼굴의 가르마는 다음중 어느형이 적당한가?

① 5.5 가름 ② 2.8 가름 ③ 3.7 가름 ④ 4.6 가름

➡ 2.8가르마(긴 얼굴), 4.6가르마(삼각 얼굴) 3.7가르마(둥근 얼굴)

20. 염색 시술 시 엷게 하는 방법은?

① 염모제를 감량한다. ② 시간을 연장한다.
③ 한 번 더 바른다. ④ 산화제를 추가로 넣어서 바른다.

➡ 염색을 엷게 하려면 염모제를 감량한다.

해답 15-① 16-③ 17-④ 18-② 19-② 20-①

21. 조발의 순서는?

① 뒷면-우측 ② 뒷면에서 좌측 ③ 뒷면-중간 ④ 순서가 없다.

➲ 조발의 순서는 윗머리를 적당히 정리한 다음, 뒷면에서 좌측 후두부로 한 다음, 우측으로 들어간 다음, 측두부에서 다시 뒷면으로 한다.

22. 안면체는 다음 중 어느 순서 방식을 택하나?

① 가운데서부터 ② 우측에서부터 ③ 좌측 ④ 순서가 없다.

➲ 안면체의 순서 ① 이마, ② 우측 뺨, ③ 좌측 뺨, ④ 턱, ⑤ 코밑으로 한다.

23. 면도할 때 칼날의 각도는?

① 30도 ② 40도 ③ 45도 ④ 50도

➲ 면도 숫돌로 정비한 후 피대에 문지른 다음 면도를 사용하는데 각도는 45도 이하로 사용한다.

24. 다음 중 이발을 거부할 수 있는 질병은?

① 치질 환자 ② 무좀 환자 ③ 결핵 환자 ④ 성병 환자

➲ 결핵 환자는 포말감염(환자의 침, 가래, 분비물)으로 전염되므로 이용소 출입을 거부할 수 있다.

25. 이용술의 종류를 크게 나누면 몇 가지가 있는가?

① 5가지 ② 3가지 ③ 6가지 ④ 4가지

➲ 1. 이발(조발, 삭발) 2. 면체술 3. 염발술 4. 두피 처리술 4가지

26. 머리에 아이롱을 사용하는 목적은?

① 모발의 흐름과 균형을 바로 잡기 위해
② 손님의 기분을 좋게 하기 위해
③ 머릿결을 좋게 하기 위해
④ 다른 이용소에서 하기 때문에

➲ 아이론을 사용하는 목적은 두발의 형(모양)을 오래 유지하며, 곡모와 직모에 적당히 활용하면 효과가 크다.

21-② 22-② 23-③ 24-③ 25-④ 26-①

27. 숫돌에 덧돌을 사용하는 목적이 아닌 것은?

① 숙돌의 평면 유지 ② 기구 정비의 신속 ③ 숫돌의 불순물 제거 ④ 숫돌 보호

숫돌의 종류는 자연 숫돌, 인조 숫돌로 나눈다. 또한 가위 숫돌, 면도 숫돌이 있다. 면도 숫돌은 가위 숫돌보다 단단하다. 덧돌은 숫돌을 보호하는데 관계없다.

28. 모발을 효과적으로 말리는 기구는?

① 레이저 ② 스팀 ③ 선풍기 ④ 헤어드라이어

레이저는 면도 시 사용하는 기구이고 스팀은 증기, 선풍기는 시원하게 바람을 내는 기구이며, 헤어드라이어는 머리를 흐름에 따라 형을 잡으면서 말리는 효과가 있다.

29. 머리 만지기의 목적은?

① 두피 기능을 바르게 유지 ② 탈모가 생긴다.
③ 아름답게 보이려고 한다. ④ 먼지, 때를 없앤다.

두피 마사지를 하면 혈액순환 촉진, 두피 기능을 활발하게 하며 탈모 예방에 도움을 준다.

30. 모발 위생의 목적과 효과에 해당하지 않는 것은?

① 정발, 세발 ② 두피의 생리 기능 유지 ③ 모발에 영양 공급 ④ 탈모 방지

모발의 위생은 청결해야 하며, 적당한 영양 공급으로 건강한 모발을 만들며 탈모를 예방한다.

31. 다음 중 세발에 가장 적당한 물은?

① 온천물 ② 빗물 ③ 우물물 ④ 37℃ 내외의 수돗물

온천물은 유황 성분이 있어 머리카락에 뻣뻣한 감을 주며 빗물은 먼지, 세균 등이 많이 있어 좋지 않으며, 우물물은 끈끈하며 수돗물은 연수로서 때가 잘 빠진다.

해답 27-④ 28-④ 29-① 30-① 31-④

32. 샴푸 시의 적합한 물의 온도는?

① 30도 전후 ② 37도 전후 ③ 40도 전후 ④ 45도 전후

➲ 목욕탕 물은 40℃가 좋으며, 세발할 때 샴푸 사용 시는 37℃가 적당하다.

33. 이용 업무는?

① 기계적 행위 ② 수익적 행위 ③ 사회봉사적 행위 ④ 예술적 행위

➲ 이용의 업무는 수익적 행위이나 철저한 소독과 위생 지식을 습득해야 하며 친절과 봉사가 있어야 한다.

34. 단발은?

① 남자 두발의 일종 ② 여자 두발의 일종
③ 여학생 두발형의 일종 ④ 남학생 두발형의 일종

➲ 단발머리는 앞머리 눈썹 끝 사이를 직선으로 자르고 귀밑을 원형으로 커트하는 것으로 여학생 두발형의 일종이다.

35. 이용소에서 많이 사용하지 않는 면도기는?

① 일도 ② 양도 ③ 자루면도 ④ 안전면도

➲ 근래에 간염균의 전염이 심해 이용소에서 1회용 일도날을 사용하도록 정부에서 권장하고 있다. 안전면도기는 가정에서 주로 사용한다.

36. 마셀의 직업은?

① 이용사 ② 미용사 ③ 양재사 ④ 약제사

➲ 마셀은 본래 이용사였으나 그의 어머니가 아주 아름다운 네추럴 웨이브의 머리였으므로 이것을 보고 직모인 사람에게 아이롱으로 아름다운 머리 모양을 만들기 위하여 고안한 미용소에 쓰는 아이롱(마셀과컬).

32–② 33–② 34–③ 35–④ 36–①

37. 바이브레이터(vibrator)란?

① 전기진동기 ② 미안기 ③ 스팀타월 ④ 전기외선

➡ 바이브레이터란 전기진동기며 마사지 안마기로 사용하고 있다.(안마기의 종류)

38. 모발이 길이로 갈라지는 증세는 어떤 현상인가?

① 사모 ② 탈모균 ③ 결절염모증 ④ 원형탈모증

➡ 지방질 부족과 비타민 A의 부족으로 모발이 부스러지고 끝이 갈라진다. 모발을 윤택하고 아름답게 만들려면 비타민 E와 비타민 F(깨, 콩 등)를 섭취하면 좋다. (원형탈모증은 원형독두라고 하며 본인이 모르는 사이에 빠지고 다시 난다.)

39. 머리 질을 좋게 하기 위해 세발할 때 첨가물은?

① 붕산 ② 유황 ③ 소금 ④ 식초와 레몬즙

➡ 붕산(소독과 수질에 효과), 유황(피부병, 비듬에 효과), 소금(피부병에 효과), 식초와 레몬즙(모발 영양 효과를 윤택하게 하며 모발의 질을 좋게 한다.)

40. 염색약의 주성분은?

① 헤나 ② 산성린스 ③ 나뭇가지 ④ 식품이 변한 것

➡ 헤나(Henna)는 이집트산 부처꽃으로 식물성 염모제이다.

41. 염색을 하려고 한다. 어떻게 해야 좋은가?

① 머리카락의 경모, 연모를 확인 후 한다.
② 침포 시험(Patch test) 후 염색한다.
③ 알레르기성 피부는 시험할 필요가 없다.
④ 콜드나 기름을 두부 전체에 바른 후 하는 것이 세발하기 좋다.

➡ 염색을 하려면 먼저 알레르기성 피부와 피부병, 상처를 확인한 후 염색하는 것이 안전하다.(처음할 경우는 첨포 시험 후 한다.)

해답 37-① 38-③ 39-④ 40-① 41-②

42. 염모제의 종류가 아닌 것은?

① 금속성　② 유기성　③ 동물성　④ 식물성

➡ 동물성에는 염모제를 얻을 수 없다.(염색제 종류는 식물성, 광물성, 합성화학)

43. 과산화수소는 두발의 탈색에 사용한다. 일반적인 농도는?

① 2~3% 용액　② 6% 용액　③ 10% 용액　④ 20% 용액

➡ 과산화수소는 6%(H_2O_2) 용액이 사용된다.(옥시풀)
※ 식물성 염모제 : 헤나, 카밀레꽃, 호도껍데기
광물성 염모제 : 금속화합물(납, 철, 구리, 니켈)
합성 염모제 : 파라페닐렌디아민, 파라트릴렌디아민

44. 다음 중 이용 조발 가위가 아닌 것은?

① 보통 가위　② 조발 가위　③ 단발 가위　④ 집게 가위

➡ 이발 가위를 사용할 때 가정에서 사용하는 가위는 사용하지 않는다.

45. 면도기를 정비한 후 피대를 사용하는 이유가 아닌 것은?

① 무딘 칼날 세우기　② 칼날의 세균을 제거
③ 예로부터 하기 때문　④ 일종의 소독 방법

➡ 자루 면도기는 숫돌에 정비한 후 시술 후 피대에 문지르면 칼날이 더욱 선다. 또한 칼날에 묻은 병원성 세균도 제거된다.

46. 가위를 사용한 후 어떻게 기구를 처리해야 하나?

① 정돈만 하면 된다.　② 깨끗이 닦고 소독한다.
③ 닦기만 하면 된다.　④ 사용 후는 소독할 필요없다.

➡ 가위와 모든 기구는 손님 1인마다 소독해야 하므로 사용 후 반드시 소독해야 한다.

42-③　43-②　44-①　45-③　46-②

47. 금강사는?

① 인조 숫돌 ② 자연 숫돌 ③ 천연 숫돌 ④ 돌로된 숫돌

➲ 금강사는 인조 숫돌로 기구의 이가 빠졌을 때 금강사(막숫돌)를 사용한 후 중 숫돌, 고운 숫돌 순으로 정비한다.

48. 가위 숫돌은 어떠한 편인가?

① 무른 편 ② 편편한 편 ③ 단단하고 오목한 편 ④ 볼록한 편

➲ 가위 숫돌은 무른 편이며 면도 숫돌은 단단한 편이다.

49. 물로 감는 세발법은?

① 유성 세발법 ② 드라이 샴푸 ③ 프레인 샴푸 ④ 에그 샴푸법

➲ 머리 밑이 불결한 경우 물 세발 전에 유성 샴푸하고 다시 프레인 샴푸(이용소에서 일반적으로 하는 것)한다. 드라이 샴푸는 환자에게 적당하며, 에그 샴푸는 머리에 윤기가 없고 모발이 잘 부서지는 경우 행하면 효과적이다.

50. 부러시의 작용과 관계 없는 것은?

① 모발을 부드럽게 한다. ② 비듬을 없앤다.
③ 모발 끝이 갈라진다. ④ 모질을 바르게 잡아준다.

➲ 모발 끝이 갈라지는 원인은 영양 부족, 즉 지방질 섭취 부족으로 오는 경우가 많다. 부러시는 잘 사용하면 모질을 바르게 잡아주는 효과가 크다.

51. 아이론의 적당한 온도는?

① 100℃ ② 110℃ ③ 120℃ ④ 130℃

➲ 고대기는 130℃의 열이 알맞고 종이가 타지 않는 정도가 좋다.

52. 세안이나 샴푸에 적당한 물은?

① 연수 ② 경수 ③ 천수 ④ 소독수

➲ 경수는 비누 거품이 잘 일지 않고, 천수는 빗물로서 먼지와 세균이 많이 있으므로 부적합하고, 세안수에는 연수(수돗물)가 적합하다.

해답 47-① 48-① 49-③ 50-③ 51-④ 52-①

53. 면도로 조발하는 것을 무엇이라 하나?

① 레저 커트 ② 핸드 커트 ③ 드라이 커트 ④ 마셀 커트

레저(면도)로 커트(자르는 것)하는 것

54. 면도 후 화장 순서는?

① 콜드크림-스킨로션-밀크로션 ② 헤어크림-스킨로션-콜드크림
③ 밀크로션-스킨로션-콜드크림 ④ 스킨로션-콜드크림-밀크로션

콜드크림으로 깨끗이 닦아낸 후 스킨로션을 바르고 밀크로션을 바른다.

55. 세발하기 쉬운 포마드는?

① 식물성 ② 동물성 ③ 광물성 ④ 약용 포마드

식물성 포마드는 증발이 가장 잘되기 때문에 비누에 잘 풀린다.

56. 세안용 물은 어느것이 좋은가?

① 경수 ② 연수 ③ 철분이 다량 함유된 물 ④ 염분이 다량 함유된 물

연수는 칼슘과 마그네슘이 적게 함유한 물로 비누거품이 잘 나며 때가 잘 지워진다.

<각종 기구의 사용법>

57. 바리캉의 종류가 아닌 것은?

① 전기식 자동 편수기 ② 수동식 양수기
③ 수동식 편수기 ④ 전기식 자동식 바이브레이터

현재 이용소에는 수동(자동) 편수기를 많이 사용하며 양수기는 양손으로 깎는 기계인데 거의 없어졌으며 바이브레이터는 안마기이다.

53-① 54-① 55-① 56-② 57-④

58. 가위는 어떤 원리를 이용한 기구인가?

① 지렛대 ② 주전자 ③ 곡괭이 ④ 톱

➲ 가위는 지렛대의 원리를 이용한 것이다.

59. 가위 중 어느 것이 가장 잘 듣겠는가?

① 날의 중간 부분이 약간 올라온 것 ② 날이 오목하게 된 것
③ 수평으로 3mm~5mm ④ 날 부분의 넓이가 5mm~8mm인 것

➲ 날 중간 부분이 수평으로 3mm~5mm 넓이의 날을 내면 좋다.

60. 목욕물의 온도는?

① 45℃ ② 40℃ ③ 50℃ ④ 35℃

➲ 수영장 20℃, 목욕탕 40℃

61. 노쇄 현상을 방지하기 위한 것이다. 틀린 것은?

① 계절 변화에 적응 ② 과로와 자극을 받아도 괜찮다.
③ 건강 유지에 힘써야 한다. ④ 적당한 영양을 공급

➲ 노쇄 현상을 방지하기 위해서는 적당한 운동과 적당한 영양 공급, 계절 변화에 적응, 체온조절과 건강에 유의하여야 한다.

62. 건강한 성인의 1분간 맥박은(정상치) 몇 회인가?

① 30회 ② 70회 ③ 120회 ④ 240회

➲ 안정 시의 건강한 어른은 1분간 60~80회의 맥박이 뛴다.

63. 이상적인 얼굴형은?

① 둥근형 ② 계란형 ③ 삼각형 ④ 정방형

➲ 계란형은 4:6 가름에 잘 조화되며 얼굴이 계란형이면 어떤 헤어스타일에도 잘 어울린다.

해답 58-① 59-③ 60-② 61-② 62-② 63-②

64. 이 · 미용사가 전염병 환자일 때는?

① 치료를 하면서 하면 된다. ② 업주나 협회장에게 승락을 받아 종사
③ 전연 종사할 수 없다. ④ 마음대로 할 수 있다.

➲ 이 · 미용사가 전염병 환자일 때는 전연 종사할 수 없으며 완전 치유 후에 종사해야 한다.

65. 머리카락이 불결하면 기생충병, 피부병의 원인이 되기 쉽다. 이에 따른 증세는?

① 탈모 ② 착모 ③ 부스럼 ④ 여드름

➲ 머리카락이 불결하면 피부병 등 탈모가 생긴다. 1주일에 2회 정도 세발하면 좋다.

66. 두피 및 두발에 좋은 영양을 주는 것은?

① 알코올 ② 와세린 ③ 본도린 ④ 올리브유

➲ 건성피부와 탈모가 많이 생기고 머리카락이 상한 모발에 올리브유가 좋다.

67. 원형독두란 무엇인가?

① 습진 심상선백반 ② 머리의 모양 ③ 피부질환 ④ 원형탈모증

➲ 원형독두는 자기도 모르게 머리가 비교적 둥글게 빠졌다가 2, 3개월 후에 다시 난다. (악성은 6개월 이상 체질에 따라 몇 년 지속되는 경우도 있다.)

68. 다음 중 모발에 사용하는 화장품이 아닌 것은?

① 호스메직크 ② 염모제 ③ 탈모제 ④ 콜드크림

➲ 콜드크림은 얼굴 마사지 또는 닦아내는데 사용된다.
(호스메직크는 포마드직크)

69. 머리의 명칭 중 톱(Top)은 어느 부위를 말하는가?

① 두정부(정수리 부분) ② 전두부(앞머리 부분)
③ 측두부(머리 양쪽 옆부분) ④ 후두부(뒤통수 부분)

➲ 두정부-Crown(크라운), 측두부-Side(뒤통수 부분)
후두부-Nape(네이프), 전두부-Top(톱)

64-③ 65-① 66-④ 67-④ 68-④ 69-②

70. 팩을 얼굴에 도포했을 때 효과 중 설명이 틀린 것은?

① 피부의 혈액과 림프선의 순환이 왕성해 진다.
② 피부를 휴식시키는 효과를 준다.
③ 피부 표면의 때와 불순물을 제거시킨다.
④ 털구멍의 틈새에 끼여 있는 노폐물을 밖으로 배출시킨다.

➔ 얼굴에 팩(Pack)을 도포하여 얼마간의 시간이 흐르면 건조되어 강하게 수축시켜 피부에 긴장을 준다.

71. 염모제 사용으로 생기는 피부병은?

① 알레르기성 피부병 ② 백선 ③ 습진 ④ 개선(옴)

➔ 알레르기성 피부는 염모제를 사용하면 알레르기성 피부병이 생긴다. 그러므로 피부를 학인한 후 염모제를 사용해야 한다.

72. 팩(Pack)을 안면에 바른 후 몇 분만에 닦아내는 것이 좋은가?

① 10분 ② 20분 ③ 30분 ④ 40분

➔ 팩을 바른 후 20분 후에 닦아내는 것이 좋다.

73. 비듬약의 주성분은?

① 알코올 ② 글리세린 ③ 유황 ④ 유지

➔ 비듬약을 60% 유황과 40%의 향료, 색소, 샴푸, 붕산, 멘톨, 물 등으로 만들어져 있다.

74. 두피 전체를 부드럽게 주무른다는 것은?

① 경찰법 ② 강찰법 ③ 유연법 ④ 진동법

➔ 경찰법 : 부드럽고 매끄럽게 마찰하는 방법으로 손가락, 손바닥으로 한다.
강찰법 : 압력을 가하여 피부를 눌러 마찰하는 방법이다.
유연법 : 피부와 근육을 집어 올려 강하게 쥐었다가 내리면서 주물러 푸는 방법이다.
진동법 : 손이나 전기안마기로 피부를 진동시키는 방법이다.

해답 70-② 71-① 72-② 73-③ 74-③

75. 모발이 세로로 갈라지는 이유는?

① 운동 부족 ② 칼슘 부족 ③ 함유탄소 부족 ④ 지방질 부족

➲ 우유, 달걀, 생선, 육류, 콩 등을 섭취하는 것이 모발의 영양을 위해서 중요하다. 지방질이 부족하면 모발이 갈라지고 거칠어 진다.

76. 가위는 어떻게 정비(날을 세우는 것)하는 것이 효과적인 방법인가?

① 날이 설 때까지 갈면 된다.
② 가로 각도만 맞으면 된다.
③ 세로 각도만 맞으면 된다.
④ 가위 강도에 따라 가로, 세로 적당한 각도를 유지해야 한다.

➲ 가위는 정비할 때 쇠의 강도에 따라 숫돌에서 세로, 가로가 적당한 각도로 정비해야 한다.

77. 미끄러운 가위를 정비할 때 숫돌과 가위의 위치로 효과적인 방법은?

① 30° ② 35° ③ 40° ④ 45°

➲ 가위를 숫돌길이 방향으로 갈면 더 미끄러우니 숫돌 길이에서 가로로 걸쳐 30° 각도로 가는 것이 효과적이다.

78. 가위의 쇠가 연한(쇠가 강하지 못한 것) 것을 정비할 때 가위의 각도로 효과적인 방법은?

① 30° ② 35° ③ 40° ④ 45°

➲ 가위의 쇠가 강할수록 눕혀서 정비(갈고)하고, 연할수록 세우는 방향으로 정비하여야 효과적이다.

79. 염색 직후 변색을 방지하기 위한 조치로 적당하지 않는 것은?

① 샴푸 후 린스를 사용하였다.
② 염색 후 바로 퍼머넌트를 하였다.
③ 24시간 동안 헤어드라이어를 사용하지 않는다.
④ 올리브 마사지를 하였다.

➲ 염모제가 완전 침식되기 전에 퍼머를 하면 치오클리콜산, 암모니아 아미노산 등 화학적인 산화작용으로 탈색 변색을 일으킬 수 있다.

75-④ 76-④ 77-① 78-④ 79-②

80. 포마드의 작용에 해당하지 않는 것은?

① 모발에 지방을 공급한다.
② 머리칼을 다듬고 광택을 낸다.
③ 모발의 영양을 보충하여 아름답게 한다.
④ 가려움증을 방지한다.

머리기름 작용으로 가려움증이 해소될 수는 없다.

81. 롱 커트(Long cut) 시술 시 전혀 필요하지 않은 기구는?

① 집게 가위 ② 미니 가위 ③ 바리캉 ④ 빗

롱 커트는 장발형임으로 바리캉은 필요없다.

82. 우리나라에 최초로 현대적 의미의 이용이 보급된 시기는?

① 조선시대 중엽 ② 조선시대 말엽 ③ 일본 강점기 초기 ④ 일본 강점기 말기

조선시대 말엽(1895년경)부터 급진적으로 발달되기 시작하였다.

83. 바리캉의 어원은?

① 기계를 만든 사람 이름
② 프랑스의 최초 이용업소 이름이다.
③ 프랑스의 기계 제작 회사명
④ 프랑스의 외과의사 이름

바리캉마르라는 프랑스 기계 제작회사에서 이발기계를 처음 만들어 그 회사 이름을 붙였다.

84. 마사지의 효능을 가장 잘 지적한 것은?

① 혈액순환을 증진시키며, 피부에 영양을 공급한다.
② 피부를 희게하고 주름을 없앤다.
③ 조혈작용을 증진시킨다.
④ 모세혈관을 수축시키고 근육을 강화하였다.

마사지는 진공 수축으로 한선, 피지선의 노폐물을 제거하며 혈액순환 촉진과 영양을 공급한다.

해답 80-④ 81-③ 82-② 83-③ 84-①

85. 조발용 가위 정비술에 있어 가장 적당한 정비 학인 방법은?

① 모발 하나를 커트(Cut)해 보았다.
② 물에 젖은 화장지를 커트(Cut)해 보았다.
③ 신문 용지를 커트(Cut)해 보았다.
④ 스폰지를 커트(Cut)해 보았다.

➲ 가위를 정비할 때 강도에 의한 적절한 각도를 유지하여 정비한 후 물에 적신 화장지로 정비 상태를 확인한다.

86. 정사각형의 얼굴형에 가장 알맞는 조발 및 정발형은?

① 양 측두부 모발의 양감을 줄이고 정수리 부분의 모발에 양감을 더하여 준다.
② 정 사각형의 얼굴 조발은 아무렇게나 해도 어울린다.
③ 양 측두부 및 후두부만 양감을 하여 조발한다.
④ 양 측두부의 모발을 살리고 윗부분만 줄이면 이상적이다.

➲ 좌우측 모발 양을 줄이고 가운데 모발 양을 살리면 좋은 형태가 된다.

87. 조발 가위를 계속 정비 사용 중 가윗날이 오목하게 되는 가장 큰 이유는?

① 가위 수명이 다 됐다.　② 가위의 안쪽으로만 사용하였다.
③ 가위 끝부분만 사용하였다.　④ 정비를 잘못한 것이 축적되었다.

➲ 합리적으로 정비하지 않고 편리한 대로 정비한 것이 원인이다.

88. 두발 후두부 하단에 바리캉을 사용한 조발을 할 때 빗은 다음 중 어떻게 잡는 것이 가장 적당한가?

① 왼손 전체로 잡는다.
② 왼손 모지와 중지로 잡는다.
③ 왼손 모지와 인지로 잡는다.
④ 왼손 모지와 인지 중지로 잡는다.

➲ 왼손 모지와 인지로 잡는 것이 원칙이다. (모지, 인지, 중지, 약지, 소지)

85-② 86-① 87-④ 88-③

89. 건조성 두피의 세발에 적당한 방법은?

① 건성 두피에는 더운물을 사용해서는 안 된다.
② 건성 두피에는 세면용 고급 비누를 사용하여야 한다.
③ 건성 두피에는 샴푸를 사용해서는 안 된다.
④ 헤어 오일이나 식물성 기름을 발라 두었다가 세발하면 이상적이다.

➲ 건성피부에는 기름을 약간 발라두었다가 세발하면 이상적이다.

90. 드라이 샴푸(Dry shampoo)는 어떤 사람에게 주로 이용되는가?

① 두피가 지루성(脂漏性)인 사람 ② 세발이 불편한 환자
③ 비듬이 많은 사람 ④ 탈모가 심한 사람

➲ 드라이 샴푸는 물을 사용하지 않는 방법으로 세발이 불편한 환자에게 이상적이다.

91. 다음 탈모 증세 중 지루성(脂漏性) 탈모증이란?

① 상처 또는 자극으로 머리카락이 빠지는 증세
② 나이가 들어 이마 부분의 머리카락이 빠지는 증세
③ 동전처럼 무더기로 머리카락이 빠지는 증세
④ 피부 피지선 분비물이 병적으로 많아 머리카락이 빠지는 증세

➲ 피지선 분비물이 병적으로 많아 모발이 빠지는 증세

92. 다음 중 염발이 가장 불가능한 경우는?

① 헤어 토닉을 사용하였을 때 ② 모발에 노폐물이 많을 때
③ 모발에 습기가 있을 때 ④ 헤어 스프레이를 사용하였을 때

➲ 스프레이를 도포하였거나 기름을 많이 발랐을 경우 세발 후 염발하는 것이 좋다.

93. 샴푸 시 염발제를 나누어 사용하려면 병마개를 막아야 하는 시간은?

① 3초 이내에 막아야 한다.
② 10초 이내에 막으면 사용 가능하다.
③ 30초 이내에 막으면 사용에 무관하다.
④ 1분 이내에 막으면 사용할 수 있다.

➲ 샴푸 시 염발제는 공기에 의해 산화되기 때문에 가장 짧은 시간이 좋다.

해답 89-④ 90-② 91-④ 92-④ 93-①

94. 아이론을 올바르게 쥔 상태로 웨이브를 낼 때 회전 각도는 몇 도로 하는 것이 가장 적당한가?

① 45˚ ② 90˚ ③ 120˚ ④ 180˚

➡ 아이론은 45˚ 이하로 하되 웨이브를 낼 때 회전 각도는 90˚ 도가 이상적이다.

95. 염색 시술 시 염색약을 가장 주의하여 다루어야 할 것은?

① 옷에 묻지 않게 한다. ② 눈에 들어가지 않게 한다.
③ 흐르지 않게 한다. ④ 퍼지지 않게 한다.

➡ 염모제가 눈에 들어가면 안구에 침투하여 부작용을 유발할 수 있다.

96. 염발 시 실내온도가 적정이라면 염모제 도포 후 건발 방법은?

① 선풍기를 이용한다.
② 자연스럽게 소요 시간을 기다린다.
③ 드라이 온풍을 사용한다.
④ 적외선 염모실에서 건발한다.

➡ 염모제가 모발에 침투할 수 있는 적정 시간이 필요하다.

97. 커트 시술 중 집게 가위가 잘 정비되지 않고 커트 중간에 멈추는 횟수가 많아지면 다음 중 어떤 현상이 모발에 생기나?

① 탈모 ② 절모 ③ 탈색모 ④ 곱슬모

➡ 조발 중 가위가 중간에 멈추면 모발이 반정도 잘리는 절모가 생긴다.

98. 면체술 시 브러시로 라사링을 하는 방법은?

① 고객의 오른쪽으로부터 시계 방향으로 한다.
② 아무곳에서나 좌우로 한다.
③ 두정골 부위부터 상하로 한다.
④ 순서 관계없이 편리한 대로 한다.

➡ 우측 볼부터 브러시를 시계 방향으로 턱, 좌 인중, 이마 순으로 도포함이 순서이다.

94-② 95-② 96-② 97-② 98-①

99. 조발 시 집게 가위를 사용하며 윗머리의 커트 시술 시 3mm 넓이의 빗으로 빗질할 때 다음 중 어느 방법이 가장 좋은가?

① 모발 위로만 빗질 ② 필요량만큼만 빗질
③ 빗기 쉬운 데로 빗질 ④ 모근까지 빗날이 닿게 빗질

➡ 빗날 간격이 좁으므로 필요량만 빗질하는 것이 이상적이다.

100. 탈모를 방지하기 위하여 다음 중 가장 적당한 세발 방법은?

① 모근에 자극을 주어 혈액순환에 도움이 되도록 부러시로 샴푸한다.
② 두피와 모근을 마사지하듯 손끝으로 샴푸한다.
③ 모근을 튼튼하게 해주기 위해 손톱으로 적당히 자극을 주면서 샴푸한다.
④ 모발의 먼지와 지방을 제거할 정도로 손바닥으로 마사지하여 샴푸한다.

➡ 세발은 손바닥과 손끝으로 가볍게 하여야 하며 손톱으로 긁어서는 안된다.

101. 두발이 있는 후두 하단부 중앙에 직경 1cm의 둥근 흉터가 있으면 어떻게 조발을 하여야 하는가?

① 흉터가 있는 곳까지 바리캉으로 조발하고 흉터 하단은 면도로 처리한다.
② 흉터가 보이지 않도록 길게 조발하여 흉부를 가려준다.
③ 흉부 양옆의 머리를 3mm로 조발하여 흉터는 염색약으로 처리한다.
④ 흉터의 유무에 상관하지 않는다.

➡ 흉터가 보이지 않도록 조발하는 것이 이상적이다.

102. 가위나 면도를 연마할 때(갈 때) 숫돌의 적당한 높이는?

① 어깨 높이 ② 가슴 높이 ③ 배 높이 ④ 무릎 높이

➡ 공구를 연마할 때는 앉으나 서나 배 높이가 된다.

103. 면도 시술 시 입마개(마스크)를 착용하는 주 목적은?

① 고객만을 위하여
② 본인만(시술자)을 위하여
③ 본인과 고객의 호흡기질환 전염을 방지하기 위하여
④ 고객과의 잡담을 방지하기 위하여

➡ 마스크는 호흡기계 질환을 예방한다.

해답 99-② 100-④ 101-② 102-② 103-③

104. 보통 조발(Long cut)의 순서는 어느 것이 적당한가?

① 고객의 좌측 뒤부터 시작하여 좌우로 조발하는 순서로 마무리한다.
② 고객의 우측으로 부터 윗머리까지 처리하여 좌측에서 마무리한다.
③ 고객의 우측부터 윗머리 치기와 좌측으로 돌며 조발하여 우측으로 회전하여 마무리한다.
④ 고개의 좌측부터 뒷부분 윗머리 치기 우측으로 회전하여 마무리한다.

➲ 조발은 좌측 뒤에서 좌로 다시 뒤로 돌면서 우측을 정돈하고 좌우를 기준으로 윗머리를 정돈하는 순서로 마무리한다.

105. 집게 가위 사용법 중 한 번씩 집어 사용하지 않고 여러 번 가위를 작동하면 모발에 나타나는 결과는?

① 필요량 이상 커트된다.
② 필요량만 커트된다.
③ 필요량 상단 끝만 커트된다.
④ 필요량 하단 뿌리만 커트된다.

➲ 집게 가위는 모발 길이 반에서 끝으로 3, 4회 정도 작동하면 이상적이다.

106. 조발 시 시술자와 의자의 적당한 거리는?

① 일정한 거리는 필요 없다.
② 주먹 한 개의 거리가 기준이다.
③ 의자에서 50cm 정도 거리를 유지한다.
④ 의자에 밀착시킨다.

➲ 시술자와 의자의 거리는 주먹 한 개(10cm) 정도가 이상적이다. 눈의 거리는 30cm가 적당하다.

107. 이용이 의료업에서 분리 독립된 것은?

① 로마 시대 ② 르네상스 시대 ③ 나폴레옹 1세 시대 ④ 미합중국 독립시대

➲ 이용이 나폴레옹 1세(1804년) 때 외과의에 의해 분리되었다.

104–① 105–① 106–② 107–③

108. 염발 제품의 제1액과 제2액을 혼합한 후 약의 효과를 보존하려면 최장 몇 분 이내에 사용하여야 염발이 되는가?

① 5분 ② 10분 ③ 30분 ④ 1시간

➲ 염색약 1, 2액을 혼합한 후 오래두면 산화작용으로 염발이 잘 되지 않는다.

109. 염발 후 세발은 다음 어느 방법이 이상적인가?

① 차가운 물로만 먼저한다.
② 물과 비누를 동시에 사용한다.
③ 샴푸 제품을 먼저 사용한다.
④ 미지근한 물로만 먼저 사용한다.

➲ 물과 비누를 동시에 사용하여 표면의 염모제를 완전 분해한 후 씻어낸다.

110. 염색 기구로써 금속을 사용해도 되는 염발제가 있다. 다음 중 어느 것인가?

① 염모제와 발색제를 혼합 사용하는 제품
② 염모제와 물을 혼합 사용하는 제품
③ 염모제와 옥시풀을 혼합 사용하는 제품
④ 염모제와 양에 비하여 발색제를 2배 이상 혼합하여 사용할 때

➲ 염모제를 끓여서 옥시풀(과산화수소 6%) 혼합 사용하는 제품이 있다.

111. 조발 시 가위를 잡을 때 가장 안전하고 능률성을 높이려면 어느 손가락으로 잡는 것이 좋은가?

① 모지와 인지 ② 모지와 중지 ③ 모지와 소지 ④ 모지와 약지

➲ 제일 굵은 손가락부터 모지(엄지), 인지, 중지(가운뎃손가락), 약지, 소지(새끼손가락)

112. 염발 제품의 보관은 다음 어느 곳이 가장 좋은가?

① 습도가 많은 곳 ② 일광을 받는 밝은 곳
③ 보온 시설이 잘된 밝은 곳 ④ 차고 어두운 곳

➲ 염색약은 따뜻하거나 일광에 노출하면 산화될 수 있으므로 차고 어두운 곳이 좋다.

해답 108-③ 109-② 110-③ 111-④ 112-④

113. 최초의 염발자는 반드시 피부에 약의 부작용 여부를 시험하여야 하는데 그 적당한 부위는?

① 귀 뒤나 팔 안쪽 부분 ② 손등이나 손바닥 ③ 얼굴이나 두피 ④ 목이나 다리

➲ 염발을 처음할 때는 첨포 시험으로 귀 뒤나 팔 안쪽 등에 조금 발라서 48시간 후 이상이 없으면 염발한다.

114. 두부 처리 기술에 사용되는 정발료가 아닌 것은?

① 헤어 다이(hair dye) ② 헤어 토닉(hair tonic)
③ 헤어 크림(hair cream) ④ 헤어 오일(hair oil)

➲ 헤어 다이는 염모제를 뜻한다.

115. 면도할 때 잘리는 곳은 다음의 어느 부분인가?

① 모간(毛幹) ② 모구(毛球) ③ 모유두(毋乳頭) ④ 모근(毛根)

➲ 모간은 털이 피부 밖으로 나와 있는 부분을 말한다.

116. 두발 탈색 시의 주의 사항 중 옳지 않는 것은?

① 탈색에 앞서 두피의 이상 유무를 확인하여야 한다.
② 탈색제의 조제 용구는 금속제를 사용하여야 한다.
③ 탈색제를 칠할 때 모근부는 맨 나중에 칠하도록 한다.
④ 탈색한 두발의 퍼머넌트를 탈색 1주일 후에 한다.

➲ 탈색제의 조제 용구는 금속제를 사용하지 못한다.

117. 아이론으로 만든 웨이브는 다음 중 어느 것인가?

① 퍼머넌트 웨이브 ② 마셀 웨이브 ③ 콜드 웨이브 ④ 핑거 웨이브

➲ 1875년 프랑스의 마셀 그라또(Marcel Grateau)가 창안한 마셀 웨이브이다.

113-① 114-① 115-① 116-② 117-②

118. 조발 가위의 개폐를 조작할 때 정도(靜刀)와 동도(動刀)가 있다. 동도는 어느 지환의 작용인가?

① 약지환 ② 중지환 ③ 엄지환 ④ 인지환

➲ 움직이는 손가락은 엄지(모지)환이다.

119. 다음 중 정발술에 해당이 없는 기구는 무엇인가?

① 빗 ② 아이론 ③ 드라이 ④ 바리캉

➲ 바리캉은 조발술에 필요한 기구이다.

120. 머리에 비듬이 많은 것은 주로 어느 비타민의 부족에 기인하는가?

① 비타민 A ② 비타민 B ③ 비타민 D ④ 비타민 E

➲ 비타민 B_1이 부족하면 비듬이 많이 발생한다. B_1이 많이 함유된 현미, 아스파라거스, 콩류 등을 많이 섭취하여야 한다.

121. 탈모증 현상에 전두부(前頭部) 탈모증이란?

① 뒷머리 부분 머리카락이 빠지는 증세
② 이마 부분의 머리카락이 빠지는 증세
③ 원형으로 머리카락이 빠지는 증세
④ 병후에 머리카락이 빠지는 증세

➲ 머리 앞부분(이마)의 머리카락이 빠지는 증세이다.

122. 두피 마사지의 목적과 거리가 먼 것은?

① 지각신경에의 쾌감 전달 ② 혈액의 순환 촉진
③ 림프액의 순환 촉진 ④ 피지의 분비 억제

➲ 두피 마사지를 하면 피지의 분비를 활발하게 해준다.

해답 118-③ 119-④ 120-② 121-② 122-④

123. 모발이 빠진 곳에 즉시 새로운 모발이 나올 수 있는 사람은?

① 일시적인 탈모로 모근이 살아 있는 사람
② 병적으로 모근이 죽어 있는 사람
③ 화상으로 탈모된 사람
④ 깊은 찰과상으로 탈모된 사람

➲ 일시적인 탈모로 모근이 살아 있으면 새로운 모발이 나올 수 있다.

124. 팩(Pack) 재료에 따른 효과를 설명한 다음 사항 중 틀린 것은?

① 계란흰자 – 피부의 세정
② 계란노른자 – 피부에 영양 공급
③ 벌꿀 – 피부에 수렴작용과 표백작용의 효과가 있다.
④ 파라핀 – 피부의 긴장력을 늦추어 주는 효과가 있다.

➲ 파라핀은 피부의 긴장력을 높여주는 효과가 있다.

125. 이, 씨 커트(Electric Cippers Cut) 조발은 주로 무엇으로 하는가?

① 미니 가위 ② 집게 가위 ③ 면도 ④ 바리캉

➲ 이, 씨 커트는 전기바리캉을 말한다.

126. 다음 중 조발용 착강 가위의 설명으로 옳은 것은?

① 협신부는 연강이며 날의 부분은 특수강으로 되어 있다.
② 협신부와 날의 부분이 다같이 특수강으로 되어 있다.
③ 협신부와 날의 부분이 다같이 연강으로 되어 있다.
④ 조발용 가위는 모두 착강 가위라야 한다.

➲ 가위는 착강 가위와 전강 가위로 구분하며, 착강 가위는 연강의 협신부에 특수강의 날판을 붙여 만들고, 전강 가위는 날판과 협신부가 동일한 특수강이나 날판과 협신부의 열처리 과정이 다르므로 강도도 다르다. 조발용 가위는 동도 쪽이나 정도 쪽의 강도가 똑같아야만 한쪽의 마멸이 생기지 않는다.

123–① 124–④ 125–④ 126–①

127. 다음 부위 중 남성의 수염이 많이 나 있는 부위는 어느 것인가?

① 이골 부위　② 누골 부위　③ 하악골 부위　④ 비골 부위

➲ 턱 부분을 하악골부라고 한다.

128. 다음중 레이저의 선택 방법이 틀린 것은?

① 칼등이 평행된 것
② 콘케이프 곡선이 평균한 것
③ 무게가 무거운 것
④ 칼어깨의 두께가 일정한 것

➲ 레이저의 선택 방법으로는 칼등과 칼끝이 평행되어 있고 비틀리지 않은 것을 택하며, 양면의 콘, 케이프가 칼등에서 칼끝까지 평균한 곡선상으로 되어 있고 칼어깨의 양쪽이 일정한 것을 택한다. 만약 칼어깨의 두께가 일정하지 않을 때는 연마 후 칼끝 마모가 균등하지 않으므로 레이저의 사용이 효율적일 수 없다.

129. 염발 · 가발은 어느 시대에서 시작되었는가?

① 르네상스　② 중세　③ 로마시대　④ 고대

➲ 염발 · 가발은 로마시대 이집트에서 처음 시작하였다.

130. 외국인 금발머리 커트 시 필요한 것은?

① 집게 가위　② 레이저 커트
③ 집게 가위와 미니 가위 사용　④ 미니 가위로 디자인 커트

➲ 서양, 백인종 금발은 모발이 부드럽기 때문에 집게 가위나 레이저 사용의 필요성이 없다.

131. 브로스 커트의 일반적은 형은?

① 긴머리　② 스포츠머리　③ 단발머리　④ 상고머리

➲ 브로스 커트란 남자의 스포츠머리를 말한다.

해답 127-③　128-③　129-③　130-④　131-②

132. 라리느 크라시칼 커트란?

① 집게 가위 조발 브러시로 정발한 작품
② 롱 커트하여 빗으로 정발한 작품
③ 미니 가위로 조발하여 올백한 작품
④ 면도로만 조발하여 브러시로 올백한 작품

➡ 상류사회층의 헤어스타일을 말하며 미니 가위로 조발하여 롤부러시로 올백한 작품이다.

133. 두피 관리 중 헤어토닉을 두피에 바르면 시원한 느낌은?

① 붕산 ② 알코올 ③ 캄파 ④ 글리세린

➡ 헤어토닉은 양모제로서 붕산 성분이 두피를 시원하게 해준다.

134. 표백되거나 염색이 실패했을 때 사용하는 샴푸는?

① 플레인 샴푸 ② 핫오일 샴푸 ③ 리퀴드 샴푸 ④ 에그 샴푸

➡ 두발이 지나치게 표백되거나 염색에 실패했을 때 에그샴푸를 쓴다. 에그 샴푸는 웨트 샴푸의 일종으로 계란 노른자를 사용한다.

135. 면체 시술 시 가장 적합한 것은?

① 온 · 냉 타월을 번갈아 사용 ② 부드럽게 수염이 눕혀진 방향으로 시술
③ 자극을 주지않게 반대 방향 ④ 가급적 깊이 면체

➡ 면체 시술은 수염이 난 순리대로 해야만 자극이 적다.

136. 소아의 조발 순서는?

① 움직이는 대로 ② 성인과 같이
③ 후두부에서 좌측으로 ④ 우측에서 좌측으로

➡ 소아는 한 가지 자세로 고정되기 어려우므로 움직이는 대로 시술한다.

132-③ 133-① 134-④ 135-② 136-①

137. 드라이 후 스프레이를 살포하는 주된 이유는?

① 두발의 질을 부드럽게 하기 위하여
② 드라이를 한 두발형의 유지 시간을 연장시키기 위하여
③ 모발의 질을 강화시키기 위하여
④ 향수의 효과를 오래 지속시키기 위하여

스프레이를 살포하면 두발의 형태를 장시간 유지시키며, 살포 시 30cm 간격이 효과적이다.

138. 손가락 끝으로 부드럽게 행하여지는 마사지 방법은?

① 유연법 ② 강찰법 ③ 고타법 ④ 압박법

유연법은 손가락 끝으로 피부를 부드럽게 원을 그리는 손놀림이다.

139. 메이크업의 기초를 형성하는데 가장 적합한 얼굴형은?

① 타원형 ② 둥근형 ③ 사각형 ④ 각진형

메이크업 기초 형성 시 타원형(계란형)이 가장 이상적이다.

140. 조발 시술 시 양쪽 발의 거리는?

① 10cm ② 20cm ③ 30cm ④ 40-45cm

조발 시술 시 양쪽 발의 간격은 발굽치 부분은 약 20cm, 발가락 부분은 어깨 넓이가 된다.

141. 바리캉 분해 시 가장 먼저 분해해야 하는 부위는?

① 용수철 ② 윗날 판 ③ 밑날 판 ④ 심봉철(기둥)

바리캉 분해 순서는 뽀죽철(나사)을 풀고 심봉철(기둥)을 빼는 순서로 한다.

142. 우리나라에 단발령이 내려진 시기는?

① 1895. 11. 15 ② 1915. 11. 15 ③ 1895. 10. 15 ④ 1924. 10. 15

단발령은 고종황제 때인 1895. 11. 15일 발표되었다.

해답 137-② 138-① 139-① 140-② 141-④ 142-①

02. 공중보건학

01. 공기의 정상화학적 비율 중 가장 많이 차지하는 것(원소)은?

① 산소(O_2) ② 질소(N_2) ③ 아르곤(Ar) ④ 탄산가스(CO_2)

➲ 산소(O_2) 20.9%, 질소(N_2) 78.1%, 아르곤(Ar) 0.94%, 탄산가스(CO_2)는 0.03%를 차지하고 있다.

02. 공기 중 산소가 차지하는 성분 비율은?

① 7% ② 10% ③ 21% ④ 78%

➲ 산소는 약 21%(1/5), 질소는 약 78% (4/5)

03. 공기 중 산소가 몇 % 이하가 되면 질식하여 죽는가?

① 7% ② 10% ③ 15% ④ 21%

➲ 공기 중에 산소가 10% 이하인 곳에서는 호흡곤란을 일으킬 수 있으며, 7% 이하가 되면 질식하여 죽는다.

04. 실내공기의 오염지표로 삼는 것은?

① 질소(N_2) ② 수소(H_2) ③ 산소(O_2) ④ 탄산가스(CO_2)

➲ 실내공기의 오염지표는 사람이 호흡하고 뱉는 탄산가스(이산화탄소)이다.

05. 다음 중 연탄가스 중독으로 사망하는 주된 원인 물질은?

① 일산화탄소(CO) ② 이산화탄소(CO_2) ③ 아황산가스(SO_2) ④ 메탄가스(CO_4)

➲ 가연성(탈 수 있는) 물질이 불완전 연소(덜 탈 때) 때에 발생하는 무색 무취의 기체로서 불이 붙을 때와 꺼질 때 가장 많이 발생한다. 가스 중독으로 사망하는 원인 물질이 일산화탄소(CO)이다.

01-② 02-③ 03-① 04-④ 05-①

06. 실내공기의 오탁지표로 쓰이는 것은?

① 일산화탄소(CO) ② 이산화탄소(CO_2) ③ 아황산가스(SO_2) ④ 메탄가스(CO_4)

➲ 사람이나 동물이 호흡하고 뱉는 탄산가스로서 실내공기의 오탁지표(더럽고 흐린 지표)는 이산화탄소(CO_2)이다.

07. 연탄가스 중 자극성(냄새)이 가장 강한 기체는?

① 일산화탄소(CO) ② 이산화탄소(CO_2) ③ 아황산가스(SO_2) ④ 메탄가스(CO_4)

➲ 물질이 연소할 때 자극성 냄새가 나는 황산화물의 기체(황성분이 들어있는 연탄, 석유 등 물질이 탈때 나오는 가스), 아황산가스(SO_2)

08. 불완전 연소로 일산화탄소가 많이 발생할 때 이를 감소시키는 방법으로 가장 좋은 것은?

① 소금을 뿌린다. ② 신선한 공기를 공급한다.
③ 연탄을 다시 갈아 넣는다. ④ 이산화탄소를 공급한다.

➲ 불완전 연소에 기인하므로 신선한 공기를 공급하여 완전 연소로 유도하는 것이 좋다.

09. 다음 중 일산화탄소의 성상(성분과 상태)이 아닌 것은?

① 색과 맛이 없다. ② 공기보다 가볍다.
③ 불완전 연소로 발생한다. ④ 냄새가 난다.

➲ 가연성 물질이 불완전 연소로 발생한다. 무색 무취이며 공기보다 더 가볍다.

10. 일산화탄소가 혈액 내 헤모글로빈(H.B Hemoglobin)과 결합하는데 산소에 비해 약 몇 배가 강한가?

① 100-150배 ② 200-250배 ③ 300-350배 ④ 350-400배

➲ 일산화탄소가 혈액 내 헤모글로빈과 결합하는 힘은 약 210배 강하다.

해답 06-② 07-③ 08-② 09-④ 10-②

11. 실내공기 중 일산화탄소(CO)의 8시간 기준 서한도(최대 허용량)는?

① 0.01%(100PPM) ② 0.05%(500PPM)
③ 0.1%(1,000PPM) ④ 0.3%(3,000PPM)

➲ 실내공기 중 일산화탄소의 서한도는 0.01%, 즉 100PPM이다.

12. 실내공기 중 일산화탄소(CO_2)의 위생학적 허용 한계는?

① 0.01% ② 0.1% ③ 0.5% ④ 0.9%

➲ 이산화탄소의 허용 한계는 0.1% 즉 1,000PPM이다.

13. 다음 중 연탄가스 중독자의 발생 방지 대책이 아닌 것은?

① 가옥 구조 개선 ② 석탄계 연료 교체
③ 고압질소 흡입법 ④ 중독자 처리 시설

➲ 고압질소 흡입법은 질식사를 촉진한다. 그러므로 중독자 처리 시설로는 병·의원에 고압산소 흡입기를 비치하는 것이다.

14. 일산화탄소 중독의 후유증이라 할 수 없는 것은?

① 소화기능 장애 ② 신경장애
③ 정신기능 장애 ④ 시야 협소

➲ 일산화탄소는 가스중독의 원인 물질인데 정신, 신경, 시력장애 등을 일으킨다.

15. 이산화탄소는?

① 물질이 연소할 때 자극성을 주는 기체이다.
② 하수의 혐기성에서 발생하는 가스이다.
③ 탄산가스를 말한다.
④ 무취의 기체로 가스중독으로 사망하는 원인 물질이다.

➲ 사람이나 동물이 뱉어내는 탄산가스로서 실내공기의 오탁지표 기체

11-① 12-② 13-③ 14-① 15-③

16. 이산화탄소 (CO_2)를 실내공기 오탁지표로 쓰는 이유는?

① 이산화탄소가 일산화탄소로 변화하므로
② 미량(적은 양)이라도 유해한 기체이므로
③ 이산화탄소와 산소량과 반비례하므로
④ 공기 오탁의 전반적인 상태를 추측할 수 있으므로

➡ 이산화탄소(CO_2)가 증가하면 공중균이 비례적으로 증가하기 때문, CO_2는 공기 중 평균 0.03%가 있으며, 8시간 기준 서한도는 0.1%(1,000PPM)

17. 공기 중 이산화탄소가 몇 % 이상이면 질식하게 되나?

① 0.1% ② 1% ③ 7% ④ 10%

➡ 7% 이상에서 호흡곤란, 10% 이상일 때는 질식하여 죽게 된다.

18. 군집독의 가장 중요한 원인은?

① 산소 부족 ② 이산화탄소 증가
③ 고열 · 고습 ④ 고온 · 고습 · 취기 · 무기류 및 유해가스 발생

➡ '군집독'이란 사람이 많이 모여 밀폐된 상태에서 오래 있으면 산소 부족과 이산화탄소의 증가로 신체적, 정신적 유해를 주는 것

19. 군집독의 원인을 해결하는 것은?

① 선풍기 ② 냉방 장치 ③ 온방 장치 ④ 환기 장치

➡ 많은사람이 모이는 밀폐된 상태에서 산소 부족과 이산화탄소의 증가에는 환기를 해야 한다.

20. 실내공기는 사람 수가 많아지면 어떤 현상이 일어나는가?

① 습도 증가, 실온 상승, 이산화탄소 감소
② 습도 증가, 실온 상승, 이산화탄소 증가
③ 습도 감소, 실온 하강, 일산화탄소 감소
④ 습도 증가, 실온 상승, 일산화탄소 증가

➡ 실내에 사람이 많아지면 공기 중 습도 증가 및 온도가 상승하고 이산화탄소가 증가한다.

해답 16-④ 17-④ 18-② 19-④ 20-②

21. 우리들 일상생활에 있어서 지적(가장 적합한) 온도는?

① 16~20℃(18±2℃) ET ② 18~22℃(20±2℃) ET
③ 20~24℃(22±2℃) ET ④ 22~26℃(24±2℃) ET

➲ 기습, 기온, 기류가 종합적으로 인체에 주는 온감(溫感)이며, 우리 생활에 쾌적한 감각 온도는 18±2℃(60.8˚~68˚F)

22. 거실, 사무실 등 실내에서 가장 적합한 온도는?

① 12~15℃ ② 16~20℃ ③ 20~22℃ ④ 22~24℃

➲ 실내공기의 이상적인 보건적 온도는 다음과 같다.
* 체육실, 대합실, 중작업실 : 10℃~15℃
* 침실 : 14℃~15℃ * 거실, 사무실 : 16℃~20℃
* 병실, 욕실 : 20~22℃

23. 섭씨 0℃일 때 화씨(˚F)는 몇 도인가?

① 20˚F ② 25˚F ③ 30˚F ④ 32˚F

➲ 섭씨 0℃일 때 화씨는 32˚F이며 섭씨가 1도 올라갈 때 화씨 1.8도 올라간다.

24. 보통 작업 시 인체에 적당한 비교 습도는?

① 20~90% ② 20~30% ③ 100% ④ 40~70%

➲ 실내의 습도는 인간의 건강과 밀접한 관계가 있다. 건조한 곳에서는 호흡기질환이 있을 수 있고, 습도가 많으면 피부질환이 발생할 수 있는데, 실내의 쾌감 습도는 40~70%로써 40% 이하는 건조하고 70% 이상이면 불쾌지수가 올라간다.

25. 불쾌지수가 얼마 이상이면 견딜 수 없는가?

① 70 ② 75 ③ 80 ④ 85

➲ 70에서는 10%의 사람이, 75에서는 50%의 사람이, 80에서는 거의 모든 사람이 불쾌하게 느끼며, 85% 이상이면 견딜 수 없는 상태가 된다.

(DI=불쾌지수, 실외에서의 측정은 기류가 고려되어 있지 않기 때문에 위 기준에 맞지 않는다.)

21-① 22-② 23-④ 24-④ 25-④

26. 보건학적 공기의 먼지 허용 기준 중 맞는 것은?

① 300개 1㎖, 10mg/㎥ ② 400개 1㎖, 10mg/㎥
③ 300개 1㎖, 20mg/㎥ ④ 400개 1㎖, 20mg/㎥

➲ 공기 중 먼지 양의 위생학적 수준은 보통 공기 1㎖ 중 400개 또는 공기 1㎥ 중 10mg으로 한다.

27. 여름철 가장 쾌적한 감각 온도는?

① 50~60℉ ② 60~63℉ ③ 69~73℉ ④ 65~70℉

➲ 일반적으로 평균 최호적 감각 온도는 화씨(℉) 65~68인데, 여름은 679~73℉, 겨울은 65~68℉로 여름철이 쾌적 온도가 높다. 그 이유는 인간이 계절에 대한 순응 현상 때문이다.

28. 여름과 겨울의 실내 지적 온도의 차이는?

① 여름이 높다. ② 겨울이 높다. ③ 같다. ④ 관계 없다.

➲ 여름이 지적 온도가 높다.

29. 인간의 체온 조절에 관여하는 온열 효소(온열 인자)가 아닌 것은?

① 기온 ② 기류 ③ 기압 ④ 기습

➲ 기온, 기습, 기류의 3요소가 종합적으로 인체에 온감(溫感)을 주는 감각 온도라고 한다.

30. 먼지에 의해 일어나는 장애가 아닌 것은?

① 진폐증 ② 알레르기성 반응
③ 습진 ④ 전염병

➲ 점막질환(결막염, 기관지염), 알레르기성 반응(꽃가루, 유기성 먼지), 금속열(산화아연증기), 진폐증(규폐, 단폐, 석면폐), 전염병(결핵, 인플렌자) 방사능 오염 등은 먼지에 의해 일어나는 장애이다.

해답 26-② 27-③ 28-① 29-③ 30-③

** 용어 해석 **
- 감각 온도 : 느낌과 생각에서 오는 온도
- 쾌적한 : 상쾌하고 적당한
- 기온 열, 기습 : 공기의 온도와 공기 속의 습도
- 기류 : 공기의 움직임(흐름), 무기류는 움직이지 않는 공기(바람)
- 기압 : 공기의 압력(760mmHg 이상은 고기압, 760mmHg 이하는 전기압, 바닷물의 표준기압, 760mmHg 1기압) (2기압 : 1파운드 : 약 120℃)
- 온감 : 온도로서 느끼는 감각
- 취기(臭氣) : 냄새
- 복사열(輻射熱) : 빛이나 열을 함께 이루어 일정한 속도로 공간을 진행하는 현상

31. 실내에 습도가 얼마이면 불쾌감을 주어 견딜 수 없는 상태가 되는가?

① 70% ② 75% ③ 80% ④ 85%

➲ 실내 습도가 85% 이상이 되면 모든 사람이 불쾌감을 느껴 견딜 수 없는 상태가 된다.

32. 성인이 안정 상태에서 하루에 필요한 산소량은?

① 100~200ℓ ② 200~300ℓ ③ 300~400ℓ ④ 500~600ℓ

➲ 성인이 안정 상태에서 하루에 필요한 산소량은 500~600ℓ 이다.

33. 우리나라에 현재 대기오염 중 가장 큰 비중이 되고 있으며, 또한 가장 문제점이 되지 않는 것은?

① 주택 난방 ② 자동차 배기가스 ③ 공장 및 산업의 배기가스 ④ 공사장의 먼지

➲ 현재 우리나라에서 가장 문제점이 되고 있는 것은 주택 난방과 유류가스이다.

31-④ 32-④ 33-④

34. 산업 현장에서 진폐증과 가장 관계있는 먼지의 크기는?

① 0.6μ ② 0.5~5μ 이상 ③ 5μ 이상 ④ 10μ 이상

➲ 진폐증이란 먼지, 탄가루, 석면가루 등 분진을 장기간 흡입하므로서 폐 조직의 경직화(굳어지는 상태)로 건강장애를 일으키는 증세로서 작업장을 떠나더라도 잘 낫지 않는다. 진폐증과 가장 관계 있는 먼지의 크기는 0.5μ~5μ이다.

** 용어 해설 **

- ℓ : 액체의 용량 1kℓ=1,000ℓ 1ℓ =1,000mℓ
- g : 고체의 무게 1kg=1,000g 1g=1,000mg
- mg/m² : 1입방미터 내에서의 1mg
- μ : 1mm=1,000μ, 1μ=1,000˚A
- PPM : 백만 분의 1이라는 뜻, 물 1ℓ 속에 오염물 1㎎, 또는 공기 1㎥ 속에 오염물 1㎤가 포함되어 있을 때 1PPM으로 표시함.

35. 코털의 역할은 다음 중 어느 병을 다소 예방할 수 있다고 보는가?

① 진폐증 ② 열중증 ③ 디프테리아 ④ 결핵

➲ 코털은 먼지, 탄가루, 석면가루 등 분진을 걸러주는 역할을 하므로 다소나마 진폐증 예방에 도움이 된다.

36. 다음 중 대기오염에 의해 건강장애의 대표적인 질병은?

① 위장질환 ② 호흡기질환 ③ 신경질환 ④ 정신질환

➲ 대기가 오염되면 호흡기질환에 잘 걸린다.

37. 다음 중 인체에서 물이 차지하는 비율은?

① 20~30% ② 30~40% ③ 40~50% ④ 60~70%

➲ 물은 우리들의 생명을 유지하는데 절대 필요한 물질로서 소화, 호흡 순환, 비뇨 생식, 내분비 등 생리적 필요성 이외에도 요리, 취사, 청소, 목욕 등 가정용수와 공업용수, 잡용수, 소화(소방)용수, 병원 연구소의 사용수 등 일상생활에 없어서는 안 된다.

해답 34-② 35-① 36-② 37-④

38. 사람이 1일간 배설된 수분을 보충하고 생명을 유지하는데 필요한 물의 양은?

① 1~1.5ℓ ② 2~3.5ℓ ③ 2~3ℓ ④ 3~4ℓ

➲ 하루에 필요한 양은 생리적으로 1ℓ, 보통 2~3ℓ이고 생활 전체에 필요한 양은 약 100ℓ이다.

39. 우리나라 수도법상 상수도의 평상시 잔유 염소량의 기준은(급수전에서)?

① 0.1PPM ② 0.2PPM ③ 0.4PPM ④ 0.6PPM

➲ - 유리 잔유 염소량 : 평상시는 0.2PPM, 전염병 발생 및 우려 시는 0.4PPM
- 결합 잔유 염소량 : 평상시 1.5PPM, 전염병 발생 시 1.8PPM

40. 음료수에서 세균 검사 시 일반 세균의 기준치는 (검수 ICC)?

① 100 이하 ② 200 이하 ③ 1,000 이하 ④ 없어야 한다.

➲ 음료수의 기준에서 일반 세균 수는 1cc 중 100을 넘지 않아야 한다.

41. 음료수에 대장균군 시험에 있어 다음 중 어느 것이 기준이 되는가?

① 검수 1cc 중에 없어야 한다.
② 검수 10cc 중에 없어야 한다.
③ 검수 50cc 중에 없어야 한다.
④ 검수 100cc 중에 없어야 한다.

➲ 음료수의 대장균군 시험에 있어서는 50cc 중에서 검출되지 않아야 한다.

42. 수질검사에 있어서 대장균군 검사의 의의는 (또는 목적)?

① 대장균 자체가 병원성을 가졌기 때문
② 부패의 원인이 되기 때문
③ 다른 병원성세균의 존재를 추측할 수 있기 때문
④ 물의 맛을 손상하기 때문

➲ 수질 중 대장균 검사의 의의는 수질오염의 지표로서 분변에 오염되었다고 간주할 수 있고 병원성세균에 오염 또는 의심할 수 있으며 검사 방법이 간편하고 정확하기 때문이다.

38-③ 39-② 40-① 41-③ 42-③

43. 음료수의 구비 조건이 아닌 것은?

① 염소 소독의 냄새가 날 것 ② 무색 투명할 것
③ 오염되어 있지 아니할 것 ④ 이취, 이미가 없을 것

염소에 의한 냄새는 염소 소독의 단점이니 색과 냄새가 없어야 한다.

44. 음료수의 정수 처리에 이용되지 않는 것은?

① 침진법 ② 여과법 ③ 희석법 ④ 폭기법

상수도의 인공 정수법은 침전법(보통 침전, 약품 침전), 여과법(급속 여과법, 완속 여과법), 폭기법, 소독법의 4가지 방법이 있다.

45. 물의 경도 제거에서 사용되는 약품은?

① 황산동(CuSo4) ② 염소(Cl_2)
③ 명반(AI2CSo4) ④ 소석회[$Ca(OH)_2$]

경수는 칼슘이나 마그네슘을 탄산염, 황산염이 많이 포함된 물이며 끓이든지 소석회나 이온 교환제를 사용하면 연수가 된다. (황산염, 질산염, 염화물을 넣으며 영구 경수가 된다.)

46. 상수도의 일반 구조는?

① 취수, 침전, 여과 소독 ② 취수, 송수, 정수, 급배수
③ 취수, 도수, 소독, 침전 ④ 취수, 침전, 여과, 급배수

상수도의 일반적인 구조는 취수, 송수, 정수 및 급배수의 시설로 구성되고 있다.

47. 오탁된 물(Polluted water)이란?

① 병원균이 함유된 것
② 병원균과 유해 화학물질이 모두 함유된 것
③ 유해 화학물질이 함유된 것
④ 이상 모두 해당된다.

오탁된 물이란 유해 화학물질이 모두 함유된 것을 말하며, 대기오염이란 대기에 유해 화학물질이 함유된 것을 말한다.

해답 43-① 44-③ 45-④ 46-② 47-③

48. 수질오염의 지표가 되는 것은?

① 과망산칼륨 소모량 ② 증발 잔유물
③ 암모니아성 질소 ④ 염소이온

➲ 음료수에서 암모니아성 질소 성분이 검출되었다면 유기물질이 오염된지 얼마되지 않았다는 것을 의미하며 분변 오염을 의심할 수 있다.

49. 수질오염의 생물학적 지표로 하는 것은?

① 탁도 ② 경도 ③ 대장균 수 ④ 병원미생물 수

➲ 대장균은 인체에 직접 유해한 것은 아니지만, 대장균의 검출은 다른 미생물의 오염을 추측할 수 있기 때문에 오염지표로 이용된다.

50. 물의 정수 과정 중 여과하는 이유는?

① 탁도 감소 ② 냄새 감소 ③ 세균 감소 ④ 이상 모두

➲ 여과는 부유물을 최대한 줄이는데 있으며, 세균도 95% 이상 제거되고 냄새도 감소한다.

51. 다음 중 음료수 소독에 쓰이지 않는 것은?

① 염소 ② 표백분 ③ 치아염소산나트륨 ④ 석탄산

➲ 석탁산은 소독력의 지표로 사용되며 퇴비, 의류, 침구, 기구, 피혁 제품에 사용된다.

52. 다음 중 간이 상수도 우물물을 소독하는데 주로 사용되는 것은?

① 액체 염소 ② 불소 ③ 수소 ④ 표백분(크로루칼키)

➲ 음료수 소독의 가장 일반적인 방법은 염소 소독(표백분의 주원료는 염소이다.)을 사용하나 특수한 경우 오존(O_3)이나 자외선 조사도 사용된다. 물 18ℓ당 표백분 1~2g

53. 충치를 예방하기 위하여 상수도에 주입이 권장되는 것은?

① 염소 ② 크로로칼키 ③ 불소 ④ 치아염소산나트륨

➲ 상수도에 적당한 양의 불소 주입(1PPM)은 충치 및 우치를 예방하나 1PPM 이상 과량 사용할 때는 반상치가 된다.

48-③ 49-③ 50-④ 51-④ 52-④ 53-③

54. 수원 중 일반적으로 지하수가 지표수보다 높은 것은?

① 대장균 수 ② 일반 세균 수 ③ 경도 ④ 부유 물질

➡ 지표수(하천수, 호수)는 연수인 경우가 대부분이나 세균과 오탁 물질의 유입으로 오염되어 있는 경우가 많으며, 지하수는 오염도는 낮으나 경도가 높아 비누가 잘 풀리지 않고 세탁, 목욕, 세발, 요리하는데 부적합한다.

55. 식수용 우물의 오염을 방지하기 위하여 변소와의 최소 거리는?

① 5m ② 10m ③ 20m ④ 50m

➡ 우물(정호)과 오염원인 변소, 퇴비장, 우사 등과의 거리는 위(상부)에 위치할 때는 15m 이상, 평균 20m 이상 떨어져야 하며 깊이는 3m 이상으로 내벽을 방수벽으로 사용하여 오수가 스며들지 않도록 한다.

** 용어 해설 **

–염소(Cl_2) : 살균 표백제이다.

–치아염소산칼슘(소다) : 속칭 크로루칼키이며 소석회에 염소를 흡수시켜 정제해 둔 것 (염소 성분 70% 내외)

–표백분 : 소석회에 염소를 흡수시켜 만든 소독약품(염소 성분 20% 내외)

–차아염소산나트륨 : 식품 및 물 소독에 사용되는 표백분(염소 성분 15% 내외)

–오존(O_3) : 산소를 오존 발전기에 넣어 전기를 가하여 얻는 원소로서 살균 표백작용을 한다.

–연수 : (경도 10도 이하) 단물이라고도 하며 빗물, 수돗물로서 비눗물이 잘 풀린다.

–경수 : (경도 10도 이상) 칼슘과 마그네슘이 물에 녹아 있는 물을 경수 또는 센물이라 한다. 비누가 잘 풀리지 않고 세수 요리하는데 적당하지 않으며 주로 지하수인 경우에 많다.

–유리 잔유 염소 : 염소가 물에 완전히 용해된 상태

–결합 잔유 염소 : 염소가 물에 결합된 상태

해답 54–③ 55–③

56. 수영장물의 일반 세균은 검수 1cc(㎖)당 얼마인가?

① 100 이하　② 200 이하　③ 1,000 이하　④ 없어야 한다.

➡ 수영장은 여러 사람이 공동 사용하므로 각종 수인성 전염병과 피부염, 중이염, 안질, 결막염 등이 매개될 가능성이 크다. 수영장의 잔유 염소는 0.4PPM을 유지되어야 하고, 수온은 22℃가 적합하며 검수 1cc(㎖)당 200 이하가 되어야 한다.

57. 목욕탕의 최적 온도는?

① 30℃　② 36℃　③ 40℃　④ 45℃

➡ 목욕탕의 최적 온도는 사람의 체온보다 4~5℃가 높는 것이 최적이다.

58. 최근 하수 처리에 분해가 잘 안 되어 물리적 및 생물학적 처리가 곤란하다고 생각되는 용존 물질은?

① 가정 하수　② 경성 세제(ABS)　③ 공장 폐수　④ 분뇨

➡ 하수 처리에 분해가 잘되지 않고 배수에 곤란을 주는 것은 경성 세제(굳고 단단한 것)이다.

59. 일반적으로 하수 오염의 지표로 쓰이는 것은?

① BOD　② 용존 산소　③ 대장균　④ 병원성세균

➡ BOD란 수중의 유기물을 생물학적으로 분해 산화하는데 소요되는 산소의 손실량으로서 방류 하수의 BOD 기준치는 30PPM이다.

하천수에 용존 산소(DO)는 온도가 높고 유기물이 많을수록 감소하여 고기가 살 수 없게 된다. 공기와 접촉이 많으면 증가한다.

60. 사람(성인)의 1일 1인 분뇨 배출량은?

① 1ℓ　② 2ℓ　③ 3ℓ　④ 4ℓ

➡ 사람(성인)의 1일 1인 분뇨 배출량은 약 1ℓ가 된다.

56–②　57–③　58–②　59–①　60–①

61. 우리나라 농촌에서 기생충 관리면에서 권장하고 있는 변소는?

① 분뇨 분리식 변소 ② 흡취식 변소 ③ 수세식 변소 ④ 낙하 변소

➲ 분뇨의 배출량은 1 : 10으로 분과 요를 분리하도록 한 변소를 설비하여 오줌은 비료화하고 기생충 알 및 각종 병원성세균이 많은 분(똥)은 부숙하여 사용하거나 폐기(매몰)한다.

** 용어 해설 **
- 경성 세제 : 굳고 단단한 것
- 연성(양성) 세제 : 무르고 연한 성질
- BOD : 생물화학적 산소 요구량
- 용존 산소(DO) : 물에 용해된 산소
- 분뇨 분리식 변소 : 분과 요(오줌)를 분리하여 저장할 수 있도록 설비된 변소
- 흡취식 변소 : 재래식으로 설비된 변소
- 수세식 변소 : 물로 씻어내는 변소
- 부숙 : 썩히는 것

62. 분뇨의 온열(가열) 처리법인 경우 기생충 알과 병원균을 즉시 사멸 시킬때 사용하는 온도는?

① 40~50℃ ② 55~60℃ ③ 60~70℃ ④ 75~80℃

➲ 분뇨의 온열 처리 시 기생충과 병원균을 사멸시킬 수 있는 최적 온도는 55~60℃이다.

63. 다음 공중 변소의 위생적 구비 조건에 알맞지 않는 것은?

① 변소 사용과 분뇨 수거에 편리한 위치를 선택
② 변구 및 흡취구에 뚜껑을 하고 창구에 방충망 설치
③ 흡취구는 수거에 편리하도록 직접 도로변에 설치
④ 광선이 잘 들고 환기가 잘될 것

➲ 흡취구를 도로변에 설치할 경우 미관도 나쁘고 악취가 나서 통행인에게 불쾌감을 주어서 부적합하다.

해답 61-① 62-② 63-③

64. 병균과 기생충 알이 완전히 사멸되지 않는 변소는?

① 정화 변소 ② 수세식 변소 ③ 화학 변소 ④ 낙화 변소

낙하 변소는 하천, 해수에 낙하시키는 방법으로 지표수, 해수를 오염시킬 우려가 있다.

65. 분변의 기생충 알 사멸에 필요한 부숙 기간은 얼마 이상인가?

① 여름, 겨울 공히 1개월 ② 여름, 겨울 공히 3개월
③ 여름 1개월, 겨울 3개월 ④ 여름 3개월, 겨울 1개월

병균 기생충 알은 여름철에는 30일 이상, 겨울철에는 3개월 이상 부숙시키면 이상적이다.

66. 진개(쓰레기)의 위생적 매리법에서 복토 및 전개의 적당한 두께는?

① 진개 1m 이하, 최종 복토는 1m 이상
② 진개 1m 이하, 최종 복토는 2m 이상
③ 진개 2m 이하, 최종 복토는 0.6~1m 이상
④ 진개 3m 이하, 최종 복토는 2m 이상

우리나라 한 사람이 하루에 진개 배출량은 500g 내외이며, 그 처리 방법으로서 매립, 가축사료 및 퇴비화, 소각 등이 있다. 진개를 매몰할 때는 진개의 두께는 2m를 넘지 말고 중간 복토는 15~30cm로 덮고, 최종 복토는 쥐, 파리 등의 번식을 방지하기 위하여 60~100cm의 두께로 매립하여야 한다. 진개 매립지에 건물을 지으려면 최소한 10년 이상 경과하여야 한다.

67. 진개(쓰레기) 처리 중 세균을 사멸시킬 수 있는 위생적 처리 방법은?

① 바다 투기법 ② 매몰법 ③ 소각법 ④ 비료화법

세균을 사멸시킬 수 있는 위생적 처리법은 소각법이다. 그런데 이 방법은 대기 오탁의 원인이 되기도 한다.

64-④ 65-③ 66-③ 67-③

68. 진개 퇴비장의 세균 작용 이용법 중 어느 것이 가장 적당한가?

① 대장균 이용 ② 혐기성 세균 이용
③ 호기성 세균의 이용 ④ 호염균의 작용

➡ 호기성 세균으로 쓰레기를 이용하면 쓰레기의 분해가 빠르고 혐기성 처리 때 생기는 악취나 다른 불쾌한 현상이 없어져 가장 많이 이용한다.

69. 다음 쓰레기 중 가장 처리하기 어려운 것은?

① 주개 ② 종이 ③ 동물 사체 ④ 산업장 쓰레기

➡ 산업장 쓰레기는 합리적으로 적법하게 처리를 하지 않는 한 불쾌한 냄새를 내며 부패성 또는 화학작용 오물을 많이 버리기 때문에 처리하기가 어렵다.

70. 다음 폐기물 중 분해가 어려운 물질은?

① 종이 ② 배추 쓰레기 ③ 비닐류 ④ 연탄재

➡ 비닐봉지류는 분해가 되지 않으며 소각하면 유독성 가스를 내기 때문에 공해의 큰 문제가 되고 있다.

71. 우리나라 도시 진개의 처리법 중 가장 좋은 방법은?

① 소각법 ② 매몰법 ③ 방기법 ④ 해충방지법

➡ 소각법은 가장 위생적인 처리법이며 특히 도시와 같이 토지가 좁은 곳에서는 이 방법이 가장 좋다.

72. 다음 중 공중보건의 의의는?

① 질병 예방, 생명 연장, 건강 증진의 기술 과학
② 생명 연장, 건강 증진, 질병 조기 발견의 기술 과학
③ 조기 치료, 질병 예방, 건강 증진의 기술 과학
④ 전염병 관리, 질병 조기 치료, 건강 증진의 기술 과학

➡ 공중보건은 질병을 예방하고 생명을 연장하며 신체적 정신적 효율로 건강을 증진시키는 기술이며 과학이다.

해답 68-③ 69-④ 70-③ 71-① 72-①

73. 공중보건 사업의 3대 요소가 아닌 것은?

① 질병 치료 ② 보건 교육 ③ 보건 행정 ④ 보건 관계 법규

➡ 공중보건 사업의 3대 요소는 보건 교육 및 보건 행정, 보건 관계 법규 등이다.

74. 공중보건 사업 수행의 최소 단위는?

① 개인 ② 가족 ③ 직장 ④ 지역사회

➡ 공중보건 사업이란 지역사회의 사회적, 환경적 요인 등에 의한 질병 발생을 예방하여 지역 전체 주민의 건강을 유지하고 증진하는 사업이므로 그 단위는 지역사회가 된다.

75. 건강의 정의로서 가장 적절하게 표현한 것은?

① 육체적, 정신적, 사회적 안녕이 완전한 상태
② 질병이 없고 육체적으로 완전한 상태
③ 육체적, 정신적으로 완전한 상태
④ 육체적 완전과 사회적 안녕이 유지되는 상태

➡ 건강의 정의로는 육체적, 정신적, 사회적 안녕이 완전한 상태를 말한다.

76. 세계보건기구의 기능에 해당되지 않는 것은?

① 국제 검역 ② 보건 요원 훈련
③ 보건 기술 지원 ④ 보건의료 시설 지원

➡ 세계보건기구(WHO)는 국제 검역 대책, 보건 요원 훈련 및 보건 기술 지원, 정보 교환 등의 기능을 맡고 있으나 의료 시설 지원은 제외된다.

77. 세계보건기구(W.H.O)의 설립 연도는?

① 1946년 ② 1950년 ③ 1955년 ④ 1959년

➡ 세계보건기구는 1946년 6월 뉴욕에서 설립을 결의한 후 1948년 4월 7일 정식 발족하고, 본부를 스위스 제네바에 두고 있다.

73-① 74-④ 75-① 76-④ 77-①

78. 다음 중 보건의 날은?

① 3월 1일　② 4월 7일　③ 5월 8일　④ 6월 6일

➲ 보건의 날은 4월 7일이다.

79. 우리나라는 세계보건기구의 어느 지역에 소속하는가?

① 미주 지역　② 동남아시아　③ 서태평양　④ 동지중해

➲ 북한은 세계보건기구 중 동남아시아 지역에 속하고 우리나라는 서태평양 지역에 속한다.

80. 한 개의 지역사회나 국가의 보건 수준을 나타내는 가장 대표적인 지표는?

① 전염병 이환율　② 평균 수명
③ 보통 사망률　④ 영아 사망률

➲ 어느 지역사회나 국가의 보건 수준의 지표는 ① 영아 사망률 ② 보통 사망률 ③ 비례 사망자 수 ④ 평균 수명 등 여러 가지가 있으나 가장 대표적인 지표는 '영아 사망률'이다. (그 나라 국민의 문화 수준이 낮을수록 위생 관념이 적다.) '영아'란 생후 12개월 미만아를 말한다.

81. 공중보건 사업 성격상 우선적으로 파악해야 할 환자는?

① 색맹 환자　② 결핵 환자　③ 심장병 환자　④ 정신병 환자

➲ 결핵 환자는 3종 법정전염병이며 다른 사람에게 전염될 우려가 많으므로 우선적으로 공중보건 사업을 시행하여야 한다.

82. 공중보건 사업 중 가장 중요한 사항은?

① 전염병 예방　② 모자 보건
③ 성병 관리　④ 결핵 관리

➲ 우리나라 공중보건 사업 중 가장 많이 강조되는 것은 모자 보건이다. 중요한 사항은 산전 크리닉, 임산부의 진찰과 임신 양생에 대한 사업 추진이다.

해답 78-② 79-③ 80-④ 81-② 82-②

83. 공중보건 사업의 대상은?

① 개인 또는 혈연 ② 직장 또는 사단법인
③ 전 국민 또는 인간 집단 ④ 군부대

공중보건이란 전 국민, 지역사회의 건강 문제를 다루는 학문으로 그 대상도 지역사회 인간 집단이 된다.

84. 지역사회 보건 사업을 직접 수행하는 행정 기관은?

① 보건복지부 ② 종합병원 ③ 시 · 군 · 구청 ④ 보건소

지역사회 보건 사업을 직접 수행하는 곳은 보건소이다. (보건복지부는 국가 보건 사업 수행 기관이다.)

85. 보건소는 다음 어느 기관에 설치하도록 되어 있는가?

① 보건복지부 ② 내무부 ③ 각 시도 ④ 시 · 군 · 구

보건소는 시 · 군 · 구 단위로 1개소씩 설치되어 있다.

86. 미개발 국가에서 지역사회 보건 사업 수행상 가장 적절한 방법은?

① 보건 교육을 통한 방법 ② 법의 강제 집행 및 보건 교육
③ 자발적 활동을 권장 ④ 지역사회의 조직 활동 장려

미개발 국가에서 지역사회 보건 사업에는 법의 강제 집행 및 보건 교육을 실시해야 한다.

87. 대기오염, 수질오염, 소음 등 공해 방지에 대한 주무 부서는?

① 보건복지부 ② 내무부 ③ 상공부 ④ 환경청

대기오염, 수질오염, 소음 등 공해 방지에 대한 주무 관청은 환경청 소관이다.

88. 상수도, 하수도 관리에 대한 주무 부서는?

① 경제기획원 ② 보건복지부 ③ 건설부 ④ 내무부

상 · 하수도 관리 및 주택 건설은 건설부 소관이다.

83-③ 84-④ 85-④ 86-② 87-④ 88-③

89. 직업병을 관장하는 주무 부서는?

① 보건복지부 ② 내무부 ③ 노동부 ④ 환경청

➡ 직업병을 관장하는 주무 부서는 노동부이다.

90. 현재 우리나라의 일선 위생 업무를 관장하는 행정 기관은?

① 보건소 ② 보건연구소 ③ 시 · 군 · 구 ④ 특별시, 광역시 및 도

➡ 우리나라의 일선 위생 업무는 보건소에서 관장하다가 1976년 1월부터 시 · 군 · 구청으로 이관되었다.

91. 우리나라에서 시행하고 있는 의료보험 사업의 주무 부처는?

① 경제기획원 ② 노동부 ③ 내무부 ④ 보건복지부

➡ 현재 시행하고 있는 의료보험 사업의 주무 부처는 보건복지부이다.

92. 다음 중 가족계획 의미와 가장 유사한(적절한) 표현은?

① 산아 조절 ② 수태 조절 ③ 불임 수술 ④ 계획 출산

➡ 가족계획의 가장 큰 의미는 계획 출산을 하는데 있다.

93. 보건 사업에서 지역 주민에 대한 보건 교육을 하는 사람은 누구이어야 하나?

① 보건 교육 전문가 ② 양호교사, 교의
③ 보건소장, 보건지소장 ④ 보건 사업에 종사하는 모든 사람

➡ 우리나라에서 지역 주민에 대한 보건 교육은 보건 교육 전문가, 양호교사, 교의, 보건소장 등 보건 사업에 종사하는 모든 사람이다.

94. 다음 중 보건 교육의 기본적 목적과 관계가 가장 적은 것은?

① 자신의 건강 문제를 스스로 해결할 수 있는 능력을 길러 준다.
② 건강이 지역사회의 귀중한 재산임을 인식 시킨다.
③ 보건 사업을 발전시키고 이를 활용할 수 있는 능력을 길러 준다.
④ 자기 가족의 질병을 치료할 수 있는 능력을 길러준다.

➡ 질병 치료는 의료업으로서 병·의원에서 할 수 있다. 가족이라도 의사가 아니면 치료할 수 없다.

해답 89-③ 90-③ 91-④ 92-④ 93-④ 94-④

95. 근로기준법상 근로자로 고용할 수 없는 연령은?

① 10세 미만 ② 13세 미만 ③ 18세 미만 ④ 20세 미만

➲ 근로기준법상 13세 미만은 취업시킬 수 없다.

96. 도덕상 또는 보건상 유해 및 위험 업무에 고용할 수 없는 연령은?

① 10세 미만 ② 13세 미만 ③ 19세 미만 ④ 20세 미만

➲ 근로기준법에 13세 미만자는 근로자로 고용할 수 없으며, 1999년 7월 1일부터 13~19세까지를 보호 연령이라 하여 도덕상 또는 보건상 유해한 위험 업무에 고용할 수 없다.
또한 근로자는 휴식 시간을 제외하고는 1일 8시간, 1주 44시간을 기준한다. 단, 당사자 간 합의에 의하면 1주 60시간을 한도로 근로할 수 있다.

97. 사람의 접촉이 많은 직업 종사자의 기생충 검사는 연 몇 회 실시하는가?

① 1회 ② 2회 ③ 3회 ④ 4회

➲ 사람의 접촉이 많은 서비스 계통의 종사자는 기생충 검사를 연 1회씩 실시하고 있다.

98. 야채를 요리(삶을 때)할 때 가장 없어지기 쉬운 비타민은?

① 비타민 A ② 비타민 B ③ 비타민 C ④ 비타민 D

➲ 야채를 요리(삶을 때)할 때 가장 없어지기 쉬운 비타민은 비타민 C로서 야채, 과일 등의 속에 있으며 이것이 부족하면 괴혈병 등에 걸리기 쉽다.

99. 다음 중 격리를 요하는 전염병이 아닌 것은?

① 장티푸스 ② 콜레라, 두창 ③ 디프테리아 ④ 일본뇌염

➲ 격리란 환자 격리, 건강자 격리(검역)가 있다. 장티푸스, 콜레라, 디프테리아는 1종 법정 전염병이며, 수인성 전염병은 격리하여야 한다. 일본뇌염은 2종 전염병이다. (모기로 전염하기 때문에 격리할 필요가 없다.)

95-② 96-③ 97-① 98-③ 99-④

100. 외부의 상처로 인하여 감염되는 병은?

① 파상풍 ② 파라티푸스 ③ 홍역 ④ 폴리오

외부에 상처로 인하여 감염되는 병은 파상풍이다. 늘 흙과 접촉을 하고 있는 농부에게 많으며 전투 시에는 군인에게도 많이 생긴다.

101. 세계보건기구(WHO)는 몇 개 지역 사무국으로 나누어져 있나?

① 8개 지역 ② 7개 지역 ③ 6개 지역 ④ 9개 지역

6개 지역으로 동지중해, 동남아시아, 미주, 아프리카, 서태평양, 유럽 지역에 사무국을 두고 있다.

102. 보건 행정가의 주된 역할에 해당되지 않는 사람은?

① 자문위원 ② 전문 기술자 ③ 행정가 ④ 사회 지도자

보건 행정가의 역할은 (1) 전문 기술자로서 (2) 정부 관리로서 (3) 행정가로서 (4) 사회 지도자로서의 역할을 갖는다.

103. 보건 행정의 기본적인 활동이 아닌 것은?

① 보건 교육 ② 환자 치료 사업 ③ 보건 검사 사업 ④ 보건 통계

보건 행정의 기본적인 활동이 아닌 것은 환자 치료 사업, 환자 치료는 보건 행정이 아닌 치료의학에서 실시하는 건강 관리이다.

104. 의복의 기능, 즉 의복의 목적에 해당되지 않는 것은?

① 용모의 아름다움 ② 체온 조절 기능 보조
③ 피부 표면 청결 ④ 체면 유지

의복의 기능은 체온 조절, 오염 및 자극 방지, 피부 표면 청결, 풍기상 또는 미관상의 모습을 갖춘다.

해답 100-① 101-③ 102-① 103-② 104-④

105. 기후 및 계절에 따라서 적당한 착의(옷을 입는 것)에 의하여 의복 속의 가장 적당한 기후 온도는 얼마인가?

① 31℃~33℃ ② 34℃~36℃
③ 35℃~37℃ ④ 37℃~40℃

➲ 계절에 따라서 적당한 착의 온도는 34~36℃이다.

106. 의복 속의 기습은 어느 정도가 가장 적당한가?

① 35~40% ② 40~60%
③ 60~75% ④ 75% 이상

➲ 의복 속의 기습은 실내의 쾌감 습도와 비슷한 40~60%가 가장 적당하다.

107. 의복에 의하여 체온을 조절할 수 있는 기온의 범위는?

① 10~26℃ ② 26~30℃
③ 5~10℃ ④ 30~35℃

➲ 체온을 조절할 수 있는 온도 10~26℃의 범위를 넘거나 모자랄 때는 난방 혹은 냉방 시설이 필요하게 된다.

108. 피부 표면의 청결을 위하여 의복을 입는다. 다음 중 해당하지 않는 것은?

① 먼지, 액체, 가스에 의한 오염 방지
② 두발 등 모발의 보호
③ 피부 표면에서 분비되는 땀, 피지 흡수
④ 피부의 청정(淸淨) 유지

➲ 두발 등 모발의 보호는 모자가 하는 것이지 피복이 하는 것이 아니다.

109. 의복이 오염되어 더렵혀지면 다음 중 무엇이 나빠지는가?

① 용모 ② 표피, 서포 ③ 전염병 감염 ④ 통기성, 보온성

➲ 의복이 오염되어 더렵혀지면 통기성과 보온성이 나빠진다.

105-② 106-② 107-① 108-② 109-④

110. 다음 중 양말을 오염치 1로 하였을 때 셔츠와 아래 속옷의 오염도 기준치는?

① 0.3, 0.12% ② 0.5, 0.2% ③ 0.7, 0.3% ④ 0.8, 0.5%

➲ 양말을 오염치 1로 하였을 때 셔츠와 아래 속옷의 오염 기준치는 0.3, 0.12%가 된다.

111. 의복의 세탁 방법은 습식과 건식이 있다. 다음 중 습식에 해당되지 않는 세탁 방법은?

① 물, 온수 ② 비누 ③ 세탁 소다 ④ 휘발유

➲ 건식은 휘발유, 벤젠 등의 용재를 사용한다.

112. 의복은 일상생활의 활동에 자유롭고 간편하여야 한다. 겨울의 경우 의복의 중량은 체중의 몇 %가 가장 적당한가?

① 10% 미만 ② 20% 미만 ③ 30% 미만 ④ 50% 미만

➲ 많은 중량의 의복은 흉부를 압박하고 호흡 운동을 억압한다. 그리고 의복의 중량은 체중의 약 10분의 1이 적당하다.

113. 무거운 옷을 입었을 때 발육기의 유아에게 오는 피해가 아닌 것은?

① 체온 유지로 피부 강화 ② 체온 발산 방해, 신진대사장해
③ 피부의 저항력 강화 ④ 비위생적

➲ 무거운 옷을 입힌 유아에게는 비위생적, 체온 발산 방해, 신진대사장해 및 피부의 저항력을 약화시킨다.

114. 의복의 원료는 천연섬유와 인조섬유로 나눈다. 다음 중 천연섬유에 해당하는 것은?

① 식물성 ② 동물성 ③ 광물성 ④ 이상 모두

➲ 천연섬유에는 식물성, 동물성, 광물성이 있다.

115. 다음 중 광물성 의복의 원료는?

① 견, 모, 날개 ② 피혁 ③ 아스베스트(석면) ④ 나일론

➲ 견, 모, 피혁, 깃은 동물성이고 목면, 마, 지는 식물성이며, 나일론과 비닐은 인조섬유에 속한다.

해답 110-① 111-④ 112-① 113-① 114-④ 115-③

116. 각종 의복 재료 중 열전도성이 적고 보온력이 큰 것은?

① 모 ② 견(고치) ③ 목면 ④ 나일론

➲ 의복 재료의 열전도도(熱傳導度)는 공기를 1로 하였을 때 모(毛) 6, 견(絹) 19, 면(木棉)과 마(麼) 29이다.

117. 피부에서 나오는 수분, 땀, 탄산가스는 의복을 통해서 의복에 방출하여야 하므로 통기성이 좋아야 한다. 다음 중 통기성이 가장 좋은 의복 재료는?

① 양모 ② 나일론 ③ 면, 마, 견 ④ 종이

➲ 피부에서 나오는 수분, 땀, 탄산가스를 잘 흡수하는 것은 면, 마, 견이며 의복의 재료로 가장 좋다.

118. 의복은 주위에서 열을 흡수한다. 그러므로 색상에 따라 흡열성이 다르다. 의복의 흡열성은 어느 색이 가장 높은가?

① 회색 ② 노란색 ③ 검정색 ④ 흰색

➲ 옷감의 색과 흡열성은 백색 100일 때 노란색 102, 녹색 152, 감색 168, 검정색이 208이다. 그러므로 여름에는 흰색, 겨울철에는 검은 옷을 입으면 가장 합리적이다.

119. 수면 중에는 신진대사가 기초대사의 약 몇 %가 되어야 체열 생산량이 적게 되므로 보온성이 높아 지는가?

① 50% ② 80% ③ 100% ④ 120%

➲ 신진대사가 기초대사의 80%가 되어야만 한다.

120. 위생복의 색을 흰색으로 하는 적당한 이유는?

① 미관상 보기 좋으므로 ② 오염의 발견이 쉬우므로
③ 가격이 가장 싸므로 ④ 열의 흡수가 좋으므로

➲ 오염으로 때가 묻었을 때 흰색은 가장 발견하기가 쉬워서 흰색으로 한다.

116-① 117-③ 118-③ 119-② 120-②

121. 우리나라 전염병은 몇 종으로 구분되어 있는가?

① 제1종 ② 제2종 ③ 제3종 ④ 제4종

➡ 우리나라 법정 전염병은 제1종, 제2종, 제3종으로 나누어져 있다. (총 26개 종)

122. 다음 중 만성전염병으로서 제3종 전염병에 해당되지 않는 것은?

① 홍역 ② 결핵 ③ 성병 ④ 나병

➡ 결핵, 성병, 나병은 제3종 전염병이다.

123. 다음 중 외래 전염병에 속하지 않는 것은?

① 콜레라 ② 천연두(두창) ③ 페스트, 황열 ④ 장티푸스

➡ 외래 전염병이란 병원소(병원체가 발육 저장될 수 있는 환경 조건)가 우리나라에 상재하는 것이 아니고 전염 시기에 외국에서 우리나라로 유입되는 것을 말한다. 그러므로 항구, 공항에서 검역을 함으로 '검역 전염병' 이라고도 한다. 장티푸스는 우리나라 상재 전염병으로서 4계절 계속 전염되는 전염병이다.

124. 다음 중 수인성 전염병에 해당되지 않는 것은?

① 장티푸스 ② 콜레라 ③ 디프테리아 ④ 폴리오

➡ 수인성 전염병이란 물과 음식물에 의하여 경구(입)로 전염되는 전염병으로 소화기계질환을 일으키나, 폴리오(소아마비)는 수인성 전염병이지만 신경계 질환을 일으키는 것이 특징이다.

- 수인성 전염병 : 장티푸스, 파라티푸스, 콜레라, 이질, 폴리오, 유행성감염
- 소화기계 전염병 : 장티푸스, 콜레라, 이질, 유행성감염

125. 다음 중 비말 감염에 의하여 전염되는 전염병이 아닌 것은?

① 디프테리아 ② 인플루엔자 ③ 성홍열 ④ 소아마비

➡ 디프테리아, 인플루엔자, 성홍열은 비말 감염으로 전염되는 것이고 소아마비는 수인성 전염병이다.

해답 121-③ 122-① 123-④ 124-③ 125-④

126. 다음 중 진애 감염에 의하여 전염되는 전염병이 아닌 것은?

① 두창 ② 결핵 ③ 페스트 ④ 디프테리아

➡ 비말, 진애 감염이란 사람의 대화 중 기침, 호흡(간접 접촉 전염)에 의하여 전염되는 것을 말한다. 페스트는 쥐벼룩이 옮긴다.

127. 다음 중 호흡기계 전염병에 해당되지 않는 것은?

① 홍역 ② 백일해 ③ 디프테리아 ④ 말라리아

➡ 말라리아는 모기에 의해 옮기는 전염병이다.

128. 다음 중 절족동물(마디발동물)에 의한 전염병이 아닌 것은?

① 콜레라 ② 페스트 · 발진열 ③ 일본뇌염 ④ 황열

➡ 모기 : 일본뇌염, 말라리아, 황열
벼룩 : 패스트, 발진열
이 : 재귀열, 발진티푸스
진드기 : 유행성출혈열

129. 전염병 관리상 환경 위생 개선에 가장 중요한 전염병은?

① 장티푸스 ② 두창, 홍역 ③ 디프테리아 ④ 결핵, 백일해

➡ 장티푸스는 일명 장질부사라고도 하며 옛날에는 '염병'이라고도 하였다. 우리나라 토착 전염병으로서 4계절 유행되는 수인성 전염병이다. 환경 위생 불량, 항생제 남용, 보균자 색출 애로, 예방접종 불철저로 가장 문제점이 많은 전염병이다.

130. 다음 중 개달물로 인하여 전염되지 않는 전염병은?

① 유행성출혈열 ② 결핵 ③ 트라코마 ④ 두창

➡ '개달물'이란 환자와 접촉된 물건, 즉 의복, 침구, 수건, 책, 완구 등을 말하며 유행성출혈열은 요즘 우리나라 휴전선 부근에서 들쥐(등줄쥐) 에 붙은 진드기에 의해서 전염되는 전염병이다.

126–③ 127–④ 128–① 129–① 130–①

131. 우리나라 결핵 감염률(PPD양성률)은 대략 얼마인가?

① 10% 내외 ② 20% 내외 ③ 40% 내외 ④ 60% 내외

결핵균은 양성률은 0.7%이고 X-Ray상 유병률은 4.2%로 되어 있다. 결핵 감염률은 60% 내외가 된다.

** 용어 해설 **
– PPD : 결핵환자 색출 반응 검사
– 발생률(유병률) : 새로 발생(발견)된 환자
– 유병률 : 발견된 전체 환자의 누계

132. 다음의 동물과 전염병을 연결로 표시한 것이다. 연결이 잘못된 것은?

① 쥐–콜레라 ② 개–광견병(공수병) ③ 소–결핵 ④ 양–탄저

쥐는 페스트를 옮긴다.

133. 다음 중 파리의 활동과 습성에 관계없는 것은?

① 밝은 장소를 좋아한다. ② 흰색을 싫어한다.
③ 당분을 좋아한다. ④ 주간 활동성이다.

파리는 흰색과 관계없이 흰색과 검정색 반대의 똥을 눈다.

134. 모기는 사람이나 동물의 피를 암놈이 흡혈한다. 흡혈 목적은?

① 먹이 ② 산란을 위하여
③ 질병 전파의 목적 ④ 성충의 먹이

모기가 사람이나 동물의 피를 흡혈하는 이유는 산란을 하기 위해서이다.

135. 다음 중 진드기가 옮기지 않는 질병은

① 여드름 ② 옴 ③ 유행성출혈열 ④ 와일씨병

와일씨병은 일명 황달, 출혈성 스피로헤에타라고도 하며, 병원체를 가진 쥐에서 전염되는 병으로서 스피로헤에타가 상처로 들어오거나 쥐가 건드린 음식물을 먹으면 감염된다. 잠복 시기는 5~7일이고 쥐를 없애도록 힘써야 하며 쥐가 있는 곳에서 음식물을 다루는 사람은 특히 주의하여야 한다.

해답 131–④ 132–① 133–② 134–② 135–④

136. 다음 중 나병에 관한 설명 중 틀린 것은?

① 피부의 말초신경 손상 ② 유전이 된다.
③ 잠복기는 2~10년이다. ④ 미감아는 이유와 동시 격리

➡ 나병은 접촉 전염하는 것으로 미감아는 격리하여야 한다. 나병은 유전이 아니고 전염병이다.

137. 다음 중 병쾌 후(전염병에 감염되어 나은 뒤) 형성되는 면역의 종류는?

① 선천적 면역 ② 인공능동 면역 ③ 자연능동 면역 ④ 자동수동 면역

➡ 면역의 종류

· 선천 면역
· 후천 면역 ┬ 능동 면역 – 자연능동면역(전염병 감염 후 형성되는 면역)
　　　　　 │　　　　　 – 인공능동면역 (예방주사 : 백신)
　　　　　 └ 수동 면역 – 자연수동면역(모체에 의하여 형성)
　　　　　　　　　　　 – 인공수동면역(감염된 환자의 혈청)

138. 다음 중 자동능동 면역(예방접종)이 가장 강력하게 형성되는 질병은?

① 이질, 말라리아 ② 두창, 홍역, 폴리오
③ 매독, 임질 ④ 식중독

➡ 두창, 홍역, 폴리오는 예방접종을 하고 나면 평생 면역이 형성된다.

139. 병후 면역이 전혀 인정되지 않는 질병은?

① 천연두 ② 장티푸스 ③ 일본뇌염 ④ 매독, 임질

➡ 매독, 임질 등은 감염 후 완치를 해도 면역이 되지 않고 다시 걸릴 수 있다.

140. 다음 중 D.P.T 예방접종과 관계없는 질병은?

① 디프테리아 ② 백일해 ③ 페스트 ④ 파상풍

➡ D.P.T(디피티)는 디프테리아, 백일해, 파상풍 등 3종의 전염병 합성 예방접종이다.

136–② 137–③ 138–② 139–④ 140–③

141. B.G.G는 다음 중 어느 질병의 예방접종 약인가?

① 결핵 ② 나병 ③ 백일해 ④ 홍역

➡ Bacille de Calmette Guerim의 약자(B.C.G)이며 독성이 없는 우형(牛型) 결핵균을 투베르클린 반응에서 음성의 사람에게 주사로 접종시키면서 결핵에 대한 면역을 얻는 방법이다.

142. 다음 중 파리가 옮기는 전염병이 아닌 것은?

① 장티푸스 ② 이질 ③ 말라리아 ④ 콜레라

➡ 말라리아는 모기에 의해서 감염된다.

143. 다음 사항 중 옳게 표현되지 않는 것은?

① 결핵은 조기 발견으로 빨리 치료하면 완쾌될 수 있다.
② 결핵균은 건조에 약하고 일광이나 고열에 약하다.
③ 결핵은 환자가 사용한 식기나 우유에 의하여도 전염된다.
④ B.C.G 접종은 결핵균을 검사하는 검사약이다.

➡ B.C.G는 결핵에 대한 면역을 얻는 방법이다.

144. 다음 결핵에 대한 설명 중 틀리다고 생각하는 것은?

① 만성 전염병이며 제3종 전염병에 속한다.
② 소의 결핵이 우유를 통해서도 감염된다.
③ 결핵은 폐에만 침범 감염된다.
④ 결핵환자와 장기간 접촉하면 감염될 수 있다.

➡ 결핵균은 신체의 어느 부분에도 침범하는 만성전염병이다. 호흡기 질병에는 폐결핵, 후두결핵, 늑막염, 소화기 질병에는 장결핵, 복막염 등이며, 기타 신장(콩팥) 관절, 피부골결핵 및 결핵성 뇌막염 등을 일으킨다.

해답 141-① 142-③ 143-④ 144-③

145. 다음 중 바르게 설명된 것은?

① 나병은 유전병이며 불치의 병이다.
② 나병균은 세균의 일종으로 환자 분비물이 상처로 전염된다.
③ 나병은 용기나 음식물로서만 전파된다.
④ 나병 환자가 낳은 아이는 전원 나병 환자가 된다.

➲ 나병은 접촉 전염하는 것으로서 환자 분비물이 상처로 전염된다.

146. 예방접종에 의하여 면역을 얻을 수 없는 전염병은?

① 성병 ② 천연두 ③ 디프테리아 ④ 소아마비

➲ 성병은 감염 후 완치를 해도 면역이 되지 않고 예방접종도 안 되고 있다.

147. 병후 면역이 인정되지 않는 것은?

① 홍역 ② 매독, 임질 ③ 두창(천연두) ④ 일본뇌염

➲ 성병은 전혀 면역이 되지 않는다.

148. 전염병 발생과 유행의 역학적 3대 인자(因子)가 아닌 것은?

① 병인적 인자 ② 숙주적 인자 ③ 환경적 인자 ④ 생물학적 인자

➲ 생물학적 요인은 환경 요인에 속하며 한경적 인자(환경 요인)는 다음과 같이 분류된다.
- 물리적 환경 – 계절(여름 : 소화기계 전염병, 겨울 : 호흡기계 전염병, 대기 · 상하수도에 의한 전염병)
- 생물학적 환경–동물(절족동물, 기생충, 복어, 버섯)
- 사회적 환경–인구밀도, 주거, 전쟁, 재해

149. 홍역은 2년 일본뇌염은 3~4년을 주기로 반복된다. 이런 유행 현상은?

① 추세 변화 ② 순환 변환 ③ 계절적 변화 ④ 불규칙 변화

➲ • 추세 변화 : 10년·순환 변화 : 주기적
• 계절적 변화 : 여름(소화기계)
• 불규칙 변화 : 외래 전염병, 즉 검역 전염병

145–② 146–① 147–② 148–④ 149–②

150. 생후 4주 이내에 실시하는 예방접종 대상 전염병은?

① 폴리오 ② 홍역 ③ 종두 ④ 결핵

예방접종표
- 생후 4주 이내 : BCG
- 2개월~6개월 : 경구용 소아마비 DPT
- 12개월 : 홍역
- 12개월~14개월 : 종두, 장티푸스, 파라티푸스
- 18개월 : 경구용 소아마비, 종두, DPT
- 4~6세 : 경구용 소아마비, 종두, DT
- 11~13세 : 경구용 소아마비, 종두, DT
- 해마다 : 장티푸스, 파라티푸스

151. 전염병 관리상 두창, 폴리오(소아마비), 홍역의 가장 좋은 예방책은?

① 환경 위생 ② 예방 접종 ③ 개인 위생 ④ 환자와의 거리

두창, 폴리오 홍역은 예방접종을 하고 나면 평생 면역이 된다.

152. 다음 전염병 중 전염 경로와 연결이 잘못된 것은?

① 파상풍-토양 전염 ② 폴리오-비말 전염
③ 황열-모기 ④ 트라코마-개달물

폴리오는 수인성 전염병으로서(경구적) 신경계 질환을 일으킨다.

153. 파라티푸스와 관계 없는 것은?

① 제1종 전염병이다.
② 치명률은 장티푸스보다 조금 낮다.
③ 우리나라에서는 ABC형 중 B형이 흔하다.
④ 잠복 기간은 장티푸스보다 길다.

장티푸스의 잠복기는 3~30일이고, 파라티푸스는 4~5일이다.

해답 150-④ 151-② 152-② 153-④

154. 콜레라에 관한 설명 중 틀린 것은?

① 수인성 전염병으로서 소화기계 질환이다.
② 제1종 전염병으로서 검역 전염병이다.
③ 우리나라에서는 도시보다 농촌에서 다발했었다.
④ 항구보다 항공으로 침입이 많다

➡ 콜레라는 경구 감염(수인성)으로서 소화기계 질병이다. 제1종 법정 전염병이며 항공보다 항구로의 침입이 많다.

155. 폴리오(소아마비)에 관한 설명이 틀린 것은?

① 분변이나 호흡기계 분비물 오염으로 전파된다.
② 경구 전염병으로 소화기계 질환이다.
③ 바이러스(Virus)에 의한 전염병이다.
④ 병원소는 환자, 불현성 감염자 등이다.

➡ 폴리오(소아마비)는 경구 전염병으로서 신경계 질환을 일으킨다.

156. 유행성 간염에 관한 설명이 틀린 것은?

① 수혈 또는 경구적으로 감염된다.
② 환자에게 사용한 면도칼을 소독하지 않으면 감염될 수 있다.
③ 우리나라 법정 전염병이 아니다.
④ 어린이에게만 발생하는 세균성 전염병이다.

➡ 모든 사람에게 다 발생하는 바이러스 간염이다.

157. 홍역에 관한 설명이 틀린 것은?

① 자동능동 면역으로 일시 면역이 된다.
② 급성호흡기계 전염병이며 예방접종으로 예방된다.
③ 주 증세는 전신 발진과 열이 있다.
④ 1~2세 유아에게 다발한다.

➡ 홍역 바이러스에 의해서 감염되며 비인두 분비물에 있다. 직접적인 접촉 또는 간접적으로 어떤 물체를 통하여 전파되지만, 때로는 공기를 통하여 호흡기로 전파도 된다. 1~2세 유아에게 잘 걸리며 전신 발진과 열이 있다.

154-④ 155-② 156-④ 157-①

158. 백일해에 관한 설명이 틀린 것은?

① 병 쾌유 후에는 면역력이 형성된다.
② 우리나라 법정 전염병이 아니다.
③ 5세 미만 어린이에게 다발한다.
④ 비말 감염과 객담 오염으로 전파된다.

➲ 제2종 법정 전염병이다.

159. 디프테리아에 관한 설명으로 틀린 것은?

① 병원소는 인후, 코 등의 상피 조직이다
② 병원체는 체외 독소를 산출한다.
③ 보균자가 중요한 전염원이다.
④ 병후 보균자는 전염되지 않는다.

➲ 디프테리아 병후 보균자는 전염이 된다.

160. 일본뇌염에 관한 설명으로 틀린 것은?

① 돼지가 중요한 병원소이다.
② 매개 모기는 작은 빨간 집모기이다.
③ 9월 전후에 다발한다.
④ 병 쾌유 후 영구 면역이 전혀 안 된다.

➲ 바이러스를 죽인 백신이 사용되고, 약 80% 예방 효과가 있으며, 쾌유 후에도 면역이 되고 있다.

161. 페스트에 관한 설명이 틀린 것은?

① 병원소는 쥐벼룩이다.
② 폐페스트와 선페스트가 있다.
③ 주 증상은 림프선종, 폐렴, 폐혈증이다.
④ 폐페스트는 비말 감염도 된다

➲ 쥐벼룩은 매개체이며 설치류, 들쥐, 환자가 병원소이다.

해답 158-② 159-④ 160-④ 161-①

162. 우리나라 사람의 회충 감염률은?

① 20%　② 40%　③ 60%　④ 90%

➲ 회충은 우리나라에서 감염률아 가장 높은 기생충이다. 그러나 편충도 특정 지역에 따라 감염률이 회충보다 높은 지역도 있다.

163. 다음 중 중간 숙주와 기생충이 틀리게 짝지워진 것은?

① 다슬기-가재-사람의 폐=폐디스토마
② 왜우렁이-붕어-잉어-사람의 간=간디스토마
③ 모기-말라리아
④ 돼지고기-유구조충 (갈고리촌충), 쇠고기-무구조충(민촌충)

➲ 말라리아는 모기에 의하여 감염된다. 중간 숙주는 감염된 사람이 중간 숙주이다.

164. 다음 중 청정 채소가 아닌 인분을 주어 가꾼 생채소를 생식함으로써 기생충에 감염될 수 있는 것은?

① 회충, 구충, 편충
② 유구조충, 무구조충
③ 디스토마
④ 말라리아

➲ 청정 채소란 소독된 토양에 인분을 사용하지 않고 가꾼 채소를 말한다. 인분에는 회충, 구충, 편충, 요충, 간디스토마, 폐디스토마 등 각종 기생충 알이 있다 구충(십이장충 또는 채독벌레라고도 함)은 채소 등에 의한 경구 감염도 되나 경피(피부로 감염) 감염도 된다.

165 다음 중 세균성 식중독에 해당되지 않는 것은?

① 살모넬라식중독　② 포도상구균식중독
③ 장염비브리오식중독　④ 복어 중독

➲ 세균성식중독

-감염형 : 살모넬라(쥐, 동물, 사람, 불결한 환경), 장염비브리오(바다 생선, 조개류)
-독소형 : 포도상구균 (손의 상처 : 피부병) 보툴리누스(통조림, 토양-신경계 독소)

162-③　163-③　164-①　165-④

166. 자연독에 의한 식중독이 아닌 것은?

① 살충제 ② 버 섯 ③ 감 자 ④ 복 어

- 세균성 식중독 (살모넬라, 포도상구균, 장염비브리오, 보툴리누스)
- 화학성 식중독(유해 화학물질, 농약, 살충제의 오용, 불량 첨가물)
- 자연성 식중독 (복어, 조개, 감자눈, 버섯, 산나물)
- 부패성 식중독 (식품 부패, 알레르기성)

167. 다음 중 100°C 이상 끓여 먹더라도 세균성 식중독에 이환될 수 있는 것은?

① 포도상구균 ② 장염비브리오
③ 살모델라 ④ 병원성대장균

포도상구균과 보툴리즘은 세균이 증식하는 과정에서 독소가 형성되므로 끓이면 세균은 죽더라도 그 독소가 남아서 식중독을 얼으키기 때문에 '독소형'이라 한다.

168. 식품과 음료수에 대장균이 검출되었다는 의미는?

① 음식물에 병원체가 오염되었다.
② 음식물이 오염된다.
③ 대장균 자체가 병원성이므로 섭식은 위험하다.
④ 병원성 미생물의 오염 가능성이 있다.

대장균 자체가 병원성이 있는 것이 아니고 동물의 분변으로 배출된 것이므로 분변에서 유래될 수 있는 병원성이 생물의 오염 가능성이 었음을 의미한다.

169. 식품을 짜게 먹을 때 발생할 수 있는 성인병은?

① 당뇨병 ② 고혈압, 심장병 ③ 위장암 ④ 간경변

소금은 한 사람이 1일 필요량이 15g 정도이다.

170. 우리나라 사람이 너무 많이 섭취하는 영양소는?

① 지방 ② 탄수화물 ③ 단백질 ④ 비타민

우리나라 사람이 너무 많이 섭취하는 것은 탄수화물이다.

해답 166-① 167-① 168-④ 169-② 170-②

171. 우리나라는 동물성 식품의 섭취가 부족하다. 동물성 식품 섭취의 부족에 의한 결핍 영양소는?

① 비타민 A ② 탄수화물 ③ 단백질 ④ 비타민 B

➲ 동물성 식품에는 비다민 A가 많으며 동물성 섭취가 부족하면 야맹증, 빈혈 등을 유발한다.

172. 다음 중 잘못 짝지어진 것은?

① 비타민 A-야맹증, 빈혈
② 비타민 B-구순병
③ 비타민 D-구루병
④ 비타민 E-생식 기능

➲ 비타민 B-각기병이고 그외 비타민 C-괴혈병이다.

173. 다음 중 3대 영양소가 아닌 것은?

① 무기질 ② 단백질(흰자질) ③ 지방(굳기름) ④ 탄수화물(녹말)

➲ 3대 영양소는 단백질, 지방, 탄수화물이며, 5대 영양소는 3대 영양소에서 무기질과 비타민을 포함한 것이다.

174. 전염병 중 제1종 전염병 및 제2종 전염병이 발생했을 때 발견자가 제일 먼저 하여야 하는 요령은?

① 병원 입원 ② 치 료 ③ 신 고 ④ 투 약

➲ 전염병이 발생했을 때는 지체없이 행정 관청에 신고하여야 한다.

175. 제1종, 제2종 전염병 발생 시 발견자가 신고하여야 하는 기관에 해당되지 않는 것은?

① 도지사 ② 특별, 광역시장 ③ 시 장 ④ 읍, 면장

➲ ②, ③, ④는 신고를 해야 하지만, 도지사에게는 신고할 사항이 아니다.

171-① 172-② 173-① 174-③ 175-①

176. 제3종 전염병 환자의 기록을 보관하는 병·의원은 매월 몇 회 관할 시장, 읍면 장에게 신고하여야 하는가?

① 매월 1회 ② 매월 2회
③ 매월 4회 (1주 1회) ④ 신고할 필요없다.

➲ 제3종 전염병 환자의 기록을 보관하는 병·의원은 매월 1회씩 관할 읍면 장에게 신고하여야 한다.

177. 방역 조치로서 교통을 일시 차단하고 오염된 물건을 소각 폐기 처분할 수 있는 경우는?

① 제1종 전염병 환자
② 제1, 2종 전염병 환자
③ 제2종 전염병 환자
④ 제3종 전염병 환자

➲ 제1종 전염병 환자가 발생 시는 교통을 일시 차단하고 오염된 물건을 소각할 수 있다.

178. 장티푸스 유행 지역에서 가장 중요시할 관리 방법은?

① 환자 격리 수용 ② 예방접종 강제 접종
③ 환자 위생 철저 ④ 보건 교육

➲ 장티푸스 유행 지역에서는 환자를 격리 수용해서 병이 전염되는 것을 예방하여야 한다.

179. 급성전염병 중 역학적 특성을 가장 잘 표현한 것은?

① 발생률과 유병률이 같다.
② 발생률은 낮고 유병률이 높다.
③ 발생률과 유병률이 모두 높다
④ 발생률이 높고 유병률은 낮다

➲ 일반적으로 급성전염병은 발생률(신 환자)이 높고 유병률(환자 총 누계)은 낮으며 만성 전염병(성병, 결핵, 나병)은 반대로 유병률은 높으며 발생률은 낮다.

해답 176-① 177- ① 178-① 179- ④

180. 전염병 관리상 환자의 격리가 절대적 효과를 얻지 못하는 가장 큰 이유는?

① 절대적 격리가 불가능 ② 산발적으로 환자 발생
③ 발병 후 전염력 감소 ④ 전염력은 발병 증상 전에도 있었으므로

➲ 전염병 관리상 환자의 격리가 절대적 효과가 못되는 것은 전염력은 병 발생 증상 전에도 있었으므로 절대적 효과를 얻지 못하는 것이다.

181. 다음 중 질병에 감염된 환자를 격리해야 하는 것은?

① 일본뇌염 ② 파상풍 ③ 식중독 ④ 콜레라

➲ 격리란 환자 격리, 건강자 격리(검역)가 있다
콜레라에 감염된 환자는 격리를 해야 한다. 환자의 분뇨 및 물, 음식물 등에 의해서도 전염되기 때문이다.

182. 외래 전염병 검역의 의미는?

① 외래 전염병 환자 격리 ② 급성 환자 관리
③ 해외 여행자 격리 ④ 감염이 의심스러운 건강자 격리

➲ 검역은 전염병이 유행되는 지역에서 항공, 배편으로 우리나라를 찾아 올 때 감염이 의심스러운 건강자 격리를 말한다.

183. 다음 외래 전염병 중 격리 기간이 가장 긴 것은?

① 콜레라 ② 천연두 ③ 홍역 ④ 페스트

➲ 콜레라(5일) , 페스트(6일) , 천연두(16일) , 홍역(7일)간이다.

184. 다음 만성 전염병 중 잠복기가 가장 긴 전염병은?

① 나병 ② 결핵 ③ 임질 ④ 매독

➲ 나병은 일반적으로 2~10년 정도 잠복한다고 한다. 그러나 친족이 환자인 경우 일상생활에 접촉이 있어서 조사한 바 보통 5년이라 한다.
(잠복기 : 병원균에 감염되어 발병할 때까지)

180-④ 181-④ 182-④ 183-② 184-①

185. 다음 법정 전염병 중 병후 합병증으로 폐렴을 일으키는 질병은?

① 홍역 ② 백일해 ③ 결핵 ④ 이상 모두

➲ 홍역, 백일해, 결핵은 모두 합병증으로 폐렴을 일으킬 수 있는 질병이다.

186. 기도가 위막을 덮어 호흡 곤란을 일으켜 구급처리로서 기관 절개를 하는 제종 전염병은?

① 홍역 ② 백일해 ③ 디프테리아 ④ 인플루엔자

➲ 디프테리아로서 위막이 생겨 인두로부터 후두, 기관지까지 퍼지며 이때 호흡 곤란이 생겨서 질식사의 원인이 된다.

187. 어린이에게 전염이 심하고 늦은 겨울에서 봄에 많이 유행되는 전염병으로 경련성 기침이 3~5주간 계속되는 전염병은?

① 홍역 ② 백일해 ③ 디프테리아 ④ 인플루엔자

➲ 어린이는 가족 내 접촉으로 70~95%가 감염된다. 세균질환으로는 감염률이 높고 4~5세 미만이 특히 잘 걸리고 전체 환자의 50%를 차지한다. 호흡기에서 튀어나온 작은 수포로서 감염되는 백일해이다.

188. 다음 중 2~6세의 어린이가 많이 걸리고, 설사가 심하며 칼슘 섭취가 적다고 생각되어 걸리는 전염병은?

① 콜레라 ② 적리 ③ 장티푸스 ④ 말라리아

➲ 위생 상태가 나쁘고 인구 밀도가 높은 곳에서 발생되며 어린이가 잘 걸리며 심한 복통과 오한이 함께 일어나면서 설사가 시작되는 것은 적리이다.

189. 이·미용사가 디프테리아, 인플루엔자 등 비말 전염병에 이환 감염되었을 때 가장 적절한 조치는?

① 마스크를 한다. ② 업무에 종사하지 않는다.
③ 예방주사를 맞는다. ④ 관계업에 종사한다.

➲ 이·미용사가 디프테리아, 인플루엔자 등 비말 전염병에 걸렸을 때는 그 업무에 종사해서는 안 된다.

해답 185-④ 186-③ 187-② 188-② 189-②

190. 비말 전염에 가장 잘 걸리는 조건은?

① 군중 집합 ② 피로 ③ 상처 ④ 영양 부족

비말전염은 다수의 사람이 모이는 곳, 즉 극장, 학교 등이다.

191. 일본뇌염이 유행될 때 가장 적절한 방법이 아닌 것은?

① 환자 격리 ② 돼지우리 격리 ③ 모기 박멸 ④ 예방 접종

일본뇌염은 작은 빨간집모기(쿨렉스모기)의 병원소인 돼지를 흡혈한 후 다시 사람을 흡혈할 때 감염된다. 일본뇌염은 환자 격리는 할 필요가 없다.

192. 여름에 직사광선을 장시간 쪼이면 피로하기 쉽고 15세 이하 어린이와 여성보다 남성이 2배 이상 발생되는 전염병은?

① 백일해 ② 홍역 ③ 인플루엔자 ④ 일본뇌염

온대에서 기온이 높은 여름철에 많이 발생하여 어린이에게 많으며 여성보다 남성이 2배 이상 발생하는 것은 일본뇌염이다.

193. 다음 중 병원소가 아닌 것은?

① 토양 및 동물 ② 불현성 환자 ③ 물 및 식품 ④ 건강 보균자

병원균의 감염은 토양 및 동물체에 의한 것, 보균자나 환자로부터 직접 또는 그의 배설물로서 간접적으로 오염되는 것 등의 원인에 의한다.

194. 전염병과 발생 요인은?

① 감염원과 숙주
② 오염된 식품, 소인을 가진 건강인
③ 감염 경로와 감수성이 있는 숙주
④ 감염원, 감염 경로, 감수성

전염병의 발생 요인은 병원체(감염원), 환경(감염 경로), 숙주(감수성)의 3가지이다.

190-① 191-① 192-④ 193-③ 194-④

195. 공중보건상 전염병 관리면에서 가장 어렵고 중요한 것은?

① 건강 보균자 ② 환자 ③ 잠복기 보균자 ④ 동물병원소

➲ 건강 보균자는 병원체에 의해서 감염을 받고도 처음부터 전혀 증상을 나타내지 않고 발병하지도 않는 사람으로서 전염병 관리면에서 가장 어렵고 중요하다.

196. 다음 전염병과 전염 경로와의 연결이 틀리는 것은?

① 파상풍-토양 전염 ② 폴리오-비말 전염
③ 황열-절족동물 매개 전염 ④ 성병-직접 접촉 감염

➲ 폴리오는 음식물 오염으로 전염된다.

197. 모기가 매개하는 전염병이 아닌 것은?

① 일본뇌염 ② 말라리아 ③ 페스트 ④ 사상충증

➲ 모기가 매개하는 전염병은 일본뇌염, 말라리아, 사상충증, 맹구열, 황열 등이고 페스트는 쥐에 의한 전염병이다.

198. 쥐가 옮기는 질병은?

① 말라리아 ② 사상충증 ③ 페스트 ④ 재귀열

➲ 쥐가 옮기는 것은 살모넬라증, 페스트, 말진열, 서교증, 와일씨병이 있다.

199. 비위생적인 인분 처리로 인한 질병은?

① 소아마비, 결핵, 뇌염 ② 결핵, 이질, 홍역
③ 콜레라, 장티푸스, 이질 ④ 장티푸스, 말라리아, 천연두

➲ 인분, 비위생적인 처리는 장티푸스, 콜레라, 이질, 파라티푸스 등의 물을 통해 전염되는 수인성 질병이다.

200. 우리나라 제2종 법정 전염병에 속하지 않는 것은?

① 홍역 ② 폴리오 ③ 공수병 ④ 결핵

➲ 결핵, 나병, 성병은 제3종 전염병이다

해답 195-① 196-② 197-③ 198-③ 199-③ 200-④

201. 예방접종의 효과가 가장 강한 것은?

① 두창 ② 이질 ③ 콜레라 ④ 일본뇌염

➲ 일본뇌염과 콜레라는 예방접종의 효과가 좋지 않다. 이질의 예방접종은 없고 두창은 예방접종의 효과가 강하다.

202. 우리나라 검역법에 정해진 검역 질환이 아닌 것은?

① 장티푸스 ② 페스트 ③ 콜레라 ④ 황열

➲ 검역법에 정해진 검역 질병은 콜레라, 페스트, 황열 등이다.

203. B.C.G 접종 시 특히 주의해야 할 점은?

① B.C.G 공기 접촉
② B.C.G 실온 방지
③ 접종 부위의 접종 전 소독
④ B.C.G 일광 노출

➲ B.C.G백신은 생균으로 일광에 약하므로 일광에 노출되지 않도록 한다.

204. 파리, 모기 구제의 이상적 방법은?

① 성충 구제 ② 유충 구제 ③ 발생지 제거 ④ 살충제 분무

➲ 파리 및 모기는 먼지 및 오물의 완전 처리 및 소독과 변소개량 등으로 발생지를 제거하는 것이 가장 이상적인 방법이다.

205. 충란으로 감염되는 기생충은?

① 십이지장충 ② 편충 ③ 간디스토마 ④ 사상충

➲ 십이지장충, 동양모양선충, 분선충은 감염형 유충에 의하여 감염된다.

206. 음식물과 전혀 관계가 없는 것은 어느 것인가?

① 이질 ② 긴촌충 ③ 간디스토마 ④ 사상충

➲ 간디스토마-민물고기, 민촌충은 연어나 송어, 이질은 채소나 과일로 감염되지만 사상충은 모기에 의해서 매개된다.

201-① 202-① 203-④ 204-③ 205-① 206-④

207. 자연 환기를 위한 창의 유효 면적은 바닥 면적의 얼마가 되도록 설비되어야 하나?

① 1/5 (20%) ② 1/10 (10%) ③ 1/15 (6.6%) ④ 1/20(5%)

창의 유효 면적은 바닥 면적의 1/20 정도가 좋다.

208. 거실에서 한 사람이 1시간당 최소 소요 환기량은?

① 10㎥ ② 30~40㎥ ③ 50㎥ ④ 70㎥

공장 6㎥, 병원 70㎥이 필요하며 한 사람이 필요한 양은 30~40㎥이다.

209. 실내 자연 환기가 잘되는 것은 일반적으로 중성대가 어느 위치에 있을 때인가?

① 방바닥 가까이 ② 중간 지점
③ 천정 가까이 ④ 위치에 관계없다.

중성대란 하부에 들어온 공기와 상단부에서 나가는 공기의 압력이 0일 때 생기는데, 이를 중성대라 하고 환기가 잘되려면 중성대가 높아야 한다.

210. 건물의 방향은 채광상 어느 쪽이 좋은가?

① 동향 ② 서향 ③ 남향 ④ 북향

건물의 방향은 남향 쪽이 제일 좋은 주택이다.

211 동일 방향, 동일 면적에서 채광을 올리기 위해서는?

① 창의 수가 많아야 한다. ② 창이 상하로 길어야 한다.
③ 창의 위치가 높아야 한다. ④ 창의 위치가 낮아야 한다.

동일 방향, 동일 면적에서 창이 상하로 길어야 채광의 효과가 크다.

212. 채광과 조명은 주거의 위생상 가장 주의하여야 할 요소이다. 다음중 채광이 나빠서 오는 영향은?

① 작업 능률 저하 ② 정신 상태 불량 ③ 시력장애 ④ 이상 모두

채광 조명이 나빠서 오는 영향은 작업 능률 향상을 저하시키며 정신 상태가 불량해지고 시력장애 등의 영향이 온다

해답 207-④ 208-② 209-③ 210-③ 211-② 212-④

213. 창의 유효 면적은 채광상 방바닥 면적의 얼마가 적당한가?

① 1/5 (20%) ② 1/10 (10%) ③ 1/20 (5%) ④ 1/2 (50%)

➡ 환기를 위한 유효 면적은 1/20(5%) 이며 채광을 위한 유효 면적은 1/5(20%)이다.

214. 채광은 주간 조명이라고도 하며 광원은 태양이다. 창에 의한 채광 능률은 창의 높이를 방의 길이에 얼마가 가창 적당한가?

① 1/2 ② 1/3 ③ 1/4 ④ 1/5

➡ 창의 높이는 방의 걸이에 약 1/2이 채광능률을 올리기 가장 적당하다.

215. 실내 조명의 균등화를 위하여 다음 중 어느 방법을 사용하는가?

① 반사광 이용 ② 커튼으로 조절
③ 인공 조명 ④ 이상 모두

➡ 실내 조명의 균등화를 위해서는 반사광 이용 또는 커튼으로 조절해야 하며, 인공 조명으로서 실내의 조명을 균등화시켜야 한다.

216. 다음 중 인공 조명에 해당되지 않는 것은?

① 자외등 ② 형광등 ③ 수은증기등 ④ 백열등

➡ 자외등은 소독 시설 등 특별한 경우에 한하여 설비하지만 조명으로써 사용되지 않는다.

217. 조명은 직접 조명, 간접 조명, 반간접 조명으로 나눈다. 그중 직접 조명을 함으로써 좋은 점은? (그러나 공중위생상으로는 문제점이 많다.)

① 경제적이고 설비가 용이
② 배당의 불균등
③ 짙은 음영으로 눈부심
④ 작업 능률 저하

➡ 직접 조명은 경제적이고 설치하기가 용이하다.

213–① 214–① 215–④ 216–① 217–①

218. 적당한 태양광선은 비타민 D를 생성시킨다. 다음 중 비타민 D의 부족으로 일으킬 수 있는 병은?

① 각기병 ② 구루병(곱사병) ③ 피부명 ④ 결막염

비타민 D 부족은 구루병(곱사병)을 일으킨다.

219. 태양광선(일광) 중 비타민 D와 관계 있는 것은?

① 자외선 ② 방사선 ③ 적외선 ④ 가시선

비타민 D와 관계 있는 광선은 자외선이며, 자외선은 살균 효과가 크다.

220. 다음 중 이·미용소에서 가장 적당한 조명은?

① 50~100룩스 (Lux) ② 100~200룩스
③ 30~80룩스 ④ 80~120룩스

식당의 주방(조리장) : 50~100룩스, 사무실·학교 교실 : 80~120룩스, 강당·대합실·체육관 : 30~80룩스, 이·미용실 : 100~200룩스
- 1룩스(Lux)란 1촉광의 광원에서 1m변의 조명을 말하며, 이를 측정하는 것을 '조도계(照度計)' 라 한다.

221. 눈의 보호를 위한 가장 좋은 조명 방법은?

① 직접 조명 ② 간접 조명
③ 반간접 조명 ④ 반직접 조명

간접 조명은 눈의 보호를 위하여 가장 좋은 조명 방법이다. 많은 전력의 소모로 경제적 부담이 큰 것이 약점이다.

222. 다음 중 부적당한 조명에 의한 건강 장해가 아닌 것은?

① 근시 ② 백내장 ③ 결막염 ④ 안정피로

결막염은 수영장 또는 오염된 물수건 사용 등에 의하여 전염되는 병이다.

해답 218-② 219-① 220-② 221-② 222-③

223. 다음 색채 중 반사율이 높은 색은?

① 초록색 ② 흰색 ③ 노란색 ④ 붉은색

➲ 빛의 반사율의 비율은 흰색 70~80%, 노란색 55~65%, 초록색 40~65%, 회색 15~55%이다.

224. 실내의 자연 채광을 많이 받을 수 있는 조건이 아닌 것은?

① 창의 개각은 4~5도 이상
② 창문의 입사각은 28도 이상
③ 창의 면적은 방바닥 면적 의 1/10 이상
④ 거실 안쪽까지의 길이는 창틀 상단 높이의 1.5배 이내

➲ 개각-실내의 일점과 창틀의 위선 및 차광물의 상단을 연결하여 이루는 각으로 개각이 클수록 실내는 밝다. (보통 4~5도 이상)
-실내의 채광률을 올리기 위해서는 창문 면적은 방바닥 면적의 1/5 정도가 된다.

225. 불량 주택, 즉 채광 및 환기 불량으로 인한 질병은?

① 인플루엔자 ② 결핵 ③ 호흡기계질환 ④ 이상 모두

➲ 불량 주택의 채광, 환기 불량으로 오는 질병은 호흡기계질환이 많다.

226. 한식 주택의 위생학적 단점은?

① 환기 불량 ② 채광 불량 ③ 난방 조절 불량 ④ 이상 모두

➲ 우리나라 고유의 한옥의 단점은 ① 1인당 거주 면적이 작고 방의 환기량이 적으며 ② 실내 기온의 불규칙 등으로 기온 변동이 심하다. ③ 채광량이 부족하고 보건위생상 주력을 두지 않고 외부 모양에 주력을 두었으며 ④ 주방, 변소 시설이 불량, 빈약하다.

227. 부적당한 조명으로 오는 피해가 아닌 것은?

① 안질 ② 전신적 피로 ③ 근시 ④ 작업 능률 저하

➲ 안질은 미생물에 의해서 감염된다.

223-② 224-③ 225-③ 226-④ 227-①

228. 소독으로서 사용하는 등은?

① 자외등　② 수은증기등　③ 형광등　④ 백열등

➡ 자외등은 소독 시설로써 사용하며 살균력이 크다.

229. 먹는 피임약의 효과는?

① 착상 방지　② 배란 억제
③ 질의 PH 변화　④ 이상 모두 아니다.

➡ 먹는 피임약은 여성호르몬과 비슷한 화학약품으로서 약을 먹으면 매월 난소로부터 난자가 배란되는 것을 방지한다.

230. 국세조사(national census)를 최초로 실시한 국가는?

① 미국　② 영국　③ 이탈리아　④ 스웨덴

➡ 국세조사는 스웨덴(1686년), 미국(1790년), 영국(1804년), 이탈리아(1861년), 인구정태(State of pouplation)를 국세 조사(sensus)라 하고 경제학에서 많이 사용하고 있다

231. 인구의 자연 증가란?

① (출생–사망) + (전업–전출)　② 연초 인구–연말 인구
③ 연말 인구–연초 인구　④ 전입–전출

➡ 인구의 자연 증가란 인구의 이동이 없다고 볼 때 출생 수에서 사망 수를 뺀 것과 전입된 인구에서 전출된 인구를 뺀 것이다.

232. 인구 통계에서 5~9세 인구란?

① 만 4세 이상~만 8세 미만 인구　② 만 5세 이상~만 10세 미만 인구
③ 만 4세 이상~만 9세 이상 인구　④ 4세 이상~만 9세 미만 인구

➡ 인구 통계에서 0세 인구란 만 12개월 미만아를 말하므로 5~9세 인구란 만 5세 이상–만 10세 미만아를 말한다.

해답　228–①　229–②　230–④　231–①　232–②

233. 인구 동태의 대상이 아닌 것은?

① 인구 구조 ② 혼인 ③ 사망 ④ 출생

➲ 인구 동태란 출생, 사망, 이동, 혼인과 같은 연구의 변동에 관한 통계이다.

234. 개발도상국에서 볼 수 있는 전형적인 인구 이행은?

① 고 잠재적 성장 단계 (Stage of high potential growth)
② 과도기적 성장 단계 (Stage of transitional growth)
③ 인구 감소의 발달기 단계 (Stage of rncipient decline)
④ 적도 인구 (moderate population)

➲ 개발도상국가에 있어서는 제2차 대전 후에 과도기적 성장 단계에 도래했으며, 급속한 인구 증가는 인구 폭발이라는 표현을 초래하고 있기도 하다.

235. 오늘날 세계적인 공동 과제로서 3p' S라는 말이 쓰여진다 다음 중 관계가 없는 것은?

① 인구 문제 ② 환경오염 문제 ③ 식량 문제 ④ 군사력 문제

➲ 3p' S는 인구(Population), 환경오염(Pollution), 식량(Poverty)이다.

236. 다음 중 집단의 건강 수준 지표로 쓰이는 것은 어느 것인가?

① 생존율 ② 사망률 ③ 평균 수명 ④ 이상 모두

➲ 평균 여명(평균 수명)은 그 집단의 사망 질서를 단적으로 나타내며 그 해에 태어난 사람은 평균 몇 년을 생존할 수 있는가를 계산한 것이다.

237. 인구의 과다 집중 시 나타나는 보건학적인 문제점이 아닌 것은?

① 환경 위생의 악화 ② 노동력의 부족
③ 질적 역 도태 현상 ④ 열성인 유전 인자 전파

➲ 인구 과소 시에는 노동력의 부족으로 오는 건강 관리 문제가 있다.

233-① 234-② 235-④ 236-③ 237-②

238. 싱크대에서 하수 냄새가 심하게 나는 경우 그 주된 원인은?

① 버리는 오수량이 많다. ② 수봉 장치가 잘못되었거나 이상이 있다.
③ 실내온도가 높다. ④ 오수의 평균 PH가 너무 높다.

➡ 싱크대에서 하수 냄새가 심하게 나는 것은 주로 수봉 장치 이상(異常)에 기인하다.

239. 오수를 지하로 침투시켜 시간이 흐르면 오수 중의 유기물질은 어떻게 변하는가?

① 안전한 무기물질로 분해된다.
② 유기 물질은 그대로 남게 된다.
③ 여과 작용만 일어난다.
④ 유기 물질은 희석되면서 주위로 분산된다.

➡ 오수(汚水)를 지하로 침투시켜 시간이 흐르면 오수 중의 유기 물질은 안전한 무기 물질로 분해된다.

240. 수질검사를 의뢰할 때 다음 중 채수용 병으로 가장 적당한 것은?

① 비누로 깨끗이 잘 씻는 병이면 된다.
② 소독한 후 수돗물로 헹구어낸 병이면 된다.
③ 수돗물로 깨끗이 씻는 병이면 된다.
④ 완전히 멸균한 갈색 병이어야 한다.

➡ 수질검사용 채수용 병은 완전히 멸균한 갈색 병을 사용하여야 한다. 수돗물은 멸균된 상태의 물이 아니므로 수돗물로 씻은 병은 세균의 오염이 되며, 무색 병은 직사 일광을 투과하므로 갈색 병을 사용하여야 한다.

241. 이·미용소에 바퀴벌레가 발생하였다면 다음 중 어느 방법이 구제에 가장 효과적인가?

① 석탄산과 승홍을 음식에 섞어 야간에 둔다.
② 알코올과 포르말린을 주간에 분무 살포한다.
③ 붕산, 아비산석회, 불화소다 등을 찐 감자 등과 혼합하여 야간에 둔다.
④ 생석회와 취약을 음식에 섞어 구석진 곳에 야간에 둔다

➡ 붕산, 아비산석회, 불화소다 등을 찐 감자 등과 혼합하여 야간에 두는 것이 가장 효과적이다.

해답 238-② 239-① 240-④ 241-③

242. 전염병 분류 등에 관한 다음 글 중 바르게 설명한 것은?

① 나병과 결핵을 세균성 전염병으로 분류한다면, 광견병과 트라코마는 리케치아성 전염병이다.
② 홍역과 말라리아를 제2종 전염병으로 분류한다면, 성병과 뇌염은 제1종 전염병이다.
③ 콜레라와 장티푸스를 경구 감염 전염병으로 분류한다면, 임질과 매독은 직접 접촉 감염 전염병이다.
④ 두창과 홍역을 영구 면역성 전염병이라면, 수두와 유행성 이하선염은 일시 면역성 전염병이다.

광견병과 트라코마는 비루스성 전염병이고 성병은 제3종 전염병, 뇌염은 제2종 전염병이며 수두와 유행성 이하선염은 면역이 안 되는 전염병이다.

243. 다음 중 틀린 것은?

① 룩스의 밝기란 2촉광의 광원으로 부터 30cm 거리에 있는 빛의 진행 방향과 수직으로 만나는 면의 밝음을 말한다.
② 이·미용업소에서는 100~200룩스 정도면 적당한 조명이라 할 수 있다.
③ 눈의 보호를 위해서라면 간접 조명이 직접 조명보다 좋다.
④ 작업장의 조명이 적당하지 않으면 일의 능률이 저하되고 장기간 계속되면 눈병 유발을 초래한다.

1룩스는 1촉광의 광원으로부터 1m 거리에 있는 빛과 수직한 면의 밝기이다.

244. 생활 환경의 주요한 환경 요인인 일광에 대한 다음 설명 중 틀린 것은?

① 가시광선의 파장은 자외선보다는 길고 적외선 보다는 짧다.
② 자외선이 피부에 닿으면 프로비타민 D(ergosterol)를 비타민 D로 변성시켜 구루병 예방에 도움을 준다.
③ 적외선은 복사열을 동반하여 지상 기온을 상승시키나 너무 많이 받으면 일사병의 원인이 되기도 한다.
④ 약한 피부를 건강하게 하는데는 여름철 한낮의 일광욕이 효과적이다.

여름철 한낮의 일광은 너무 강하므로 약한 피부에 장시간 바로 쪼이면 나쁘다.

242-③ 243-① 244-④

245. 물에 대한 설명 중 잘못된 것은?

① 산화칼슘(CaO)에 상당하는 칼슘이온이 물 1ℓ 중 10mg이 함유되어 있을 때 이를 프랑스식 경도 1이라 한다.
② 연수에도 칼슘염과 마그네슘염이 소량 포함되어 있는 경우가 있다.
③ 우물물 소독에는 주로 표백분으로 물 1톤당 1~2mg 사용한다.
④ 상수도 염소 소독은 급수전에 있어서 물의 잔류 염소가 0.2PPM(결합 잔류 염소일 때는 1.5PPM) 이상이 되도록 소독하여야 한다.

➲ 우물물의 소독에는 보통 물 1말(18ℓ)당 표백분 1~2g을 사용한다.

246. 다음 중 맑은 물에서 나는 비린 냄새의 원인이 될 수 있는 것은?

① 물에 녹는 구리 ② 물에 녹는 납
③ 물에 녹는 철 ④ 물에 녹는 아연

➲ 물에 녹는 철은 맑은 물에서 나는 비린내의 원인이다.

247. 물에서 오는 영향으로 세탁 후 흰 천이 붉게 물드는 경우는?

① 물속에 알칼리도가 높아서
② 물속의 철분 성분이 많아서
③ 물의 경도(Hardness)가 높아서
④ 물속에 아연 성분이 많아서

➲ 철분(Fe)이 물속에 있으면 녹이 난다. 따라서 물속에 철분이 많으면 세탁 후에도 흰 천이 붉게 물드는 수가 있다.

248. 병원균을 전파하는 위생 해충과 병의 연결이 잘못된 것은?

① 장티푸스(Typhoid gever)–바퀴
② 일본뇌염(Japanese encephalitis)–모기
③ 발진티푸스(Epidemic typhus)–집파리
④ 페스트(Plague)–쥐벼룩

➲ 발진티푸스는 이의 피부 교자에 의한 흡혈로 전파되거나 먼지를 통하여 호흡기계로 감염된다.

해답 245–③ 246–③ 247–② 248–③

249. 파리를 실내에서 지속적으로 살충하고자 할 때 가장 적합한 방법은?

① 분말 살포 ② 연막 소독 ③ 잔류 분무 ④ 에어라졸 사용

➡ 파리를 실내에서 지속적으로 살충하는 데는 잔류 분무의 방법이 가장 바람직하다.

250. 가재를 날것으로 먹었을 때 감염되기 쉬운 기생충은?

① 편충 ② 페디스토마 ③ 회충 ④ 간디스토마

➡ 가재는 폐디스토마(폐흡충)의 제1중간 숙주이다. 따라서 가재를 날 것으로 먹으면 폐디스토마에 감염되기 쉽다.

251. 포말 감염을 예방할 수 있는 환자와 대화 시 최소 유지의 안전 거리는?

① 5m ② 1.5m ③ 60cm ④ 30cm

➡ 포말은 담화 시는 1m, 재채기를 할 때는 3m까지 영향을 미친다. 따라서 환자와 대화할 때에는 1.5m 거리가 포말 감염 예방을 위한 최소 안전 거리이다.

252. 실내 공기의 조성 변화로 유발되는 군집독(Crowd poisoning) 현상의 관련 설명으로 옳지 않은 것은?

① 일산화탄소는(Co)는 호흡으로 혈중에 흡입되면 해모그로빈과 친화성 산소에 비하여 250~300배나 강하다.
② 실내에 산소(Oxygen)가 7% 이하로 장시간 지속되면 질식사하게 된다.
③ 구취나 체취도 공기 중의 유해 가스와 더불어 심리에 유해 작용을 할 수 있다.
④ 이산화탄소는 실내 공기의 오탁도를 판정하는 기준으로 서한량은 0.5~0.7%이다.

➡ 이산화탄소(탄산가스)의 서한량은 0.07~0.1%이다.

253. 청록색의 토물과 심한 위통을 동반하는 녹청과 관계되는 것은?

① 수은(Hg) ② 비소(As) ③ 구리(Gu) ④ 카드륨(Cd)

➡ 구리는 녹청의 성분으로서 중독을 일으키면 청록색으로 물을 토하는 구토와 위통을 주요 증상으로 나타낸다.

249-③ 250-② 251-② 252-④ 253-③

254. 정화조를 1년에 1회 이상 청소하는 근본적인 이유는?

① 부패 작용이 중지된다. ② 침전 작용이 중지된다.
③ 산화 작용이 중지된다. ④ 방류수가 악화된다.

정화조 설치의 근본 목적은 방류 방뇨의 정화에 있다. 따라서 정화조는 자주 청소하여야만 방류 분뇨의 정화가 잘되며 자주 청소하지 않으면 방류 분뇨의 정화가 잘되지 않아 방류수가 악화될 것이다.

255. 위생적인 음료수를 가장 잘 설명한 것은?

① 깨끗한 물
② 물리, 화학, 세균학적 오염이 없는 물
③ 세균의 오염이 없는 물
④ 화학적 혼합물이 없는 물

위생적인 음료수란 물리, 화학, 세균학적으로 오염이 없는 물을 말한다.

256. 접촉자의 색출 및 치료가 가장 중요한 질병은?

① 성병 ② 암 ③ 나병 ④ 일본뇌염

성병은 직접 접촉 감염에 의해서 전염되는 대표적인 질병이다. 따라서 성병은 접촉자의 색출 및 치료가 가장 중요한 질병에 해당된다.

257. 단백질이 소장에서 흡수될 단계의 상태는?

① 아미노산 ② 비타민 ③ 글리세린 ④ 포도당

소장에서 흡수될 단계는 아미노산이다.

258. 에너지의 합리적인 사용을 위하여 공공 건물의 실내 온도를 동절기에서 하절기까지 적정 온도는?

① 10° ~ 15° ② 15° ~ 20° ③ 22° ~ 26° ④ 26° ~ 30°

하절기 냉방 26℃, 동절기 난방22℃

해답 254-④ 255-② 256-① 257-① 258-③

259. 실내 온도를 효율적으로 측정하기 위해서는 지면으로부터 몇 m가 이상적인가?

① 건축물 바닥 중앙 위치에서 0.5m의 공기 온도를 기준
② 건축물 바닥 중앙 위치에서 1m의 공기 온도를 기준
③ 건축물 바닥 중앙 위치에서 1.5m의 공기 온도를 기준
④ 건축물 바닥 중앙 위치에서 2m의 공기 온도를 기준

➲ 1.5m의 위치가 가장 이상적이다.

260. 다음 중 자연독에 의한 식중독 원인 물질과 서로 관계가 없는 것으로 연결된 것은?

① 테트로톡신(Tetrotoxin)-복어 ② 솔라닌색소(Solanin)-감자
③ 무스카린(Muscarin)-버섯 ④ 에르고톡신(Ergotoxin)-조개

➲ 조개(패류)-검은버섯-미틸로톡신, 모시조개-베네류핀톡신

261. 포도상구균 식중독의 특징이 아닌 것은?

① 잠복기가 짧다. ② 고열이 일어난다.
③ 독소형 식중독이다. ④ 식품 취급자 손의 화농성 질환으로 감염

➲ 포도상구균 식중독은 열을 일으키지 않는다.

262. 질병의 성격 등에 대한 설명으로 잘못 연결된 것은?

① 나병-접촉 전염병이다. ② 일본뇌염- 잠복 기간 4~21일간이다.
③ 발진열-리케차가 병원체이다. ④ 결핵-제1종 전염병이다.

➲ 결핵은 제3종 전염병에 속한다.

263. 생후 6개월 이내에 실시되는 기본 접종 전염병에 해당하지 않는 것은?

① 장티푸스 ② 결핵 ③ 디프테리아 ④ 백일해

➲ 장티푸스는 매년마다 추가 접종을 실시하여야 한다.

264. 과일, 채소류 소독에 사용되는 것은?

① 크롬산 ② 치아염소산 ③ 과산화수소 ④ 포르말린수

➲ 과일, 채소류 소독에는 치아염소산이다.

259-③ 260-④ 261-② 262-④ 263-① 264-②

265. 다음 중 법정 전염병을 나타낸 것 중 옳지 않은 것은?

① 제1종 전염병 – 장티푸스, 파라티푸스, 세균성이질
② 제2종 전염병 – 백일해, 홍역, 아메바성이질
③ 제3종 전염병 – 결핵, 성병, 나병
④ 제4종 전염병 – AIDS, 만성B형간염, 렙토스피라증

➡ 제2종 지정 전염병 – AIDS, 렙토스피라증, 제3종 지정 전염병–만성B형간염에 속한다. 제4종은 없다.

266. 다음 중 살모넬라균을 오염시킬 가능성이 가장 큰 동물은?

① 쥐 ② 개 ③ 소 ④ 토끼

➡ 살모넬라균을 오염시킬 수 있는 동물은 쥐이다.

267. 다음 전염병 중 인공능동 면역에 의한 예방접종이 실시될 수 있는 것은?

① 파상풍 ② 말라리아 ③ 식중독 ④ 아메바성이질

➡ 인공능동 면역에 의한 예방접종이 실시되는 질병은 파상풍, 디프테리아 등이 있다.

268. 다음 전염병 중 세균성인 것은?

① 말라리아 ② 결핵 ③ 유행성일본뇌염 ④유행성간염

➡ 병원체 중 세균성이 될수 있는 전염병은 결핵, 나병, 성병, 디프테리아 등이 있다.

269. 다음 식품 중 칼슘을 섭취하기 쉬운 형태로 가장 많이 함유하고 있는 것은?

① 계란 ② 우유 ③ 녹황색 채소 ④ 쇠고기

➡ 칼슘이 많이 든 고칼슘 식품은 우유로서 뼈의 발육에 많은 영양을 준다.

270. 귤, 딸기 등에 많으며 멜라닌 색소를 엷게 하는 비타민은?

① 비타민 A ② 비타민 B_1 ③ 비타민 B_2 ④비타민 C

➡ 귤, 딸기 등 야채, 과일에 많은 것은 비타민 C이며 멜라닌 색소를 엷게 한다.

해답 265–④ 266–① 267–① 268–② 269–② 270–④

271. 단백질 지방의 영양 섭취가 부족하면 어떻게 되는가?

① 중성 피부가 된다. ② 건조성 피부가 된다.
③ 지성 피부가 된다. ④ 알레르기성 피부가 된다.

단백질 지방의 섭취가 많으면 지성 피부가 되며 부족하면 건조성 피부가 된다.

272. 인수 공통으로 옮길 수 있는 전염병은 무엇인가?

① 광견병 ② 나병 ③ 결핵 ④홍역

인수 공통 전염병과 병원소는 결핵과 소, 일본뇌염과 돼지, 광견병과 개 등이 있다.

273. 실내 조명의 조명 효율 중 천장 색깔에 가장 관계되는 조명은?

① 반간접 ② 반직접 ③ 간접 ④ 직접

실내 천장 색깔에 관계되는 것은 간접 조명, 즉 자연 조명이다.

274. 전염성 피부질환 두부백선 병원체는?

① 사상균 ② 원성 동물 ③ 바이러스 ④ 세균

사상균은 아포형성 식물로 무좀, 칸디다진균 등의 피부병을 일으키는 원인균으로 두부백선 병원체의 원인균이 된다.

275. 피부에 좋고 정혈 작용을 하는 것은?

① 비타민 A ② 비타민 B ③ 비타민 C ④ 비타민 D

피부를 희게하고 혈액순환 촉진으로 정혈 작용을 하는 것은 비타민 C이다.

276. 산성에 속하는 것은?

① 귤 ② 딸기 ③ 쌀 ④ 쇠고기

산성에 속하는 것은 쇠고기 등의 육류를 말한다.

271-② 272-① 273-③ 274-① 275-③ 276-④

<법정 전염병>

전염병의 발생 및 유행을 막기 위해서 의사 등은 환자 진단 즉시 보건 기관에 신고하거나 보고하도록 되어 있으며 제1군(즉시 조치 : 6종), 제2군(예방접종 예방 가능 질환 : 9종), 제3군(모니터, 홍보가 필요한 질환 : 18종), 제4군(재출현, 해외 유행 전염병 : 13개), 지정 전염병(표본 감시 대상 전염병 : 8개)으로 나누어 전염병의 종류에 따라 환자를 격리시키고 그 만연을 예방하도록 법으로 정해 놓은 병이다.

가. 제1군 : 즉시 조치(6종)
- 기존 1종 : 콜레라, 페스트, 장티푸스, 파라티스프, 세균성이질
- 신규 : E.Coli O157:H7

나. 제2군 : 예방접종 예방 가능 질환(9종)
- 기존 1종 : 디프테리아
- 기존 2종 : 백일해, 파상풍, 소아마비, 홍역, 유행성이하선염, 풍진, 일본뇌염
- 기존 3종 : B형간염(표본 감시)

다. 제3군 : 모니터, 홍보가 필요한 질환(18종)
- 기존 1종 : 발진티푸스
- 기존 2종 : 말라리아, 성홍열, 발진열, 수막구균성수막염, 쯔쯔가무시, 렙토스라, 송수병, 신증후군출혈열, 후천성면역결핍증
- 기존 3종 : 결핵, 성병(7개, 표본감시), 한센병
- 신규 : 레지오넬라, 비브리오, 패혈증, 브루셀라, 탄저, 인플루엔자(표본 감시)

라. 제4군 : 재출현, 해외 유행 전염병(13개)
- 기존 1종 : 황열
- 신규 : 뎅기열, 마버그열, 에볼라열, 라싸열, 리슈마니아증, 바베시아증, 아프리카수면병, 크립토스포라디움증, 주혈흡충증, 요우스, 판타, 신종 전염병증후근

마. 지정 전염병 : 표본 감시 대상 전염병(8개)
- 신규 : A형·C형 간염, VRSA, 샤가스병, 포충증, 광동주혈성충증, 유극악구충증, 사상충증

03. 소독학

01. 이 · 미용소에서 타월을 소독하는 것은 주로 어떤 균을 소독하기 위해서인가?

① 포도상구균 ② 대장균 ③ 결핵균 ④ 파상풍균

➲ 세균(화농균)인 포도상구균을 소독하기 위함이다.

02. 다음 중 고압증기 멸균법을 사용할 수 없는 것은?

① 피혁 제품 ② 약 액 ③ 유리, 기구 ④ 의 류

➲ 피혁 제품을 고압증기 멸균법으로 소독하면 제품의 변형이 생긴다.

03. 각종 살균제와 소독 원리를 연결한 것 중 틀린 것은?

① CaO(석회)–산화 작용
② H2O(과산화수소)–가수분해
③ 석탄산–효소의 제한
④ 알코올–응고 작용

➲ 관산화수소의 소독 효과는 분해 반응에 의해 일어나는 발생기의 산소에 의하여 병원체를 산화시켜 살균 작용을 함
가수분해 = 화합물이 물에 작용되면서 분해됨

04. 손을 소독하기 위하여 2% 크레졸 액 5ℓ 를 만들려면 50%의 크레졸 몇 cc가 필요한가?

① 100cc ② 150cc ③ 200cc ④ 250cc

➲ $5,000 \times \frac{2}{100} = 100cc \times \frac{2}{100} = 200cc$

01–① 02–① 03–② 04–③

05. 곰팡이류는 어디에 속하나?

① 원시핵균 ② 진핵균 ③ 조류 ④ 초미생물균

진핵균은 미생물균 가운데 고등 부류에 속하며, 대부분이 육지성 균류로 여러 가지 형태적 특징을 가지고 유성, 또는 무성적으로 포자를 형성하여 증식하는 곰팡이가 여기에 속한다.

06. 미생물의 생육에 필요한 광물질로써 미량을 필요로 하는 것은?

① Mg ② Na ③ S ④ P

많이 필요한 것은 P, K, S, Na 등이고, 미량이 필요한 것은 Mg, Fe 등은 효소의 구성분이다.

07. 세균의 번식 방법은?

① 이분법 ② 사출 방법 ③ 출아법 ④ 유성 번식

세균은 0.5㎕~5㎕ 정도의 단세포 생물로서 이분법에 의하여 증식한다.

08. 가열에 의해 사멸되지 않는 균은?

① 살모넬라균 ② 장염비브리오균 ③ 병원대장균 ④ 포도상구균

살모넬라균은 60℃ 20분으로 사멸, 장염비브리오는 60℃ 2분, 병원대장균도 가열 처리 사멸되나 포도상구균은 120℃ 2분 가열살균해도 독성을 잃지 않는 내열성 균이다.

09. 세균의 형태에 따른 종류에 해당하지 않는 균은?

① 간균 ② 구균 ③ 나선균 ④ 사상충

사상충은 모기가 옮기는 병이다.

10. 빗을 소독할 때는 크레졸 수에 얼마나 소독해야 하는가?

① 6분 이상 소독한다. ② 10분 이상 소독한다.
③ 20분 이상 소독한다. ④ 30분 이상 소독한다.

빗 소독에는 크레졸 수(3% 수용액)에 10분 이상 소독하여야 한다.

해답 05-② 06-① 07-① 08-④ 09-④ 10-②

11. 자외선은 살균 작용이 있는가?

① 있다. ② 없다. ③ 있을 때도 있고 없을 때도 있다. ④ 여름에만 있다.

➡ 자외선등은 조명으로는 쓸 수 없지만 살균력이 있어 소독에 사용된다. (표면은 가능하나 내부는 불가능하다.)

12. 피부 소독에 적당한 것은?

① 포르말린 ② 승홍수 ③ 알코올 ④석탄산

➡ 피부 소독에는 포르말린, 승홍수 등은 독성이 있어 좋지 못하고 알코올은 수지, 피부, 가위, 칼, 빗, 솔 등의 소독에 좋다.

13. 소독의 목적은?

① 물체에 묻은 때를 없애기 위하여
② 물체에 병균이 묻지 않게 예방하기 위하여
③ 모든 세균을 멸균시키기 위하여
④ 물체의 묻은 병균을 죽이고 병의 전파를 예방하기 위하여

➡ 소독의 목적은 물체에 묻은 병균을 죽이고 병의 전파를 예방하기 위하여 하는 것이다.

14. 일광 소독의 가장 좋은 시간은?

① 오전 9시 ② 오전 10시 ③ 오전 10시에서 오후 2시 ④ 9시에서 정오

➡ 일광 소독에 가장 좋은 시간은 오전 10시에서 오후 2시 사이가 좋다.

15. 과일 소독에 적당한 약제는?

① 크레졸 ② 승홍수 ③ 선탄산 ④ 표백분 액

➡ 크레졸, 승홍수, 석탄산 등은 독성이 있어 과일 및 야채의 소독에는 부적합하고 표백분 액은 물소독 및 과일, 야채 소독에 주로 쓰인다.

11–① 12–③ 13–④ 14–③ 15–④

16. 일광에 살균 작용을 하는 것은?

① X선 ② 자외선 ③ 감마선 ④적외선

자외선은 조명으로는 쓰지 못하지만 살균력이 있어 소독에 사용한다. 감마선은 방사선 물질에서 나오는 방사선의 하나로 물질 투과 능력이 무척 강한 특징을 가진다.

17. 눈으로 볼 수 있는 광선은?

① 가시광선 ② 적외선 ③ 자외선 ④ X선

눈으로 볼 수 있는 광선은 가시광선이다.

18. 이·미용기구를 알코올 램프에 소독하는 것은?

① 약물 소독 ② 습열 소독 ③ 건열 소독 ④ 화염멸균법

이·미용기구를 알코올 램프에 소독하는 것은 화염멸균법이며 불꽃에서 20초 이상 유동적으로 처리하여야 한다.

19. 머리카락이나 쓰레기의 처분은?

① 생석회 소독 ② 자비 소독 ③ 살포 ④ 소각

머리카락이나 쓰레기에 처분 중 가장 적당한 방법은 소각이다.

20. 파리, 모기를 구제하는 약품이 아닌 것은?

① 린덴액 ② DDT ③ 크레졸 ④ DDVP

크레졸은 수지 소독, 의류, 솔, 가죽, 고무, 변소, 가위, 면도 등의 소독에 적당하고 린덴은 파리약, 디디티(DDT)는 하수구 소독약, 디디브이피(DDVP)는 퇴비장 등의 소독

21. 미생물의 종류가 아닌것은?

① 곰팡이 ② 바이러스(비루스) ③ 세포균 ④ 세균

미생물의 종류에는 세균, 곰팡이, 효모 이외에도 바이러스, 조류 등이 있다.

해답 16-② 17-① 18-④ 19-④ 20-③ 21-③

22. 소독약이 아닌 것은?

① 농약 ② 산화칼슘 ③ 과망산칼리 ④ 염산

➡ 산화칼슘, 과망산칼리, 염산 등은 소독약으로 쓰이지만 농약은 소독약이 아니다.

23. 소독 작용에 영향을 가장 많이 주는 것은?

① 온도와 시간 ② 청결 ③ 농도 ④소독 기구

➡ 소독약은 농도, 즉 적절한 소독약의 %를 써야만 가장 확실한 소독이 된다.

24. 물리적 방법으로 아포를 포함한 모든 세균을 죽이는 것은?

① 제거 ② 소독 ③ 살균 ④ 멸균

➡ 고압증기 멸균법은 미생물의 내열성 아포까지 사멸할 수 있으므로 가장 좋은 방법이다.

25. 물리적 소독 방법 중 가장 효과가 좋은 것은?

① 음파 ② 여과 ③ 열 ④ 방사선

➡ 물리적 소독에는 건열 멸균 소독, 증기 소독, 자비 소독 등이 있으며 물리적인 소독에는 주로 열이 들어간다.

26. 여과 소독에 관계없는 것은?

① 석면 ② 유리가루 ③ 소작도기 ④ 규조토

➡ 여과 소독에는 도토, 규조토, 소작도기, 석면 등은 여과(거르는 것) 구조에 필요한 재료

27. 유화제란 어떨 때 사용하는가?

① 기름에 잘 녹고 물에 잘 녹지 않을 때
② 기름과 물에 잘 녹지 않을 때
③ 기름과 물에 잘 녹을 때
④ 물에 녹고 기름에 잘 녹지 않을 때

➡ 유화제는 기름에는 잘 녹으나 물에는 잘 녹지 않을 때 사용한다.

22-① 23-③ 24-④ 25-③ 26-② 27-①

28. 자외선 소독은?

① 1cm²에 85마이크로와트 10분 이상
② 1cm²에 85마이크로와트 20분 이상
③ 1cm²에 95마이크로와트 10분 이상
④ 1cm²에 95마이크로와트 20분 이상

➡ 파장이 400m(밀리미크론)이며 1cm²에 85마크로와트에 20분 이상 쪼이는 것을 말한다.

29. 이 · 미용업소의 대야에서 가장 많이 점염되는 것은?

① 눈병 ② 콜레라 ③ 피부병 ④ 습진

➡ 이·미용소의 대야에서는 눈병이 많이 걸린다.

30. 대청소는 언제 하는 것이 가장 좋은가?

① 아침 ② 점심 ③ 저녁 ④ 밤

➡ 공기가 가장 맑은 아침이 좋다.

31. 저온 소독은 60~65℃에 30분 우유 소독에 적당하다. 저온 살균으로 사멸되지 않는 것은?

① 이질 ② 결핵균 ③ 장티푸스 ④세균

➡ 저온 살균법은 프랑스의 세균 면학자 파스테르가 고안한 소독에 의하여 결핵균, 장티푸스균, 콜레라균, 디프테리아, 부루셀라, 연쇄상구균 등의 유해한 균이 사멸한다.

32. 소독약의 구비 조건에 해당하지 않는 것은?

① 소독력이 강하고 침투력이 강한 것
② 인축에 독성이 낮아 안전성일 것
③ 사용이 간편하고 저렴한 것
④ 기름, 알코올에 잘 용해되어야 한다.

➡ 물에 잘 용해되어야 한다.

해답 28-② 29-① 30-① 31-④ 32-④

33. 병원성 세균은 사멸시키고 비병원성 세균은 정지 상태로 만드는 것은 무엇을 말하나?

① 소독 ② 멸균 ③ 방부 ④ 부패

➡ 멸균 : 병원성, 비병원성 및 아포까지 사멸시킨다.
방부 : 미생물을 사멸 혹은 발육을 저지 분해 방지

34. 소독약의 살균력 지표로 사용되는 것은?

① 알코올 ② 자외선 ③ 석탄산 ④ 크레졸

➡ 석탄산의 소독력을 기준으로 소독약의 소독력을 평가한다.(시험 균으로는 장티푸스균을 사용)

35. 다음 중 소독의 종류에 해당하지 않는 것은?

① 기계적 소독 ② 이학적 소독 ③ 생물학적 소독 ④ 화학적 소독

➡ 소독의 종류는 물리적, 이학적, 화학적, 기계적 소독 방법이 있고 생물학적 소독은 없다.

36. 손 소독은 다음 중 어느 소독에 해당되는가?

① 기계적 소독 ② 물리적 소독 ③ 가열 소독 ④ 화학적 소독

➡ 손 소독은 기계적 소독에 해당된다.

37. 다음 중 이학적(물리적) 소독에 해당하는 것은?

① 일광(자외선) ② 생석회 ③ 알코올 ④ 승홍

➡ 이학적 소독제=일광. 건열, 자비, 물 여과법

38. 다음중 화학적 소독 방법이 아닌 것은?

① 석탄산 ② 메칠알코올 ③ 승홍수 ④ 훈연

➡ 화학적 소독제=생석회, 크레졸, 석탄산, 승홍수, 알코올, 포르말린 등

33-① 34-③ 35-③ 36-① 37-① 38-④

39. 소독약제 중 사용 농도와 연결이 잘못된 것은?

① 석탄산-크레졸-3% ② 승홍수-0.1%
③ 알코올-70% ④ 생석회-50%

➲ 생석회는 농도와 관계없이 그대로 변소, 하수도에 사용된다.

40. 구내염, 인두염, 입안 세척 및 상처 등에 가장 알맞은 소독제는?

① 석탄산 ② 메칠알코올 ③ 관산화수소 ④ 승홍수

➲ 구내염, 인두염, 입안 세척 및 상처 등에 알맞은 소독제는 농도 2.5~3.5%의 과산화수소가 적당하다.

41. 초자기구. 도자기류, 목죽 제품 등의 소독 방법으로 사용하지 않는 것은?

① 석탄산, 크레졸수 ② 생석회 ③ 알코올 ④ 승홍수

➲ 석탄산, 크레졸수는 단백질을 응고시키지 않으며 객담, 토사물, 수지, 의류, 솔, 고무, 빗, 피혁 제품 등을 소독한다.

42. 다음 중 석탄산 계수 구하는 공식은 어느 것인가?

① $\frac{\text{특정 소독약의 희석 배수}}{\text{석탄산수 희석 배수}} \times 100$ ② $\frac{\text{석탄산수 희석 배수}}{\text{특정 소독약의 희석 배수}} \times 100$

③ $\frac{\text{어떤 소독약의 희석 배수}}{\text{석탄산수 희석 배수}} \times 100$ ④ $\frac{\text{X}}{\text{석탄산수 희석 배수}} \times 100$

➲ 석탄산 계수는 석탄산의 희석 배수가 소독약의 기준이 되므로 분모에 와야 하고, 배율은 100을 곱해주는 것이 기본이다.

43. 다음 중 이·미용기구 등의 소독 방법 중 연결이 틀린 것은?

① 가위, 면도-3% 석탄산, 크레졸수
② 타월-증기 소독, 자비 소독
③ 피대-생석회
④ 머리카락-소각, 매몰

➲ 생석회는 변소나 하수구의 소독에 사용되며 피대(피혁 제품)은 크레졸 및 석탄산수로 소독한다.

해답 39-④ 40-③ 41-① 42-① 43-③

44. 의복 침구의 소독은?

① 자비 소독 ② 일광 소독 ③ 약품 소독 ④ 고압증기 소독

➲ 의복 침구의 소독은 일광 소독을 하도록 한다.

45. 일광 소독법을 필요로 하는 병은 다음 중 어느 것이 가장 효과가 큰가?

① 콜레라 ② 나병 ③ 구루병, 결핵 ④ 인플루엔자

➲ 결핵균은 일광에 약하며 햇볕에 쬐이므로 비타민 D의 형성 작용으로 구루병이 예방된다.

46. 건열 소독법으로 적당한 것은?

① 목재 용구 ② 수건, 위생복 ③ 플라스틱 ④ 포편

➲ 건열멸균 소독은 금속제 용구, 자기제 용구, 유리제 용구, 목재 용구 등의 소독에 사용한다.

47. 이 · 미용 영업장 내 소독에 쓰이는 약품은?

① 알코올 ② 포르말린(포름알데히드가스) ③ 생석회 ④ 머큐로크롬

➲ 포르말린은 주로 1~2% 수용액이 사용된다. 손발, 금속 제품, 섬유 제품, 자기 제품, 유리 제품, 목 제품, 셀룰로이드, 고무, 가죽 제품 및 이 미용소 실내, 사체 소독 등에 쓰인다.

48. 다음 중 옥도정기 소독에 관계 없는 것은?

① 5% 수용액 ② 피부 소독 ③ 알코올에 용해 ④물에 용해

➲ 옥도정기는 5% 수용액으로서 피부 소독에 쓰이며 알코올에 용해되어 있다..

49. 머큐로크롬에 관계 없는 것은?

① 2% 수용액 ② 눈 소독 ③ 붉은색 ④ 옥도정기보다 5배의 살균력

➲ 머큐로크롬은 피부의 소독에 사용된다. 2%의 수용액이며 붉은색이고 옥도정기보다 5배의 살균력을 가진다.(눈 소독에 사용 못한다.)

44-② 45-③ 46-① 47-② 48-④ 49-②

50. 암모니아수의 주 용도는?

① 피부 소독 ② 피대 소독 ③ 벌레 물린데 ④ 이·미용기구 소독

➡ 암모니아 가스를 물에 녹인 수용액이며 벌레 물린데 사용된다.

51. 과망산칼슘의 주 용도는?

① 상처 소독 ② 성병 예방 ③ 살균 작용 ④ 살충 작용

➡ 과망산칼슘의 용도는 해충을 살충하는 작용을 한다.

52. 양성 비누(역성 비누)의 용도 및 용액에 해당되지 않는 것은?

① 100~200의 희석액-손발 소독
② 3% 수용액-손 소독
③ 0.25-0.5%수용액-기구 소독
④ 30% 수용액-상처 소독

➡ 역성 비누 30% 수용액으로는 상처의 소독에 사용해서는 안 되고 하수구 배설물 등의 유기체의 소독에 부적합하고 바이러스와 결핵균에는 효과가 없다

53. 염소는 소독력이 강하다. 다음 중 염소로 소독하지 않는 것은?

① 상수도 ② 채소, 과일 ③ 목욕탕, 수영장 ④ 간장

➡ 염소는 음료수의 소독에 많이 쓰인다. 이때는 음료수 중의 유리 잔유 염소가 0.2PPT 정도 되게 소독한다. 아주 묽게 해서 채소, 과일 등도 소독하며 염소 자체의 냄새가 남고 결핵균에는 살균력이 없으며 자극성과 금속 부식성이 있는 것이 단점이다.

54. 우물물의 소독에는 보편적으로 다음 중 어느 약품을 사용하는가?

① 크로루칼키 ② 과산화수소 ③ 염산 ④ 알코올

➡ 우물물의 소독에는 표백분(크로루칼키)을 주로 사용한다.

해답 50-③ 51-④ 52-④ 53-④ 54-①

55. 건열멸균 소독이란 건조한 열에 접촉함을 말한다. 그 기준은?

① 100℃에서 20분간　② 100℃에서 10분간
③ 100℃에서 30분간　④ 160℃에서 20분간

➡ 건열멸균 소독의 기준은 100℃에서 20분간 건조한 열에 접촉함을 말한다.

56. 알코올 210cc의 소독에 맞는 증류수를 회석하고자 한다. 증류수는 얼마나 있어야 하나?

① 60cc　② 90cc　③ 120cc　④ 30cc

➡ 알코올 수량 210cc÷알코올 70%×물 30%=90cc

57. 포름알데히드 가스 소독 요령 중 내부까지 소독하려면 다음 중 어느 설비가 필요한가?

① 진공 장치　② 밀폐 장치　③ 밀봉 장치　④ 노출 장치

➡ 포름알데히드 가스 소독은 업소 실내에 사용되며 밀폐를 해서 소독한다.(내부까지 소독하려면 진공 장치를 해야 한다.)

58. 석탄산의 유효 농도는?

① 5%　② 10%　③ 3%　④ 1%

➡ 석탄산수의 적당한 농도는 3%이다.

59. 크레졸의 유효 농도는?

① 1%　② 3%　③ 5%　④ 10%

➡ 석탄산수와 크레졸 비누액의 농도는 같은 3%이다.

60. 다음 중 이학적 소독 방법에 해당하지 않는 것은?

① 고압 증기　② 일광　③ 건열　④ 크레졸 비누액

➡ 이학적 소독 방법은 일광, 건열, 습열, 고압증기 멸균법 등이 있고 화학적 소독 방법은 생석회, 승홍, 크레졸 비누액, 석탄산, 알코올이 있다.

55-①　56-②　57-①　58-③　59-②　60-④

61. 균체의 단백질을 응고시킴으로써 소독의 효과를 얻는 것은?

① 염소 ② 수은 ③ 산 ④ 알코올

➲ 화학 소독제의 살균기전 작용의 종류는 산화환원에 의해 사멸, 사수 분해작용에 의한 사멸, 염의 형성 균체의 단백질 응고작용, 효소체의 침투, 삼투압의 변화작용 등이 있다.

62. 자비 소독 시간을 단축시켜 주는 약품은?

① 초산 ② 중조 ③ 붕산 ④ 황산

➲ 보통의 자비 소독은 끓는 물에서 약 20분 동안 가열하지만 중조(Na_2 CO_2)를 넣으면 가열 시간을 반으로 줄일 수 있다.

63. 고압증기 멸균법의 강한 멸균력은?

① 높은 온도에 기인한다. ② 증기의 높은 침투력에 기인한다.
③ 높은 압력에 기인한다. ④ 건조하는 힘에 기인한다.

➲ 고압증기 멸균법은 일정한 압력하에서 증기가 챔버(chamber) 안으로 들어가 높은 온도를 내게 만들어 졌으며, 고온의 증기가 살아있는 세균을 포함한 내열성 아포까지 짧은 시간 내에 사멸할 수 있다.

64. 고압증기 멸균법의 압력과 시간이 틀린 것은?

① 30LBS(파운드)-3분간
② 20LBS(파운드)-15분간
③ 15LBS(파운드)-25분간
④ 10LBS(파운드)-30분간

➲ 고압증기 멸균기를 사용하여 포화증기 중에서 10LBS 30분, 15LBS 20분, 20LBS 15분간 가열하는 방법이다.

65. 섭씨 100℃에서도 잘 죽지 않는 균은?

① 결핵균 ② 아포형성균 ③ 콜레라균 ④ 장티푸스균

➲ 병원미생물과 잡균을 100℃에서 20분 이상 가열하면 사멸되지만 아포를 형성하는 세균은 그 이상의 온도에서 멸균시켜야 한다.

해답 61-④ 62-② 63-① 64-① 65-②

66. 유리 제품을 소독할 때 주의할 점은?

① 반드시 찬물에 넣고 끓은 후 10분
② 더운물에 넣고 10분간 끓인다.
③ 끓은 물에 넣고 10분간 끓인다.
④ 차고 더운 것에 관계없다.

유리 제품을 자비 소독할 때는 깨지는 것을 방지하기 위하여 반드시 찬물에 넣고 끓은 후 10분간 소독하여야 한다.

67. 승홍수 사용 시 적당치 못한 용기는?

① 유리그릇 ② 금속류 ③ 사기그릇 ④ 에나멜그릇

승홍수는 값이 싸고 살균력과 독성이 강하고 금속을 부식시키므로 금속류에는 부적당하다.(승홍은 염화 제2수은이다.)

68. 크레졸 원액이 10cc가 있어서 5%의 농도로 만들려고 한다. 물은 얼마나 있어야 하나?

① 95cc ② 150cc ③ 190cc ④ 20cc

약 수량을 알고 물 수량을 요구할 때 공식 : 물 수량÷물%×약%

69. 과산화수소(H2O)가 아닌 것은?

① 살균제로서 창상 소독에 쓰인다.
② 냄새가 없고 무색의 액체이다.
③ 광선에 노출되면 신속히 분해된다.
④ 계면활성제

과산화수소는 맑은 용액으로서 밝은 곳에 두거나 가열하면 쉽게 분해되고 산화성 소독제로서 상처 등 피부 소독에 사용하며 이외에도 다양하게 쓰인다.
옥시풀은 과산화수소 3% 혼합된 것으로 머리 염색약(양귀비) 속에 있는 물약

66-① 67-② 68-③ 69-③

70. 알코올이 피부에 좋은 방부제가 되는 이유는?

① 열린 상처에 사용할 수 있음
② 살균성이 강함
③ 피부를 적당히 자극하여 기분이 좋음
④ 지방을 융해하며 장기 세균에 작용함

➲ 알코올은 고도의 방부력을 가지고 있고 지용성이어서 피부 표면과 모낭 내에 있는 기름기를 다 녹여 버리는 장점이 있으므로 깊숙히 자리 잡고 있는 세균까지 멸균시킬 수 있다.

71. 가장 강한 살균력이 있는 알코올 농도는?

① 30% ② 95% ③ 70% ④ 50%

➲ 알코올은 70%가 가장 살균력이 강하다

72. 가죽 제품이나 플라스틱 제품의 소독에 적당한 소독법은?

① 자비 소독 ② 건열멸균 소독 ③ 승홍수 소독 ④ 크레졸비누액 소독

➲ 크레졸은 피부에 자극 작용이 적고 취급이 간편하며 비누와 혼합되어 있어 지방질이 제거되어 가죽, 고무 제품, 플라스틱의 소독에 좋은 방법이다.

73. 석탄산 34배 희석액과 어느 소독약의 68배 희석액이 같은 살균력을 나타낸다면 이 소독약의 석탄산 계수는?

① 0.5 ② 1 ③ 1.5 ④ 2

➲ 석탄산 계수는 묻는 숫자로 나누어야 한다.
(68÷34=2)
어느 소독약의 계수는 (34÷68=0.5)

74. 붕산수란 무엇인가?

① 소독약 ② 살균제 ③ 방부제 ④ 청정제

➲ 붕산수는 방부제로 2~3%가 사용되며, 자극이 적고 물이 부드러워지기 때문에 점막, 눈 세척에 좋다,

해답 70-④ 71-③ 72-④ 73-④ 74-③

75. 변소나 하수구 주위에 사용되는 소독약은?

① 석탄산 ② 크레졸 ③ 승홍수 ④생석회

➲ 변소나 하수구 주위에는 생석회를 뿌린다.

76. 수술실, 제약실, 무균실 등에 사용하는 소독약은?

① 일광 소독 ② 크레졸 소독 ③ 자외선 소독 ④ 알코올 소독

➲ 자외선 멸균법은 265mμ (밀리미크론)의 파장이 가장 강한 살균력을 가지고 특히 바이러스 연구의 무균 작업실에 사용된다.

77. 이·미용소 내 타구에 관한 설명 중 옳은 것은?

① 반드시 있어야 한다.
② 영업소 문밖에 둔다.
③ 없어도 된다.
④ 업소 내에 두고 소독약을 넣는다.

➲ 타구는 침을 뱉는 용구로 타구 내에 적당한 양의 석탄산 등으로 소독이 될 수 있도록 한다.

78. 90% 알코올 200cc가 있다. 이것은 소독용으로 사용하기 위하여 70% 에칠알코올로 만들고자 한다. 얼마의 물을 더 부으면 되는가?

① 35cc ② 46cc ③ 57cc ④ 69cc

➲ 100%의 알코올 양 5,000×$\frac{2}{100}$=180cc, 10%의 물의 양 200×$\frac{10}{100}$=20cc,
알코올 180cc÷70(알코올 %)×30(물 %)=77.14cc (위 10% 물 20cc를 공제 57)

79. 채소류의 적절한 소독약은?

① 크레졸비누액 ② 약용비누액
③ 과산화수소액 ④ 역성비누액

➲ 채소류의 소독에는 염소, 표백분, 역성비누액 등이 사용된다.

75-④ 76-③ 77-④ 78-③ 79-④

80. 산화 작용에 의해 살균 작용을 나타내지 않는 소독제는?

① 염소 ② 과산화수소 ③ 과망산칼륨 ④ 알코올

➡ 알코올의 작용은 응고 작용이다.

81. 소독약으로서의 석탄산(Phenol)에 관한 다음 사항 중 틀린 것은?

① 사용 농도는 3% 수용액을 주로 쓴다.
② 의류, 용기, 오물 및 실험대 소독에 많이 쓴다.
③ 세균단백 응고 작용, 세포 융해 작용, 호소계의 침투 작용 등으로 살균 기능을 가진다.
④ 금속의 부식성이 없는 장점이 있으나 유기물에 약화되는 단점이 있다.

➡ 석탄산은 금속 부식성이 있으며 유기물에는 살균력이 약화되지 않는다.

82. 피부에 접하는 이·미용기구를 소독하고자 크레졸 용액 3ℓ를 만들려면 70% 크레졸이 몇 cc가 필요한가?

① 약 80cc ② 약 90cc ③ 약 128.6cc ④ 약 130cc

➡ $3{,}000\text{cc}\times\frac{3}{100}=90\text{cc}$, 즉, 100% 크레졸 90cc가 필요하다. 그러나 크레졸액을 사용하도록 하고 있으므로 $90\div\frac{70}{100}=128.6$이 최소한 필요하다.

83. 우유의 초 고온멸균법으로서 130℃에서 가장 적당한 처리 시간은?

① 1~2초 ② 30~60초 ③ 2~3분 ④ 5~7분

➡ 우유의 초 고온멸균(초 고온순간살균)은 일반적으로 130~150℃에서 0.5~2초 실시, 130℃ 에서 1~2초간, 150℃는 0.5~1초간 하는 것이 좋다.

84. 이·미용실의 철제 기구 소독용으로 포르말린 수를 사용할 경우 소독수의 가장 적당한 교체 간격은?

① 1주일당 1회 ② 2개월당 1회 ③ 2주일당 1회 ④ 1개월당 1회

➡ 포르말린수의 교체 간격은 1주일당 1회 정도가 적당하다.

해답 80-④ 81-④ 82-③ 83-① 84-①

85. 기기류의 고압증기멸균 시 온도, 압력 및 소요 시간으로 가장 적당한 것은?

① 65℃ 10파운드 30분간 소독
② 250℃ 10파운드 5분간 소독
③ 120℃ 15파운드 20분간 소독
④ 100℃ 5파운드 30분간 소독

고압증기멸균은 120℃ 또는 121℃ 15파운드 20분간 소독하는 것이 적당하다.

86. 다음 중 소독 약품이 아닌것은?

①디디티(DDT) ② 포르말린 ③ 생석회 ④ 승홍

디디티(DDT)는 살충제이다.

87. 무균실이나 무균상자에 가장 잘 사용하는 소독법은?

① 자외선등 장치 ② 석탄수 분무 ③ 크레졸수 비치 ④ 알코올 소독

무균실이나 무균상자의 소독에 약제 살포법이 사용되기도 하나 살포의 불편이 있으므로 자외선등 장치가 가장 널리 사용되고 있다.

88. 다음 중 열에 대한 저항력이 커서 자비 소독으로는 사멸되지 않는 균은?

① 결핵균 ② 아메바성이질 ③ 살모넬라균 ④ 유행성간염

유행성간염(비루스)은 결핵, 이질, 살모넬라균에 비해 열에 대한 내성이 커서 고온에 잘 견디므로 자비소독으로 잘 사멸되지 않는다.

89. 다음 중 일광 소독을 주로 이용하는 것은?

① 칼, 가위 등의 기기류
② 유리, 도자기류
③ 가죽, 목재류
④ 헝겊, 포편, 의류

헝겊, 포편, 의류 등은 일광 소독을 많이 한다.

85-③ 86-① 87-① 88-④ 89-④

90. 에탄올(알코올) 소독의 장점이 아닌 것은?

① 결핵균, 바이러스 등의 많은 세균을 죽인다.
② 포자가 있는 균에 효력이 없다.
③ 얼룩이 생기지 않는다.
④ 사용이 간편하다.

➲ 알코올은 포자가 있는 균에 효력이 없는 것이 단점이다.

91. 고급 서적(책)에 적합한 소독 방법은?

① 크레졸 ② 포르말린 ③ 석탄산 ④ 포름알데히드

➲ 포름알데히드는 가스체이므로 고급 서적 소독에 적합하다.

92. 물리적 소독법상 건열과 습열의 효과는 어느 것이 더 좋은가?

① 건열이 좋다. ② 비슷하다. ③ 똑같다. ④ 습열이 좋다.

➲ 수분이 있는 것이 열의 침투가 쉽다.

93. 세균의 운동 기관은?

① 세포질 ② 편모 ③ 아포 ④ 핵

➲ 세균 중의 장티푸스, 파라티푸스균 등은 균체의 주위에 편모를 갖고 있으며, 편모를 움직여서 여러 가지 운동을 한다.

94. 미생물의 종류가 아닌 것은?

① 곰팡이 ② 바이러스 ③ 효모 ④ 세포질

➲ 곰팡이, 바이러스, 효모는 미생물이며 세포질은 세균의 구성 물질이다.

95. 건열 멸균의 내용 설명 중 잘못된 것은?

① 유리기구, 주사침, 유지, 글리세린, 분말 등에 사용된다.
② 건열 멸균기를 사용한다.
③ 170℃에서 10분간 처리하는 방법이다.
④ 이학적 소독법에 속한다.

➲ 건열 멸균은 170℃에서 1~2시간 처리하는 방법이다.

해답 90-② 91-④ 92-④ 93-② 94-④ 95-③

96. 염소 소독의 장점이 아닌 것은?

① 소독력이 강하다. ② 조작이 간편하다.
③ 냄새가 없다. ④ 잔류 효과가 크다.

➲ 염소 소독은 냄새가 강하여 금속 부식성이 있는 것이 단점이다.

97. 멸균에 해당하는 사항으로 다음 중 가장 적합한 것은?

① 병원성균 사멸 ② 비병원성균 사멸
③ 모든 세균 사멸 ④ 아포형성균 사멸

➲ 멸균은 소독과는 달리 강한 살균력을 작용시켜 모든 세균을 사멸시킨다.

98. 소독 작용의 반응 중 잘못된 것은?

① 열 또는 소독약의 침투와 세균과의 접촉이 충분해야 한다.
② 수분이 필요하다.
③ 시간이 오래일수록 소독력이 약하다.
④ 온도가 높을수록 소독력이 강하다.

➲ 알맞은 온도와 적절한 농도, 시간이 갖추어지면 소독력을 가진다.

99. 석탄산 소독법의 단점을 서술한 것이다. 틀린 것은?

① 안정성이 없어 장기간 놓아두면 화학 변화를 일으킨다.
② 살균력은 크레졸 비누보다 뒤떨어진다.
③ 바이러스나 아포에 대하여 살균 작용력이 약하다.
④ 피부나 점막을 자극하여 농후한 것은 피부 조직을 침해한다.

➲ 석탄산 소독은 안정성이 강하며 응용 범위가 넓다.

100. 소독약의 구비 조건이라 할 수 없는 것은?

① 부식성이 없을 것 ② 표백성이 없을 것
③ 용해성이 없을 것 ④ 살균력이 강할 것

➲ 소독약은 사용하기가 간편하여야 하고, 가축이나 사람에게 해를 끼치지 않아야 하며 용해성이 높아야 한다.

96-③ 97-③ 98-③ 99-① 100-③

101. 소독제로서 석탄산에 관한 설명이 틀린 것은?

① 유기물에도 소독력이 약화되지 않는다.
② 고온일수록 소독력이 커진다.
③ 금속 부식성이 없다.
④ 세균단백 응고 작용 및 세포 용해 작용에 의한 살균력이 있다.

➡ 석탄산은 금속을 부식시키는 성질이 있다.

102. 다음은 소독제 중에서 계면활성제는?

① 과산화수소 ② 크레졸수 ③ 승홍수 ④ 역성비누

➡ 우리 일상생활에서 쓰는 비누는 음성 비누로 세척력을 갖고 있지만, 역성 비누는 살균력을 포함하고 있어 손 소독이나 2차 소독 시에 많이 사용한다.

103. 훈연 소독법에 대한 설명 중 잘못된 것은?

① 가스나 증기를 사용한다.
② 선박 소독에 많이 사용한다.
③ 화학적 소독 방법이다.
④ 이·미용업소 실내 소독에 적당하다.

➡ 훈연 소독법은 물리적 소독법이다.

104. 포르말린은 몇 %의 포름알데히드를 함유하고 있는가?

① 10~20% ② 20~25% ③ 25~35% ④ 35~40%

➡ 시중에 시판되는 포르말린은 보통 35~40%의 포름알데히드를 함유하고 있다.

105. 소독제 중 상처 있는 피부에 부적당한 것은?

① 승홍수 ② 과산화수소 ③ 요오드 ④ 머큐로크롬

➡ 상처 있는 피부에 승홍수를 사용할 경우 점막에 강한 자극성을 주므로 부적당하다.

해답 101-③ 102-④ 103-③ 104-④ 105-①

106. 유통증기 소독 기구는?

① 자비 소독 ② 코흐 증기솥 ③ 아호그레브 ④ 쉼멜부쉬

➲ 유통증기 소독 기구로는 코흐 증기솥, 아놀드 증기 살균기 등이 있다.

107. 이·미용업소에서 손 소독 시 가장 적합한 것은?

① 석탄산수 ② 과산화수소 ③ 역성 비누액 ④ 세안용 중성비누

➲ 이·미용업소에서 손 소독 시 가장 일반적으로 쓰이는 것은 역성 비누액이며 3% 수용액이 쓰인다.

108. 가죽 제품 소독으로 가장 적당한 것은?

① 자비 소독 ② 증기 소독 ③ 일광 소독 ④ 의약품 소독

➲ 가죽 제품은 물리적인 방법이 아닌 의약품 소독을 해야만 변색, 변질이 없다.

109. 포르말린으로 소독 시 부적합한 것은?

① 손발 소독 ② 셀룰로이드 ③ 목재 ④ 의류-도자기

➲ 인체에 피부에 강한 자극성을 주므로 상처 있는 피부에는 부적합하다.

110. 크레롤 PH가 어떠할 때 물에 잘 용해되는가?

① 강한 산성 ② 중성 ③ 알카리성 ④ 약 산성

➲ 크레졸은 난용성으로서 부드러운 물인 약 산성에 잘 녹는다.

106-② 107-③ 108-④ 109-① 110-④

04. 피부학

01. 남자의 경우 머리카락의 수명은?

① 2~3년 ② 3~4년 ③ 4~5년 ④ 5년

➡ 남자의 머리카락 수명은 3~4년, 여자는 4~5년이다.

02. 하루에 자라는 머리카락 길이는?

① 0.2~0.3mm ② 0.1~0.2mm
③ 0.3~0.4mm ④ 0.4~0.5mm

➡ 수염은 0.3~0.4mm, 머리카락은 0.2~0.3mm.

03. 모발 수는 여자가 남자보다 많다. 어느 정도 많은가?

① 약 10% ② 약 20% ③ 약 50% ④ 같다.

➡ 여자의 머리카락 수는 약 12만 개, 남자는 10만 개, 여자가 20% 많다.

04. 모발이 성장 과정에서 늘어나는 비율은?

① 20~30% ② 30~40% ③ 40~50% ④ 50%~100%

➡ 모발의 수명은 남자 3~4년, 여자 4~5년이다. 성장 과정에서 머리가 빠지는 비율에서 20~30% 늘어난다.

05. 모발은 무엇으로 구성되어 있는가?

① 단백질 ② 유황 ③ 수소 ④ 케라틴

➡ 모발은 황을 함유한 단백질이 주성분이며 케라틴으로 구성되어 있다.

해답 01-② 02-① 03-② 04-① 05-①

06. 모발의 성질을 크게 두 가지로 나누면?

① 직모, 축모 ② 사모, 경모 ③ 연모, 직모 ④ 경모, 곡모

➡ 직모와 축모(곱슬머리), 즉 S자형과 한일자 모양으로 나눈다.

07. 한 개의 모발을 끊을 수 있는 무게는?

① 50g ② 100g ③ 150g ④ 200g

➡ 한 개의 모발을 끊을 수 있는 무게는 150g이다.

08. 경모의 직경은 몇 mm 원형인가?

① 0.01~0.04mm ② 0.05~0.15mm
③ 0.25mm ④ 0.35~0.4mm

➡ 경모란 굵은 모를 말하며 연모는 가는 모, 즉 잔털이다. 연모는 0.01~0.04의 원형이 된다.

09. 모발의 구조에 해당되지 않는 것은?

① 피질 ② 진피 ③ 수질 ④표피

➡ 모발의 구조는 모수, 모피질, 모표피로 되어 있다. 모진피는 해당되지 않는다. 피부는 표피, 진피, 피하조직으로 되어 있다.

10. 모발은 경모와 연모로 구분한다. 경모가 아닌 것은?

① 수염 ② 눈썹 ③ 다리털 ④ 코털

➡ 수염, 두발, 액모는 장모에 속하며 단모는(5mm~15mm), 눈썹, 코털, 귀털 등은 경모이고, 얼굴, 몸통, 사지 등의(14mm 미만) 털을 연모라 한다.

11. 인간 특유의 솜털 길이는?

① 10mm ② 13mm ③ 15mm ④ 14mm

➡ 솜털은 얼굴, 몸통, 사지에 매우 섬세한 짧은 털을 말한다.

06-① 07-③ 08-② 09-② 10-③ 11-④

12. 눈썹, 속눈썹, 코털, 귀털의 길이는?

① 0.4~0.6mm ② 0.5~1mm ③ 15mm ④ 14mm

➡ 장모는 긴 털, 즉 두발, 수염, 액모, 생식기의 음모이고 단모는 짧은 털, 즉 눈썹, 속눈썹, 코털, 귀털(모발 중 눈썹은 미모)에 해당된다.

13. 모발의 화합물은?

① 황산염, 유기염 ② 유기염, 케라틴
③ 황산염, 케라틴 ④ 단백질, 지방질

➡ 단백질이 주성분으로 유기염과 케라틴의 화합물로 되어 있다.

14. 모발에 신경이 있는가?

① 있다. ② 없다. ③ 말초신경은 없다. ④ 경모에는 있다.

➡ 모발에 촉각은 있지만 신경은 없다.

15. 모표피는 모피질을 몇 겹으로 싸고 있나?

① 1겹 ② 2겹 ③ 3겹 ④ 4~8겹 정도

16. 모표피의 두께는 어느 정도인가?

① 0.1~0.2미크론 ② 0.3~0.5미크론
③ 0.6~0.7미크론 ④ 0.8~0.9미크론

➡ 미크론(μ)=1mm의 $\frac{1}{1000}$

17. 세포는 모발을 구성한다. 세포는 어디서 만들어 지는가?

① 피질 ② 모상 ③ 수질 ④ 모모

➡ 세포는 털뿌리에서 만들어 진다. 따라서 모모에서 만들어져 세포에 의해 밀려 올라가는 것에 의해 자란다.

해답 12-② 13-② 14-② 15-④ 16-② 17-④

18. 다음 중 스킨 종류가 아닌것은 ?

① 알카리성 화장수　② 산성 화장수
③ 오드콜론 화장수　④ 중성 화장수

➲ 알카리성은 피부가 트지 않도록 피부를 유연하게 하고, 산성은 대표적인 스킨로션이며, 오드콜론은 향수이며, 중성은 계면활성제로 유화한 산성도 알카리성도 아닌 중간 화장수이다.

19. 여드름 치료에 효과적인 광선은?

① 자외선　② 적외선　③ 가시광선　④ X선

➲ 자외선 – 신진대사와 건강 보존에 관계가 있고 살균 작용 효과가 있다.
적외선 – 열을 주어 지상의 기후를 좌우한다. 그리고 적외선을 많이 받으면 일사병과 백내장을 유발시킨다.
가시광선 – 인간에게 색채를 부여해 준다. 즉, 무지개 X선을 받으면 인체에 해롭기만 하다.

20. 피부 구조의 순서를 바르게 설명한 것은?

① 표피–진피–피하 조직　② 피하 조직–진피–표피
③ 진피–표피–피하 조직　④ 진피–피하 조직–표피

➲ 피부의 구조는 표피, 진피, 피하 조직 3층으로 구성되어 있다.

21. 피부를 단련시키려고 한다. 아래 중 틀린 것은?

① 냉수 마찰　② 공기욕　③ 비타민 섭취　④ 해수욕

➲ 피부를 단련시키려면 냉수마찰, 공기욕, 해수욕이 좋다.

22. 목욕을 하는 이유 중 바르지 못한 것은?

① 피부를 깨끗이 한다.　② 피의 순환을 촉진시킨다.
③ 피로를 회복한다.　④ 피부의 탄력이 약해진다.

➲ 목욕을 하면 피부 청결, 혈액순환 촉진, 피로회복, 피부의 탄력이 좋아진다.

18–③　19–①　20–①　21–③　22–④

23. 사람은 에크린선으로 땀을 분비하여 피부 건조를 방지한다. 1시간에 분비되는 수량은?

① 10cc ② 30cc ③ 50cc ④ 70cc

➲ 피부 밖에 땀구멍은 아포크린선(대한선)과 아크린선으로 구별하고 평상시 1시간 30cc 정도 아크린선에서 분비(1일-70cc~900cc)된다.

24. 모발의 구성 중 피부 표면에서 나온 것을 무엇이라고 하나?

① 모간 ② 모낭 ③ 유두 ④ 모근

➲ 피부 밖으로 나온 것은 모간이며, 모근을 둘러싼 것이 모낭이고, 유두는 영양을 흡수하는 부분으로 모근 말미이다.

25. 피부 타입에 속하지 않는 것은?

① 지방성 ② 건성 ③ 지방 분비성 ④ 중성

➲ 피부는 중성 피부(탄력있고 윤택한 피부), 건성 피부(피부 표면이 많이 거친 피부), 지방성 피부(피지의 분비량이 너무 많은 피부), 민감성 피부(알레르기 반응을 잘 일으키는 피부), 이상성 피부(기미, 주근깨가 많은 피부)로 나눈다.

26. 인체를 구성하고 있는 가장 작은 단위는?

① 신경 ② 피부 ③ 뼈 ④ 세포

➲ 인체를 구성하는 기본 단위는 원형질로 된 세포인데, 다수의 세포가 모여서 인체를 이루다.

27. 피부에 물건이 닿을 때의 느낌은?

① 시각 ② 통각 ③ 촉각 ④ 온각과 냉각

➲ 촉각(닿은 느낌), 통각(아픔, 통증을 느끼는 감각), 온각과 냉각(따뜻함과 차가운 것을 느끼는 감각), 시각(보고 느끼는 감각).

해답 23-② 24-① 25-③ 26-④ 27-③

28. 피부의 털은 모낭에서 자란다. 머리카락이나 손톱의 색과 눈이 나빠지는 원인은?

① 간장에 이상이 있으므로 ② 위장에 이상이 있으므로
③ 혈압에 이상이 있으므로 ④ 허파에 이상이 있으므로

➲ 간장에 이상이 있으면 모발과 손톱의 색과 눈이 나빠진다.

29. 피부에 영양을 공급하기 위해 무엇을 적당히 섭취하는 것이 좋은가?

① 녹말 ② 단백질 ③ 지방 ④ 비타민

➲ 단백질 섭취에 있어서는 하루에 섭취하는 단백질의 2/3 완전 단백질(동물성 단백질 및 콩류)을 섭취해야 하고 야채나 과일 등 알카리성 식품을 섭취하는 것도 중요하다.

30. 이용소에서 피부질환 예방상 가장 중요한 것은?

① 청소 ② 마스크 ③ 환기 ④ 기구 소독

➲ 이용소 기구는 1인 1회 소독을 하는 것이 원칙이기 때문에 사용 후에는 필히 소독한다.

31. 피부를 희게 하려면 비타민 C를 많이 섭취하면 좋다. 피부를 부드럽게 해주는 목욕탕 물은?

① 유황탕 ② 창포탕 ③ 귤탕 ④ 물탕

➲ 피부를 부드럽게 해주는 것은 귤탕이 좋다. 또한 밀감이나 레몬즙은 펙틴산이 피부를 부드럽고 매끈하게 하고 특유한 향기를 즐길 수 있다.

32. 다음 중 피부를 부드럽게 하는 것은?

① 올리브유 ② 스킨 ③ 글리세린 ④ 과산화수소

➲ 올리브유는 두발과 두피에 좋으며 스킨은 피부의 소독제 역할을 하고 과산화수소는 탈색제로 염발에 사용한다. 글리세린은 피부를 부드럽게 한다.

33. 세발에 사용하는 비누는 다음 중 어느 것이 적당한가?

① 중성 및 알카리 ② 약산성 ③ 강 알카리 ④ 강 산성

➲ 강 알카리성 비누를 사용하면 두피와 모발에 지방질이 빠져 두피와 모발이 거칠어진다. 그러므로 중성 및 알카리성 비누가 두피와 모발에 좋다.

28-① 29-② 30-④ 31-③ 32-③ 33-①

34. 우리가 가정에서 사용하는 비누는?

① 중성 ② 음성 ③ 양성 ④ 산성

➡ 주로 가정에서 사용되는 비누는 음성 비누이다.

35. 화장품은 크게 3가지로 나눈다. 다음 중 화장품에 해당되지 않는 것은?

① 피부에 사용 ② 구강에 사용 ③ 모발에 사용 ④ 눈에 사용

➡ 눈에 사용하는것은 약에 속한다. 눈을 항상 깨끗하게 하고 더러운 손으로 문지르면 눈병이 생긴다.

36. 화장품에서 상당히 유지류가 포함되어 있는데, 그것은 3종류로 나눈다. 다음 중 화장품에 쓰이지 않는 지방은?

① 식물성 유지 ② 우유의 지방 ③ 동물성 지방 ④ 광물성 지방

➡ 화장품에 우유의 지방은 쓰지 않는다.

37. 피부 노화 방지에 좋은 크림은?

① 바니싱크림 ② 나이트크림 ③ 크린싱크림 ④ 밀크크림

➡ 1. 피부가 유연하고 부드럽게 엷은 막이 형성되는 크림
① 바니싱크림 ② 하이제닉스크림 ③ 밀크크림 ④ 영양크림
2. 피부에 영양을 많이 주는 크림
① 호르몬크림 ② 밀크크림 ③ 영양크림 ④ 나이트 크림
3. 세척작용과 기초화장크림
① 콜드크림 ② 크린싱크림 ③ 호르몬크림 ④ 영양크림
–리주베네팅 크림은 피부 노화 방지 효과가 있다.

38. 피부 노화는 몇 살부터 오는가?

① 20세 ② 25세 ③ 30세 ④ 35세

➡ 여자 피부 노화는 25세부터이다.

해답 34–② 35–④ 36–② 37–② 38–②

39. 모발은 1개월 동안 얼마나 자라나?

① 1cm 정도 ② 2cm 정도 ③ 5~7mm 정도 ④ 1.5mm 정도

➲ 모발은 하루에 0.3mm 정도 자라며 1개월에 1cm 정도 자란다.

40. 모발의 색깔을 좌우하는 것은?

① 멜라닌 ② 비타민 ③ 요오드 ④ 단백질

➲ 모발의 색깔을 결정하는 것은 멜라닌 색소이며 피질이나 수질 속에 들어있는 멜라닌 색소의 양에 의해 정해진다. 멜라닌 색소가 많으면 흑색, 적으면 백색으로 변한다.

41. 모발의 작용이 아닌 것은?

① 체온 조절 ② 호흡 작용 ③ 수렴 작용 ④ 자각 작용

➲ 모발의 작용은 체온을 조적하며 스킨로션을 발랐을 때 수렴 작용을 하며 자신의 감각 작용을 한다. 그러나 호흡 작용은 하지 않는다.

42. 비듬을 제거하는데 적당한 샴푸는?

① 핫오일 샴푸 ② 토닉 샴푸 ③ 드라이 샴푸 ④ 프레인 샴푸

➲ 핫오일 샴푸 – 피부 및 모발에 대하여 지방을 공급하거나 모발에 윤이 나게 한다.
토닉 샴푸 – 약용 비듬 향수나 알코올성 비듬약이 있어 두피나 머리카락에 생리 기능을 돋우어 준다.
드라이 샴푸 – 감기나 병으로 오래 병상에 있는 환자에게 사용하는 샴푸로써 파우더를 넣어 완전히 떨어뜨린 다음 다른 타월을 가지고 브러시에 붙어 있는 파우더를 털어내고 브러시질한다.
프레인 샴푸 – 흔히 하는 이용소 세발법이다.

43. 다친 피부의 재생을 촉진하며 창상을 낫게 하는데 주된 역할을 하는 것은?

① 피하지방부 ② 혈관림프 ③ 피부의 색소세포 ④ 각질층의 외피세포

➲ 각질층의 외피세포를 기저층에 신생 공급한다.

39–① 40–① 41–② 42–② 43–④

44. 겨울철 피부 손질로서 잘못된 것은?

① 유분보다 수분이 많이 함유된 산뜻한 화장품을 쓸 것
② 피부 신진대사를 촉진하고 혈행을 좋게 하는 손질을 할 것
③ 외출 시에는 화장을 하여 차가운 외기로부터 보호할 것
④ 스키를 탈 때에도 피부가 타므로 자외선 방지 제품을 쓸 것

➲ 겨울철은 피지분비량이 적어서 수분보다 유분이 많은 화장품이 좋다.

45. 10대의 사춘기 여드름이 많이 나는 가장 근본적인 원인은?

① 피부의 불결
② 단음식의 다량 섭취
③ 호르몬 분비 활동의 증가
④ 원인균의 침입

➲ 당분을 많이 섭취하면 피지 분비가 왕성하여 모낭피지선계의 만성 염증의 원인이라 한다.

46. 다음 중 투명층이 가장 많이 존재하는 곳은?

① 다리의 대퇴부 ② 손바닥이나 발바닥 ③ 얼굴 ④ 가슴과 배

➲ 손바닥과 발바닥 투명층의 표피가 많다.

47. 흡연과 피부와의 관계에 관하여 잘못 설명한 것은?

① 흡연은 피부 노화를 촉진해 주름살을 빨리 생기게 한다.
② 노화 촉진은 담배 속의 니코틴 때문이다.
③ 흡연은 폐질환과 심장질환을 일으킬 우려가 있다.
④ 담배 속의 니코틴은 모세혈관을 자극하여 혈액순환을 촉진시킨다.

➲ 담배니코틴은 지방을 소실되게 하여 갑상선의 기능을 향진시켜 혈액순환을 둔화시키며 피부를 퇴색시켜 얼굴이 불결해 진다.

48. 여드름이 많은 사람에게 설탕의 섭취를 제한하는 근본 이유는?

① 피지 분비량을 증가시키기 때문에
② 여드름 화농을 촉진하기 때문에
③ 여드름이 검은 점으로 변하기 때문에
④ 여드름 치료가 잘되지 않기 때문에

➲ 당분을 많이 섭취하면 피지 분비량이 증가하여 피지선계의 만성 염증이 유발되기 때문

해답 44-① 45-② 46-② 47-④ 48-①

49. 다음 중 모발의 재생이 불가능한 경우는?

① 유두부 피하조직의 종자 세포가 증가되었을 때
② 가려움증과 비듬이 많을 때
③ 국소에 영양장애나 신경기능장애가 있을 때
④ 노폐물이 많아서 모공을 막을 때

➲ 모근이나 모낭에 영양장애가 있으며 모발이 자랄 수 없다.

50. 건조성 피부의 손질법이 아닌것은?

① 피부 표면에 수분을 공급한다.
② 피부 표면에 유분(기름기)을 공급한다.
③ 원인을 규명 제거한다.
④ 직사광선을 많이 쪼인다.

➲ 건조성 피부에 직사광선으로 조사하면 더 건조해 진다.

51. 모근 내에서 모발을 자라게 하는 기능이 있는 것은?

① 모낭 ② 모간 ③ 모유두 ④ 모공

➲ 모발은 모유두로부터 영양 공급을 받아 자라며, 모유두는 모근 가운데 있다.(모발은 하루 0.2mm~0.3mm 정도 자란다.)

52. 모유두부 피하조직의 종자 세포가 증가되면 모발에 어떤 영향이 오는가?

① 탈모 현상이 나타난다. ② 모발의 수명이 연장된다.
③ 모발의 생성이 잘된다. ④ 모발의 색상이 진하게 변한다.

➲ 모유두부는 모근 내에서 모발의 영양을 공급하며 혈관과 신경이 연결되어 모발의 성장을 이루게 한다.

53. 모발이 색깔을 결정하는 것은 피질이나 수질 속에 있는 멜라닌 색소이다. 멜라닌 색소가 많으면 두발은 어떤 색이 되는가?

① 금발이 된다. ② 백발이 된다. ③ 흑발이 된다. ④ 갈색 모발이 된다.

➲ 멜라닌 색소가 많으면 흑발이 되고, 적으면 적을수록 금발에서 백발이 된다.

49-③ 50-④ 51-③ 52-③ 53-③

54. 모발의 피질이 하는 역할이 아닌 것은?

① 멜라닌과 공기를 함유한다.
② 모발의 색상을 만들어 준다.
③ 두께의 비율로 모발을 적당히 거세게 한다.
④ 모발의 탈모를 방지한다.

피질은 모수를 둘러싸고 멜라닌과 공기를 함유하여 색을 만들고 공기가 많을수록 윤이 난다.

55. 표피의 각질층이 많이 쌓인 것을 무엇이라 하는가?

① 때라고 한다. ② 티눈이라고 한다.
③ 지방층이라고 한다. ④ 피부질환이라고 한다,

각질층은 피부 표면이므로 표면에 쌓인 것은 바로 때라고 한다.

56. 모발을 자르면 성장은 어느 부위에서 일어나는가?

① 모근 부위 ② 모간 부위 ③ 갈라진 끝 ④ 모근, 모간 및 모침

모근에서 자란다.

57. 모발을 구성하는 세포는 어디에서 만들어지는가?

① 모상 ② 수질 ③ 피질 ④ 모근

모근에서 만들어진다.

58. 피부의 변성물이 아닌 것은?

① 모발 ② 치아 ③ 손톱 ④발톱

치아는 피부의 변성물이 아니다.

59. 피지의 분비가 가장 많은 부위는?

① 배 ② 얼굴 ③ 이마 ④ 등

피지의 분비가 가장 많은 부위는 얼굴(코 옆), 이마, 등, 배 순서이다.

해답 54-④ 55-① 56-① 57-④ 58-② 59-②

60. 피부의 구조는 육안으로 볼 수 있는 맨 윗부분인 각질층으로부터 어떤 순서로 이루어져 있는가?

① 각질층–과립층–유극층–기저층
② 각질층–과립층–기저층–유극층
③ 각질층–기저층–유극층–과립층
④ 각질층–유극층–과립층–기저층

➲ 각질층, 과립층, 유극층, 기저층 순으로 되어 있다.

61. 다음 사항 중 진피와 관계 없는 것은?

① 혈관 ② 신경 ③ 한선 ④ 각질층

➲ 각질층은 표피에 속한다.

62. 주근깨가 많은 피부의 주의점으로 틀린 것은?

① 햇빛을 되도록 쬐지 않는다.
② 낮의 외출 시 화운데이션을 두텁게
③ 일광욕을 많이 하여 피부의 탄력성 증가
④ 비타민 C 함유 과일 섭취

➲ 주근깨가 많은 피부가 일광욕을 할 경우 강한 자외선의 영향으로 주근깨도 많아지고 색깔도 진해진다. 예방법으로는 자외선 차단용 크림 사용, 비타민 B, C 섭취 등이 있다.

63. 알레르기 피부 반응이 아닌것은?

① 기구, 의복에 의한 반응 ② 비타민 결핍 ③ 내복약 ④ 향장품에 의한 반응

➲ 알레르기를 일으키는 것을 항원이라 하며, 비타민 결핍과 직접 관련은 없다.

64. 건성 피부란?

① 탄력적인 섬유세포의 원할한 혈액
② 얇은 각질층, 활동적인 생성층
③ 두터운 각질층, 많은 분비선
④ 두터운 각질층, 적은 분비선

➲ 건성 피부는 피지선과 한선의 기능이 원할하지 못하여 피지와 수분의 부족으로 각질층이 두꺼워져 거칠거칠한 피부가 된다.

60–① 61–④ 62–③ 63–② 64–④

65. 실핏줄의 원인이 아닌 것은?

① 저혈압 ② 술 때문에 ③ 고혈압 ④ 임신 중

알코올 섭취, 고혈압, 임신 중인 경우 실핏줄이 생기는 원인이 된다.

66. 다음 중 진피에 속하는 것은?

① 망상층 ② 각질층 ③ 과립층 ④ 투명층

진피는 유두층과 망상층으로 구성되어 있다.

67. 피부 표면은 주로 어떤 형태인가?

① 삼각 또는 마름모꼴의 다각형
② 삼각 또는 사각형
③ 삼각 또는 오각형
④ 삼각 또는 오각형

피부 표면은 삼각이나 마름모꼴의 다각형 모양으로 구성되어 있다.

68. 표피와 진피의 경계선 모양은?

① 타원형 ② 피라미드형 ③ 물결 모양 ④ 역삼각형

표피와 진피의 경계선은 웨이브가 진 물결 모양을 이룬다.

69. 피부 색소가 형성되는 부분은?

① 각질층 ② 기저층 ③ 유극층 ④ 과립층

표피의 가장 안쪽에 존재하는 기저층은 색소 생산 세포인 멜라닌 세포를 지닌다.

70. 화학물질이 피부 표면에 묻었을 때 피부 자체를 중화시키고 보호하는 것은?

① 피부 각질층의 작용 ② 피부 기저층의 작용
③ 피부 유극층의 작용 ④ 피부 과립층의 작용

각질층에는 케라틴이 축적되어 다수의 각질 세포로 겹쳐서 존재하며 세균이나 기타 유해 물질이나 자외선으로부터 피부를 보호한다.

해답 65-① 66-① 67-① 68-③ 69-② 70-①

이용 용어 해설

- **고정 깎기** : 빗을 고정시킨 상태에서 단발 부위 두발을 끊어 정돈하는 기법.
- **그래듀에이션 커트(graduation cut)** : 상층부의 머리칼에서부터 아래쪽의 모발 길이로 아주 약간의 단차를 붙여주면서 모발의 길이를 연결시켜 주는 커트방법.
- **눌러 깎기** : 빗을 눌러 깎기 형태로 잡고 빗살을 두피 면에 붙인 상태에서 깎아 내는 기법.
- **드라이 커트(dry cut)** : 머리카락을 마른 상태에서 커트.
- **돌려 깎기** : 빗을 돌리면서 회전축의 차이에 따라 팔목 관절과 손 관절을 이용하여 부채꼴 방향으로 원상 운행하는 기법.
- **떠내 깎기** : 빗을 두피 면에 대고 두발을 일으켜 세워 빗살 밑 부분으로 간추려서 일직선으로 깎는 기법.
- **라운드 브로스(round brosse)** : 둥근 스포츠 스타일.
- **러프 커트(rough cut)** : 거칠게 깎는것. (파마 시술 전 또는 스타일을 만들기 전에 미리 대충하는 애벌 커트.)
- **레이어 커트(layered cut)** : 상층부의 머리칼이 그 아래층이 되는 머리카락을 뒤덮어 숨겨지지 않는 상태로 단층을 붙여주는 커트방법.
- **리스폰스(response)** : '반응'이란 의미로 커팅을 할 때 머리 스타일이 되어가는 모습을 눈여겨보면서 균형과 스타일을 체크한다.
- **머시룸 커팅(mushroom cutting)** : 버섯을 엎어 놓은 것 같은 실루엣의 아주 짧은 보브형.
- **메저드 커트(measured cut)** : 미디엄 커트보다 후두부를 높게 깎아 올리고 모자를 눌러 썼을때 접합선이 나오지 않도록 한 스타일.

- **보브 커트(bob cut)** : 단발머리.
- **브로스 커트** : 스포츠형 머리, 짧게 깎는 것. 단면의 연속으로 만들어진 스타일.
- **블런트 커트(Blunt cut)** : 직선으로 커트하는 방법. (머리칼의 선단을 무겁게 하기 위한 커트 기법.)
- **샤기 커트(shaggy cut)** : 울퉁불퉁하게 간추려지지 않는 느낌의 효과를 노린 헤어스타일.
- **스트로크 커트(stroke cut)** : 가위를 흔들면서 개폐하여 머리단을 자르는 방법. (손에 잡은 머리단을 머리칼의 무게를 이용해서 움직이고 있는 순간에 스트로크시켜서 움직이는 커트.)
- **스쿠프 커트(scoop cut)** : '떠올리다' 라는 뜻으로 떠올려서 커트하는 것.
- **스패니얼(spaniel)** : 앞 라인이 내려간 보브형.
- **스트랜드(strand)** : 머리단. 한 다발의 머리칼, 요소, 성분.
- **연속 깎기** : 두피 면에 따라 빗과 가위로 연속해서 깎는 기법.
- **앵글스(angles)** : '각도' 라는 의미로 올바른 커트를 위해서는 각도를 일정하게 유지해야 한다.
- **엑스페리먼트(experiment)** : '실험' 이라는 의미로 머리 길이와 커트의 각도를 고려하여 다양한 반응을 살펴보는 실험이 필수적이다.
- **이.시.커트(electric clipper cut)** : 전기 이발기로 커트하는 것.
- **인레이어드 커트(inlayered cut)** : 커트의 단면이 아래로 내려감에 따라 안에 들어 있는 것으로 하는 그래듀에이션 커트.
- **이사도라 스타일(isadora style)** : 앞 라인이 올라간 보브형.
- **원 렝그스 커트(one length cut)** : '하나의 길이' 라는 뜻으로 모발을 가로로 동일선상에 같은 길이로 가지런히 하는 커트 방법.
- **지간 깎기** : 빗으로 들어 올린 모발을 왼손의 인지와 중지 사이에 끼워서 잘라 정돈한 기법.

- **직협** : 가위만으로 두발형의 표면을 잘라 정돈하는 기법.

  (직협에는 두 손을 이용하는 양수 직협과 한 손으로 행하는 편수 직협이 있다.)
- **지그재그 커트(zigzag cut)** : 잡아낸 머리단의 머리끝에서 가위를 비스듬히 넣어서 지그재그로 커트하는 것.
- **오벌 커트(oval cut)** : 타원형으로 깍아 올리는 머리형. 각진 둥근 단발머리. 폼피어드 브로스.
- **체크 커트(check cut)** : 검사, 수정. 커트가 끝난 다음 간추리지 않은 머리칼이나 헴라인의 수정 등에 행하는 커트.
- **웨트 커트(wet cut)** : 물에 젖은 상태에서 커트.
- **커팅 콤(cutting comb)** : 커트할 때 사용하는 빗.
- **커팅 시저스(cutting scissors)** : 조발용 가위, 절단용 가위.
- **코너(corner)** : '각' 또는 '구석'이라는 뜻으로 커트하기 위해서 잡아낸 패널이나 섹션의 각을 말한다.
- **콤 워크(comb work)** : 빗을 써서 커트하는 것.
- **크라운 오브 더 헤드(crown of the head)** : 두부의 천장 상부.
- **크라운** : 두상의 상부.
- **크라운 투 이어 파팅(crown to ear parting)** : 크라운의 사이드 파트 부분에서 귀쪽으로 수직으로 나누는 분할 방법.
- **커팅 크로즈(cutting clothes)** : 커트할 때 두르는 커트 보.
- **카울릭 파트(cowlick part)** : 이마 위에 소가 핥는 듯이 일어서 흐트러진 머리칼. 가마를 중심으로 하여 머리 흐름에 따라 사방으로 가르는 분할 방법.
- **커트 앵글(cut angle)** : 잡아낸 머리단에 대해서 가위의 들어가는 '각도'를 말한다.
- **커트 엔드(cut end)** : 커트 절단면.
- **커팅 에지(cutting edge)** : 가위의 자르는 날.

- **커트(cut)** : 자르다, 절단하다.
- **테이퍼링 커트(taper cut)** : 레이저로 머리숱을 쳐내는 것. (머리끝을 점점 가늘게 붓끝처럼, 깃털처럼 커트하는 방법.)
- **티닝 커트(thinning cut)** : 머리카락의 사이를 쳐내서 모발의 양을 줄인다. 텍스처라이징 커트(texturizing cut)라고도 한다.
- **톱(top)** : 두부의 제일 꼭대기
- **포멀 스타일(formal cut)** : 1960년경부터 영국에서 유행되어 순식간에 유럽 전체에서 세계적으로 보급된 초 장발 스타일이며 정장과 잘 어울리는 대표적(정식적. 형식적)남성 헤어스타일.
- **패널(panel)** : 슬라이스하여 손바닥 안에 들어온 모발이 '판' 상태로 되어 있으므로 '패널' 이라고 한다.
- **파트(part)** : 두발을 나누는 것.

그/림/으/로/설/명/한

남성커트

2007년 6월 20일 1판 1쇄 인쇄
2007년 6월 25일 1판 1쇄 발행

지은이: 조지훈·배선향·임석종·정용성·이재숙

펴낸이: 박 정 태

펴낸곳: **광 문 각**

121-130
서울시 마포구 구수동 41-4 영풍빌딩
등 록: 1991. 5. 31 제12-484호
전화(代): 02)713-2122
팩 스: 02)713-2125
E-mail: kwangmk@unitel.co.kr
홈페이지: www.kwangmoonkag.co.kr

ISBN: 978-89-7093-430-3 93590

정가: 2,5000원